Systematische Uebersicht

der

Thiere Brasiliens,

welche

während einer Reise durch die Provinzen von Rio de Janeiro und Minas geraës

gesammelt oder beobachtet

wurden

von

Dr. Hermann Burmeister,

o. ö. Prof. d. Zoologie und Direct. d. zool. Mus. der Universität zu Halle.

Erster Theil.

Säugethiere (Mammalia).

Berlin, 1854.

Druck und Verlag von Georg Reimer.

Dem Entdecker

einer untergegangenen Thierwelt

Brasiliens,

Herrn Dr. P. W. Lund

in Lagoa santa,

seinem in großer Noth erprobten Freunde,

aus Liebe und Anerkennung

gewidmet

vom

Verfasser.

Vorrede.

Eine Zusammenstellung und kenntliche Beschreibung aller bisher aus Brasilien zu unserer Kunde gekommenen Thiere würde gewiß eine verdienstvolle, aber auch eine höchst schwierige Arbeit sein; sie konnte indessen mit dem Material, was meine nur anderthalbjährige Reise herbeizuschaffen im Stande gewesen ist, schwerlich mit Aussicht auf besonderen Erfolg unternommen werden. Indem ich mir das selbst schon vor meiner Reise gesagt hatte, dachte ich auch keinesweges an ein solches Unternehmen, wie ich mich mit ihrer Ausführung befaßte; erst allmälig wurde in Brasilien der Gedanke in mir rege, die bekannten Thiere des von mir bereisten Gebietes zusammenzustellen, namentlich seitdem ich mich durch meinen Unfall verhindert sah, die Reise nach Gegenden hin auszudehnen, welche mir als ein mehr anlockender Zielpunkt zoologischer Untersuchungen erschienen waren. Sollte also überhaupt ein wissenschaftliches Resultat aus meinem Unternehmen erwachsen, so konnte es füglich nur durch eine gute und bündige Kritik des bisher Geleisteten erreicht werden, weil die Auffindung vielfacher neuer, noch völlig unbekannter Thatsachen schon der Kürze der Zeit halber unmöglich war. Darum entschloß ich mich zur Bearbeitung des vorliegenden Werkes; es schien mir auch in dieser beschränkteren Bedeutung noch genug ansprechenden Stoff zu bieten, wenn ich nicht bloß mein eignes Material verarbeitete, sondern alle Thierformen mit hineinzog, die aus denselben Gegenden bereits zur wissenschaftlichen Kenntniß gebracht worden waren. Auf diese Weise könnte mein Buch die Grundlage zu einer dereinstigen Fauna von Brasilien werden. Es dafür jetzt schon ausgeben zu wollen, würde arge Vermessenheit sein; ich will nicht abschließen, ich will vielmehr nur fördern und Jedem, der daran denkt, Brasilien in zoologischer Hinsicht weiter zu erforschen, ein Vademecum in die Hand geben, das ihn der Mühe überhebt, selbstständig zeitraubende Vorstudien zu seinem Zwecke zu machen. Von dieser Rücksicht geleitet, werde ich bei der nächsten Abtheilung, welche die Klasse der Vögel behandelt, mich noch mehr auf eine präcise Artbeschreibung beschränken, und namentlich die Schilderungen der Lebensweise, welche schon von meinen Vorgängern gegeben sind, nur andeuten, nicht aber wiederholen. Ob ich dann noch weiter gehe und bis zu den Insecten komme, was mir besonders wünschenswerth erscheint, wird von Umständen abhängen, deren Erörterung hier nicht zur Sache gehört.

Halle, den 25. Februar 1854.

H. Burmeister.

Inhalt.

Anhang.

Einleitung.

Wohl keine andere Gegend der Erde hat den naturwissenschaftlichen Anstalten Europa's einen reicheren Stoff zur Untersuchung dargeboten, als die weite Centralfläche Südamerika's, deren ungleich ebenes Tafelland von zweien der größten Stromgebiete durchfurcht wird; überall stoßen wir, namentlich in unseren deutschen Naturaliensammlungen, auf brasilianische Erzeugnisse, als die größere Menge der vorhandenen Materialien. Schon aus diesem Grunde könnte ein Naturforscher, der die Absicht hat, sich von der organischen Fülle und dem Reichthum tropischer Gegenden durch eigene Anschauung eine Vorstellung zu verschaffen, kein Land vortheilhafter zum Gegenstande seiner Wahl machen, als die eben bezeichnete Gegend der neuen Welt; hier darf er hoffen, die größte Mannigfaltigkeit auf verhältnißmäßig kleine Flächen zusammengedrängt zu finden; er darf sogar annehmen, daß trotz der vielen Bemühungen, die organischen Bewohner jenes Erdstriches kennen zu lernen, keineswegs alle vorhandenen wirklich gefunden seien, mithin auch für ihn noch ein oder der andere neue Fund in Aussicht bleibe. Endlich hat er, bei der weit ins Innere vorgedrungenen, ursprünglich europäischen Bevölkerung, die Gewißheit vor sich, Theilnahme und Unterstützung für sein Streben auch in der fremden Gegend zu finden und wenn nicht überall, so doch an vielen Stellen auf Leute zu treffen, welche Interesse für seine Bemühungen zeigen und ihm nach Kräften bei der Verfolgung seiner Zwecke behülflich sein werden. —

Betrachtungen solcher Art bestimmten mich zur Wahl des Zieles, als ich Brasilien zum Gegenstande meiner Reise machte; ich wollte zunächst nur mich selbst belehren, ich wollte wirklich einmal unter Palmen in ihrer eigenen Heimath wandeln, wollte mich des mächtigen Eindruckes erfreuen, welchen ihr buschiges Haupt, vom Winde bewegt und von säuselnden Tönen der beständig rauschenden Blätter begleitet, auf das Auge und Ohr eines sinnigen Beobachters nothwendig machen muß; ich wollte endlich die zahllosen thierischen Wesen, mit denen sich schon von früher Kindheit her mein ganzes Tichten und Trachten beschäftigt hatte, an ihren eigenen Geburtsstätten aufsuchen, mit ihrem Leben und Treiben in der Wildniß mich bekannt machen. —

Dieser Erfolg ist mir gelungen; ich habe meine jugendlichen Vorsätze ausgeführt und bereits die allgemeinen Eindrücke meiner Reise dem Publikum geschildert; es ist jetzt an der Zeit, die besonderen wissenschaftlichen Resultate ihm vorzulegen. Habe ich es leider an mir selber erfahren müssen, daß Niemand ungestraft unter Palmen wandele, und ein Andenken aus Brasilien heimgebracht, das nicht zu den freudigen Erinnerungen gezählt werden kann; so ist doch ein tiefer, ächt männlicher Genuß viele Monate hindurch mir zu Theil geworden; ich darf mich rühmen, vielleicht den vollsten Zug aus dem Freudenbecher eines wissenschaftlichen Lebens gethan zu haben, und um so mehr auf das, was ich leisten konnte, mit einer Art von Befriedigung zurückblicken, wenn ich der Umstände mich erinnere, die sich mir hindernd in den Weg stellten. Ich gedenke derselben hier nur im Vorbeigehn, um durch Hinweisung darauf meinen Leser zu veranlassen, ihrer bei Beurtheilung dessen, was ich geben werde oder schon gegeben habe, nicht uneingedenk bleiben zu wollen. Meine Resultate sind der Erwerb 13monatlicher Anwesenheit, wovon 7 Monate ein gebrochenes Bein an das Lager oder das Zimmer mich gefesselt hat. —

Das brasilianische Kaiserreich umfaßt einen Flächenraum von circa 150,000 Quadratmeilen, also einen größeren Erdstrich, als ganz Europa ohne Rußland. Auf diesem weiten Gefilde erheben sich zwar zahlreiche Bergketten und Hügelreihen, aber kein einziges brasilianisches Gebirge steigt bis in die Schneeregion der Tropenzone hinauf; kein in Brasilien gemessener Punkt überschreitet *) die Höhe von 8000 Fuß, die meisten Berggipfel bewegen sich nur zwischen 4000 und 6000 Fuß; ja wahrscheinlich erreicht keine Spitze des Innern jenseits der Küstenketten nach Westen die zuletzt genannte unbedeutende Höhe. Die nächste Folge einer so geringen Abwechselung im Niveau des Landes ist eine ebenso gleichförmige Beschaffenheit seiner Organisation; überall kehren dieselben oder wenigstens höchst ähnliche Gestalten wieder und es ist wirklich nur ein einziges organisches Gebiet, welches die weite Bodenfläche bedeckt. Indessen herrscht innerhalb desselben doch eine bemerkbare Differenz, die leichter in der Richtung von Osten nach Westen, als in der entgegengesetzten von Norden nach Süden wahrgenommen wird. Schon seit den Zeiten der ersten Ansiedelung hat man dieselbe erkannt und bezeichnet, denn die Ausdrücke terra do mato und terra dos campos sind in ganz Brasilien gang und gebe Unterscheidungen, die Jedermann versteht und mit richtigen Vorstellungen verbindet. —

Die terra do mato, das **Urwaldgebiet**, umfaßt den ganzen Küstenstrich von St. Katharina und Porto Alegro bis nach Pernambuco, sie tritt noch nördlicher an der Küste von Ciara über die Mündung des Amazonenstromes hinaus auf. Alle diese Gegenden werden landeinwärts, in 50—60 ggr. M. Abstand, von einer Gebirgskette begrenzt, deren Ausläufer gegen das Meer eine Menge größerer und kleinerer Flußgebiete einschließen, die sämmtlich von dichten **Urwäldern** (mato virgem) bis zu ihren Quellen auf den Bergen umgeben werden und einen ziemlich gleichförmigen Charakter darbieten. Aber nicht bloß auf diesen breiten Küstenstrich ist der Urwald beschränkt, er setzt sich ins Innere fort, folgt aufsteigend dem

*) Man berücksichtige hierbei die Angaben von Sellow, welche ich in den Erklärungen zum Atlas meiner Reise mitgetheilt habe.

Laufe der großen Ströme, begleitet sie in den Niederungen auf dem Schlammboden, welchen ihre Absätze geschaffen haben und erreicht grade hier seine höchste, staunenswürdige Vollendung. Da ist der Urwald am dichtesten, die Größe der mannigfachen Baumformen am colossalsten; dort endlich ihre Verschiedenartigkeit am bedeutendsten, die Menge der sie begleitenden thierischen Bewohner am reichlichsten, und die ganze großartige Natur Brasiliens in üppigster Fülle ausgeschüttet, gleichsam zur Schau gestellt. Ich habe leider diesen organisch schönsten und wissenschaftlich interessantesten Theil, welcher das ganze Stromgebiet des Maranhon in sich greift, nicht besuchen können; eine Reise in diese Gegenden ist mit Schwierigkeiten vielfacher Art verbunden, deren Ueberwindung meine Kräfte nicht wahrscheinlich machten; es wird also von der thierischen Bevölkerung des nordwestlichen Wald- oder Amazonenstrom-Gebietes, welches wahrscheinlich die merkwürdigste, gewiß aber die am wenigsten bekannte Thierwelt Brasiliens beherbergt, hier nicht die Rede sein; ich kenne den Urwald *) nur in seiner südöstlichen, passend als Küsten-Urwaldstrecke zu bezeichnenden Ausdehnung, im Bereich des Rio Parahyba, welchen ich zweimal auf meiner Tour durchschneiden mußte. Aber ich konnte schon aus dieser doppelten Berührung den größeren Reichthum und die üppigere Fülle der Organisation auf der terra do mato deutlich genug erkennen. Eine dichte Pflanzendecke bekleidet den Boden und bildet das natürliche undurchdringliche Versteck für alle Thiere, welche der Mensch aus seiner Nähe bald zu verscheuchen pflegt. Zugleich ist eben diese Gegend der fruchtbarste Grund, dessen der Ansiedler am liebsten sich zu bemächtigen sucht und eben darum überall, wo Menschen sich niedergelassen haben, der Versuch gemacht worden, in den Urwald einzudringen, ihn zu lichten, seine Fläche in Culturboden zu verwandeln. Hier

---

*) Eine allgemeine Schilderung desselben ist zerstreut in meiner Reise, zusammengedrängt im zweiten Bande meiner geologischen Bilder (Leipz. 1853. 8.) gegeben worden, daher ich den Urwald hier nicht weiter berühre. —

allein tritt der Reisende mit dem Urwalde und seinen Bewohnern in Berührung, hier umgeben ihn die Stimmen der Affen, der Papageien, welche er täglich, fast stündlich darin hören kann und ebenda hat er seinen Standort zu wählen, wenn er sich weiter mit mehreren oder vielen Bewohnern des schattigen Dunkels, das ihm so schöne Erquickung bereitet, bekannt machen will. Ein flüchtiger Ritt durch diese Wälder bringt nur wenige Formen in seine Hände; er hört sie wohl, aber er sieht sie nicht; vergeblich trachtet er nach den Schreiern in der Baumkrone, den Schlüpfern auf dem Boden, welche das nahe Geräusch ihm anzeigt; zu schnell ist ihre Bahn, zu hoch ihr Ort, als daß er sie sofort und sicher in seine Gewalt bekommen könnte. —

Es ist nicht rathsam für den Naturforscher, der eine ferne, noch dazu wilde Gegend genauer kennen lernen will, unablässig auf weiten Wegen umherzutraben; viel besser thut er, einzelne entfernte Standpunkte längere Zeit zu besuchen, hier Rast zu halten und in ihrer nächsten Umgebung Sammlungen und Beobachtungen zu machen. So reiste der unermüdliche Joh. Natterer, und dieser Methode dankt das Wiener Kabinet seine großen Schätze; unsere preußischen Reisenden, wie Sieber, Sellow, Freyreis, haben die andere Art verfolgt, sind rastlos im Lande umhergestreift und haben zwar manches Schöne heimgebracht, aber lange nicht jene gewaltigen Resultate gewonnen, welche der einzelne Mann, von wenigen Schwarzen begleitet, durch 18jährige Hingebung den Anstalten seines Mutterlandes erwarb. Sein Beispiel diente mir zur Lehre; ich habe mich nur an zwei entfernten Orten mehrere Monate aufgehalten und darum für die Kürze der Zeit sehr reichhaltige Sammlungen gewonnen; bei Neu-Freiburg lernte ich das Urwaldgebiet kennen, in Lagoa santa und Congonhas, wo ich 5 Monate verweilte, die Camposbildung mit ihren zwar spärlicheren, aber nicht minder interessanten Bewohnern. —

Terra dos campos nennt der Brasilianer die weiten, kahlen, nur mit einem spärlichen Baumwuchs bekleideten Hochflächen, deren Boden aus einem sehr festen, rothen Lehm besteht, welchen eine dünne sperrige Pflanzenwelt, meist aus Gräsern und zarteren Gewächsen gebildet, nur kärglich zu bedecken im Stande ist. Hoch und trocken gelegen eignen sich diese Camposflächen nicht zur Kultur, ja sie dienen kaum hinreichend als Weideland für das Hausvieh, weil namentlich in der trocknen, kalten Jahreszeit von Juni bis October die meisten grünenden Pflanzen sehr zusammenschrumpfen oder ganz absterben und ihrer saftlosen, harschen Beschaffenheit wegen nicht zum Viehfutter ausreichen. Das ist die Eigenthümlichkeit des inneren Brasiliens, ferner von den großen Flüssen und ihren Armen; ein wenn auch nicht grade trauriger oder trostloser, doch keinesweges üppiger und eine gedeihliche Zukunft des Landes verheißender Anblick, der nur wegen der merkwürdigen Beschaffenheit seiner Vegetation und seines Thierlebens für den Naturforscher Reiz und Anziehungskraft behauptet. Es erstreckt sich dies Gebiet über den größten Theil der Provinz Minas geraes, über Goyaz und Mato grosso, oder südwärts bis in den oberen Lauf des Rio Parana, so wie weiter nach Norden gegen Pernambuco hin, wo die weite Hochfläche der Kreideformation, welche die Brasilianer nach ihrer Form das Tafelland (taboleira) genannt haben, sich ausbreitet. In der eigentlichen Camposregion ist das Land weniger eben, als wellenförmig hügelig, ein Charakter, den der eingeborne Brasilianer durch chapada anzudeuten pflegt. Ueberall tritt in den bezeichneten Landstrichen die Waldbildung gegen die Camposbildung in den Hintergrund; sie zieht sich in Schlangenwindungen durch die Bachfurchen und sanften Muldenthäler der kleineren Nebenflüsse hin, sammelt sich auch wohl in den Vertiefungen oder an Seen zu etwas größeren Waldflächen an, aber nirgends erreicht in diesen Gegenden der Wald die Fülle, Ueppigkeit und Stärke, wie im Urwalddistrict; nirgends die darauf gegründete menschliche Kultur jene Ergiebigkeit und belohnende Ausbeute, wie in den feuchten Thälern der terra do mato, oder nahe den Mündungen der Flüsse, welche ihr angehören. Zwar fehlt es nicht in den Campos an urbaren Oertlichkeiten, an Fazenden oder Sitios mit in Kultur gelegtem Boden, der seinem Besitzer reichlich und mit Erfolg zum Erwerbe dient; aber es ist nicht die natürliche Fruchtbarkeit, nicht die allgemeine Brauchbarkeit des Landes vorhanden, welche im Waldgebiet noch klarer hervortreten dürfte, wenn auch seine Kultur zweckmäßiger gehandhabt, nachdrücklicher verwendet würde.

Es liegt in der Natur der Sache, daß eine so ganz verschiedene Bodenbeschaffenheit auch eine abweichende Organisation hervorgebracht hat. Nur die am allerweitesten verbreiteten und gemeinsten Thierformen sind gleichförmig in beiden Gebieten zu Hause; eine andere, nicht grade kleine Zahl der hier oder dort ansäßigen Arten sind von einander verschiedene, nur dem einen oder anderen Gebiete eigenthümliche Formen. Es wird sich das im Verlauf meiner nachfolgenden Betrachtungen deutlicher herausstellen, ich werde überall meine Fundorte angeben und dadurch die Verbreitung der Art sicher anzeigen; hier will ich nur noch einige allgemeine Betrachtungen vorausschicken, welche über die Weise des Vorkommens der Thiere in beiden Gebieten überhaupt Auskunft zu geben sich bemühen sollen. —

Im Ganzen tritt die Thierwelt Brasiliens dem Reisenden nirgends auf eine sehr überraschende Weise entgegen; er hat viel mehr Mühe, sie aufzusuchen, als Veranlassung, ihr auszuweichen. Wenn man den großen Reichthum Brasiliens an verschiedenen Thierarten in unsern Kabinetten kennt, so wird man sonderbar überrascht durch die scheinbare Armuth im Vaterlande selbst; in den Wäldern sowohl, wie auf den offenen Triften. Ich habe mich hierüber schon in meiner Reisebeschreibung ausgesprochen (S. 155) und die Gründe dafür aufzufinden mich bemüht; ich glaube, daß die scheinbare Armuth eigentlich auf einer Täuschung beruht, und daß nur die übertriebenen Erwartungen des Naturforschers ihm eine so unangenehme Wahrnehmung bereiten. Aber leugnen läßt sich darum nicht, daß man auf den Wegen durch die Urwälder scheinbar in einer allgemeinen Einsamkeit sich zu befinden glaubt, und außer dem Geheul der Affen, oder dem Gekreisch der Papageien, nur selten andere Thierstimmen wahrnimmt. Das Turteln der Tauben, das Gekakel des Rebhuhns (Odontophorus dentatus), das Schnattern der Serracura (Gallinula cajennensis s. plumbea), das Kollern des Pavao (Coracina scutata), das Schnarren des Tukans (Rh. discolorus) und das weitschallende Geläute des Ferradors (Chasmarhynchus nudicollis) sind fast die einzigen Laute, welche man im dichten Urwalde hört. Noch stummer, lautloser erscheinen die Camposgefilde; hier oder da eine Stimme vom Baum und das Gebelfer des Seriema (Dicholophus cristatus) sind die einzigen hörbaren Lebenszeichen, welche den Reisenden aus seiner Einsamkeit wecken; erst in der Nähe menschlicher Wohnungen pflegt er durch die doppelstimmige Anrede eines bei seinem Neste ruhenden Ehepaares vom Lehmhans (Furnarius rufus) begrüßt zu werden. Wie dem Geschrei desselben am Tage in den Campos, so kann er dem Geklapper der Laubfrösche in der Dämmerung nicht leicht irgendwo entgehen; aber ihr Ruf ist nicht angenehmer, als der Gruß des Furnarius; kein melodischer Gesang wiegt ihn auf seinen einsamen Pfaden in phantastische Träume; nur vom Dache seiner Herberge schallt ihm am frühen Morgen der sanfte, fast klagende Ton des Haussperlings (Fringilla matutina), oder aus dem Gebüsche seines mittäglichen Rastortes der einigermaßen liebliche, nicht ganz melodielose Gesang des Hausschlüpfers (Troglodytes furvus s. platensis) entgegen. Das sind die einzigen Sänger in der Nähe der Ansiedelungen, und doch nur von sehr untergeordneter Bedeutung; viel eindringlicher wird das lästige Zwiegespräch, was der Lehmhans mit seiner Gattin anstimmt, oder der bald nicht mehr spannende, weil zu oft und zu vielfach sich wiederholende Zuruf des Bentavi (Saurophagus sulphuratus) vom Reisenden vernommen. Wie jener nur in den Campos, so ist dieser nur im Urwaldgebiet zu Hause, und beide Vögel können so ziemlich als Grenzwärter ihrer Bezirke betrachtet werden. —

Auf diese Bezirke zurückgeführt, glaube ich dieselben hier am Schlusse meiner allgemeinen Betrachtung noch schärfer bezeichnen zu müssen.

I. Nordwestliches Urwald- oder Amazonenstromgebiet.

Es begreift die Fläche Süd-Amerika's zu beiden Seiten des Amazonenflusses östlich von der Cordillerenkette in sich und reicht südwärts zur Mitte des Continentes, etwa bis an den 12° S. Br. Gegen die östliche Küste zieht es sich nordwärts zurück, und läßt das ganze Gebiet des Rio St. Franzisco und Rio Parnahyba außerhalb seines Bereiches. Der größere Theil der hierin ansäßigen Thiere ist auf den bezeichneten Raum beschränkt, zur Zeit aber noch sehr ungenügend bekannt, da es an umfassenden Vorarbeiten fast ganz fehlt. Die Bewohner dieses Districtes bleiben auch von meiner Darstellung ausgeschlossen. —

II. Südöstliches Urwald- oder Küstengebiet.

Es reicht ziemlich genau von Pernambuco nördlich bis Porto Alegro südlich, und erstreckt sich landeinwärts bis an die Serra do Mar und ihre Fortsetzungen. Das Flußgebiet des Rio St. Franzisco bis zum Cataract von Paulo Affonso unter 9° S.-Br. und der größere Theil des Flußgebietes vom Rio Parana im Süden liegen außerhalb der terra do mato. Die Organisation dieses Strichs von Brasilien ist uns am besten bekannt, und über sie erstrecken sich die meisten wissenschaftlichen Arbeiten reisender Naturforscher. Für die höhere Thierwelt sind die: Beiträge zur Naturgeschichte Brasiliens v. Maximilian Prinzen zu Wied (Weim. 1825—32. 8. 4 Bde.) die Hauptquelle unserer Kenntniß; der Verfasser, ebenso sorgfältig wie eifrig, bereiste den ganzen Landstrich von Rio de Janeiro bis Bahia, und hat sich in seinem höchst werthvollen Werke ein Denkmal gesetzt, das ihm zur unvergänglichen Ehre gereichen wird. Für die hier zu gebende Behandlung hat sein Buch überall als Grundlage gedient, auf welche ich zu weiterer ausführlicher Kenntnißnahme verweise. —

III. Inneres oder Campos-Gebiet.

Die östliche Grenze desselben liegt am Fuß der Gebirgskette, welche das Küstengebiet vom Innern trennt; seine westliche reicht hinüber bis an die Cordilleren, seine südliche nimmt die ganze obere Hälfte des Stromgebietes vom Rio de la Plata in sich auf. Nordwärts erstrecken sich Aeste der terra dos campos zwischen den Hauptarmen des Amazonenstromgebietes in die nordwestliche Urwaldregion hinein. — Der bezeichnete Landstrich hat seine zahlreichen und großen organischen Eigenthümlichkeiten, aber bis jetzt noch keine umfassende Schilderung seiner thierischen Organisation erhalten. Einen sehr wichtigen Beitrag zur Kenntniß der daselbst ansäßigen Säugethiere geben die Mittheilungen des Hrn. Dr. Lund über die Thiere im Flußthal des Rio das Velhas; viele interessante Entdeckungen hat Natterer gemacht, die vollständigste Behandlung aber haben die Säugethiere und Vögel der südlichsten Spitze durch den vortrefflichen spanischen Naturforscher Don Felix Azara erfahren. Seine Schriften sind ein wahres Muster sorgfältiger Beschreibungen und Beobachtungen. Eine nicht minder werthvolle Arbeit hat Dr. J. C. Rengger über die Säugethiere Paraguays geliefert. Ich werde mich in meiner Behandlung auf diese würdigen Vorgänger beziehen und wenn auch nicht alle von ihnen beobachteten Arten beschreiben können, doch über die meisten wenigstens einige Mittheilungen zu machen im Stande sein. —

Erste Klasse.

Säugethiere. MAMMALIA.

Die Allgemeinheiten des Systems der Thiere wie des Baues der Säugethiere muß ich als bekannt voraussetzen; meine Schrift soll keine vollständige Naturgeschichte der Thiere Brasiliens werden, sondern nur eine Uebersicht der daselbst ansäßigen thierischen Formen geben; alle Klassen-, Familien- und Ordnungs-Eigenschaften werde ich, als hinlänglich an den Thieren unserer eignen Heimath untersucht, hier nicht weiter zu erörtern haben. —

Allgemeine, für die Säugethiere Brasiliens bezeichnende Eigenschaften giebt es nicht; der Typus dieser Geschöpfe bleibt sich in allen Theilen der Erde ebenso gleich, wie er übereinstimmend ist mit den wesentlichen Bildungsverhältnissen der vorhistorischen Perioden; wir treffen überall nur auf äußere Modificationen, nicht auf innere, grundsätzliche Abweichungen. Sollen wir also von den brasilianischen Säugethieren im Allgemeinen reden, so kann füglich nur eine Zusammenstellung derjenigen Formabweichungen des Gesammttypus, welche für das hier zu erörternde organische Gebiet einigermaßen charakteristisch sind, gegeben werden. —

Ich habe auf den nachfolgenden Blättern 132 verschiedene Arten von Säugethieren beschrieben, wovon bei weitem die meisten in den von mir bereisten Gegenden mit Sicherheit nachgewiesen sind. Das ist für einen so kleinen Landstrich von kaum 100 geogr. M. Länge und 50 M. Breite eine sehr große Zahl; sicher aber eine zu geringe, wenn man die beiden von mir aufgestellten Gebiete des Küstenstrichs und des Innern in ihrem gesammten natürlichen Umfange nimmt; in diesem Bereiche wird man ohne alle Ueberschätzung 150 verschiedene Säugethierarten erwarten dürfen. Der Reichthum, welchen die Zahlenangabe ausdrückt, stellt sich erst heraus, wenn man Rücksicht auf die besonderen Umstände des Landes nimmt. Es ist zwar eine weite, aber sehr wenig mannigfaltige Fläche, der höhere Gebirgsregionen abgehen und deren Küste aller eigenthümlichen größeren Meersäugethiere beraubt ist; — den einen Lamatin abgerechnet, welcher noch dazu diesem Gebiete nicht ausschließlich angehört, sondern bis nach Westindien und Florida hinaufreicht. Halten wir Europa dagegen, als die am besten untersuchte Gegend der Erde, und theilen wir dasselbe in die 3 natürlichen organischen Gebiete des hohen Nordens, der Mitte bis zu den Alpen und des südlichen Theiles im Bereich des Mittelmeers ab, so können nur die beiden letzten Districte zusammen etwa mit jenen beiden brasilianischen Gebieten räumlich in Parallele gestellt werden. Dann aber neigt sich die Wagschaale entschieden zu Gunsten Brasiliens hinab; denn Europa besitzt, die dahin eingeführten Hausthiere abgerechnet, gewiß nicht viel über 100, vielleicht 105—106, verschiedene Säugethierarten. —

Wir haben kürzlich eine sehr werthvolle Arbeit über die Säugethiere von Mossambique durch W. Peters erhalten (Reise nach Mossamb. ꝛc. Berlin. 1852. 4.) und können seine Zusammenstellung als den typischen Ausdruck der Fauna des ganzen südlichen Afrika's vom Aequator bis zum Kaplande betrachten. Der Verfasser beschreibt darin 114 verschiedene, ursprünglich einheimische Säugethiere, von denen er die meisten selbst beobachtet hat. Darnach wäre der bezeichnete District Süd-Afrika's nicht so reich, wie ein entsprechender Brasiliens; denn wollen wir auch immer noch ein Viertel der Gesammtmenge als unbeobachtet ansehn, wir würden die Summe von 150 Arten nicht ganz erreichen. Auf keinen Fall ist also Brasilien ärmer an Säugethieren, als jede andere Gegend der Erde; denn mag auch die im mittlern und südlichern Theile angenommene Anzahl von 150 Arten nicht eben sehr groß erscheinen; das Ergebniß würde schlagender und überraschender ausfallen, wenn wir das nordwestliche Urwaldgebiet, die reichste Gegend des ganzen Landes an thierischer Mannigfaltigkeit, mit in Betracht ziehen könnten. Davon aber wissen wir noch zu wenig, um Vertrauen verdienende Folgerungen aus seinen Zahlenverhältnissen ziehen zu können. Sollte sich

z. B. die Gesammtmenge der Bewohner beider Gebiete, wie die der Affen in ihnen verhalten, so würden etwa 20 Arten auf die südliche und 30 auf die nördliche Hälfte Brasiliens fallen, d. h. letztere um ein Drittel reichhaltiger sein, als erstere. Ein solcher Schluß würde sich aber nicht bei allgemeiner Prüfung als ein ganz richtiger ergeben, denn es ist als ausgemacht anzunehmen, daß die Mitglieder anderer Familien von Säugethieren, z. B. der Ferae, der Marsupialia, der Pecora &c., nicht in demselben Verhältniß zu einander stehen. —

Die aufgeführten 132 verschiedenen Arten der Säugethiere vertheilen sich übrigens sehr ungleichmäßig über 9 größere Gruppen; es fehlen also dem brasilianischen Thiergebiet 2 Hauptabtheilungen des ganzen Systems der Säugethiere: die in Amerika seit der Gegenwart als ursprüngliche Bewohner überhaupt vermißten, in der jüngsten vorhistorischen Periode aber vorhanden gewesenen Einhufer (Solidungula), und die Robben (Pinnipedia), von denen bisher kein Mitglied an der Ostküste Süd-Amerika's im Bereiche Brasiliens nachgewiesen ist. Unter den vorhandenen Abtheilungen tritt die überall auf der ganzen Erde am zahlreichsten vertretene Gruppe der Nager (Glires) auch hier am reichhaltigsten auf; ich habe 40 Arten beschrieben, Peters führt in Süd-Afrika nur 24 Arten auf, Europa beherbergt gar nur 20. Süd-Amerika ist also ein sehr reiches Nagergebiet, nicht bloß in Hinsicht auf die Artenmenge, sondern auch auf die Formen; es giebt hier 2 Gruppen (die der Muriformen und Subungulaten), welche außerhalb seiner Continentalfläche nicht weiter vorkommen, wenigstens die zweite gewiß nicht. Nach den Nagern folgen die Fledermäuse mit 30 Spezies. Das ist viel, wenn man bedenkt, wie leicht sich diese Geschöpfe den Nachstellungen des Menschen zu entziehen wissen; aber ohne Zweifel noch lange nicht genug, weil die warme Zone überhaupt reicher an Fledermäusen ist, als die gemäßigte, und doch in Europa fast ebensoviele Spezies mit Sicherheit nachgewiesen sind. Peters kennt nur 18 süd-afrikanische Fledermäuse; offenbar nur deshalb, weil es schwerer hält, Fledermäuse als größere Landthiere sich zu verschaffen. Ziemlich gleichmäßig sind die Raubthiere und Affen in Brasilien vertreten; meine Aufzählung enthält zwar 17 Arten von jenen und nur 12 von diesen, allein ich habe mehrere Affenarten genannt, welche der ganzen Ausdehnung des Küstengebietes angehören, von mir aber nicht wirklich beobachtet wurden. Beide sind im Urwalddistrict zahlreicher und häufiger, als im Camposgebiet; doch scheint eine oder die andere Art der einen von beiden Oertlichkeiten allein anzugehören. Am strengsten dürften sich die Schakalfüchse in Wald- und Feldfüchse sondern. Bei den Katzen findet eine so entschiedene Sonderung nicht statt. Unter den Affen ist keine für die Campos bezeichnende Form nachweisbar, wohl aber fehlen ihnen manche Waldformen, z. B. die Ateles; — besonders ist das nordwestliche Urwaldgebiet durch 4 eigenthümliche Gestalten (die glatthaarigen dunkelen Ateles, die Lagothrix, die langhaarigen Pitheciae und die wollhaarigen Nyctipitheci) sehr ausgezeichnet; keine Art dieser Gruppen berührt das Küstenwaldgebiet. Die beiden für Süd-Amerika überhaupt charakteristischen Gruppen der Beutelratten und Zahnarmen verbreiten sich durch alle 3 Districte ziemlich gleichmäßig, ohne grade überall mit denselben Arten aufzutreten; von jener Gruppe giebt mein Bericht 14 Arten an, von dieser nur 10; bei beiden kommen ausschließliche Campos- und ausschließliche Waldbewohner vor, doch trifft man die Faulthiere nur in den Walddistricten des Camposgebietes, nie auf den wirklichen Campos. Dagegen ziehen die großen Ameisenfresser letztere vor. Höchst eigenthümlich verhalten sich die Widerkäuer; Süd-Amerika hat ostwärts der Cordilleren nur Hirsche aufzuweisen. Das ist von übler Vorbedeutung für den Menschen daselbst gewesen; die Viehzucht wird der Anfang der Cultur, auf den der Ackerbau sich stützt, und ein Land, das keine Milch gebende Hausthiere besitzt, kann nie zu einem gedeihlichen Aufschwunge seine Bewohner verhelfen. Für den Mangel so nutzbarer, dem Menschen fast unentbehrlicher Geschöpfe kann die Anwesenheit von 2 Schweine-Arten und dem einen Tapir nicht entschädigen; sie sind nicht viel werth, denn sie sind eben auch nur Jagdthiere. Die Schweine leben in beiden Districten; der Tapir, den die Brasilianer Anta nennen, nur im Urwalde. Endlich ist außer dem Lamatin kein Flossensäugethier an den Meeresküsten Brasiliens zu Hause; Walfische, welche die Bai von Rio de Janeiro ehedem häufig besuchten, werden jetzt nicht mehr gesehen, der lebhafte Verkehr hat sie längst aus diesen Gegenden verscheucht. —

Genauer genommen vertheilen sich übrigens die 132 verschiedenen Arten von Säugethieren unter 46 Gattungen. Davon kommen 26, also mehr als die Hälfte, bloß im tropischen Amerika und weiter in keinem anderen Theile der Erde vor. Es gehören zu diesen dem Tropengebiete der westlichen Erdhälfte eigenthümlichen Formen zuvörderst alle Affen und unter den Fledermäusen die Blut saugenden Phyllostomen; ferner drei eigenthümliche Raubthiere, Icticyon, Galictis und Nasua. Ersteren kennt man bloß in Brasilien; letztere 2 in allen Gegenden des tropischen Süd-Amerika's. Fast nur in Brasilien sind von den Nagern die Stachelratten zu Hause, während die nicht mit Stacheln begabten Muriformen das Gebiet Brasiliens allseitig überschreiten. Nicht ganz so streng binden sich die kletternden Stachelschweine an Brasilien, sie werden auch in anderen Gegenden der amerikanischen Tropenregion gefunden. Ebendasselbe gilt vom Faulthier, Ameisenfresser und Tapir.

Mit Nord-Amerika hat Brasilien nur 5 ausschließlich amerikanische Genera gemein; es sind das die der Stinkthiere, Waschbären, Beutelratten, Mäuse (Hesperomys) und des Lamatin. Ebensoviele Genera finden sich zugleich in Brasilien und in dem nicht tropischen Amerika südlich vom Rio de la Plata. Dahin verbreiten sich Hydrochoerus, Cavia, Ctenomys, Hesperomys, Dasypus und Dicotyles. —

Nur zwei Fledermäuse: Emballonura und Dysopes, kommen, wie der Tapir, in der östlichen Tropenzone und in Brasilien vor; dagegen finden sich in Brasilien sieben Säugethiergenera, welche gleichmäßig auf der ganzen Erdoberfläche und in allen Zonen angetroffen werden. Es sind das die ächten Fledermäuse (Vespertilio), die Katzen- (Felis) und Hunde- (Canis) Arten; eine Fischotter (Lutra), ein Eichkätzchen (Sciurus), ein Haase (Lepus); endlich die mit den Hunden, Katzen und Fledermäusen am allerweitesten über die Erdoberfläche verbreitete Form der Hirsche (Cervus). Davon besitzt Brasilien vier, vielleicht fünf Arten, Hundearten nur drei, Katzen sogar sechs. Wie viele ächte Fledermäuse es beherbergt, das läßt sich noch nicht bestimmen; ich habe nur 4 Arten beschrieben, was offenbar zu wenig ist. —

Diese kurze Uebersicht der brasilianischen Säugethierfauna möge genügen, um meine Leser auf die Mannigfaltigkeit der thierischen Schöpfung eines so weiten Districtes vorzubereiten; wir werden nunmehr die aufgezählten neun Gruppen im Einzelnen erörtern und bei jeder den besonderen Inhalt einer weiteren allgemeinen Betrachtung unterwerfen. Soviel aber läßt sich schon jetzt aussprechen, daß die Fauna Brasiliens einen selbstständigen Charakter trägt, der zwar den allgemeinsten Verbreitungsgesetzen der Thierwelt sich nicht entzieht, aber doch höchst wesentliche Eigenthümlichkeiten an den Tag legt. Reichthum auf der einen Seite, wie bei den Nagern und Fledermäusen; Armuth auf der andern, wie besonders an nutzbaren Hufthieren; dabei ächt tropisch, wie es das reiche Affenthum anzeigt, und doch ächt amerikanisch, wie die Beutelratten kundgeben. Endlich, was dem südamerikanischen Continent ganz eigenthümlich ist, die Gruppen der Faulthiere, Gürtelthiere und Ameisenfresser, das erscheint uns weniger schön, als abentheuerlich, weniger großartig als drollig. Niemand wird von den organischen Wesen eines Landes grade die vortheilhafteste Vorstellung sich machen, dem das Faulthier als die eigenthümlichste, der Tatu als die solideste Thierform seiner Bewohner sich ankündigt. Und doch sind diese Geschöpfe die wahren Repräsentanten des zoologischen Gebietes von Brasilien. —

Erste Familie.

Affen. Simiae. Bras. Macacos.

Der von mir durchreiste Strich des südlichen Brasiliens ist nicht reich an verschiedenen Affenarten, der Reisende hat nur selten Gelegenheit, andere als die allergewöhnlichsten kennen zu lernen. Auch trägt das scheue vorsichtige Naturell der Thiere dazu bei, sie den Blicken und den Händen der Menschen zu entziehen; die vielfachen Nachstellungen, denen sie, schon ihres schmackhaften Fleisches wegen, an allen reichlicher bevölkerten Orten ausgesetzt sind, hat die Affen ins Innere der weniger von Ansiedlern betretnen dichten Wälder verscheucht und nur dort, an den Ufern größerer Flüsse oder in den ungestörten Waldungen der abgelegneren Nebenthäler, hat man Gelegenheit, Affen selbst zu beobachten. Am leichtesten und häufigsten hört man ihr Geschrei; bald ein klägliches Winseln, das in lautes Pfeifen oder Kreischen übergeht; bald ein dumpfes Gepolter oder Getrommel, mit gellenden Tönen abwechselnd, und stets von sehr unangenehmem widerwärtigen Eindruck. In Gegenden, wo ihnen nicht viel nachgestellt wird, werden sie dreist, kommen in ihren Wäldern bis dicht an die menschlichen Wohnungen heran und lassen dort tagtäglich ihre weitschallende Stimme ertönen. Es sind das gewöhnlich einsam gelegene größere Pflanzungen (Fazenden), deren Besitzer nicht die Jagd- und Schießwuth der gemeinen Brasilianer theilen und darauf halten, daß ihre Leute die Thiere des Waldes, welche dem Menschen grade nicht sehr nachtheilig werden, auch nicht unnöthig stören, vielmehr sich einer gewissen Duldung zu erfreuen haben, die namentlich den Affen neben größeren Dörfern und Städten nie zu Theil wird. Wenn ich an solchen einsamen Orten mein Nachtlager nahm, habe ich oft mehrere Stunden lang das unangenehme Affengeheul in größeren oder geringeren Pausen vernommen; aber selten ist es mir geglückt, die Affen selbst an ihren Sitzplätzen zu belauschen. Die Thiere sind ungemein vorsichtig, sie verkünden den

Kommenden schon aus ziemlicher Ferne und achten sorgfältig auf die Straßen und Wege, welche neben oder durch ihre Wälder sich ziehen. Daher hört man sie sehr oft, besonders in den Vormittagsstunden, wenn man auf den offnen Pfaden in der Nähe von Waldungen reitet; aber man sieht sie fast nie. Sobald der Reiter so nahe gekommen ist, daß der Affe seine Nähe glaubt fürchten zu müssen, schweigt er still, sitzt ohne ein Glied zu rühren hoch oben in der dichtesten Krone des Baumes, kauert sich zusammen und blickt unverwandt mit stierem Auge nach dem Reisenden, auch wenn er ruhig und unbekümmert seine Straße zieht. Macht er aber Halt oder trifft er Anstalten, die Flinte zu richten und die Affen aufzuspüren, so schlüpfen sie leise durch die Baumkronen davon, ohne sich zu verrathen und alles Suchen ist vergeblich. Setzt dagegen der Reiter seinen Weg ohne Rücksicht auf den Affen zu nehmen fort, so folgt er ihm mit den Blicken und stimmt bald sein gelles Gekreisch oder lautes Gepolter wieder an, wenn die Entfernung zwischen ihm und dem Abziehenden groß genug ist. Wie eine Art Hohngelächter drang ihr Ruf noch aus ziemlicher Ferne hinter mir in meine Ohren. Will man die Affen an solchen Stellen belauschen, so muß man seine Begleiter vorauf reiten lassen und allein im Dickigt zurückbleiben, so lange wartend, bis die Affen den Abziehenden nachschreien; dann pflegt man sie öfters zu erkennen. Aber sehr gewöhnlich sitzen sie so hoch in den Baumkronen, daß eine europäische Jagdflinte sie nicht mehr erreicht; man muß sich der langen brasilianischen Spingarden bedienen, um Affen sicher herunter zu holen.

Die Affen leben in kleinen Trupps, vorzugsweise von 3 Individuen: Männchen und Weibchen mit dem Jungen; mitunter halten sich auch 2 oder mehrere Familien zusammen, wo dann ein recht altes Männchen gleichsam den Aufseher spielt und stets am stärksten brüllt, wenn Gefahr herannaht. Sie nähren sich von Baumblättern und Baumfrüchten, besonders von mehlreichen Kernen, aber nicht grade sehr saftigen Beeren. Oefters fallen sie in die Maysfelder ein, welche dem Walde näher liegen und ziehen gern mit ganzen Fruchtkolben ab. Auch Bananen lieben sie sehr. Insekten fressen gern die kleineren Arten, welche überhaupt weder in Trupps leben, noch eine laute Stimme haben, sondern nur winselnde Töne hören lassen.

I.

Affen mit sechs Backzähnen jederseits in jedem Kiefer und breiteren stumpfen Plattnägeln an allen Fingern *).

Von dieser Hauptgruppe der neuweltlichen Affen (Simiae platyrhinae) trifft man 4 verschiedene Gattungen im südlichen Brasilien an, aber nur 2 davon sind häufig. Nach der Bildung des Schwanzes zerfallen sie in drei Gruppen.

1. Affen mit an der Spitze auf der Unterseite nackten Greifschwänzen.

1. Gatt. Ateles *Ill.*

Der Daumen der Vorderhände fehlt ganz, oder ist nur als stummelhaftes Rudiment vorhanden. —

1. Ateles arachnoides *Kuhl.*

A. Wagner in Schreb. Säugeth. Suppl. I. 204. 7. Taf. XXVI. D. — Ders. Münch. Akad. V. 421. 3.

Eriodes arachnoides. *Geoffr.* Ann. du Mus. VII. 25. XIII. 90. pl. 9. XIX. 106. — *Desm.* Mamm. 75.

Gleichmäßig braungelb gefärbt, das Haar wollig gekräuselt; Gesicht schwarzgrau; kein Daumen an der Vorderhand.

Das ist der größte südbrasilianische Affe und als solcher im südlichen Brasilien allgemein bekannt; nach Natterer führt er in St. Paulo, wo er besonders zu Hause ist, den Namen Mono-Buriquim. Sein starker Körperbau, seine auffallend langen Arme, der dicke vorragende Bauch, das dichte, weiche gekräuselte Wollhaar, welches am Kopf kürzer ist und denselben klein erscheinen läßt, endlich das schwarz-

*) In der Beschreibung der Affen habe ich mich kurz gefaßt, weil diese Gruppe neuerdings mehrfach bearbeitet worden ist; besonders hat Hr. A. Wagner in den Abh. d. K. Bayer. Akad. zu München sich weitläuftig über die Brasilianischen Affen verbreitet; zuerst II. Bd. S. 447 über ihre Osteologie und dann V. Bd. S. 407 über ihre Artunterschiede. Er führt hier 48 Species auf, von denen aber die meisten den nördlichen Gegenden im Gebiet des Amazonenstromes angehören. Süd-Brasilien ist arm an Affen, ich habe nur 4 Arten selbst beobachtet und glaube nicht mehr als 8—10 einheimische Species daselbst annehmen zu dürfen.

graue nackte Gesicht und der spurlos verschwundene Daumen machen die Art leicht kenntlich. Ein weibliches Exemplar unserer Sammlung zeigt folgende Eigenschaften. —

Der Körper ist mit leicht wellenförmig gekräuselten weichen Haaren dicht bedeckt, nur das Gesicht, die Kehle, die Oberbrust, Achseln, Hand- und Fußsohlen nebst der Aftergegend und untern Schwanzspitze sind nackt und alle diese Theile schwärzlich braungrau gefärbt. Die Haare haben eine gräuliche, braungelbe Farbe, sind nach unten etwas dunkler, gegen die Spitze heller; die Arme von der Mitte des Oberarmes an, die Beine von der Mitte des Schenkels und der Schwanzrücken zeigen den hellsten, gelblichsten Ton; der Scheitel, Nacken, Oberrücken, die Schultern und Brustseiten sind bräunlicher; die Aftergegend, Oberschenkel und Schwanzbasis röthlicher gefärbt; der Bauch und die Unterseite des Schwanzes sind kürzer behaart und dieser ist am Ende wirklich nackt. Die Ohren sind klein, im Pelze versteckt; die Hände ungemein schmal, wegen des völlig fehlenden Daumens, und die 4 anderen Finger lang, bis zur Spitze behaart, mit starken aber schmalen, wenig kuppigen, fast krallenförmigen Nägeln. An den hinteren ist die Behaarung noch länger, die Fingerbildung aber relativ kürzer, der vollständige Daumen stark und breiter, als die Finger, aber nicht grade lang. Rund um den After ist die Haut 1 Zoll breit nackt, auch am Schwanz, aber ein dicht behaarter Streif zieht sich an ihm auf der Mitte zum After hin; neben ihm sind die Haare kurz, anliegend, erst nach oben werden sie länger, weicher, wollartig abstehend. Die starke vorragende vordere Spitze der Vulva ist dicht dunkelbraun behaart, die Haare des Gesäßes zu beiden Seiten daneben sind am röthlichsten gefärbt. Kopflänge 5 Zoll, Hals 2 Zoll, Rumpf 13 Zoll, Schwanz 31 Zoll; Oberarm 7 Zoll, Vorderarm 8 Zoll, Hand $5\frac{1}{2}$ Zoll; Oberschenkel $6\frac{1}{2}$ Zoll, Unterschenkel 8 Zoll, Hinterhand $6\frac{1}{3}$ Zoll, nackter Schwanzstreif 11 Zoll. —

Anm. Ich habe zwar kein Exemplar dieser Art auf meiner Reise getroffen, allein dennoch das mir vorliegende, welches schon im Jahre 1824 vom Berl. Mus. erworben wurde, ausführlich beschrieben, um die höchst geringen Unterschiede von der folgenden Art desto besser hervorheben zu können. —

2. Ateles hypoxanthus *Pr. Max.*

Pr. Max. z. Wied. Beitr. z. Naturg. Bras. II. 33. 1. — Abbild. z. Naturg. Brasil. Fig. 1, u. Reise I. 92.

A. Wagner, Schreb. Suppl. I. 202. 6. — Ders. Münch. Akad. m. phys. Cl. V. 424. 4.

Brachyteles macrotarsus *Spix.*, Sim. Bras. 36. t. 27.
Eriodes tubifer. *Is. Geoffr.* Dict. class. XV. 145.

Gleichförmig hellgelb gefärbt, das Haar wollig; das Gesicht fleischfarbig, die Vorderhände mit Daumenrest. —

Diese Art gleicht im äußeren Ansehn der vorigen völlig, scheint aber etwas kleiner zu sein, namentlich der Schwanz kürzer; sie bewohnt die Küstenstrecke von Rio de Janeiro nördlich bis Bahia und verläßt das Waldgebiet so wenig, wie die vorige; dort wird sie nur großer Affe (macaco grande) genannt, weiter nördlich Mono-Miriki oder Muriki. — Das Haarkleid ist wie bei der vorigen Art beschaffen und vertheilt, aber viel heller gefärbt; die alten Weibchen spielen mehr ins Graue, die Männchen mehr ins Gelbe; die Jungen sind schmutzig gelbgraubraun. Ihr Gesicht hat anfangs eine dunkle schwarzbraune Farbe, wird allmälig heller, in der Mitte fleischroth, am Umfange grau; über den Augen stehen einige lange, steifere, schwarzbraune Haare. Kehle und Brust sind nackt, die Brustwarzen bei säugenden Weibchen sehr lang; bis ans Ende des Brustbeins nimmt das Haarkleid wenig zu, dann wird es schnell dicht und lang, bis zur Aftergegend, welche ringsum nackt ist, wie bei der vorigen Art; auch der hellfarbige Hodensack nimmt an der Nacktheit Theil, dagegen hat die Ruthenscheide und die Vulva am Vorderende eine dichte Haarbekleidung. Besonders auszeichnend wird die Anwesenheit eines zweigliedrigen aber nagellosen Daumens an den Vorderhänden, von $1/_{6}$ der Handlänge; er ist nicht zu übersehen und bildet den besten Artcharakter. Das etwas größere Weibchen zeigt folgende Dimensionen: Kopf und Rumpf $20^1/_2$″, Schwanz 28″, ganzer Arm $21^1/_2$″, ganzes Bein $20^1/_6$″, Vorderhand 6″, Hinterhand $6^3/_4$″, Vorderdaumen $11^1/_2$‴. —

Der sogenannte große Affe hält sich gegenwärtig mehr in den Thälern der Serra, als in den weiten Niederungen auf; der Prinz z. Wied traf ihn an der Küste bei Cabo frio, dann mehr landeinwärts am Parahyba und weiter nördlich am Belmonte und in der Provinz Bahia. Ich habe kein Exemplar mitgebracht, aber einen schönen männlichen Balg untersucht bei Hrn. Beske in Neu-Freiburg, der von einem kurz vor meiner Ankunft in der dortigen Umgegend erlegten Thiere stammte. Später (im December) stieß ich auf eine Familie im Thal des Parahybuna bei Juiz de Fora und beobachtete sie längere Zeit, da es mir gelang, sie zu beschleichen; aber ihr Sitz war zu hoch für meine Flinte, ich mußte die Affen ruhen lassen. Ihre Bewegungen waren nicht schnell, sie kletterten langsam in der Krone umher und schienen mit Früchte ablesen eifrig beschäftigt zu sein, besonders das halbwüchsige Junge. Ihre Stimme war weit vernehmlich, aber nicht ganz so kreischend, wie die der Cebus, mit deren Tönen sie in der Hauptsache übereinstimmte. An jenem Exemplar fand ich folgende Maaße: Länge des Kopfes und Rumpfes 1′ 7″, Länge der Arme mit der Hand 1′ 8¾″, Länge des Beines 1′ 6½″, Länge des Schwanzes 2′ 1¼″. —

2. Gatt. Mycetes *Ill.*

Der Daumen der Vorderhände ist vollständig ausgebildet; der Kopf sehr dick mit hohem Unterkiefer, der einen starken Baart trägt.

1. Mycetes fuscus, *Geoffr.*

Geoffr. Ann. du Mus. etc. XIX. 108. —
Spix. Sim. Bras. t. 30.
A. Wagner Münch. Acad. m. ph. Cl. V. 409. 1.
M. ursinus *Pr. Max.* Beitr. II. 48. 1.

Männchen hellbraun, Weibchen schwarzbraun; ein starker Baart am Kinn, besonders bei jenem.

Der Brüllaffe, welcher die Wälder der Provinz von Rio de Janeiro und die benachbarten Theile des Küsten-Waldgebietes bewohnt, heißt bei den Brasilianern dieser Gegend allgemein Barbado; weiter nördlich wird er Guariba oder Ruiva genannt. Er ist von gedrungenem kräftigen Körperbau, hat ein dichtes ziemlich derbes und langes Haarkleid, das rund um das Kinn einen starken Baart bildet, kürzere Gliedmaßen mit vollständigem Daumen an den vorderen, und einen relativ kürzern, am Ende auf der Unterseite mit einer nackten schwieligen Stelle versehenen Schwanz. In seiner Gesichtsbildung ist er durch die sehr breite Nase mit weit offenen Nasenlöchern kenntlich gemacht; die nackte Kehle ist kropfartig aufgetrieben, wegen der eigenthümlichen verknöcherten Kapsel, worin der Körper des Zungenbeins dieses Affen sich ausdehnt.

Der Barbado liebt die dichtesten Waldungen und meidet sorgfältig die Nähe der Menschen; er lebt in Trupps von 3—10 Individuen und ist an dem eigenthümlichen, lauten, trommelnden Geheul, das sich nur schwer beschreiben läßt, schon aus weiter Ferne leicht zu erkennen. Ich habe dasselbe auf meiner Reise in den wilden Gegenden am unteren Rio da Pomba fast täglich zu wiederholten Malen gehört, aber nie eine Familie belauschen können; denn der Brüllaffe ist vorsichtiger, als alle anderen Arten. Ebenso selten sieht man ihn gezähmt in den Händen der Ansiedler; doch versichert der Prinz z. Wied, daß der Guariba, jung eingefangen, sehr zahm und bald durch seine große Zutraulichkeit dem Besitzer lästig werde. Ich erhielt nur einmal in Brasilien Gelegenheit, das Thier genauer zu beobachten; es wurde ein Trupp von 5 Individuen in der Gegend von Neu-Freiburg Anfangs Februar aufgebracht und mir von Hrn. Beske zur Untersuchung überlassen; er bestand aus 1 Männchen, 2 Weibchen und 2 halbwüchsigen Jungen; das andere Männchen, wahrscheinlich das älteste, entschlüpfte den Jägern.

Das Männchen hatte eine dunkel röthlichbraune Lederfarbe, und spielte in gewisser Richtung selbst ins Goldgelbe; den hellsten gelben Ton zeigten die Spitzen der langen Rückenhaare; nach unten wurden die Haare dunkler, brauner, wodurch sich der hellere Theil ziemlich scharf absetzte; sein Baart war stark und so lang, daß er die fast faustgroße Kehlpauke von vorn völlig bedeckte; das nackte Gesicht hatte eine dunklere schwärzliche matte Farbe, die Hände waren inwendig schwielig, schwarzbraun, die Nägel ziemlich schmalkuppig, glänzend schwarzbraun, die hinteren etwas länglicher; die Finger ziemlich stark und dick; die nackte Schwiele am Schwanz glich der Handfläche. Das hier ziemlich lange Haarkleid stand auf dem Rücken sehr dicht, wurde aber gegen den prallen, dicken Bauch und die Brust so klar, daß man dort die Haut durchschimmern, hier gar keine Haare mehr sah; Arme, Beine und Schwanz waren mit kürzeren Haaren außen dicht bekleidet, innen besonders Oberarm und Schenkel fast nackt, die Hände sind außen noch kürzer behaart. Der Rumpf mit dem Kopf maaß 1′ 9″, der Schwanz 1′ 10″, der Arm mit der Hand 1′ 2″, das Bein 1′ 3″.

Das Weibchen glich dem Männchen in der Größe, war aber dunkel schwarzbraun von Farbe, mit einzelnen zerstreuten röthlich gelben Haarspitzen, die ihm in gewisser Richtung betrachtet ein helleres Ansehn gaben. Durch die viel geringere Größe des Trommelapparates an der Kehle und den kürzeren Baart war es ebenso leicht vom Männchen zu unterscheiden. Beide Exemplare hatten nicht ganz gleiche Farbe, das eine erschien reiner schwarzbraun, das andere etwas röthlicher gemischt.

Die beiden jungen Thiere waren nicht größer als eine Hapale, aber schon sehr gut an dem dickeren Kopf kenntlich. Ihr Haarkleid, kürzer und weicher als das der alten Thiere, war braun, aber unrein, mit einem Anflug von grau, matt, ohne den Glanz, welcher den alten Individuen eigen ist. Röthliche Haare bemerkte ich nicht darunter; der Baart war angedeutet und machte sich schon ganz gut bemerklich. Schwanz und Gliedmaßen waren relativ kürzer und schwächer als bei den Alten. —

2. Mycetes ursinus *aut.*

Geoffr. Ann. du Mus. XIX. 108. — *Kuhl.* Beitr. I 29.
A. Wagn. Münch. Acad. ph. math. Cl. V 410.
M. seniculus *Geoffr.* ibid. 107.

Pelz einfarbig rothbraun bei beiden Geschlechtern, beim Männchen heller, am Rücken goldgelb. —

Der rothbraune Brüllaffe galt in Deutschland nur für Abänderung des vorigen, bis A. Wagner, auf Natterers Erfahrungen gestützt, ihn davon wieder trennte und durch die Einfarbigkeit seines Haares, das nicht, wie bei jener, einen dunklen und hellen Absatz besitzen soll, unterschied. Dieser, der ächte M. ursinus, soll nur im nördlichen Brasilien, in Minas, Bahia, Ciara, zu Hause sein; jener der braunfarbige, um Rio de Janeiro, in St. Paulo und den südlichen Gegenden sich finden. Ich sah in Minas ein männliches Exemplar des Barbado, welches Hr. Dr. Reinhardt besaß, und das war röthlich gelbbraun gefärbt; da ich aber die nähere Untersuchung nicht vorgenommen habe, so kann ich über seine specifische Differenz keine bestimmte Meinung abgeben. So viel aber ist gewiß, daß auch bei M. fuscus, wie ich ihn bei Neu-Freiburg kennen lernte, die Färbung des Männchens heller ist, d. h. ins Gelbe oder Rothbraune spielt und keineswegs bloß braun genannt werden könnte.

Anm. 1. Geoffroy's M. seniculus von rothbrauner Farbe mit goldgelbem Rücken, stimmt völlig mit dem Exemplar unserer Sammlung überein: einem Männchen, das vom Berliner Museum vor Jahren erworben wurde. Auch das mir in Lagoa santa gezeigte männliche Individuum hatte ziemlich denselben Farbenton. Indessen ist bei dem Ex der Sammlung ein hellerer gelber Ring vor der schwärzlichen Spitze des übrigens braunen Haares nicht zu verkennen, wonach, da nur bei M. fuscus jedes einzelne Haar geringelt sein soll, das Individuum zu dieser Art gehören würde, wogegen indessen seine völlig rothbraune Färbung spräche. Mir scheint darum die Trennung der beiden Arten M. fuscus u. M. ursinus (c. M. seniculo) noch keineswegs vollständig gerechtfertigt zu sein.

2. Eine von beiden vorigen verschiedene Art ist der: Mycetes Caraya *Desm.* — *Rengg.* Säug. v. Parag. 13. — Stent. niger. *Geoffr. Kuhl. Pr. Max.* Beitr. etc. II. 66. 2. — M. barbatus *Spix* tab. 32. 33. — Azara, Quadrup. II. 169. 61.

Bei ihr ist das alte Männchen ganz schwarz, die Weibchen und die jungen Thiere graugelb gefärbt; während die nackten Theile eine dunkle schwarzgraue Farbe behalten. Sie wurde vom Prinzen zu Wied in Sartong der Provinz von Bahia aufgefunden und möchte im Norden von Minas vorkommen können. Spix fand den Affen am Solimoes, Natterer besonders in Mato grosso; Azara und Rengger trafen ihn noch viel südlicher in Paraguay bis zum 28° S. Br.

2. Affen mit völlig behaartem Wickelschwanz.

3. Gatt. Cebus *Erxl.*

Die große Verwirrung, welche über die Zahl und Grenze verschiedener Arten innerhalb dieser Gattung herrscht, glaubte A. Wagner dadurch zu lösen, daß er, auf Rengger's Beobachtungen über die Farbenveränderungen seines Cay (Cebus Azarae) gestützt, sie alle in eine Art zusammenzog. Hierin ist er, wie schon v. Tschudi in der Fauna peruana hervorhob und Wagner selbst anerkannte, sicher zu weit gegangen, schon die bloße Beachtung der von ihm zwar nicht ganz richtig angegebenen (Schreb. Säugeth. Suppl. I. S. 6) Verschiedenheit der Wirbelzahl im Rumpftheile des Skelets der Cebus-Arten hätte ihn davon abhalten sollen; allein richtig bleibt darum doch Rengger's Beobachtung, daß die Cebi mit zunehmendem Alter ihr Haarkleid wie ihre Farbe sehr verändern und allgemein ausgedrückt aus helleren, matteren Tönen mit kürzeren Haaren allmälig in dunklere, schärfere und reinere Farbentöne des im reiferen Lebensalter längeren Haares übergehen. —

In dem von mir bereisten Theile Brasiliens kommen 2 sehr ähnliche Arten neben einander vor, freilich wohl nicht in derselben Gegend, sondern nur in benachbarten Districten; beide nehmen mit zunehmendem Alter eine dunklere, vollere Farbe an und erhalten nach und nach ein viel längeres, dichteres, fast buschiges Haarkleid; besonders die Kopfhaare verlängern sich zu aufrechten Büscheln und der Schwanz bekommt ein buschigeres Ansehn. Diese beiden Arten werde ich ausführlich beschreiben.

1. Cebus Fatuellus *Linn.*

Linn. syst. Nat. I. 43. — *Pr. Max.* Beitr. II. 76. 1.
Fr. Cuv. et *Geoffr.* Mamm. I. tb. 30 Le Sajou cornu male.

Junge Thiere.

S. Apella *Linn.* syst. Nat. I. 42. — *Fr. Cuv.* et *Geoffr.* Mamm. I. tb. 26. Le Sai fem.

Schwarzbraun, das Gesicht gries behaart, an den Seiten weißlich eingefaßt; junge Thiere an der Brust, dem Oberarm, Bauchseiten und z. Th. an den Schenkeln gelblich. Schwanz kürzer. 14 Rippen und 6 Lendenwirbel.

Dies ist die gewöhnlichste Art der Brasilianischen Affen in der Provinz von Rio de Janeiro, man sieht aber viel mehr jüngere, kaum oder eben erwachsene Thiere, als recht alte mit langem ausgebildetem Haarkleide.

In der Jugend hat der Affe mehr eine gelbbraune, als schwarzbraune Farbe; nur die Stirn, der Scheitel, Backenbaart, der Vorderarm mit der Hand, die Beine und der Schwanz sind schwarz; die Schenkel schon mehr braun, der Rücken gelbbraun, Schultern, Oberarm und Brust mehr oder weniger gelb. Das Gesicht ist graubraun, nicht fleischfarben; überall mit feinen, rückwärts gewendeten greisen oder falben Haaren besetzt, die nach den Wangen zu immer länger werden. Nur der Nasenrücken und die Augenlieder sind nackt, die Augenbraunen aber schwarzhaarig. Rund um das Gesicht zieht sich von der Kehle ein schwarzer, abstehender aber kurzer Baart herauf, der sich über dem Ohr als abstehender Haarkamm weiter erstreckt und im Nacken verliert; die Scheitelhaare dazwischen liegen glatt an, sind ebenso glänzend schwarz, und diese Farbe erstreckt sich auf die Stirn, allmälig schmäler werdend, bis fast zum Nasengrunde. Die Ohrmuschel ist innen mit langen, abstehenden braunen Haaren besetzt. Im Nacken wird das Haarkleid brauner und nach den Seiten zu immer heller, gelblicher; indem jedes Rückenhaar am Grunde graubraun, dann gelblich, zuletzt röthlich schwarzbraun gefärbt ist; in der Mitte des Rückens herrscht der schwarze, an den Seiten der gelbliche Ton vor; die Brust, der Bauch, die Weichen und Schenkel innen sind plötzlich abgesetzt sehr sparsam behaart, fast nackt, die Haare gelbgraubraun gefärbt. Außen auf dem Arm ist von der Schulter bis über den Ellenbogen hinab der gelbe Ton herrschend und manche Exemplare sind in der Mitte des Oberarms ganz gelb; die Hälfte des Vorderarms, die Hand, der Unterschenkel, der Fuß und der Schwanz haben stets eine einfach schwarze Farbe; die Zehen sind kürzer und spärlicher behaart. — Diese jungen Exemplare haben die Größe einer kleinen Katze und zeigen folgende Dimensionen. — Kopf vom Kinn zum Scheitel $3\frac{3}{4}$—4″, Rumpf vom Nacken zum Schwanz $14\frac{1}{2}$—15″, Schwanz 14—$14\frac{1}{3}$″; Höhe des wagrecht stehenden Thieres $10\frac{1}{2}$—11″. —

Der alte ausgewachsene Affe ist ganz einfarbig schwarzbraun, sein Haar glänzt sehr stark, steht allseitig ab und giebt dem Thier ein zottiges bärenartiges Ansehn. Von den weißlichen Haaren des Gesichtes ist wenig zu sehn, nur an den Seiten der Backen hält sich vor dem Baart ein weißlicher Strich, der in der Mitte am breitsten ist. Die Haare der Stirn und des Scheitels stehen alle aufrecht und bilden an jeder Seite einen stumpfen Höcker; der ganze Körper hat einen dunkelschwarzbraunen Ton, der besonders an den Armen, Beinen und dem lang buschigbehaarten Schwanz sehr dunkel ist; die Hände und Füße sind fleischiger, erscheinen aber doch klein, wegen des viel längeren Pelzes. — Ich sah ein solches altes männliches Individuum mit starken Eckzähnen bei einem Pflanzer lebend, der es über 10 Jahre besessen hatte und die allmälige Umwandlung der Farbe und Länge des Haarkleides mir ganz gut anzugeben wußte. Wie ich das kräftige Thier auf seinem Pfahl, an dem es mit einer langen Kette befestigt war, so vor mir sitzen sah, den Schwanz um die Beine gelegt und die Hände auf den Knieen haltend, glaubte ich im ersten Augenblick einen jungen Bären zu bemerken, denn fast so groß erschien der Affe in seinem langen Haarkleide; er fletschte von Zeit zu Zeit die Zähne und steckte dabei stets die turgescirende Ruthe mit der breiten pilzförmigen Eichel hervor. Man warnte mich, ihm nicht zu nahe zu kommen; er sei tückisch und beiße gefährlich. Die Haarkegel seines Kopfes waren nicht sowohl tief getrennt, als das ganze Scheitelhaar hoch aufgerichtet; es glich mehr einem hohen, in der Mitte vertieften Toupet, als Hörnern, und gab dem Gesicht ein sehr langgezogenes Ansehn. Ganz alte Weibchen habe ich nicht gesehen. —

Die hiesige Sammlung bewahrt 2 junge weibliche Exemplare, die aber schon im völligen Besitz ihres ganzen Gebisses sind. Der Schädel unterscheidet sich von dem der folgenden Art merklich durch höher aufgeworfene, weit über die Stirn hervortretende Orbitalränder, eine schmälere Nase und einen etwas kürzeren Hinterkopf. Der Brustkasten zeigt keinen Unterschied, von den 14 Rippenpaaren sind 9 wahre, 5 falsche und die 2 letzten ganz frei; die letzte Rippe ist fast ebenso lang wie die vorletzte und völlig so breit. Lendenwirbel sind 6 (sechs) vorhanden, Kreuzwirbel 3, Schwanzwirbel 23. Der kräftige Oberarmknochen hat 4″ Länge, der Oberschenkel über $4^3/_4$″. —

Anm. Ich habe nur die Schriftsteller angezogen, welche mit Sicherheit zu meiner Art gehören; die beiden Bilder in der Hist. nat. d. Mammif. sind sehr schön und das jüngere Thier scheint schon ziemlich vorgerückten Alters zu sein. Die Abbildung des Prinzen zu Wied von seinem Cebus cirrifer Taf. 4 paßt gut zu dem Männchen, welches ich lebend sah, nur waren die weißlichen Stellen des Gesichtes bei ihm viel schmäler; die Beschreibung a. a. O. S. 79 4. scheint mir eher auf ein junges, als auf ein altes Thier hinzudeuten. Der von Spix Sim. et Vesp. Bras. Taf. VI. abgebildete Cebus cucullatus ist wohl sicher ein junges Thier dieser Art; mit der folgenden hat er, wenn anders das Bild getreu ist, was der Fall zu sein scheint, wenig gemein. —

2. Cebus robustus *Pr. Max.*

Beitr. z. Naturg. Bras. II. 82. 2.
v. Tschudi Fn Peruana 41. 1.
alt:
Cebus cirrifer *Geoffr.* Ann. d. Mus. XIX. 110.

Dunkelrothbraun, das Gesicht greis behaart, die Backen weißlich; Arme, Beine und Schwanz schwarz; das junge Thier klarer, röthlicher; Schwanz länger. 14 Rippen und 5 Lendenwirbel. —

Nach 2 Exemplaren der hiesigen Sammlung, von denen das eine ein junges vor dem Durchbruch des letzten Backzahnes, das andere ein ganz altes weibliches Individuum ist, glaube ich die Artrechte des von dem Prinzen zu Wied unter obigem Namen beschriebenen Affen aufrecht halten zu müssen. —

Cebus robustus gleicht im Totalansehn der vorigen Art, ist aber etwas kleiner im Körper, wodurch der Kopf relativ größer erscheint. Das junge Thier ist nirgends gelblich gefärbt, sondern überall schwärzlich braun; nur am Rumpf geht die Farbe je mehr nach hinten um so deutlicher in rothbraun über und ist endlich an den Schenkeln und dem Steiß schön hell kastanienroth. Dabei haben die Haare eine größere Länge und es erscheint somit der Unterschied in der Behaarung des Rückens und Bauches, der Außenseite und Innenseite der Gliedmaßen noch viel auffallender. Jedes Haar ist unten graubraun, dann hellrothbraun, zuletzt schwarz. Das Gesicht hat dieselbe spärliche weißliche Behaarung, welche sich auch über die ganze Stirn ausdehnt und besonders an den Backen reichlicher ist; die schwarze Scheiteldecke beginnt mehr gradlinigt am Stirnrande und spitzt sich nicht so lang gegen die Nase hin zu; die aufgerichteten Haarreihen über dem Ohr sind kürzer; dem Oberarm fehlen gelbe Haarringe ganz, nur sehr schwache Spuren eines röthlichen Tones sind da; die Kehle und die Brust sind sparsam graubraun behaart, der Bauch trägt lange fuchsrothe Haare; Vorderarm, Hände, Unterschenkel, Füße und Schwanz sind schwarz. —

Das alte Weibchen hat eine ähnliche Farbe, aber die klaren rothen Töne des Kreuzes und Unterrückens haben sich in eine dunkle röthlich braune Farbe verwandelt, welche aufwärts bis zum Nacken reicht; dagegen ist die weißliche Farbe der Stirn und Backen klarer geworden; alles andere ist schwarz und die Stirn wie Scheitelhaare stehen völlig aufrecht. Die Gegend um das Ohr hat einen greisen Ton, die langen Haare im Ohr sind schwarzgrau, die starke behaarte Brust hat einen gelblich grauen, der Bauch einen schwarzgrauen Ton. Der Backenbaart ist breiter und stärker, als beim jungen Thier, besonders auch unter dem Kinn, und völlig schwarz.

Das Skelet beweist das reife Lebensalter des Individuums sehr klar; es ist ausnehmend gut erhalten, hat 14 Rippenpaare, aber nur 5 (fünf) Lendenwirbel, und einen viel feineren, schwächeren Knochenbau. Die 3 letzten Rippen sind frei, die allerletzte ist sehr viel zarter und kürzer als die vorhergehende. Am Schädel ist der arcus superciliaris völlig verstrichen, der Augenrand geht unmittelbar in die Stirn über, was übrigens nur weiblicher Geschlechtscharakter sein dürfte; die Nase ist relativ breiter und das Hinterhaupt ragt mehr hervor; der Oberarmknochen hat nur $3^2/_3''$, der Oberschenkel $4^1/_3''$ Länge; das Kreuzbein besteht aus 3, der Schwanz aus 24—25 Wirbeln. — Am ausgestopften Thier finde ich folgende Maaße: Kopf vom Scheitel zum Kinn $3^1/_2''$, Rumpf vom Nacken bis zum Schwanz 14″, Schwanz 16″. —

Nach den Angaben des Prinzen zu Wied bewohnt diese Art die Gegenden nördlich von der Provinz Rio de Janeiro am Rio St. Matthäus; die Heimath unsrer beiden Exemplare ist nicht näher angegeben.

Anm. 1. Da in der Beschreibung von Geoffroy's Ceb. cirrifer die rothbraune Farbe des Rückens hervorgehoben wird, so muß sie zu dieser Art gebracht werden; der ächte C. Fatuellus (C. cirrifer *Pr. Max*) ist nie rothbraun, sondern stets gelbbraun oder schwarzbraun gefärbt. Spix, der die Küstengegend nördlich von Rio de Janeiro bis Bahia nicht berührt hat, konnte deshalb diese Art nicht beobachten; dagegen brachte er die in der Nähe von Bahia auftretende ganz gelbe oder gelbbräunliche Art mit schwarzem Scheitel und fleischfarbnem Gesicht heim. Das ist der C. flavus *Geoffr. Pr. Max* Beitr. II. 101. 5, den neuerdings A. Wagner als C. gracilis *Spix* Sim. tb. 8. ausführlicher besprochen hat (a. a. O. V. S. 426). Er ist eine gute Art, wozu auch le Sajou male *Fr. Cuv.* et *Geoffr.* H. nat. d. Mamm. I. tb. 28. gehört. Alle Exemplare, die ich gesehen habe, sind von Jugend auf hellgelbbraun mit schwarzem Scheitel, und diese Farben werden mit zunehmendem Alter des Thieres um so klarer und reiner. —

2. Eine vierte brasilianische Art ist Ceb. Monachus *Linn.* le Sai à grosse tête *Fr. Cuv.* et *Geoffr.* H. nat. d. Mammif. I. tb. 31. — C. xanthosternus *Pr. Max* Beitr. II. 90. 3 — C xanthocephalus *Spix* tb. 3. — Der kurz und glatt anliegend behaarte Kopf mit dem gelbgrauen Scheitel neben dem fleischfarbnen Gesicht und schwarzen, schmalen Backenbart unterscheiden sie leicht von den 3 anderen Arten. Hals, Nacken, Brust, Oberarme und Oberrücken sind gelb, letzterer schon schwarzbraun melirt, indem die Haare dunkle Spitzen bekommen; Vorderarm, Hand, Hinterrücken, Beine und Schwanz sind schwarz. Ihre Heimath scheinen die waldigen Gebiete der ganzen Ostküste von St. Paulo bis Ciara zu sein. —

3. Affen mit schlaffen Schwänzen, die nicht sich einrollen oder wickeln können.

4. Gatt. Callithrix *Illig.*

1. Callithrix personata.

Pr. Max. z. Wied. Beitr. II. 107. u. Dess. Abb. Taf. 5. — *Spix.* Sim. Bras. 18. t. 12.
Wagn. Schreb. Suppl. I. 229. 1.

Gelbgrau, das Männchen röthlicher; Kopf, Kehle und Hände schwarz.

Dieser kleine Affe hat den zierlichen Körperbau der Hapale-Arten, denselben kleinen Kopf, die relativ größeren Augen und den schlaffen Schwanz, unterscheidet sich aber durch ein bemerklich längeres Haarkleid, die breiteren, noch kuppigen Nägel und die Zahl der sechs Backzähne von ihnen. In der Jugend ist der Affe von brauner Farbe, aber die äußere Hälfte der ziemlich langen Haare des Rückens und des Schwanzes haben einen fahlgelben Ton, so daß überall unregelmäßige hellere Querwellen, besonders am Schwanze, entstehen; das Gesicht, die Kehle und die Kopfhaare bis zum Nacken sind am dunkelsten, fast schwarz; Hinterkopf, Brust, Bauch, Innenseite der Oberschenkel zeigen ein helleres, gelblichbraunes Colorit und auf den Händen bemerkt man kurze weißliche Haare, besonders an den Fingern. Mit zunehmendem Alter wird das Haarkleid länger, die Farbe allgemein heller; beim Männchen geht sie allmälig in ein falbes Rothbraun über, das am deutlichsten am Rücken, den Seiten und der Außenfläche der Gliedmaßen sich zeigt; der Kopf bleibt schwarzbraun, wie die Hände und die Innenseite der Arme, nur den Nacken umgiebt ein helleres am Hinterkopf emporgezogenes, bisweilen fast weißes Band; der Schwanz neigt zu einem gelbrothen Ton auf der Oberseite, unten ist er fahlgrau. Das Weibchen ist nicht so röthlich, sondern mehr fahlgelblich gefärbt, selbst weißgrau an den hellsten Körperstellen, zumal an Brust und Bauch; auch fehlt ihm die hellere Nackenbinde gänzlich und der Schwanz hat einen röthlichen Ton. Ausgewachsene Thiere sind im Rumpf und Kopf 1 Fuß lang, oder etwas darüber, der Schwanz mißt anderthalb Fuß; die Länge des Armes beträgt nicht ganz 8 Zoll, die des Beines beinahe 11 Zoll.

Der Sahuassu, wie man das Thier in seiner Heimath nennt, bewohnt die Küsten-Waldungen und benachbarten Gebirgsdistricte der Provinz von Rio de Janeiro, und verräth sich durch seine starke Stimme, die dem Geheul der Brüllaffen ähnelt; er ist ein friedliches, zutrauliches Geschöpf, das sich bald zähmen läßt und in seinem ganzen Naturell mehr Aehnlichkeit mit dem Hapales als mit dem Cebus zu haben scheint; auch sein Haarkleid zeigt deren Charakter, obgleich es ziemlich lang ist und der Schwanz gleicht durch die nicht buschige Behaarung dem der Hapales völlig.

2. Callithrix nigrifrons *Spix*.

Spix Sim. Bras. pag. 21. tb. 15.
Wagner, Abh. d. Münch. Acad. V. 447. 2.

Pelz sehr zottig, bräunlich gefärbt; eine Binde quer über die Stirn des dicken Kopfes und die Hände schwarz.

Der vorherrschende Farbenton ist ein lichtes Braun, mit graugelbem oder rostrothem Anfluge; die Haare der Oberseite sind schwarzbraun und licht fahlbräunlich geringelt, doch ist die Ringelung nicht eben deutlich; gegen die Handwurzel hin nimmt der dunkle Ton zu und die Hände selbst sind ganz mit schwarzen Haaren bedeckt. Die hinteren Gliedmaßen fallen gewöhnlich abwärts mehr ins licht Rostrothe, das auch noch theilweis den Mittelfuß bedeckt, während die Finger auch der hinteren Hände glänzend schwarz sind. Die Stirn ist von einer zollbreiten, glänzend schwarzbraunen Binde bedeckt, welche scharf gegen die licht graugelbe Farbe des Kopfes absticht; in der Binde sind die Haare fast einfarbig schwarzbraun, nur am hinteren Theil mit einzelnen lichten Ringen vor der Spitze. Auch in der Ohrgegend und an den Wangen werden die Haare z. Th. schwarzbraun. Das dunkelfarbige Gesicht ist auf der Nasenkuppe, dem Kinn und beiden Lippen mit weißlichen Haaren besetzt. Die Unterseite nebst der Innenfläche der Schenkel ist trüb rostig gelbbraun; der Schwanz bald mehr rostbraunroth, bald mehr rostgelblich oder hellrothbräunlich; die Spitze fast immer gelblich. Iris hell umbrabraun, die nackte Haut des Gesichtes grauschwarz und das obere Augenlied bräunlich weiß. Die Ohren sind grauschwarz, mit weißlichen Pünktchen, die Hände innen braunschwarz, der Hodensack braungrau. — Ganze Länge 2′ 11″, der Schwanz davon 1′ 5¼″. — Bei Rio de Janeiro und St. Paulo, auch in Minas geraes.

Anm. Ich habe den eben beschriebenen Affen nicht selbst gesehen und deshalb Hrn. Wagner's Beschreibung wiedergegeben. Nach seiner Versicherung ist derselbe sowohl von Call. melanochir *Pr. Max*, als auch von Call. Gigot *Spix* spezifisch verschieden. Letztere beide bewohnen ein anderes Gebiet, der C. Gigot die Gegend von Bahia, der C. melanochir die Gegend am Rio St. Matthäus. Zur näheren Vergleichung will ich von beiden kurze Diagnosen hersetzen.

1. Call. Gigot *Spix* Sim. Bras. p. 22. tb. 16. — Wagner a. a. O. 450. 3. — Gestalt, Größe und Haarkleid der vorigen Art, aber die Farbe trüb braungrau, am Unterrücken mehr rostbräunlich; Unterseite nur wenig heller als die obere. An der Stirn eine schmale schwarze Querbinde, die Hände schwarz. Schwanz trüb rostbräunlich, die Spitze blasser. — Von Bahia.

2. Call. melanochir *Pr. Max zu Wied* Beitr. etc II. 114. 2. — Dessen Abb. etc Fig. 6. — Wagner, a. a. O. 451. 4. — Call. incanescens *Licht.* — Kopf dick und stark, im Umfange des Gesichtes weißgrau behaart, über der Stirn bis fast zum Scheitel hin schwarz. Der übrige Körper grau in verschiedenen Schattirungen, indem jedes Haar hellere und dunklere Farbenringe besitzt; der Rücken besonders auf dem Kreuz schön und klar rostroth; Arme und Beine lichter grau, die Hände schwarz, der Schwanz spielt etwas ins Gelbliche oder Weiße. — Am Rio St. Matthäus und nördlicher an der Lagoa d'Arara; sie heißt dort Gigo.

Herr Dr. Lund erwähnt unter den Thieren aus dem Thal des Rio das Velhas eine Callithrix chlorocnemis, über welche ich nichts zu sagen weiß. —

II.

Seidenäffchen mit fünf Backzähnen jederseits in jedem Kiefer und schmalen Krallnägeln an allen Fingern, nur nicht am Daumen der Hinterhände.

Arctopitheci.

5. Gatt. Hapale *Illig.*

1. Hapale penicillata.

Pr. Max Beitr. II. 142. 3. u. Dess. Abbild z. Naturg. Bras. — *Spix*, Sim. Bras. 34. t. 26. — Wagn. Schreb. Suppl. I. 242. 2.
Jacchus penicillatus *Geoffr.* Ann du Mus XIX 119 — *Desm.* Mamm. 92.

Graugewellt, der Schwanz geringelt; Gesicht und Ohrbüschel schwarz, die Stirn mit weißem Fleck.

Dies zierliche Thierchen ist die gewöhnlichste Form der Affen, welche in den offenen Camposgegenden im Innern der Provinz von Minas geraes vorkommen; ich sah ihn lebend mit wunderbarer Behendigkeit durch die lichten Baumkronen der Capäogebüsche schlüpfen, besaß ein gefangnes Exemplar mehrere Wochen und erhielt 2 erlegte von meinen Jägern; diese 3 waren Weibchen. Der Affe hat die Größe einer starken Ratte, einen kleinen kugeligen Kopf, schmale völlig pfotenartige Hände mit sehr langen Zehen, die kurze scharfe Krallnägel tragen, nur nicht der hintere Daumen, welcher allein einen kurzen Plattnagel besitzt, und ein ungemein weiches, seidenartiges Haarkleid von minderer Länge, als bei den Callithrix-Arten, namentlich auch am Schwanz, der obgleich völlig behaart nur sehr dünn aussieht. Fast nackt ist das untere Ende des Bauches und die obere Innenseite der Schenkel; die Bauchmitte bedeckt ein kürzeres Haarkleid, das nach der Brust hinauf allmälig länger wird; die längsten Haare stehen im Nacken, die dichtesten auf dem Rücken. Der ganze Kopf bis zum Nacken ist schwarzbraun; auf dem Scheitel haben die Haare gelblichbraune Spitzen, dicht vor und über dem Ohr bilden sie einen langen reinschwarzen Schopf; die Ohrmuschel selbst ist stark behaart. Mitten auf der Stirn steht über den Augen ein weißer Fleck; die Lippen sind mit weißlichen, die Backen mit gelblichen Haaren besetzt und kein Theil des Gesichtes ist eigentlich nackt. Kehle und Oberbrust haben eine dunkelbraune, Bauch, Rücken, Gliedmaßen und Schwanz eine grauliche Farbe, die an den Seiten und den Schenkeln etwas ins Falbe spielt; doch sieht man an allen diesen Theilen, weniger freilich an den Gliedmaßen, abwechselnde hellere und dunklere Querbinden, die daher rühren, daß jedes Haar mitten in der schwarzbraunen Spitze eine breite weiße Binde trägt. Zu unterst ist es graubraun, in der Mitte gelbbraun gefärbt, und diese Strecke nimmt den größten Theil des Haares ein. Am deutlichsten werden die hellen Binden auf dem Schwanz; hier stehen sie anfangs einander eben so nahe, wie auf dem Rücken; gegen die Mitte rücken sie weit von einander und zuletzt wieder näher, die äußerste Spitze ist weißlich. Den Schwanzhaaren fehlt übrigens die falbbraune Mitte und daher ist die Zeichnung hier reiner. Die Pfoten sind schwarzbraun, nur die Spitzen der Zehen weißlich, die Iris ist braun. — Die Länge des Rumpfes mit dem Kopf beträgt 9″, die des Schwanzes 12″, der Arme 4″, der Beine 6″. —

Der portugisische Name des Affen ist in Minas geraes Miko, bei Bahia heißt er Sahuim. Ich traf das erste Exemplar auf den weiten, licht bewaldeten Camposflächen, westlich vom Rio das Velhas hinter Sta Luzia; es saß auf einem horizontalen Ast einer Baumkrone einsam und ruhig, ließ uns dicht herankommen, weil es regnete, entwischte aber doch, als mein Sohn zum Schuß anlegte. Ein Weibchen, das ich längere Zeit in Congonhas hielt, war anfangs sehr furchtsam, saß unbeweglich in einer dunkelen Ecke und rührte sich nur, wenn Niemand im Zimmer war; später wurde es zutraulicher. Seine winselnde zwitschernde Stimme ließ das Thierchen nur hören wenn es gestört wurde; es fraß gekochten Reiß und Mays am liebsten; von Früchten konnte ich ihm nur Bananen geben, anderes Obst gab es damals (October) nicht. Daß der Affe bis Rio de Janeiro hinabgehe, bezweifle ich;

die Individuen, welche man in Rio lebend sieht, werden aus Minas gebracht und stehen hoch im Preise, weil das Thier ein Liebling der Brasilianerinnen sein soll.

Anm. Der Prinz Max zu Wied beschreibt eine sehr ähnliche Art, bei der Stirn, Wangen, Kehle und Vorderhals weiß gefärbt sind, während die langen Ohrbüschel schwarz bleiben, als Hap leucocephala. Er fand sie im Waldgebiet der Küste am Rio Espirito Santo zwischen 20 u. 21° S. Br. Wohl mit Grund vermuthet A. Wagner (Schreb. Suppl. I. 243.), daß sie blosse Spielart von Hap penicillata ist. — Der ächte Sahuim mit weißen Ohrbüscheln (Hap. Jacchus) tritt erst in der Gegend von Bahia auf. Er gleicht der hier beschriebenen Art sehr, hat aber ein graulich fleischfarbenes Gesicht und sehr große weiße Ohrbüschel, die gegen das übrigens dunklere Kopfhaar scharf abstechen.

2. Hapale Rosalia.

Simia Rosalia *Linn.* S. Nat I. 41.
Hapale Rosalia. *Illig. Pr. Max* Beitr II. 148 4. — Dessen Abh. z. Naturg. Bras. — Wagn. Schreb. Suppl. I 250. 13.
Midas Rosalia *Geoffr.* Ann. d. Mus XIX 121
Jacchus Rosalia *Desmar.* Mamm. 95.

Einfarbig röthlich gelb, der Vorderleib mit längerer Mähne.

Von der Größe und den Verhältnissen der vorigen Art, aber am ganzen Körper mit einem schön falben oder röthlichgelben, einfarbigen Haarkleid bedeckt, dessen glänzende Spitzen ins Goldgelbe spielen und das am Kopfe, Halse und Nacken eine lange, abstehende Mähne, wie beim Löwen bildet, die das Thier nach Belieben sträuben und senken kann. Nur die Haare am Umfange des Gesichtes sind braun und von ihnen erstreckt sich ein schwarzbrauner Streif über den Scheitel hinab. Das Gesicht selbst ist fast nackt und graubraun gefärbt, die Iris dunkel gelbbraun, wie die der vorigen Art. —

Das Löwenäffchen, wie man diese Art treffend genannt hat, bewohnt die Küstenwaldungen in den heißesten Gegenden der Provinz von Rio de Janeiro, besonders nördlich von der Stadt nach Cabo frio zu und der Serra de Macahé es ist nicht häufig, und ein besonderer Liebling der Brasilianer, die ihn Sahuim vermelho nennen. Da ich die bezeichnete Gegend nicht bereist habe, so fand ich keine Gelegenheit, das schöne Thierchen in natura kennen zu lernen. Eine Abart mit zur Hälfte schwarzbraunem oder selbst ganz dunkelfarbigem Schwanze wurde vom Prinzen zu Wied beobachtet. Ich sah mehre ganz einfarbige Bälge unter Hrn. Beske's Vorräthen in Neu-Freiburg.

3. Hapale chrysopyga.

Jacchus chrysop. *Mikan*, Delect. Fn et Flor. Bras. fasc. 3. c. tab.

Einfarbig schwarz, der Vorderleib mit langer Mähne; eine Binde über der Stirn, das Gesäß und die Schenkel gelb.

Ich sah während meiner Anwesenheit in Neu-Freiburg eine junge lebende Hapale, die ich für den Jugendzustand dieser Art halten möchte. Das niedliche Thierchen war beträchtlich kleiner als H. penicillata, aber ebenso schlank gebaut, völlig gleichmäßig, doch nicht so dicht und weich behaart, ohne Ohrbüschel und Mähne; in Gestalt und Farbe dem Midas fuscicollis *Spix*, Sim. Bras. tab. 20. ähnlich, aber die hellen Töne schwächer und verwaschener, also dunkler schwarzbraun gefärbt, mit helleren gelblichen Spitzen vieler Haare des Rückens, der Schenkel und des Schwanzes, welche undeutliche Querbinden darstellten. Gesicht und Hände waren rein schwarz und die Iris dunkelbraun. Dies kleine Aeffchen, welches Jemand lebend besaß, der mit mir in demselben Hause zu Neu-Freiburg wohnte, stammte aus der Serra de Macahé, saß den Tag über meist zusammengekauert in einer alten Pelzmütze und fraß außer Vegetabilien besonders gern Insecten, selbst die getrockneten von der Nadel. Es rührte aber keine Mistkäfer und kein Individuum an, das in Weingeist gelegen hatte; am liebsten fraß es Heuschrecken, Cerambycinen, Curculionen. Eine laute Stimme ließ es nie hören, nur ein leichtes Winseln wurde zuweilen vernehmlich.

Anm. Die zahlreichen Seidenäffchen gehören größtentheils einer mehr nördlich gelegenen Zone Süd-Amerikas an, als das von mir bereiste Gebiet Brasiliens; nur eine Art: Hapale aurita *Geoffr.*, lebt nach Natterer's Beobachtung, südlicher, in St. Paulo und am oberen Rio Parana. Ich setze eine kurze Beschreibung derselben her, da es mir nicht unmöglich scheint, daß das von mir beobachtete junge Thier, welches ich eben erwähnt habe, derselben angehören könnte.

H. aurita *Geoffr.* Ann. d. Mus. d'hist. nat. XIX. 119. — *Desmar.* Mammal. 93. — *Kuhl.* Beitr. 48. — Wagn. Schreb. Suppl. I. 243. 4. — Ders. Münch. Acad. Abh V. 465. 3. — Glänzend schwarz, die einzelnen Haare mit 1—2 rostgelben oder nach hinten zu mehr rostrothen Ringen, wodurch der Nacken, Rücken und die Außenseite der Gliedmaßen mit helleren Streifen gewässert erscheint; auf der Mitte des Scheitels ein gelber Streif; die übrigen Theile des Körpers sind schwarz, nur die Handrücken etwas mit gelb gemischt, doch hat der Schwanz auch gelbliche Ringe. Ein großer dreieckiger Fleck auf der Stirn, das Gesicht und das Kinn sind dicht gelblich weiß behaart und auf der Innenseite der Ohren stehen lange, gelbliche weiße Haare, die einen förmlichen Pinsel bilden. Die Iris ist gelbbraun, die Gegend der Augen röthlich grau und das obere Augenlied fleischfarben.

Nahe dem von mir besuchten Gebiet, aber nördlicher lebt:

H. chrysomelas, *Pr. Max z. Wied* Beitr. II. 153. 5. — Dessen Abh.

Fig. 7 — *Kuhl* Beitr. 51. — *Desm.* Mamm. 95. — Wagn. Schreb. Suppl. I. 248. 10 u. Münch. Acad. Abh. V. 176. 13. — Gestalt und Größe des gelben Löwenäffchens (H Rosalia) aber glänzend schwarz gefärbt, nur die lange Mähne, welche das ganze Gesicht umgiebt und sich über den Vorderkopf erstreckt, ist schön gelbrothbraun; denselben Farbenton haben die Vorderarme, aber schon an der Hand geht er ins Grauliche über. Auf der Oberseite des Schwanzes ein gelber Streif, der ins Röthliche spielt und sich über das Kreuz zum Rücken erstreckt. — Am Rio Ilhéos und Rio Pardo, einige Tagereisen von der Küste in den dichten Urwäldern der dortigen Gegenden.

Zweite Familie.

Fledermäuse. Chiroptera. Port. Morçegos.

Die an ihrer Flughaut zwischen den langen Fingern und Armen leicht kenntlichen Fledermäuse sind in Brasilien eine sehr gewöhnliche durch zahlreiche Arten vertretene Erscheinung, man sieht sie jeden Abend in Menge durch die Luft flattern, vernimmt dabei ihre pfeifend zwischernde Stimme, und bemerkt sie nicht selten selbst in den Zimmern, welche sie mit großer Kühnheit beim Lampenlicht besuchen, indem sie ebenso gewandt durch die offenen Fenster wieder hinausfliegen, wie sie hineingekommen waren. Allein trotzdem hält es sehr schwer, brauchbare Exemplare für die Sammlungen zu bekommen; am Tage sind sie versteckt und namentlich aus der Nähe der Wohnungen wie verscheucht; nur in alten, verfallnen, einsamstehenden Gebäuden, in hohlen Bäumen oder Kirchthürmen hat man Gelegenheit, sie zu finden; allein solche Orte sind in Brasilien keineswegs häufig; — die Kirchen haben sehr oft keine Thürme, die hohlen Bäume stehen tief im Walde und die verfallnen Wohnungen besucht man nicht leicht, am wenigsten auf längere Zeit und zu wiederholten Malen. Daraus erklärt sich die geringe Anzahl in unseren Kabinetten und die kleine Reihe von Arten, welche ich hier nach eigner Untersuchung zu beschreiben habe. Obgleich ich stets bemüht war, grade die kleineren Thiere schon des leichteren Transportes wegen, mir, so viele nur zu haben waren, zu verschaffen, so bekam ich doch nur an Orten, wo ich mich längere Zeit aufhielt und allmälig einzelne Jäger für mich interessirte, Fledermäuse in meine Hände. —

Von ihrer Lebensweise weiß ich im Allgemeinen nichts Eigenthümliches zu berichten; man sieht sie während der kalten Jahreszeit ebenso allgemein, wie während der heißen und darf wohl sicher behaupten, daß lethargische Zustände bei ihnen in der Tropenzone nicht vorkommen. Ihre Nahrung besteht vorzugsweise in Insecten; einige und zwar eben keine kleine Anzahl sind Blutsauger; aber auch die scheinen Insecten zur Hauptnahrung zu haben. Im Ganzen sind die Fälle angesogener Hausthiere nicht so häufig, als daß sie mit der großen Menge von Fledermäusen im Verhältniß ständen. Ich werde darauf bei der Gattung Phyllostoma zurückkommen. Fledermäuse mit ausschließlich vegetabilischer Kost giebt es in Amerika ebenso wenig, wie Tagflatterer; obgleich von manchen Arten erzählt wird, daß sie saftige Früchte, wie Orangen, Goyaven, Bananen rc. liebten, ja bis auf die Schale verzehrten. Meine Erfahrungen können solche Angaben nicht bestätigen; ich darf versichern, daß, wenn Fälle der Art vorkommen, es Ausnahmen sind und keine Fledermaus Brasiliens sich vormal von Baumfrüchten ernährt. — Alle sind Dämmerungsthiere, die sich durch ein sehr scharfeckiges, spitzzackiges Gebiß auszeichnen. Die meisten haben große Ohren, an denen namentlich der vordere Deckel oder Tragus stark entwickelt zu sein pflegt, aber kleine Augen und viele sind durch blattartige Fortsätze auf der Nase kenntlich gemacht. Darnach theilt man sie in Gruppen, während die Verschiedenheit des Gebisses für die Bestimmung der Gattungen; die Form der Ohren, Nase und des Schwanzes mit der ihn umgebenden Flughaut zwischen den Hinterbeinen für die Artbestimmung von Wichtigkeit wird.

Anm. Da die meisten Fledermäuse Brasiliens sich über weite Gebiete zu verbreiten scheinen, so werde ich nicht bloß die von mir beobachteten beschreiben, sondern auch alle diejenigen gut bekannten Arten erwähnen, deren Fundorte mit Sicherheit sich angeben lassen. Die von Joh. Natterer gesammelten hat A. Wagner in den Schriften der Kön. Bayer. Akad. phys. Cl. V. 162 flgd. auseinander gesetzt.

I.

Fledermäuse mit blattförmigem Aufsatz auf der Nase und dreigliedrigem Mittelfinger *).

Phyllostomidae.

6. Gatt. Phyllostoma *Geoffr.*

Diese in Brasilien mit zahlreichen Arten vertretene Gattung zeichnet sich durch folgende Merkmale aus.

Die Nase hat unter den schief gestellten, schmalen Nasenlöchern einen erweiterten ziemlich kreisförmigen Saum, der sich nach oben an das Blatt anschließt. Letzteres geht mit einer Art von Stiel, einer Zusammenschnürung, von der Scheidewand zwischen den Nasenlöchern aus und neigt sich als eine ovale, zugespitzte, häutigfleischige Platte nach hinten, die durch 2 Furchen in 3 Felder getheilt zu sein pflegt: ein breiteres, dickeres in der Mitte und 2 seitliche schmälere saumartige am Umfange.

Die Lippen sind ziemlich scharfkantig und am ganzen Rande mit kleinen Knötchen oder Wärzchen besetzt; inwendig haben sie eine Reihe längerer Zacken, wie Franzen.

Am Kinn beschreiben ähnliche Warzen eine dreieckige Fläche, die eine ebene oder stark erhöhete Mittelwarze umschließen.

Die Zunge ist dick und fleischig, kaum vorstreckbar, auf der Mitte mit rückwärts gewendeten spitzen Papillen, hinten und vorn mit runden im Kreise oder Bogen besetzt.

Die Ohren sind von mäßiger Größe, abstehend, am Seitenrande ausgeschweift und am oberen Ende etwas vorgezogen; der Tragus ist im Allgemeinen nicht groß, aber länger als breit und zugespitzt. —

Das Gebiß ist ungemein scharf; es besteht aus $\frac{4}{4}$ Schneidezähnen **), von denen die 2 mittleren des Oberkiefers größer sind

---

*) Diese Zahl von drei wirklichen Fingergliedern am Mittelfinger ist eine charakteristische Eigenheit der Phyllostomiden, welche allen anderen Fledermäusen abgeht, wie das A. Wagner in d. Münch. gelehrt. Anzeig. 1851 No. 33, S. 21 richtig hervorhebt.

**) Manche Schriftsteller geben nur $\frac{2}{4}$ Schneidezähne an und behaupten, daß und bald mit einer einfachen Spitze, bald mit einer getheilten, bald mit einer tief ausgeschnittenen breiten Schneide enden. Die vier unteren haben gewöhnlich gleiche Größe, und oft zwei leichte Kerben im Endrande. Die Eckzähne sind stark, sehr spitz, mitunter scharfkantig und ragen weit hervor. Hinter ihnen folgen gewöhnlich fünf, seltener nur vier Backzähne auf jeder Seite in jedem Kiefer, von denen die zwei ersten einfach zugespitzte Lückenzähne bilden, und mitunter beinahe die Größe der Eckzähne erreichen. Daran schließen sich ein oder zwei Kauzähne, deren äußere Kronenhälfte niedriger und scharfkantig, die innere zwar etwas schmäler aber mit zwei spitzen hohen Zacken versehen ist. Der hinterste Backzahn bleibt stets ein sehr kleiner, unbedeutender niedriger flacher Höcker ohne markirte Zacken, oder fehlt, zumal oben, ganz. Bisweilen finden sich unten sechs Backzähne, indem ein dritter Lückenzahn hinzukommt.

Die Flughaut hat die gewöhnliche Bildung; der zweigliedrige Daumen steckt mit dem kurzen Metacarpusknochen ganz im Flügel, nur das erste Glied ist außerhalb desselben, meistens nicht sehr groß, ziemlich schlank und grade; das Krallenglied klein. Der Zeigefinger besteht bloß aus dem langen Metacarpusknochen und einem sehr kleinen Endgliede, das nur bei den größeren Arten recht deutlich wird; dennoch reicht seine Flughaut bis zum zweiten Gliede des Mittelfingers. Der Mittelfinger ist ohne den langen Metacarpus dreigliedrig, die beiden anderen sind nur zweigliedrig; doch haben alle 3 noch eine besondere Knorpelspitze. Die Hinterfüße bleiben außerhalb der Flughaut und haben fünf gleich große, freie, kurze Zehen, worunter ein zweigliedriger Daumen. Zwischen den Hinterbeinen und dem Rumpfe ist bei einigen Arten gar keine Flughaut vorhanden, die meisten zeigen daselbst einen ausgeschnittenen breiten Hautsaum ohne Schwanz, noch andere eine vollständige Flughaut mit theils vollständigem, theils verkümmertem Schwanze. — Darnach lassen sich die Arten am besten gruppiren; die Beschaffenheit des Gebisses eignet sich weniger dazu, indem fast jede Art gewisse Eigenthümlichkeiten des Zahnbaues zeigt, die eine große Mannigfaltigkeit bekunden. —

---

die äußeren allmälig verloren gingen, gleich wie die 2 äußeren oder alle 4 unteren. Meine Exemplare haben fast alle $\frac{4}{4}$ Schneidezähne.

Zu dieser Gattung gehören die berüchtigten, so oft besprochenen Blutsauger, wenigstens die größten derselben, denen man ohne Grund so viel übles nachgesagt hat. Sie sind überall in Brasilien zu Hause und verrathen fast täglich durch Bisse an Reit- und Lastthieren ihre Anwesenheit, aber sie richten dadurch nur höchst selten Schaden oder Verluste an, weil die Blutmasse, welche sie dem Thier entziehen, sehr geringe ist. Besonders in der kalten Jahreszeit, wo den Fledermäusen die Insecten fehlen, bemerkt man die Bisse und zwar immer an ganz bestimmten Stellen, namentlich da, wo die Haare des Thieres einen Wirbel bilden und die Fledermaus leicht bis auf die nackte Haut kommen kann. Ich fand die meisten Bißwunden am Widerrüst, besonders bei solchen Thieren, die daselbst durch Reibung nackte oder blutrünstige Stellen hatten. Ein zweiter Lieblingsplatz ist die Schenkelfuge oben neben dem Becken, wo die Haare auseinander stehen; auch unten am Bein beißen sie gern, seltener am Halse. Am Kopf, der Nase, den Lippen kommen nur ausnahmsweise Wunden vor. So lange der Gaul oder der Esel noch wach ist, läßt er die Fledermaus nicht heran; er wird unruhig, stampft, schüttelt sich und verscheucht den Feind, der ihn umschwirrt; nur schlafende Thiere lassen sich ruhig besaugen. Daß die Blattnase dabei mit den Flügeln fächele, ist eine Fabel. Mitunter werden saugende Fledermäuse von den Wächtern der Tropa, die von Zeit zu Zeit nach den Thieren sehen, ergriffen; so eifrig und sorglos sind sie bei ihrem Geschäft. Von Bissen an Menschen habe ich keine sicheren Erfahrungen, mir ist Niemand vorgekommen, der gebissen worden wäre. Wie die Fledermaus beißt, läßt sich nicht mit völliger Sicherheit angeben; man weiß nur, daß sie sich mit halbgeöffneten Flügeln niedersetzt, die Haare etwas auseinander schiebt, das warzige Kinn fest andrückt und nun zu saugen beginnt; die Wunde ist ein kleines rundes flaches Grübchen, das nicht wie eine scharfe Stichwunde aussieht. Ich glaube, daß die Oeffnung erst bewirkt wird, nachdem die Fledermaus eine Stelle der Haut etwas emporgesogen hat und nun die Spitze ein- oder abbeißt; aber mit den 2 spitzen oberen und mittleren Schneidezähnen, nicht mit den Eckzähnen, weil die ihrer Stellung und Form nach dazu sich gar nicht eignen, sie dienen vielmehr dem ruhenden Kopfe als eine Art Stütze. Hat die Fledermaus gehörig gesogen, so collabirt die Stelle und macht in Folge der Erschlaffung das kleine Grübchen, was man sieht. Die Nachblutung welche erfolgt, ist nie sehr stark; ein schmaler getrockneter Blutstreif ist alles, was man von ihr bemerkt. Von Fällen, daß Thiere am Blutverlust gestorben wären, habe ich nie gehört; geschwächt werden sie wohl nach täglich wiederholten Verlusten etwas, besonders weil grade in der kalten Jahreszeit nirgends reichliches Grasfutter zu haben ist; aber der Tod erfolgt bei solchen Thieren nie anders, als durch Ueberladung von Seiten der Besitzer, woran das Thier wahrscheinlich auch ohne den Blutverlust zu Grunde gegangen wäre. —

Nach den Angaben, die Hr. v. Tschudi in seiner Fauna peruana macht (S. 65), müssen die blutsaugenden Fledermäuse in Peru viel häufiger sein, als in Brasilien; er fand mitunter Maulthiere von Bißwunden übersäet und sah auch einmal eine Fledermaus an einem betrunknen Schwarzen sich vollsaugen, bis sie abfiel. Ich habe in Brasilien nicht von so strotzend mit Blut gefüllten Phyllostomen reden hören, auch nie eine solche zu Gesicht bekommen; ebenso wenig weiß man dort etwas von ihrer Gier nach fleischigen Baumfrüchten, die nach v. Tschudi's Angabe in Peru so groß ist, daß sie die reifen Bananen und Goyaven anbeißen, ja selbst die abgeschnittenen und im Zimmer aufgehängten Fruchttrauben umflatterten. So etwas kommt in Brasilien nicht vor; man kann dort keine Phyllostomen mit Schmetterlingsscheeren fangen, sondern hat große Noth, überhaupt nur Exemplare in seine Gewalt zu bekommen. —

1. Blattnasen mit kurzem Schwanz in der viel breiteren Analflughaut. Vampyrus *Spix*. Phyllostoma *Gray*.

1. Phyllostoma brevicaudum *Pr. Max.*

Pr. Max Beitr. z. Naturg. Bras. II. 192. 3. u. dessen Abbild. — Wagn. Schreb. Suppl. I. 401. 8.
Phyllost. Grayi *Waterhouse*, Zool. of the Beagle etc. 3. tab. 2 u. tab. 35 f. 2.

Bräunlich, die Haare oben mit weißem Ring, unten mit weißen Spitzen; alle nackten Körpertheile braun; Schwanz viel kürzer als die Flughaut, mit der Spitze heraustretend. Flugweite 11 Zoll.

Von mittlerer Größe, der Kopf etwas spitzer, als bei den folgenden Arten; das Nasenblatt oval, unten fast kreisrund, oben lang zugespitzt, ohne abgesetzte Mittelschwiele, aber der schmale Stiel scharf gekielt und daneben jederseits ein ovales, nach oben verwischtes Grübchen; der freie Nasenrand in der Mitte unterbrochen, hier und am Anfange des freien Theiles warzig zackig. Unterlippe mit großer ovaler Endwarze, deren Umgebung dicht mit kleineren Warzen in doppelter Reihe zur Form eines V besetzt ist. Ohren mäßig groß, besonders breit nach unten, am Außenrande vor der Spitze stark ausgeschweift, das Ende stumpf; der Tragus klein, mit der Spitze etwas nach vorn gebogen, ohne Zacken. Farbe braun, auch die aller nackten Theile, die Flughaut am dunkelsten, Nasenblatt, Ohren, Arme und Beine heller; der Pelz weich und dicht, in Weingeist gehalten einfach hellbraun, weil die weißen Haarstellen matter werden, getrocknet mehr graubraun, jedes Rückenhaar mit einem weißlichen Ring vor der Spitze, jedes Bauchhaar mit breiterer weißer Spitze, daher der Bauch etwas heller als der Rücken. Afterflughaut sehr breit, in der Mitte bogig ausgerandet, der Hackensporn und der Schwanz kurz, jener 3‴, dieser 3½‴ lang, mit der Spitze frei emporragend. Ganze Körperlänge 2″ 10‴, der Vorderarm 1″ 7‴, das Schienbein 8‴, das Nasenblatt mit dem freien Rande 4‴, Flugweite 11″. —

Anm. Diese Art findet sich nicht mehr im südlichen Brasilien, der Prinz zu Wied erhielt sie am Rio Espirito Santo, Dr. Lund führt sie in Minas auf. Ich selbst habe sie dort nicht erhalten, meine Exemplare sind aus Surinam. Das Gebiß hat $\frac{5-5}{5-5}$ Backzähne von der gewöhnlichen Bildung; Schneidezähne sind in in der Jugend $\frac{4}{4}$, im Alter $\frac{4}{2}$ vorhanden, von denen die mittleren jedes Kiefers größer, und die äußeren des Oberkiefers ganz besonders klein sind.

2. Phyllostoma hastatum.

Vespertilio hastatus *Pallas* Spic. Zool. III. 7.
Phyll. hast. *Geoffr.* Ann. du Mus. XV. 177. tab. 11.
Desmar. Mammal. 119. — *Pr. Max.* Beitr. II. 179. 1. — Wagn. Schreb. Suppl. I. 397. 5. — Vespert. perspicillatus Schreb. I. 160. tab. 46 A.
Port. Guandirá oder Andira-guaçu.

Pelz dunkelbraun, die Flughaut schwärzlich; Nasenblatt kurz oval, zugespitzt, mit starker Längsschwiele; Schwanz kürzer als der Hackensporn, mit der Spitze vorragend; Flugweite 23—24″.

Eine der größeren Arten der Gattung, kurz und kräftig gebaut, besonders der Kopf, mit dicken Lippen und ziemlich breiten Ohren. Das Nasenblatt breit oval, nicht abgesetzt gesäumt, aber scharf zugespitzt, der Stiel gekielt, daneben ein nach oben verwischtes Grübchen; der Nasensaum sehr breit, scharfkantig, ungezackt; die Oberlippe neben dem Saume schwach höckerig, am Rande ungekerbt. Unterlippe vorn mit großer dreieckiger Warzenfläche, die Warzen in doppelter Reihe gestellt. Ohrmuschel oval mandelförmig, aber nicht sehr lang, am Ende stumpf, nach außen gebogen, mit leichter Ausbuchtung am Außenrande; der Tragus ziemlich lang, schlank zugespitzt, am Außenrande unten gezackt. Pelz dunkelgraubraun, bisweilen etwas röthlich, unten blasser, die Haare am After zuweilen weißlich; Flughaut und alle nackten Theile dunkelbraun, stark und breit; die Analhaut groß, der Schwanz darin sehr kurz, mit der Spitze frei hervorragend. — Gebiß sehr kräftig, mit $\frac{5-5}{5-5}$ Backzähnen. Körperlänge 4—4½″, Schwanz 7‴, Nasenblatt 5‴, Flugweite 23″, Länge des Vorderarms 3¼″, der Analflughaut 1″ 10‴, des Hackensporns 11‴.

Anm. Mir ist diese Art in Brasilien nicht vorgekommen, sie scheint den mehr nördlichen Gegenden anzugehören; der Prinz zu Wied fand sie am Rio Mucuri, Peruhype ꝛc., wo sie häufig war und Abends gern in die geöffneten Fenster flog; Hr. Dr. Lund führt sie unter den Thieren im Thal des Rio das Velhas auf; in Paraguay trifft man sie nicht mehr, weder Azara noch Rengger gedenken einer Blattnase mit Schwanz in der Analflughaut *).

2. Blattnasen ohne Schwanz, aber mit einer Flughaut zwischen den Hinterbeinen. Madataus *Leach.* Arctibeus *Gray* **).

3. Phyllostoma Spectrum.

Vespertilio Spectrum *Linn.* S. Nat. I. 46. 2. —
Phyllostoma Spectr. *Geoffr.* Ann. du Mus. XV. 174. tab. 11.
Desmar. Mammal. 121. — Wagn. Schreb. Suppl. I. 411. 17.
Le Vampyr *Buff.* X. 55. — Vampyrus Sp. *Gray.* l. l.
Portug. Guandira oder Andira-guaçu.

Pelz braun; Nasenblatt klein, am Rande fast grade, ohne Hautsaum und nicht vom Nasenrande abgesetzt; im Unterkiefer 6 Backzähne; Flugweite 25 Zoll.

Dies ist die größte Südamerikanische Fledermaus, namentlich unter den Blutsaugern, auf welche darum Buffon den Namen Vampir übertrug, ohne die Species eigentlich genau zu kennen. — Der Kopf ist dick und lang, die Schnauze mehr vorgezogen, die Ohrmuscheln ragen hoch hervor und sind größer, als bei den meisten Arten, länglich oval, ohne recht merklichen Ausschnitt am Außenrande; der spitze schmale Tragus

*) Ich habe auch im südlichen Brasilien keine Blattnase mit Schwanzrudiment, geschweige denn mit vollständigem Schwanze beobachtet; alle diese Arten scheinen nur den Gegenden näher am Aequator eigen zu sein. —

**) Gray hat in dem Magaz. of Zool. a. Botany II. 483. eine Revision der Vespertilionidae mit vielen neuen Gattungen gegeben, die ich hier nur namhaft machen werde. Leach ähnliche Arbeit steht in Linn. Transact. T. XIII.

hat eine Zacke am Grunde, das Nasenblatt ist für die Größe des Thieres sehr klein, schmal, ovallanzettlich, längs der Mitte gekielt; der Stiel ziemlich breit, nicht durch einen Einschnitt vom Nasensaum getrennt; letzterer schmal, ohne Zacken und Warzen. Oberlippe glatt, Unterlippe vorn mit 2 großen nackten Warzen. Gebiß sehr kräftig, aus $\frac{5-5}{6-6}$ Backzähnen gebildet, indem im Unterkiefer noch ein dritter einspitziger Lückenzahn hinzukommt, der den sämmtlichen übrigen Arten fehlt. Der Pelz ist weich und zart, dunkel kastanienbraun auf dem Rücken, gelblichgraubraun am Bauch. Flughaut und alle nackten Körpertheile braun, ohne besondere Auszeichnungen; die Analhaut breit, hinten grade, ohne Spur eines Schwanzes, der Hackensporn ziemlich lang. Körper mit dem Kopf 5½" lang; Ohrmuscheln 1", Nasenblatt fast 5''', Analflughaut 2½" lang, Flugweite 25". —

Anm. Diese Art kommt im südlichen Brasilien nicht vor; ihre rechte Heimath sind die Gegenden nördlich von Bahia. Indessen führt sie Hr. Dr. Lund unter den Thieren aus dem Thal des Rio das Velhas auf, sie muß also das nördliche Minas geraes betreten. Ich habe sie weder erhalten, noch in Natur gesehen. — Den Namen Guandira oder Andira-guaçu, welchen Markgraf dieser und der Prinz zu Wied der vorigen Art beilegt, gilt für alle großen Blutsauger; er scheint aber besonders für die hier beschriebene Art in Gebrauch zu sein. —

4. Phyllostoma superciliatum.

Pr. Max z. Wied, Beitr. z. Naturg. Bras. II. 200. 5.
A. Wagn. Schreb. Suppl. I. 407. 12.
Rengg. Säugeth. v. Parag. 74. — *Azara* Quadr. II. 291. No. 71.

Pelz röthlich braungrau, vom Nasenrande bis zum Ohr über dem Auge ein rein weißer Streif; Flughaut schwarzbraun, die Spitzen der Flügel weißlich. Rumpf und Kopf 3½" lang, Flugweite 18". —

Nach der vorigen Art eine der größten Species und die größte der von mir in Brasilien beobachteten Blattnasen; ich erhielt nur ein einziges, männliches Exemplar von Hrn. Beske, welches bei Neu-Freiburg erlegt war. Sein Haarkleid ist weich, im Gesicht und an der Kehle kurz, hier sperrig, sonst dicht und reichlich, von braungrauer Farbe, die besonders auf dem Rücken einen entschieden röthlichen Anflug hat; der weiße Streif ist so breit wie ein mittlerer Strohhalm, beginnt hinter dem Nasenblatt und zieht sich zum Ohre hin, ohne das Auge eigentlich zu berühren. Das Nasenblatt ist breit oval, ziemlich spitz, 5 Linien lang, längs der Mitte schwielig verdickt und am ganzen Seitenrande abgesetzt gesäumt. Beide Lippen haben feine Warzen, an der Spitze der unteren stehen größere.

Im Gebiß zeichnet sich der zweite obere Backzahn durch seine Größe aus; die mittleren oberen Schneidezähne sind kurz, breit, deutlich eingeschnitten. Die Ohren sind ziemlich groß, nackt, nur innen am Vorderrande behaart, am Hinterrande neben der Spitze ausgebuchtet, daneben deutlich quer runzelig; der hellfarbige Tragus hat eine Zacke neben der Spitze. Die schwarzbraune Flughaut ist größtentheils nackt, aber zunächst am Rumpf, über den Schenkeln und unter dem Vorderarm stark behaart; inwendig stehen auch vor dem Vorderarm und auf der ganzen Fläche hinter ihm lange, weiche, sperrige Haare. Die Analflughaut wird von einem kurzen Sporn am Hacken gespannt, ist $\frac{1}{2}$—$\frac{3}{4}$" breit und bogig gegen den After zu ausgebuchtet; die äußerste Spitze der Flügel spielt, wie bei mehreren Arten, ins Weiße. Die große Ruthe ist mit weißlichen anliegenden Härchen besetzt. —

Anm. Diese Blattnase ist weit verbreitet, aber nicht häufig; der Prinz z. Wied erhielt sie nördlich von Cabo frio bei der Fazende Tapebuçu; Rengger konnte sie auch nur einmal sich verschaffen. Azara beschreibt sie als die erste Art in seinem Werke; sie scheint im Süden von Süd-Amerika die größte Species zu sein. —

5. Phyllostoma pespicillatum.

Linn. S. Nat. I. 47. — Mus. Ad. Fried. reg. 7.
Geoffr. Annal. d. Mus. XV. 176. tab. 11.
Wagn. Schreb. Suppl. I. 403. 9. —
Phyll. obscurum *Pr. Max z. Wied*, Beitr. etc. II. 203. 6.
Phyll. planirostre *Spix* Vesp. Bras. 66. tab. 36, Fig. 1.
Arctibeus pespicill. *Gray*. l. l.

Schwarzgrau, ohne Anflug von Braun; eine schmale weiße Linie über dem Auge vor dem Ohr; Körper 3" lang, Flugweite 16".

Diese Blattnase ähnelt sehr der vorigen Art, sie ist aber etwas kleiner und ganz anders gefärbt. Ihr ganzer Pelz hat eine dunkle schwarzgraue Farbe, ohne allen Anflug von Braun und stimmt in dem Colorit mit der Flughaut überein; letztre ist nackt, außen neben dem Vorderarm kurz aber dicht behaart, innen mit langen weichen abstehenden Haaren zu beiden Seiten desselben besetzt. Nur die Spitze der Flügel ist, so weit das letzte Fingerglied reicht, rein weiß. Die Analflughaut wird am Hacken von einem kurzen, 5 Linien langen Sporn gespannt, ist dann tief winkelig ausgeschnitten, im Kniegelenk 8‴ breit, am After nur 4‴. Die Spannweite der Flügel beträgt 16", der Rumpf mit dem Kopf hat 3" Länge. Der weiße Streif vom Nasenrande zum Ohr ist sehr schmal, nur leicht angedeutet. Das Nasenblatt ist breit oval, spitz, längs der Mitte verdickt, am ganzen Seitenrande bis dicht vor der Spitze häutig gesäumt letztere saumlos, im Ganzen 4‴ lang. Die großen Ohren sind am Hinterrande sehr bemerkbar und scharf ausgebuchtet, am Vorderrande lang abstehend behaart, sonst nackt, in der Tiefe schwach runzelig; der Tragus ist nach oben einfach zugespitzt, unten mit einer großen Zacke und darüber mit ein Paar feineren versehn, schwarz gefärbt, wie das ganze Ohr. Backzähne sind $\frac{5-5}{5-5}$ oder $\frac{4-4}{5-6}$ vorhanden, aber der hinterste ist so klein, daß man ihn leicht übersieht, zumal er etwas tiefer im Zahnfleische steckt; oben fehlt er wirklich, aber nicht bei allen Exemplaren. Auch hier hat der zweite Lückenzahn eine sehr auffallende Größe und ist viel höher, als der erste. Die mittleren oberen Schneidezähne sind breit, niedrig und tief durch einen Einschnitt getheilt. —

Ich erhielt von dieser Art in Neu-Freiburg vier lebende Exemplare: drei Weibchen und ein Männchen. Letztres ist etwas solider gebaut als die Weibchen, der frei hängende Penis hat eine weißliche Behaarung, die Vulva ist mit langen Wimperhaaren zerstreut besetzt; ähnlich den größeren Kinn- und Lippenhaaren, welche bei allen Arten vorkommen. — Von der vorigen Art, der sie nahe steht, läßt sie sich leicht durch die Farbe unterscheiden; auch erreicht sie nicht deren Größe. —

6. Phyllostoma brachyotum. *Pr. Max.*

Beitr z. Naturg. Bras. II. 196. 4. — Dess. Abbild. Fig 12.
Wagn. Schreb. Suppl. I. 409. 14. — Carollia br. *Gray*, l. l.

Rußbraun, oben brauner als unten, hier mehr grau, nackte Theile braun; Nasenblatt kurz, breit oval, zugespitzt. Flugweite 12″.

Gehört nicht zu den größeren Arten und ist überhaupt nicht grade ausgezeichnet; der Pelz hat einen einfarbig braunen Ton, der oben etwas klarer ist, als unten, wo die Haare einen graulichen Anflug wegen der weißlichen Spitzen zeigen; die nackten Theile sind braun gefärbt, aber dunkler als der Rücken, der Bauchseitenfarbe ähnlicher. Das Nasenblatt ist kurz, breit oval, unten fast kreisförmig, oben schmal zugespitzt, mit dem Nasenrande nur $3\frac{1}{2}$‴ lang; durch Eintrocknen verschmälert und darum in der Beschreibung des Prinzen zu Wied zu schmal angegeben. Die Ohren mittelgroß, am Außenrande merklich ausgebuchtet, ziemlich spitz; der Tragus stumpf, ziemlich klein. Die Flughaut ist nirgends behaart, die Spitze der Flügel aber weißlich gefärbt; die Analhaut ist von einem Hacken zum andern grade gespannt, der Sporn kurz, nur 3‴ lang. Das Gebiß besteht aus $\frac{4}{4}$, im Alter nur aus $\frac{4}{2}$ Schneidezähnen und fünf Backzähnen in jeder Reihe. Vom Schwanz ist keine Spur vorhanden. Mein Weingeisterexemplar zeigt folgende Maaße. — Flugweite 12″, Rumpf und Kopf 2″ 2‴, Vorderarm 1″ 6‴, Unterschenkel 8‴, Hackensporn 3‴, Nasenblatt 3‴, Ohr 4‴ über dem Scheitel, innen 6‴. — Am Mucuri, auch bei Rio de Janeiro.

Anm. Ich habe diese Art schon lange besessen und von Rio bezogen, hielt sie aber des breiteren Nasenblatts wegen und weil unten nur 2 Schneidezähne vorhanden waren, für verschieden von Ph. brachyotum *Pr. Max*, wovon ich jetzt, nach Einsicht der Abbildung, zurückgekommen bin; sie steht im Verzeichniß unserer Sammlung S. 8, No. 3 ohne Namen aufgeführt.

7. Phyllostoma bilabiatum *Natt.*

Wagn. in Münch. Acad. Abh. V. 174. 8.

Pelz oben hell röthlich braun, unten fahlgrau; auf jeder Schulter ein weißer Fleck. Flughaut braun, neben den Armen und den Beinen sperrig behaart. Körper 2½″ lang, Flugweite über 12″.

Eine sehr ausgezeichnete hübsche Art, oben hell röthlich zimmtbraun, mit weißgrauem Anflug, weil nur die Enden der Haare jene Farbe haben, die untern drei Viertel sind weißgrau. Der rein weiße Fleck nimmt grade die Schulterhöhe über der Anheftung der Flughaut ein. Unten sind alle Haare fahlgelbgrau, nur an den Seiten und am After bräunlich. Unter dem Nasenblatt ragt der wulstig verdickte Nasensaum stark hervor, das Blatt selbst ist sehr groß, völlig 6 Linien lang, zugespitzt, davor breit oval, mit verdickter scharfkantiger, von 2 Furchen abgesetzter Mitte und breitem Randsaum, der nicht bis zu der abgesetzten Spitze reicht. Die Innenseite der Lippen ist mit weißen spitzen Zacken dicht besetzt, und außen verläuft am oberen Lippenrande eine Furche, die vom Mundwinkel zum inneren Nasenlochrande hinaufsteigt. Die mittleren oberen Schneidezähne sind klein, einfach zugespitzt, die beiden Lückenzähne haben genau gleiche Größe, darauf folgen oben nur ein großer und ein sehr kleiner Kauzahn, unten zwei etwas größere und ein fast unsichtbarer hinterster Zahn; das Gebiß ist also $\frac{4-4}{5-5}$. Die Ohren sind ziemlich groß, besonders breit, wenig ausgebuchtet am Hinterrande, am Ende gerundet, in der Tiefe nicht runzelig; der weiße Tragus ist gegen das Ende verdickt, aber doch spitz und am Rande mit 3 scharfen Zacken geziert. Die Flughaut trägt zu beiden Seiten des Armes ein sperriges Haarkleid, das sich auch am Rumpf bis zu den Schenkeln hinabzieht; die ganze Analhaut ist besonders am Rande dichter behaart und tief ausgebuchtet; der Hackensporn hat kaum 3‴ Länge, im Knie ist die Haut 5‴ breit, über dem After nur 4. Die äußerste Spitze der Flügel erscheint weißlich. — Ohr 7''', Nasenblatt 6''' hoch, Vorderarm 1'' 6''' lang, Flugweite beinahe 13''. —

Anm. 1. Herr Beske sandte mir diese Art schon lange vor meiner Reise aus Neu-Freiburg; ich erkannte sie damals als unbeschrieben, weshalb ich sie in dem Verzeichn. unser. Samml. ohne Namen aufführte (No. 4) aber kurz definirte. In Brasilien erhielt ich selber noch 2 Exemplare, das eine weibliche lebendig in Congonhas, das zweite männliche in Neu-Freiburg. Das Letztere ist dunkler gefärbt, hat ein relativ noch größeres Nasenblatt und $\frac{4-4}{4-4}$ Backzähne; es giebt schon daran, gleich wie durch seinen laxen Körperbau, als ein junges Thier sich zu erkennen.

2. Herr A. Wagner's Beschreibung weicht in einigen Punkten von der meinigen ab, namentlich in der Lage des weißen Fleckes; doch zweifle ich nicht, daß wir dasselbe Thier vor uns hatten. — Die häutigen Gebilde sind als Folge des Eintrocknens von ihm zu klein angegeben.

8. Phyllostoma lineatum.

Geoffr. Ann. du Mus. d'hist. nat. XV. 180. 186.
Desm. Mamm. 120. — *Rengg.* Säug. v Parag. 75. — Wagn. Schreb. Suppl. I. 408. 13. — Ders. Münch. Ac. Abh. V. 170. 5.
El pardo listado *Azara*, Quadr. II. 292. No. 72.

Pelz oben kastanienbraun, unten röthlich graubraun; vier weiße Streifen im Gesicht und einer längs dem Rücken. Körperlänge 2½'', Flugweite 12''.

Die Haare ebenso weich und zart wie bei den vorigen Arten, am Kopfe, Nacken und Rücken kastanienbraun gefärbt. Von dem Mundwinkel läuft ein feiner weißer Streif bis zur Basis des Ohrs, ein anderer etwas breiterer geht vom Nasenrande über dem Auge zur Gegend über dem Ohr; ein fünfter einfacher Streif beginnt auf dem Hinterhaupt und geht über dem Rückgrat bis zum Ende des Steißbeins. Hals und Bauch sind graulich braun; die nackten Theile des Thieres bräunlich schwarz, die Analflughaut stark ausgeschnitten. Der hufeisenförmige Nasenrand ist in der Mitte etwas ausgeschnitten; das Nasenblatt ist 4½''' lang, oval lanzenförmig, mit seitlichen Längsfalten versehen. Die Ohren sind in der Mitte des Außenrandes stark ausgeschnitten, etwas über 7''' lang, der Tragus erscheint ziemlich stumpf lanzettförmig mit zwei Zacken unten am Rande. Die Anzahl der Backzähne ist fünf an jeder Seite; ganz alte große Thiere mögen unten vielleicht sechs Zähne haben. Azara giebt sogar $\frac{6-6}{7-7}$ Backzähne an.

Anm. Mir ist diese Fledermaus in Brasilien nicht vorgekommen, indessen führt sie Hr. Dr. Lund in seinem Verzeichniß der Thiere, welche das Flußthal des Rio das Velhas bewohnen, auf, sie muß also in Minas geraes zu Hause sein. Natterer fand sie in Mato grosso. —

9. Phyllostoma Lilium.

Geoffr. Ann. d. Mus. etc. XV. 181, 186. — *Desm.* Mamm. 121. — *Rengg.* Säugeth. v. Parag. 78. — Wagn. Schreb. Säugeth. Suppl. I. 411. 16. El Pardo roxizo *Azara,* Quadr. II. 299. No. 74.

Pelz oben röthlich braun, unten gelblichbraun; Flughaut braun; Körperlänge 2¼", Flugweite 12". —

Die Körperhaare sind dicht und weich, oben von röthlich brauner, unten von gelblich brauner Farbe; alle nackten Körpertheile haben einen einfach braunen Ton. Das Nasenblatt ist beinahe kreisförmig, oben jedoch etwas zugespitzt; fast ebenso breit wie hoch, vielleicht 3‴ lang, 2½‴ breit; die Ohren laufen spitz zu und sind am Außenrande ausgeschnitten, der Tragus ist lanzettförmig und äußerlich mit 2 Zacken versehen, die Analflughaut ist ausgeschnitten.

Anm. Auch diese Fledermaus habe ich nicht selbst gefunden, sie wird von Dr. Lund für das Flußthal des Rio das Velhas erwähnt; vielleicht bewohnt sie auch das Küstengebiet. G R. Lichtenstein gedenkt ihrer im Doublett. Verzeichniß (S. 3) als Phyllostomus spiculatus.

3. Blattnasen ohne Schwanz und ohne alle Analflughaut. Arctibeus *Leach.* Nyctiplanus *Gray.*

10. Phyllostoma excisum. *Wagn.*

A. Wagner in Wiegm. Archiv 1842. I. 358. 5. — Abh. d. K. Bayr. Acad. math. phys. Kl. Bd. V, S. 176. 8. — Ebenda Ph. albescens u. Ph. fumarium sind jüngere Thiere.

Pelz oben braun, wie die Flughaut, unten fahlgelb, die Halsseiten röthlich gelb; keine Analflughaut; Körperlänge 2¼", Flugweite 11½".

Ein sehr zierliches Thierchen mit ausnehmend weichem, seidenartigen Haarkleide, das am Rücken in der Tiefe weißlich grau gefärbt ist, mit breiten rein braunen Spitzen; am Bauch gelbgrau. Junge Thiere sind auf beiden Seiten dunkler und die alten ausgewachsenen Exemplare haben einen schönen orangegelbgrauen, großen, verwaschenen Fleck zu beiden Seiten des Halses. Auch ist die Gegend um die Brustwarze bei den Weibchen dunkler braun. Die Flughaut ist rußbraun, unten zu beiden Seiten des Armes mit langen sperrigen weichen Haaren besetzt; von der Analflughaut ist nur am Anfange des Schenkels eine kleine Falte bemerklich, aber dafür das ganze Bein am Innenrande sehr lang behaart. Das Gebiß zeigt $\frac{4}{4}$ Schneidezähne, wovon die mittleren 2 im Oberkiefer hoch, schmal, spitzig, im Alter einfach, in der Jugend, wie die seitlichen, am

Ende eingekerbt sind; die unteren haben einzeln je 2 seichte Kerben. Der erste Lückenzahn ist unten sehr breit und ebenso hoch, wie der zweite, oben dagegen niedriger; im Ganzen sind $\frac{5-5}{5-5}$ Backzähne vorhanden. Das Nasenblatt ist ziemlich breit, fast kreisrund, oben fein und lang zugespitzt, unten jederseits mit einer kurzen Randfurche versehen; der Nasenrand hat eine mittlere Ausbiegung. Die Ohrmuschel ist ziemlich spitz, am Hinterrande bemerkbar ausgebuchtet, 5‴ lang; der kleine Tragus ist spitz, vor der Spitze fein gekerbt. Da die Analflughaut ganz fehlt, so ist weder vom Schwanz, noch vom Hackensporn eine Spur bemerkbar; der ganze Fuß bleibt schon vom Hacken an außerhalb der Flughaut. — Länge des Körpers mit dem Kopf 2″ 4‴, des Vorderarms 18‴, des Mittelfingers 3″ 4‴, des Schienbeins 7‴, des Daumens 4‴, Flugweite 11½″.

Diese Art war bei Neu-Freiburg häufig, ich erhielt aber nur Weibchen, mehrere junge wie alte Thiere.

Anm. 1. Phyllostoma oporhophilum *Tschudi*, Faun. peruana 64. 6. Taf. II. scheint dieser Art sehr nahe zu stehen und nicht minder Nyctiplanus rotundatus *Gray*, Ann. et Mag. nat. hist. 1849. III. 306., der wahrscheinlich auf ein altes verblichenes Exemplar gegründet ist, da Verf. nur $\frac{2}{4}$ Schneidezähne angiebt.

2. Gray hat Ann. nat. hist. X. 257. 1842 noch eine andere neue Gattung der Blattnasen ohne Schwanz und ohne Analflughaut aufgestellt, welche er Sturnira nennt. Ob meine Art dahin gehöre, vermag ich nicht sicher anzugeben, da Verf. nur unbedeutende Punkte der Organisation hervorhebt. An der Innenseite der Lippen stehen allerdings einige Haare zwischen den Warzen bei dieser Art, aber seine Farbenangaben passen nicht zu meinen. Wie sich der spätere Nyctiplanus davon unterscheidet, kann ich nicht beurtheilen; dagegen ist bemerkt, daß die Gatt. Diphylla und Stenoderma ein viel kleineres Nasenblatt besitzen.

Anhang.

Der Vollständigkeit wegen will ich noch diejenigen Phyllostomen aufzählen, welche bisher in Brasilien gefunden sind und deren Fundstätte mit Sicherheit bekannt ist. —

Darunter ist zuvörderst des Verzeichnisses zu gedenken, welches Herr Dr. Lund von den Thieren gegeben hat, die er selbst im Flußthale des Rio das Velhas beobachtete. Wem das Original in den Schriften der Dänischen Akademie vom Jahre 1842 (IX. Thl.) nicht zugänglich sein sollte, der findet einen Abdruck desselben in Wiegmann's Archiv 1843. I. S. 347 flgd. Verfasser führt darin folgende Species auf:

1. Phyllostoma spectrum *Linn.*
2. — hastatum *Linn.*
3. — brevicaudum *Pr. Max.*
4. — plecotus *n. sp.*

5. Phyllostoma humerale *n. sp.*
6. — Lilium *Geoffr.*
7. — lineatum *Geoffr.*
8. — dorsale *n. sp.*
9. — superciliatum *Pr. Max.*
10. — leucostigma *n. sp.*

Davon habe ich 6 Arten beschrieben, wenn nicht Ph. bilabiatum *Natt.* unter dem Ph. humerale oder leucostigma steckt, was wahrscheinlich, weil ich die Fledermaus auch in Minas erhielt; die anderen 3 Species lassen sich nicht weiter bestimmen.

Spix Arbeit über die Brasilianischen Fledermäuse (Simiar. et Vespert. brasiliens. spec. nov. etc. Monachi 1817—20. Fol.) enthält zwar mehrere neue, aber wenig zuverlässige Arten; erst die späteren Aufschlüsse von A. Wagner im Supplementbande zu Schreber's Säugethieren und den Schriften der Kön. Baier. Akad. (phys. mathem. Klasse, V. Bd. S. 162 flgd.) haben sie z. Th. sicher gestellt. Verf. beschreibt am zuletzt genannten Orte, größtentheils nach den von Natterer gesammelten Materialien, 10 neue Phyllostomen, wovon aber die 3 letzten in eine Species zusammenzuziehen sind; es blieben also 8 sichere Arten übrig, worunter 7 mir unbekannte. Auch der Prinz zu Wied hat noch eine Art, die ich nicht kenne, so daß die Zahl aller unterschiedenen sich auf 24 Spezies beläuft.

Es scheint mir nicht der Ort zu sein, die Beschreibungen aller dieser Arten hier wiederzugeben; ich begnüge mich damit, nur um ihre Eigenheiten anzudeuten, die Diagnosen übersichtlich zusammenzustellen, da die erwähnten Schriften allen Zoologen, welche sich mit dem besonderen Studium der Brasilianischen Fledermäuse abgeben wollen, doch nicht fehlen dürften.

1. Schwanz vorhanden, so lang wie die Analhaut.

1. Ph. macrophyllum: einfarbig rußbraun, der Schwanz fast so lang wie der Körper, dieser 1″ 10‴, Nasenblatt 5‴, Ohr 7‴, Sporn 8½‴. Am Mucuri.

   Pr. Max. Beitr. II. 188. — Abb. Fig. 10.

2. Schwanz vorhanden, kürzer als die Analhaut.

2. Ph. cirrosum: blaß kastanienbraun; das Nasenblatt breit eiförmig, wie der Nasenrand gekerbt; Lippen und Kinn stark warzig. Länge 4″ 4½‴, d. Ohren 1″ 1½‴, des Schwanzes 6½‴. — Para.

   Spix. l. l. 64. — Wagn. Schreb. Suppl. I. 394. 2.

3. Ph. elongatum: dunkel schwarzgrau, das Nasenblatt sehr lang und schmal,

mit eingebogenen Rändern; Ohren groß. Länge 3″, d. Ohren 1″, des Schwanzes 6‴, des Nasenblatts 7‴. — Nord-Brasilien.

Geoffr. Ann. d. Mus. XV. 185. — *Wagn.* l. l. 396. 4.

4. Ph. longifolium: oben braun, mit weißgrauem Mittelstreif, unten gelbbraun; Nasenblatt und Ohren sehr lang, Analhaut weit. Ganze Länge ohne Schwanz 1″ 11‴, d. Ohren 8‴, Schwanz 8½‴, Nasenblatt 5½‴. — Mato grosso.

Wagner, Münch. Acad. Abh. V. 163. 1. Taf. II. Fig. 8.

5. Ph. bidens: schwarzbraun, unten weißliche Haarspitzen; Ohren sehr weit, Sporen der Analhaut lang. Länge 3″ 1‴, d. Ohren 10‴, des Nasenblatts 3‴, des Schwanzes 5″.

Spix. l. l. 65. — Wagn. Schreb. Suppl. 399. 6.

6. Ph. amblyotis: dunkelkastanienbraun, unten matter; Ohren sehr weit, Sporen lang, die Flughaut über den Hacken hinausreichend. Länge 2″ 6‴, d. Ohren 1′, des Nasenblatts 4‴, des Schwanzes 4‴. — Mato grosso.

Wagner, Münch. Acad. Abh. V. 165. 2.

7. Ph. bicolor: Haare weißlich, am Grunde und die des Rückens auch an der Spitze rothbraun; Ohren mäßig, Schwanz und Sporen sehr kurz. Länge 3″ 1‴, d. Ohren 7‴, des Schwanzes 2½‴.

V. soricinus *Spix.* l. l.? — Wagn. Schreb. Suppl. I. 400. 7.

8. Ph. discolor: oben schön kastanienbraun, die Haare am Grunde weißlich, am Ende brauner; Bauch schmutzig weiß. Ohren mäßig, Schwanz und Sporen kurz. Länge 2″ 7½‴, Ohren 8‴, Nasenblatt 3‴, Schwanz 3‴. — Mato grosso.

Wagn. Münch. Acad. Abh. V. 167. 3.

3. Schwanz fehlt, Analhaut vorhanden.

9. Ph. calcaratum: oben rußbraun, die Haare am Grunde und an der Spitze dunkler, in der Mitte weißlich; Unterseite einfarbig bräunlich; Nasenblatt schmal, lanzettförmig; Sporen sehr lang. — Länge 2″ 1‴, Ohr 6½‴, Nasenblatt 3½‴, Sporen 10½‴. —

Wagn. Münch. Acad. Abh. V. 168. 4.

10. Ph. personatum: oben rußbraun, unten graulich braun; im Gesicht vier weiße Streifen und eine fünfte sehr undeutliche; Analhaut schmal. Länge 3″ 7‴, Ohr 8‴, Nasenblatt 5‴, Sporn 3‴. — St. Paulo.

Wagn. l. l. 172. 6.

11. Ph. pusillum: rußbraun, unten blasser; vier weiße Längsstreifen im Gesicht. Länge 1″ 8‴, Ohr 5½‴, Nasenblatt 3‴, Sporn 1½‴. — Sapitiva und Peru.

Wagn. l. l. 173. 7. Taf. II. Fig. 1.

7. Gatt. Glossophaga *Geoffr.*

Die Glossophagen ähneln den Phyllostomen durch den blattförmigen Nasenbesatz, aber es sind viel kleinere Thiere, die sich schon durch den langen zugespitzten Schnautzentheil ihres Kopfes leicht von ihnen unterscheiden; der Kopf hat die Form eines ausgezogenen Kegels, dessen Spitze die hervorragende Unterlippe bildet.

Die Nase zeigt nicht ganz dieselben Hautgebilde; der Kranz um die Oeffnungen ist gar nicht besonders abgesetzt, er geht allmälig in die Lippen über und ist behaart, wie diese; das Nasenblatt ist viel kleiner, erhebt sich mit einem scharfkantigen Stiel von der Nasenscheidewand und zeigt keine so deutliche Längsschwiele, nur eine untere scharfe Leiste. —

Die Lippen sind stark mit langen Schnurrborsten besetzt und haben keine Wärzchen am Rande; nur die weit vorragende untere ist am Ende gespalten und daneben mit einer Reihe von Papillen an jeder Seite versehen.

Die schmale, lange Zunge kann ziemlich weit (etwa ½—1″) hervorgesteckt werden; sie ist hell fleischroth, nicht schwarzbraun, wie bei Phyllostomen, und vorn an jeder Seite mit langen, feinen, rückwärts gewendeten und gekrümmten, etwas hornigen Härchen, in der Mitte und hinten mit runden Papillen besetzt. Unter der Zunge liegt zwischen den Aesten des Unterkiefers eine kleinere, am Rande und der Spitze freie, hier gespaltene, gefranzte Nebenzunge; der quer gefurchte Gaumen hat neben jedem Zahn einen Fleischhöcker.

Das Gebiß besteht in der Jugend aus $\frac{4}{4}$ kleinen spitzen Schneidezähnen, von denen die unteren bald, die oberen später und zuerst die inneren verloren gehen. Die Eckzähne sind spitz, hoch, fein. Die $\frac{6-6}{6-6}$ Backzähne haben auch eine viel zartere Bauart als bei Phyllostoma; die 3 vorderen sind Lückenzähne mit einfacher Hauptzacke in der Mitte und einer kleinen davor wie dahinter; die 3 hintern Backzähne haben 4, je 2 neben einander stehende Zacken, welche bei dem letzten kleinsten gewöhnlich auf 2 beschränkt sind.

Die Ohren sind klein, stehen weit auseinander; die Ohrmuschel ist am Außenrande stark gebuchtet, der Tragus ziemlich dick, stumpf und kurz.

Die Flugorgane haben nichts Eigenthümliches, der Zeigefinger ist gewöhnlich eingliedrig, die übrigen Finger verhalten sich wie bei Phyllostoma, auch der Daumen ist ebenso schlank und klein. Die Analflughaut enthält entweder gar keinen Schwanz, oder ein kurzes Rudiment.

In der Lebensweise stimmen die Glossophagen mit den Phyllostomen überein; auch sie sind Blutsauger, aber man trifft sie weit seltener an, theils weil sie viel kleiner sind, theils aber auch weil ihre Anzahl wirklich geringer ist. Ich habe nur eine Art aus Brasilien mitgebracht.

1. Glossophaga ecaudata.

Geoffr. Mém. du Mus. IV. 418. tb. 18. B. — *Desm.* Mamm. 123. — *Pr. Max z. Neuw.* Beitr. II. 212. nebst dessen Abbild. — Wagn. Schreb. Suppl. I. 389. 3. — Anura Geoffroyi *Gray.*

Dunkel schwarzbraun, die Flughaut und Ohren reiner schwärzlich; der Vorderkopf sehr lang zugespitzt, neben der Spalte in der Unterlippe 7—9 Papillen, von denen die mittelste die größte ist. Körper in grader Linie kaum 2″ lang, die Flugweite 8″. Analflughaut ohne Spur eines Schwanzes, überhaupt sehr schmal, neben dem After nur $1\frac{1}{2}'''$ breit, im Knie 3‴; Hackensporn $1\frac{1}{2}'''$ lang. — Bei Logoa santa, von Hrn. Dr. Reinhardt mitgetheilt.

2. Glossophaga amplexicaudata.

Geoffr. Mém. du Mus. d'hist. nat. IV. 411. tb. 18. A.
Pr. Max Beitr. II. 208 1. — *Desm.* Mammal. 123.
Wagn. Schreb. Suppl. I. 387. 1. — *Spix* Vesp. Bras. 67. tab. 36. f. 1. — Phyllophora amplexic. *Gray.*

Röthlichbraun, unten heller; die nackten Theile von gleicher Farbe; in der Analflughaut ein kleiner Schwanz von der Länge des Hackensporns; Flugweite 10″.

Etwas größer als die vorige Art, aber ebenso zierlich gebaut, die Schnautze wohl etwas kürzer. Das Nasenblatt breit oval, mit scharfer vorgezogener Spitze, der Stiel gekielt, darüber zu jeder Seite ein nach oben verwischtes Grübchen; vor dem Stiel am Mundraude 2 kleine Knötchen. Unterlippenspalte scharf, mit 6—7 Randwärzchen und einer unpaaren, unter der Spalte. Ohren ziemlich breit und stumpf, am Außenrande kaum ausgebuchtet; der Tragus niedrig, spitz, etwas vorwärts gebogen. Pelz überall einfarbig röthlich braun, beim Weibchen dunkler, sehr weich und zart; die Haare am Grunde breit gelblich, an der Spitze braun. Flughaut und die nackten Gliedmaßen ebenso gefärbt, die Spitze der Flügel weißlich. Analflughaut unten heller, ziemlich breit, mit kurzem Schwanzrudiment am Grunde, dessen Spitze nach außen frei aus der Fläche hervorragt; Hackensporn sehr kurz. — Ganze Länge ohne die Krümmung vom Scheitel zum Schwanzgrunde 1″ 8‴, Vorderarm 1″ 3½‴, Flugweite 10″ oder ein wenig drüber, Schwanz 2‴, Hackensporn 2½‴, Analflughaut in der Mitte 7—8‴; Nasenblatt 3‴, von der Lippe gemessen; Ohrmuschel vom untersten Rande der Ohröffnung gemessen 5‴.

Anm. 1. Diese Art ist ebensowohl in den nördlichen, wie in den südlichen Gegenden Brasiliens zu Hause, Herr Dr. Lund führt sie unter den Thieren im Flußthal des Rio das Velhas auf, der Prinz zu Wied fing sie bei Rio de Janeiro und erhielt sie selbst aus St. Paulo. Meine Exemplare stammen aus Surinam. —

2. Herr Dr. Lund führt in seinem Verzeichniß der Thiere aus dem Flußthal des Rio das Velhas noch eine Art: Glossophaga brevicaudata auf, über welche ich nichts Näheres angeben kann.

3. Eine andere mir unbekannte Form Brasiliens (von Rio de Janeiro) ist die Gloss. caudifera *Geoffr.* Mém. d. Mus. IV. 418. tb. 17, welche Gray zur Gatt. Monophyllus *Leach.* bringt; sie ist so groß wie Gl. ecaudata, oben braun, unten etwas heller, die Flughäute sind schwarz; der Daumen dick und ziemlich lang, der Vorderkopf verhältnißmäßig kurz. Von den vorigen und besonders leicht von der ersten Art unterscheidet sich Gl. caudifera durch die Anwesenheit eines Schwanzes, welcher mit seiner Spitze über den Rand der schmalen tief ausgeschnittenen Analflughaut hervorragt. —

8. Gatt. Desmodus *Pr. Max.*

Edostoma *D'Orbign. Gray.* Stenoderma *Geoffr. Gray.*

Diese Gattung ähnelt den Phyllostomen im Ansehn, unterscheidet sich aber leicht durch den langen Daumen von ihnen.

Ihre Nase hat einen erweiterten Rand um die Oeffnungen, der aber nach vorn mit der Lippe verflossen ist; das von der breiten Scheidewand ausgehende Blatt ist nicht zugespitzt, sondern V förmig ausgeschnitten und mit einer tiefen Furche parallel dem Nasenloch versehen. Hinter diesem ziemlich nackten Blatt folgt eine jederseits von der Oberlippe ausgehende behaarte Schwiele, die in einem Bogen über die Nase weg setzt, mitten auf ihr am höchsten ist und durch eine kleine Falte mit den Schenkeln des V förmigen Nasenblatts in Verbindung steht; dadurch entstehen drei scharfe Gruben im Gesicht. Auf der Schwiele stehen, wie an den Lippen, einige lange Schnurrhaare.

Die Lippen haben am Rande keine Warzen, nur an der Spitze; auf der oberen bilden sie eine senkrechte Reihe längs der

Mitte, auf der unteren eine scharfkantige V förmige Einfassung der Spalte. Auch unter dem Kinn, mitten auf der Kehle, sitzt eine große Warze beim Männchen.

Die Zunge ist dick fleischig, wie bei Phyllostoma, papillös und liegt mit ihrer Spitze zwischen den unteren Schneidezähnen.

Das Gebiß ist höchst eigenthümlich; im Oberkiefer stehen 2 große schnabelförmige Schneidezähne, mit hoher innerer Spitze neben der Mitte und langem, scharfen, allmälig niedrigeren Schneiderand nach außen; im Unterkiefer sind 4 kleine gespaltene Schneidezähne, deren äußerer Lappen niedriger ist, vorhanden; in frühster Jugend stehen oben statt der 2 großen 6 kleine Schneidezähne in der Reihe. Die Eckzähne sind hoch und spitz. Als Backzähne zeigen sich im Oberkiefer zwei kleine Zähne mit schneidender Kante, von denen der hintere leicht gekerbt ist; im Unterkiefer sind drei kleine, von vorn nach hinten an Größe abnehmende Lückenzähne vorhanden. Neben ihnen erhebt sich am Innenrande das Zahnfleisch zu derselben Höhe, und wahre Kauzähne fehlen. —

Die Ohren sind ziemlich groß, reichen besonders tief nach unten an der Backe herab, und ziehen sich als eine Hautfalte fast bis zum Mundwinkel hin; ihr oberes Ende ist ziemlich spitz, daneben nach außen leicht ausgeschnitten, am Innenrande stark erweitert; der Tragus ist lang, dick, spitz, am Außenrande gezackt.

An den Flügeln zeichnet sich der Daumen durch eine auffallende Länge aus, er ist ganz frei und spannt keine Hautfalte; dagegen trägt er drei starke Sohlenballen, am Anfange, in der Mitte und am Ende vor der Kralle. Die Ellenbogenflughaut endet weit vom Daumen am Vorderarm und der Zeigefinger liegt fast unmittelbar neben dem Mittelfinger, so schmal ist die Flughaut zwischen ihnen; die Gliederzahl der Finger ist die gewöhnliche der Phyllostomiden: 2, 4, 3, 3, wenn man das Metacarpusglied mitzählt. Auch am Unterschenkel endet die Flughaut in der Mitte und erreicht den Hacken nicht. Die Analflughaut ist noch kürzer, sie bildet eine gleich breite Hautfalte zwischen der obern Hälfte beider Unterschenkel, ohne Ausschnitt und ohne Spur von Schwanz. Statt des Hackensporns ist ein spitzer Sohlenballen vorhanden.

1. Desmodus fuscus. *Lund.*

Oben braun, die Haare am Grunde weißlich; unten hell weißgrau, die Haare an den Spitzen seidenartig; Arm und Beine fleischroth, Flughaut braun.

Diese Art hat Hr. Dr. Lund in seinem Verzeichniß der Säugethiere aus dem Flußthale des Rio das Velhas aufgestellt, sie war bisher nicht beschrieben. Sie ist oben rußbraun, aber diese Farbe zeigen nur die Enden der Haare, darunter sind sie gelblich und an der äußersten Spitze weiß; am Bauch ist das Thier heller silbergrau, weil die weißen Spitzen der Haare viel breiter sind, und rein weiß wie Seide glänzen; alle äußeren Körpertheile, wie Nasenblatt, Ohrmuscheln, Arme und Beine scheinen fleischroth durch und werden von dem spärlichen Haarkleide nur leicht bedeckt; die Flughaut ist braungrau, etwa von der Farbe des Rückens. Länge des Körpers $2\frac{1}{2}''$, Vorderarm $2''\ 2'''$, Flugweite $14''$. —

Man findet diese Fledermaus häufig in den Höhlen von Minas geraes; sie sitzt am Tage in kleinen Trupps an der Decke und wird durch die Lichter bald aufgeschreckt und beunruhigt. Sie soll, gleich den Phyllostomen, Blut saugen; auch rechtfertigt die Form ihrer Back- und Schneidezähne diese Angabe. Ich habe ein Pärchen mitgebracht, das ich selbst aus den Höhlen geholt habe; das Weibchen ist etwas kleiner und schillert am Bauch mehr grau als silberweiß. —

Anm. Man kennt mehrere Arten dieser eigenthümlichen Gattung aus verschiedenen Gegenden des tropischen Amerikas; die erste beschrieb der Prinz v. Neuwied, der auch die Gattung begründete (Beitr. II. 233.) als D. rufus. Sie ist oben rothbraun, unten gelblich und wurde nördlich von der Mündung des Rio Parahyba am Rio Cabapuana in einem alten Gebäude der Fazende Muribeca gefangen. — Die zweite Art schilderte D'Orbigny anfangs als Edostoma cinerea aus Bolivia von St. Corazon (Voyage de l'Amer merid. IV. 2. 11. tb. 8.), womit auch Desmodus D'Orbignyi von Waterhouse (Zool. of the Beagle II. 1. tb. 35. f. 1.) identisch sein soll. — Die dritte aus Mexico wurde von A. Wagner als Desm murinus bekannt gemacht (Schreb. Suppl. I. 377. 1.). Die hier beschriebene Art dürfte über das ganze Gebiet der inneren Hochfläche Süd-Amerikas verbreitet und eher mit D. cinereus *D'Orb.* als mit D rufus *Pr. Max.* identisch sein.

II.

Fledermäuse ohne Auffatz auf der Nase.

Gymnorrhina.

A. Brachyura. Der Schwanz ist kürzer als die Analflughaut, aber vorhanden.

9. Gatt. Noctilio *Geoffr.*

Eine sehr eigenthümliche Gattung, leicht kenntlich an der gespaltenen weit klaffenden Oberlippe und der nur einmal zurückgeklappten, nicht zweimal geknickten Flügelspitze.

Der Kopf ist ziemlich groß und stärker vom Rumpfe abgesetzt, als gewöhnlich, weil das kurze, weiche, wie geschorne Haarkleid den Hals freier sichtbar macht. Die Nase ragt etwas vor, hat runde etwas seitwärts gewendete Löcher, eine schwache Mittelfurche und 2 starke Seitenfalten, die sie mit der völlig gespaltenen Oberlippe verbinden; dazwischen ragt die Nasenwurzel als spitzer gekielter Zapfen herab. Die Oberlippen hängen von beiden Seiten als scharfkantige Fleischlappen über das breite Maul, sie sind ohne Zacken und Fleischwarzen, aber mit abstehenden größeren und kleineren Schnurrhaaren zerstreut besetzt. Die Unterlippe ist zu beiden Seiten neben den Zähnen mit großen Papillen bedeckt, unter denen besonders die mittlere vor den Schneidezähnen sich auszeichnet; daran bildet sich ein scharfer, abstehender, ebenfalls papillöser Rand, der in einem Bogen um die vordere große Papille herumläuft und von ihr zwei kleinere Bogenleisten zu den Seitenrändern über das Kinn zurücksendet; am Mundwinkel erhebt sich eine große, frei abstehende untere Randecke, die sich als Falte innen an der Oberlippe wiederholt. Die Kehle und das Kinn sind stark runzelig. —

Die Ohren zeichnen sich durch ihre hohe spitze Form aus; der etwas verdickte äußere Rand bildet unten einen besonders abgesetzten, ziemlich dicken fleischigen Lappen; der Tragus ist klein, spitz, scharf am Rande gezackt.

Das Gebiß besteht aus $\frac{4}{4}$ Schneidezähnen, von denen die äußeren des Oberkiefers sehr kleine, die mittleren recht große einfache Spitzen darstellen; die des Unterkiefers sind gekerbt. Die hohen scharfen Eckzähne haben keine Nebenzacken. Die Zahl der Backzähne ist $\frac{4-4}{5-5}$; im Oberkiefer steht ein, im Unterkiefer 2 Lückenzähne, von denen der erste äußerst klein ist; die 3 anderen sind große starke scharfkantige Kauzähne. —

Hinter dem Mundwinkel findet sich an der Innenseite der Backen eine förmliche, recht geräumige Grube oder Tasche. Die Zunge ist groß, fleischig, mit hornigen, spitzen Papillen besetzt, von denen die größten eine ovale Fläche hinter der Spitze einnehmen; nach den Seiten werden die Papillen rundlicher, kleiner, feiner, nach hinten zu länger, spitzer; unter der Zunge liegt eine kleine, stumpf zweiwarzige Nebenzunge. —

Der robuste Körper hat, wie ich schon erwähnte, ein sehr kurzes, aber weiches Haarkleid; die Ruthe des Männchens ist groß und die Eichel vor der Spitze so durchbohrt, daß in der Oeffnung noch ein kleiner Deckel liegt. Neben der Ruthe ist jederseits am Grunde eine drüsige Tasche, von einem aufgeworfenen gezackten Hautsaume umgeben; der Form nach sehr ähnlich manchen menschlichen Zwitterbildungen, bei denen die Hoden im Bauch stecken. Unter dieser Falte liegt dicht auf ihrem Rande der After. Beim Weibchen ist die Vulva von hohen Lippen umgeben, deren oberstes Ende zapfenartig vortritt.

Die Flügel sind lang und ziemlich schmal. Der Daumen ist auffallend kurz, dick, der Metacarpusknochen von Flughaut umhüllt. Das Metacarpusglied des Zeigefingers ist sehr dünn, ein wenig kürzer als das des Mittelfingers, sein sehr kleines Fingerglied läßt sich kaum unterscheiden; die Flughaut reicht bis ans Ende des ersten Fingergliedes des Mittelfingers. Der Mittelfinger hat außer dem langen Metacarpusgliede noch zwei Glieder: ein kurzes erstes und ein sehr langes zweites; nur zwischen ihm und dem ersten Gliede ist eine Biegungsstelle des Flügels, das erste bleibt ausgestreckt *), das

---

*) Obgleich bei Emballonura dieselbe Größe der Fingerglieder gefunden wird, so biegt sich bei ihr der Flügel doch 2mal, nämlich vor und hinter dem ersten Fingergliede.

zweite trägt einen langen gebogenen Endknorpel; der vierte und fünfte Finger verhalten sich ebenso, an jenem ist das erste Fingerglied viel kürzer als das zweite, an diesem beträchtlich länger; darüber haben beide Finger einen kleinen Endknorpel von gleicher Größe.

Die Hinterbeine sind sehr lang und ihre Füße sehr groß, mit kräftigen Krallen bewehrt.

Der Schwanz ist viel kürzer als die Analflughaut, noch nicht halb so lang, aber ragt mit seiner Spitze aus ihr hervor. Der Hackensporn ist lang und kräftig.

1. Noctilio leporinus.

Vespertilio leporinus *Linn.* S. Nat. I. 32.
Noctilio unicolor *Pr. Max.* Beitr. II. 223. 2. Dess. Abb. etc. Fig. 14. — *Desm.* Mamm. 118. — Wagn. Schreb. Suppl. 450. 1.
Noctilio dorsatus *Pr. Max.* ibid. 218. 1. Dess. Abb. etc. Fig. 13. — *Desm.* Mamm. 118. — *Rengg.* Säugeth. v. Parag. 93.
Noctilio rufus et albiventris *Spix.*
Noctilio vittatus *Schinz.*
El Roxizo *Azara*, Quadr. II. 301. No. 75.

Eine große, schöne Fledermaus, die mit dem Alter ihre Farbe beträchtlich ändert und deshalb in mehrere Spezies getrennt worden ist.

Die nackten Körpertheile sind auf der Außen- oder Rückenseite und die Flughäute des Flügels auf beiden Seiten in jedem Alter braun; die Innenseite der Ohren, der Arme, Beine und der Analflughaut dagegen ist heller gefärbt, im Leben röthlich weiß; nur der Tragus bleibt schwarzbraun, und hat am Außenrande 4, am Innenrande 1 Zacke. Die Oberlippe ist bräunlich; die Kehle, das Kinn, die Aftergegend und die Genitalien blos fleischroth. Der kurze Pelz hat in der Jugend oben eine graue, unten eine weißliche Farbe; längs der Mitte des Rückens verläuft ein weißer Streif. Mit zunehmendem Alter werden beide Seiten röthlich, die obere zunächst braungrau, die untere rothgelb; allmälig nimmt das Rothbraun immer mehr Oberhand und alte Männchen zumal sind am ganzen Kopf und Rumpf schön zimmtroth, doch dunkler am Rücken als am Bauch. Weibchen scheinen nie so rothbraun zu werden, sondern den grauen Ton zu behalten; jüngere Männchen ähneln den Weibchen völlig, ganz junge Thiere sind schmutzig grauweiß. —

Anm. 1. Eine Reihe schöner Individuen aus Surinam, welche die hiesigen Sammlungen von dem dort verstorbenen Dr. Deutschbein erstanden, liefert den entschiedensten Beweis, daß alle die oben angegebenen Species zu einer und derselben Art gehören. Wenn der Prinz zu Wied, der diese Art am Rio Peruhype und Rio Belmonte erhielt, bemerkt, daß die Ruthe des Männchens im Verhältniß klein sei, so gilt das nur von den jüngeren Thieren, die er als N. dorsatus beschreibt; die alten rothen Exemplare haben einen sehr ansehnlichen Penis mit großer dicker Eichel. Er hatte gewiß Recht, als er in den rothbraunen Individuen nur ältere derselben Art vermuthete (a. a. O. S. 224). In Paraguay scheint die röthliche Farbe seltner aufzutreten, denn Rengger beschreibt nur graue Individuen.

Ich habe diese Art übrigens nicht in Brasilien erhalten, sie soll aber bis Rio de Janeiro hinabgehen; für Minas geraes führt sie Hr. Dr. Lund in seinem Verzeichnisse der Thiere aus dem Thal des Rio das Velhas auf.

Meine Exemplare aus Surinam haben folgende Maaße:

Flugweite 20''; Kopf und Rumpflänge 3'' 2'''; Schwanzlänge 11'''. Analflughaut 2³/₄'', Ohrmuschel 10''', Vorderarm 3'' 2''', Schienbein 1¹/₂'', Hackensporn 1¹/₄''. Penis 5''', jüngerer nur 3'''. —

Anm. 2. Einen sehr sonderbaren Bau zeigt das Becken dieser Fledermaus. Es ist nämlich nicht bloß, wenigstens bei dem Männchen, in der Symphysis ossium pubis geschlossen, sondern noch an einer zweiten Stelle, zwischen den tuberibus ossium ischii, wie bei den Pteropen, verbunden. Diese tubera biegen sich gegen einander, breiten sich neben einander zu einer hohen Fläche aus, und erweitern dieselbe an ihrer oberen hinteren Kante zu einer kreisrunden Platte, an welche sich das Ende des langen Kreuzbeines innig durch feste Verbindung anlehnt. Dadurch entsteht ein völlig geschlossener, ovaler unterer Ausgang des Beckens, der 2''' Weite in die Quere, und 3''' Weite im Durchmesser von vorn nach hinten zeigt. Der Schwanz geht mit einem sehr kurzen Wirbel von der Stelle aus, wo das os sacrum und die tubera ischiadica zusammentreffen; er besteht aus acht Wirbeln, von denen der zweite doppelt so lang, die folgenden dreimal so lang sind, wie der erste. — Man vergleiche die Abbild. bei Blainville, Ostéol. descr. etc. Chiroptères pl. 4, 9 u. 12. Der Text (pag. 27) ist sehr oberflächlich.

10. Gatt. Emballonura *Kuhl.*

Proboscidea *Spix.*

Kleine zierliche Fledermäuse mit feinem Gliederbau, deren Kopf durch die vortretende Schnauze und hängende Oberlippe sich auszeichnet. — Der Kopf bekommt dadurch die Physiognomie eines Bullenbeißers, doch ragt die Nase noch stärker hervor, so daß die Oeffnungen ganz nach vorn gerichtet sind. Die breite Oberlippe hängt über das Maul herab und hat einen dichten Wimperbesatz, wie einen Schnurrbart, aber weder Warzen noch steife abstehende Lippenhaare; nur über den Lippen an den Wangen stehen einige dergleichen. Die Unterlippe ist klein, etwas zurückgezogen, am Ende gefurcht, an der äußersten Spitze etwas vertieft zur Aufnahme einer getheilten Warze, die innen an der Oberlippe in der Mitte sitzt. Die Augen sind nach Verhältniß eher groß als klein; die Ohren lang, ziemlich spitz, nach vorn bis über das Auge hinaus erweitert, am Hinterrande ohne Ausschnitt, mit kleinem nicht sehr spitzen Tragus. — Das Gebiß ist sehr scharf, feinzackig; der Schneidezähne werden in der Jugend $\frac{2}{6}$ angegeben und so viele finde ich auch bei meinen Exemplaren; die oberen sind sehr kleine Spitzen, von einem aufgeworfenen Rande des Zahnfleisches umgeben; die unteren bilden noch kleinere, gekerbte Stifte, welche wenig aus dem Zahnfleische hervorragen; im Alter gehen sie z. Th. verloren, daß nur $\frac{2}{4}$ oder $\frac{0}{4}$ bleiben. Die hohen spitzen Eckzähne haben zu jeder Seite am Grunde eine Nebenzacke; die Anzahl der Backzähne ist $\frac{5-5}{5-5}$, davon sind die beiden ersten kegelförmige Lückenzähne und der erste des Oberkiefers ist so klein, daß er oft ganz im Zahnfleische steckt, daher scheinbar hinter dem Eckzahn eine Lücke sich findet; die hintersten 3 sind starke, breite vierzackige Kauzähne von ziemlich gleicher Größe. — Die schlanken zierlichen Flügel haben einen sehr zarten Daumen, dessen Metacarpusglied einen schmalen Hautsaum spannt; der Zeigefinger enthält nur ein Metacarpusglied, obwohl seine Flughaut bis ans Ende des ersten Fingergliedes des Mittelfingers reicht; der Mittelfinger hat außer dem Metacarpusgliede zwei Glieder, von denen das zweite eine lange gebogene Form besitzt; die beiden folgenden Finger zeigen dieselbe Gliederzahl, aber viel kürzere Endglieder; dennoch knickt der Mittelfinger beim Einschlagen 2mal, vor und hinter dem ersten Mittelfingergliede. — Die Analflughaut ist breit, reicht bis zum Hacken und wird von einem langen Hackensporn getragen; der kurze Schwanz steckt in ihr nur am Grunde und endet mit einer nach oben frei vortretenden Spitze. — Die Hinterfüße sind auffallend klein und zierlich gebaut.

Anm. Man hatte die Arten mit Vespertilio verbunden, aber der kurze Schwanz unterscheidet sie leicht. Auf die Anwesenheit eines drüsigen Beutels in der Ellenbogen-Flughaut bei einigen hat Illiger die Gattung Saccopteryx gegründet, welche nur als eine Unterabtheilung angesehen werden kann.

A. Arten mit einem Beutel in der Ellenbogen-Flughaut. Saccopteryx *Illig.*

Schon Schreber beschrieb eine hierher gehörige Art aus Surinam als Vesp. lepturus. Darauf gründete Illiger seine Gattung. Neuerdings ist diese Art von Gray (Ann. nat. hist. 1845. XVI. 279) und Kraus (Wiegm. Arch. 1846 I. 178) ausführlich geschildert und dadurch nachgewiesen worden, daß anderweitige eigenthümliche Gattungsmerkmale ihre Abtrennung nicht rechtfertigen.

1. Emballonura canina.

Temm. in Vand. Hoev. Tijdsch. V. 29. — Wagn. Schreb. Suppl. I. 462. 3. — *Reinhardt*, Ann. et Mag. nat. hist. 1849. III. 386.
Vespert. caninus *Pr. Max.* Beitr. II. 262. 1.

Einfarbig schwarz, die Arme innen fleischroth durchscheinend; der Beutel am Vorderrande der Flughaut in der Mitte des Oberarms belegen. Flugweite 11″.

Pelz ausnehmend weich, gleichmäßig schwarz, unten etwas bräunlich. Ohren und alle nackten Theile schwarz, der Tragus sehr klein, stumpf zugespitzt; Schnautze etwas vorgezogen, wenig behaart. Vorderarm stark gekrümmt, außen schwarz, innen fleischroth durchscheinend. Der Beutel liegt am Vorderrande der Ellenbogen-Flughaut, näher dem Oberarm als dem Vorderarm und entspricht der Mitte von jenem; seine Mündung ist eine 2‴ lange Falte und etwas schief nach innen gegen den Oberarm geneigt; der Sack ist klein, besonders nach dem Oberarm hin ausdehnbar und kommt bloß den Männchen zu, obgleich die Weibchen seine Anwesenheit als Falte in der Flughaut deutlich zu erkennen geben. Er scheint die Function einer Drüse zu haben, analog der Brustdrüse bei Dysopes. Die Analflughaut ist groß, weil namentlich der Unterschenkel eine beträchtliche Länge hat; der Schwanz ist so lang wie der Hackensporn und spannt etwa ⅓ der Flughaut; seine Spitze ragt ⅔‴ weit hervor. Der Körper mißt vom Scheitel zum Anfang des Schwanzes 1¾″, der Schwanz 6½‴, der Vorderarm 18‴; die Flugweite ist 11″.

Ich erhielt diese Art in Lagoa santa vom Hrn. Dr. Reinhardt; sie wird auch vom Hrn. Dr. Lund in seinem Verzeichniß erwähnt. Der Prinz zu Wied giebt seinen Fundort nicht an; das Exemplar war ein Weibchen ohne Beutel. Vgl. Natterer bei Wagner, Münch. Acad. Abh. V. 331. Taf. IV, Fig. 5—7.

B. Andere Arten besitzen, so weit bekannt, den Beutel in der Ellenbogen-Flughaut nicht.

2. Emballonura saxatilis.

Temm. a. a. O. 27. — Wagn. Schreb. Suppl. I. 460. 2.
Proboscidea saxatilis *Spix.* Vesp. Bras. 62. tab. 35. f. 8.
Vespertilio Naso *Pr. Max* Beitr. II. 274. 5. u. dess. Abbild. Fig 18.

Graubraun, unten weißlicher; Schnautze lang, am Ende etwas gespalten; Schultern, die Flughaut oben neben den Rumpfseiten und die Analhaut mit weißlichen Haarbüscheln besetzt.

Kopf klein, zugespitzt, die lang vorragende Schnautze etwas ausgeschnitten am Ende; Ohren schmal, spitz, beinahe lanzettförmig, am Hinterrande ausgeschweift; Tragus kurz, fast versteckt. Kopf und Rumpf mit feinen weichen Haaren bekleidet, auf dem Rücken dunkel gelblichgraubraun, am Bauche etwas heller; die Flughäute schwarzbraun. Auf ihrer Außenfläche neben dem Rumpf, gleich wie am Oberarm und der Analhaut, reihenweise Büschel längerer gelblicher Haare, die sich bis zum Handgelenk erstrecken und einzelne ähnliche Haare zwischen sich haben; die Haarlinien der Analhaut gegen den Schwanz convergirend, letzter ziemlich stark gelblich behaart; Unterseite der Flughäute nur wenig mit einzelnen feinen Haaren besetzt. Am unteren Ohrrande ein weißlicher Haarfleck und ein zweiter mehr gelblicher am Kopf über dem Auge. — Ganze Länge 2″ 4½‴, des Rumpfes 1″ 9½‴, des Schwanzes 7‴, des Vorderarms 1″ 6½‴, des Sporns 10‴, Flugweite 8½″. — Spix fand die Art in felsigen Gegenden am Rio St. Franzisco, der Prinz zu Wied am Mucuri. —

3. Emballonura calcarata.

Temm. a. a. O. 30. — Wagn. Schreb. Suppl. 462. 4.
Vespertilio calcaratus *Pr. Max,* Beitr. II. 269. 3. — Dess. Abb. etc. Fig. 20,
Vespertilio Maximiliani *Fisch* Synops. Mamm. 112.

Etwas röthlich braun, unten heller; Flughaut nackt, bis über den Hacken hinaus angeheftet; Schwanz kurz, die Sporen sehr lang.

Ein wenig größer als die vorige Art, der Kopf dicker, die Schnautze relativ kürzer, obgleich den Mundrand überragend; Ohren lanzettförmig, am Grunde breit, am Hinterrande ausgeschweift, am Ende schmal, nach außen übergebogen; Tragus breit und stumpf. Der Pelz ist weich, ziemlich lang und dicht; oben röthlichbraun, unten etwas heller. Die Flughaut ist über den Hacken hinaus angeheftet, dunkelbraun, die Analhaut mit Quer-Reihen von Punkten versehen; Haare zeigen sich nur neben dem Rumpf und besonders am Grunde der Analhaut. Der Schwanz ist viel kürzer als letztere, aber die langen Sporen reichen an ihrem Rande bis zur Spitze hinab. — Ganze Länge 2″ 4‴, des Rumpfes 1″ 10½‴, des Schwanzes 5⅔‴, des Vorderarms 1″ 8‴, des Hackensporns 1″ 2‴, Flugweite 11″ 3‴. — Am Jucu, unweit des Rio Espirito Santo. —

11. Gatt. Diclidurus *Pr. Max z. Wied.*

In der Gestalt und dem allgemeinen Ansehn mit den Emballonuren verwandt unterscheidet sich das eigenthümliche Geschöpf, welches der Prinz zu Wied mit dem obigen Gattungsnamen belegt hat, schon durch die kurzen, den Kopf nicht überragenden, im zottigen Haarkleide fast versteckten Ohren, vor allem aber durch die sonderbare Bildung am Schwanze. Ein äußerer Schwanz fehlt, aber dafür befindet sich in der bogenförmig ausgeschweiften Analhaut ein quer gelagerter, bohnenförmiger, hohler Hornkörper, in welchen das Schwanzrudiment hineintritt. Hinter dieser offenen Kappe liegt eine zweite kleinere dreiseitige gewölbte Hornplatte, welche durch eine weiche Gelenkhaut beweglich mit der ersten verbunden ist, und so an dieselbe angelehnt werden kann, daß sie jene zu einer förmlichen Kapsel schließt. Die Flügel zeigen nichts Eigenthümliches, der Daumen ist sehr klein; der Zeigefinger stark, aber eingliedrig; der Mittelfinger dreigliedrig, das lange Metacarpusglied mit gerechnet, und mit einer besondern Knorpelspitze von 3‴ Länge versehen; der dritte und vierte Finger zeigen dieselbe Gliederzahl, aber kürzere Gelenke. Das Gebiß ist zierlich: Schneidezähne $\frac{2}{6}$, die Eckzähne mit einer Nebenzacke am Grunde; Backzähne $\frac{5-5}{5-5}$, im Oberkiefer der erste ein feiner abgerückter Lückenzahn, die 4 folgenden kräftige Kauzähne, im Unterkiefer 2 Lückenzähne und 3 Kauzähne.

1. Diclidurus albus *Pr. Max.*

Beiträge z. Naturg. Brasil. II. 242. 1. — Dessen Abbild. Taf. 16. — Isis v. Oken 1819. II. 1629.
Wagn. Schreb. Suppl. I. 465. 1.

Pelz lang, reichlich, weißgrau; Flügel braun; Ohren kurz aber breit, abgerundet; in der tief ausgebuchteten Analhaut die schwarzbraune Hornkapsel.

Der Kopf ist klein, auf der Stirn und dem Scheitel von langen Haaren bedeckt, an den Seiten zwischen Auge und Ohr kurzhaarig, bräunlich. Das Auge ziemlich groß, die Nase kurz und schmal; das Ohr ziemlich breit, abgerundet, entspringt schon über dem Auge, erreicht aber die Scheitelhöhe nicht; Tragus breit, abgestumpft. Arme stark und lang, die Flughaut schmal, daher die Flügel sehr gestreckt; der kurze Daumen mit mäßigem Nagel. Schenkel kurz, im Pelze versteckt; Schienbein schank, Fuß frei, mit langem Hackensporn; zwischen den Enden der Sporen die Analhaut eingebogen, aber doch ein Beträchtliches die Schwanz-Kapsel überragend. — Ganze Länge 2″ 10‴, Höhe des Ohrs 4‴, Länge des Vorderarms 2″ 4‴, des Hackensporns 9½‴, Flugweite 13—14″. — An der Mündung des Rio Pardo wurde zwischen den Wedeln einer Cocos-Palme nur ein einzelnes Exemplar gefunden. —

B. Gymnura. Der Schwanz ist sehr lang, stark und ragt mit seiner Spitze frei aus der Analhaut hervor.

12. Gatt. Dysopes *Illig.*

Molossus, Nyctinomes et Dinops *Geoffr.*

Eine sehr ausgezeichnete, schon an dem langen Schwanz, der die Analhaut an Ausdehnung übertrifft, kenntliche Gattung, deren Arten zu den größeren Fledermäusen der Tropenzone gehören.

Der große Kopf hat einen sehr finsteren Ausdruck und rechtfertigt den deutschen Namen Grämler, welchen man diesen Fledermäusen gegeben hat. Die Schnautze ragt so stark hervor, daß die Nasenlöcher etwas mehr nach unten oder nach der Seite, als nach vorn gerichtet sind. Die breiten Lippen sind scharfkantig, nicht papillös, aber mit einem dichten Wimpernsaume besetzt; Schnurrhaare fehlen oder stehen sehr vereinzelt, dagegen sieht man kurze, hakenförmig aufwärts gebogene Borsten in den Lippen. Das Auge ist sehr klein, weit nach hinten, dicht vor dem Ohre über dem Mundwinkel gelegen. Die Ohren zeichnen sich durch Größe oder besondere Bildungen aus; bald liegen sie wagrecht nach vorn, bald schief nach oben und außen; oft sind sie durch eine Hautfalte über der Stirn verbunden, bisweilen mit Nebentaschen versehen, mitunter aber auch ganz frei, wie bei den ächten Fledermäusen. Besonders groß ist der äußere Rand der Ohrmuschel nach unten, er bildet hier einen besonders abgesetzten, halbkreisförmigen fleischigen Lappen, hinter dem der kleine, bald breite, bald schmale, stets kurze Tragus öfters ganz versteckt bleibt. —

Das Gebiß ist sehr scharf und kräftig; die $\frac{2}{4}$ Schneidezähne *) sind sehr klein, die oberen fein zugespitzt, am Grunde nach außen mit schneidendem Rande versehen; die unteren bilden kleine, in der Jugend ausgeschnittene oder gespaltene Stiftzähne, und fehlen im höheren Alter öfters zur Hälfte oder gänzlich. Die großen Eckzähne ragen stark hervor und haben am Grunde eine Nebenzacke, wie bei Emballonura. Die Normalzahl der Backzähne ist $\frac{5-5}{5-5}$, doch fehlt im Oberkiefer der erste, sehr kleine Lückenzahn häufig; die 3 hintersten Zähne sind vierzackige Kauzähne in beiden Kiefern. Darnach verhält sich das Gebiß wie bei Emballonura und den meisten verwandten Gattungen. —

Die Männchen haben unten am Vorderhalse eine umrandete Grube, welche die Mündungen einer großen, unter der Haut gelegenen zweilappigen Drüse enthält; den Weibchen fehlt dieser Apparat.

Die Flügel sind lang und schmal. Der kleine kurze Daumen steckt mit dem Metacarpusknochen in der Flughaut, und ist auch an dem freien Gliede von einer sehr dicken runzeligen Haut bedeckt. Auf dem Handgelenk liegt unten vor dem Daumen ein großer kreisrunder Ballen. Der Zeigefinger hat nur ein Metacarpusglied, das ebenso lang ist, wie das Metacarpusglied des Mittelfingers und mit ihm am Ende innig zusammenhängt, so daß die Haut zwischen diesen beiden Fingern sehr schmal bleibt. Der Mittelfinger ist ohne den Metacarpusknochen nur zweigliedrig, am Ende aber mit einem kurzen, gebogenen Knorpel versehen; auch am vierten und fünften Finger sitzt ein eben solcher kleiner kurzer Knorpel, so daß die Gliederzahl aller 3 Finger sich gleich bleibt.

Die Beine sind kurz und kräftig, besonders die Unterschenkel; am Hacken sitzt ein starker Sporn, der am Rande der Flughaut verläuft; die Zehen sind kurz, dick, klein, außerhalb mit langen steifen, gebogenen, abstehenden Wimperhaaren besetzt; die erste und letzte Zehe etwas erweitert und unterhalb mit steifen Häkchen bekleidet.

Der freie Theil des Schwanzes ist stets sehr runzelig; der Haarpelz sehr weich und über die Flughaut zu beiden Seiten des

---

*) In frühester Jugend sollen $\frac{2}{6}$ Schneidezähne vorkommen; meine Exemplare haben unten nur 4.

Rumpfes etwas ausgedehnt; die Flughaut selbst ist derb und sehr feinfaltig runzelig, zumal die im Ellenbogenwinkel.

Ich habe auf meiner Reise in Brasilien drei Arten beobachtet, doch ist die Zahl aller von dort bekannten schon sehr beträchtlich und viel größer; nachstehende 6 bewohnen das von mir bereiste Gebiet sicher, die meisten scheinen das nördlicher gelegene Binnenland vorzuziehen.

1. Dysopes perotis *Pr. Max.*

Pr. Max. z. Wied, Beitr. etc. II. 227. — Dessen Abbild. Fig. 15.
Wagn. Schreb. Suppl. I. 473. 9. — Ders. Münch. Acad. m. phys. Cl. V. 191. 1. Taf. IV. Fig. 2. —
Dysop. rufus *Temm.* Monogr. d. Mamm. I. 230. tb. 23. Fig. 17—19 (cran.).
Moloss. rufus *Geoffr.* Ann. du Mus. VI. 155. — *Desmar.* Mammal. 112. —

Dunkel röthlichbraun, die nackten Theile und die Flughaut schwärzlich; Ohren sehr groß, völlig verwachsen, am Ende abgerundet, seitlich ausgeschweift, vorwärts an den Kopf gelegt. Flugweite 21—22″.

Der weiche Pelz ist graulich dunkelbraun, mit röthlichem Anflug, die Haare sind unten etwas heller. Die nackte weit vorragende Schnautze ist breit, vorn scharf gerandet, in der Mitte leicht ausgebuchtet, unterhalb mit einer mittleren stark behaarten Längsschwiele versehen, die sich vor dem Munde in zwei Schenkel spaltet, und auch hier mit kurzen steifen abwärts stehenden Haaren dicht besetzt ist. Die Nasenlöcher am Seitenrande eingeschnitten. Die großen anliegenden Ohren reichen etwas über die Nasenspitze hinaus, sie sind außen und innen nackt; nur die breite Hautfalte, welche sich vom Ohr zur Stirn begiebt, und hier auf dem Nasenrücken mit der Falte von der anderen Seite zusammentrifft, ist ziemlich stark behaart. Der Innenrand der Ohrmuschel ist breit, dick aufgeworfen, nach oben verflossen, unten scharf abgesetzt und erweitert; zwischen ihm und dem Hinterrande erhebt sich hier ein hoher, breiter, fast kreisrunder, senkrechter Lappen, hinter dem der kleine schmale Tragus versteckt bleibt; der Außenrand der Muschel ist zweimal wellenförmig ausgebuchtet und das obere Ende abgerundet; ihre Fläche schwach und verstrichen quergefurcht. Die Lippen sind breit, knollig, ziemlich haarfrei; das kleine Auge steht über dem Mundwinkel; das Kinn ist flach, scharfkantig, ziemlich nackt. Die ziemlich schmalen langen Flügel haben neben dem Rumpf eine weiche Behaarung, und von da ab sind sie nackt; nur am Schenkel zieht sich innen ein Haarstreif hinab; der Handdaumen ist sehr dick und am Grunde mit einem großen runden Ballen gestützt; auch die Hinterzehen sind kräftig, besonders die erste und letzte, welche die steifen Häkchen tragen; über den Krallen ragen lange Borstenbüschel hervor; der Schwanz ist etwas über $^1/_3$ außerhalb der Flughaut und stark querrunzelig. — Im Gebiß finde ich $\frac{2}{4}$ Schneidezähne, die obern sind starke Haken, die unteren feine, einmal gekerbte Spitzen; der kleine erste Lückenzahn des Oberkiefers ist vorhanden, die Zahl der Backzähne also überall 5. Die Drüsentasche oben an der Brust ist ziemlich versteckt, in die Tiefe der Halsbuge eingezogen. Mein Exemplar, ein Männchen, zeigt folgende Maaße: Länge des Kopfes mit den Ohren 1″ 9‴, des Rumpfes 3″, des Schwanzes $2^1/_4$″, des Vorderarms $3^1/_2$″; Breite beider Ohren zusammen 2″, Flugweite fast 22″. Ich erhielt das Thier frisch in Lagoa santa, der Prinz zu Wied fand die Art bei Villa S. Salvador am Parahyba, Natterer bei Barra do Rio Negro am Amazonenstrom; sie scheint also über den größten Theil Brasiliens verbreitet zu sein.

2. Dysopes auritus *Natt.*

Wagner in Wiegm. Arch. 1843. I. 366. — Münch. Acad. m. ph. Cl. V. 204. 9. Taf. IV. Fig. 4.
Moloss. coecus *Rengg.* Säug. v. Parag. 88.
El Obscuro *Azara*, Quadr. II. 305. No. 79.

Pelz dunkelbraun, die nackten Theile und die Flughaut schwarz; Ohren ziemlich groß, abgerundet, vorwärts aufgerichtet, an die Stirn geheftet, mit tiefen Querfurchen; Lippenrand gezackt. Flugweite 13—14″.

Von der Farbe der vorigen Art, nur etwas reiner braun auf dem Rücken und lichter am Bauch; die nackten Theile alle sehr dunkel rußschwarz; das Haarkleid weich und reichlich, die einzelnen Haare am Grunde etwas heller. Das Gesicht größtentheils nackt, die Nase breit und aufgeworfen, die Oberlippe in starke Querrunzeln gefaltet, die ihren Rand gekerbt machen; die Ohren groß, reichen noch über die Nasenspitze hinaus, sind breit, ziemlich aufgerichtet, am Ende gerundet, mittelst einer zur Stirn verlaufenden Falte an den Nasenrücken geheftet und beide Falten hier verbunden; in der Tiefe am Außenrande stark querrunzelig, am Innenrande mit einem schwieligen Saum versehen, welcher unten so hoch ist, daß das angelegte Ohr die Augen völlig verdeckt; ganz wie bei der vorigen Art. Flügel ziemlich lang und schmal, nackt, bis auf einen breiten Saum zu beiden Seiten neben dem Rumpfe und einer leichten Behaarung am Halstheil; Schwanz zur Hälfte außerhalb der Flughaut, mit starkrunzeliger Haut bedeckt. — Länge des Kopfes 11‴, der Ohren 13‴, des Rumpfes 3″ 2‴, des Vorderarms 2″ 3‴; Breite beider Ohren zusammen $18\frac{1}{2}'''$, der Flugweite $13\frac{1}{2}''$. — Das Gebiß ohne Eigenheiten. —

Ich erhielt bald nach meiner Ankunft in Rio de Janeiro eine Fledermaus, die ich nur leicht skizzirte und dann in Weingeist that; bei meiner Heimkehr aus Minas war sie durch Nachlässigkeit eines Dieners verloren gegangen. Auf jene Notizen gestützt, kann ich sie nur für die hier nach Wagner und Natterer beschriebene Art halten, welche er bei Cuyaba in Mato grosso fand. Sie scheint, da sie Rengger wahrscheinlich auch in Paraguay gefunden hat, gleich der vorigen sehr weit über Brasilien verbreitet zu sein. —

3. Dysopes holosericeus *Natt.*

Wagner, Münch. Acad. m. ph. Cl. V. 198. 6. — Ders. in Wiegm. Arch. 1843. I. 368.
Dysopes abrasus *Temm.* Mon. d. Mamm. I. 232. tb. 26 u. II. 356. —

Ziemlich klar kastanienbraun, alle nackten Theile schwärzlich; Ohren breit, mäßig hoch; Vorderarm kurz, die Flughaut neben ihm dicht behaart. — Flugweite 13—14''.

Pelz glatt anliegend, besonders auf dem Rücken an dessen Seiten; Saum der Flügel unten neben dem Rumpf reichlich behaart, bis zu einer von den Schenkeln nach dem Ellenbogen gezogenen Linie; Farbe der Haare oben tief dunkel kastanienbraun, mit lebhaftem Sammetglanze; die Unterseite nur wenig lichter, aber weit matter; die Haare einzeln am Grunde etwas lichter. Alle nackten Theile schwarz, die Flügel gegen die Spitze hin bräunlicher. Ohren nicht besonders groß, etwas breiter als hoch; an der Basis des Innenrandes stoßen sie nicht ganz zusammen, vielleicht nur wegen Eintrocknens; von ihrem Grunde geht eine kleine Hautfalte ab, die sich bald mit der von der anderen Seite vereinigt und auf der Nase als Leiste herabläuft. Schnautze etwas schmächtig; Lippen glatt, mit Haaren besetzt. Die Flügel reichen etwas unterhalb des Unterschenkels und sind am Vorderarm und der Mittelhand, im Vergleich mit dem Bau anderer Arten, verkürzt zu nennen; zwischen den Anfangstheilen der Mittelhand und am Vorderarm sind sie reichlich wollig behaart. Der Schwanz ragt mit der kleineren Hälfte aus der Flughaut hervor. — Länge des Körpers $2\frac{1}{2}''$, des Kopfes 1'', des Ohrs 6''', des Schwanzes $1\frac{3}{4}''$, des Vorderarms 1'' 11''', Flugweite $13\frac{1}{2}''$. —

Anm. Ich habe diese Art nicht in Brasilien gefunden, sondern beschreibe sie nach Wagner und Natterer, weil letzterer sie bei Rio de Janeiro einsammelte. Nach Wagner steht sie dem Dys. ursinus *Spix* (D. Alecto *Temm.*)

nahe und weicht von ihm nur durch die Behaarung ab. Ob Dys. abrasus *Temm.* zu ihr gehört, ist zweifelhaft, weil Temmink die Behaarung des Flügels nicht angiebt.

4. Dysopes velox *Natt.*

Temm. Mon. d. Mamm. I. 234. tb. 22. f. 1. —
Wagn. Schreb. Suppl. I. 476. 13. — Münch. Acad. Abh. V. Taf. IV. Fig. 3 (Kopf).

Oben rein kastanienbraun, unten heller, graulich angeflogen, die Ohren und Flughäute ebenfalls braun; erstere nicht sehr groß, abstehend, auf der Stirn durch eine Falte verbunden, die sich auf dem Nasenrücken nicht weit fortsetzt. Flugweite 10''.

Pelz weich, oben schön kastanienbraun, unten heller; die Haarspitzen weißgrau. Flughäute und Ohren ebenfalls kastanienbraun, aber dunkler. Nase stumpf, das Vorderende mit einer senkrechten scharfen Leiste, die sich gabelförmig nach oben theilt, und ihre Aeste in einen Bogen um die Nasenlöcher herumsendet; der Raum zwischen der Leiste und dem Nasenloch wie eine flache Hohlkehle vertieft. Lippenrand vorn mit steifen Borsten, Kinn nackt. Ohren nicht sehr groß, abstehend aufrecht, mit breiter runder Klappe am Grunde, etwas ausgeschweiftem Außenrande und flach saumartig nach unten ausgebreitetem Innenrande, dessen Rand sich gegen die Stirn biegt und auf dem Nasengrunde mit dem Gegner zusammentrifft, hier eine kurze erhabne Längsfalte bildend, die sich auf dem Nasenrücken nur sehr wenig nach vorn erstreckt, ohne die Nasenspitze zu erreichen. Flügel ziemlich schmal und spitz. Schwanz ziemlich lang, zur Hälfte in der Flughaut; Hackensporn sehr lang, bis an den Schwanz reichend. — Körperlänge mit dem Schwanz $3\frac{1}{2}''$, Schwanz 1'' 2''', Vorderarm 1'' 6''', Ohren 4'''.

Anm. Ich habe diese Art nicht in Brasilien gefunden, meine Exemplare sind aus Surinam, wo sie häufig ist.

5. Dysopes fumarius *Spix.*

Spix. Vesp. bras. 60. tb. 35. f. 5. 6 — Wagn. Schreb. Suppl. I. 477. 14.
Dysop. obscurus *Geoffr. Temm.* Mon. d. Mamm. I. 236. tb. 22. f. 2.

Oben schwarzbraun, unten graubraun, die Haare am Grunde weiß; Ohren und Flughaut fast schwarz; erstere am Grunde verbunden, mit scharfer Längskante auf der Nase bis zur Spitze. Flugweite 9''.

Etwas kleiner als die vorige Art, im Rumpfe schlanker, die Flügel relativ breiter; oben dunkelbraun von Farbe, unten gelblich graubraun, alle Haare am Grunde weißlich; Flügel und Ohren schwarzbraun. Nase stumpf, die Spitze breiter, mit 2 bogenförmigen Leisten um die Nasenlöcher, welche in der Mitte nicht verbunden sind. Ohren der vorigen Art, nur flacher am Rande und die Falte auf der Nase sehr scharf, ein wahrer Kiel, der bis zur Spitze reicht; der Lappen am Grunde nicht so stark nach vorn gezogen, wie dort. Oberlippe steif borstig, Kinn etwas vertieft. Schwanz eben so lang, wie bei D. velox, halb in der Analhaut, halb frei; der Aftersporn kürzer, reicht nicht bis zum Schwanze. — Körperlänge mit dem Schwanz 3″ 2‴. Schwanz 1″ 6‴, Vorderarm 1″ 4‴, Flugweite 9″.

Anm. Das mir vorliegende männliche Exemplar, von dem ich Beschreibung und Maaße genommen habe, ist aus Surinam; ich fing diese Art nicht in Brasilien, glaube aber aus einer Andeutung des Herrn Dr. Reinhardt folgern zu dürfen, daß sie auch in Minas geraes vorkomme. —

6. Dysopes Temminckii *Lund.*

Blik paa Brasil. Dyrev. IV. 64. 31.

Pelz oben kastanienbraun, unten gelbbraun, jedes Haar am Grunde breit weißgelb; alle nackten Theile und die Flughaut schwärzlich; Ohren getrennt, Flugweite 8″.

Nase nur wenig vorgezogen, platt, breit, mit stumpfem Höcker zwischen den Nasenlöchern, aber ohne Bogenleiste; der obere Rand etwas aufgeworfen, die Lippen mit Hakenborsten gleichmäßig zerstreut besetzt. Gebiß aus $\frac{2}{4}$ Schneidezähnen bestehend, die untern gekerbt; im Oberkiefer ist kein kleinerer erster Lückenzahn hinter dem hohen Eckzahn bemerklich. Die Ohren sind getrennt, ziemlich schmal, spitz, nach außen und oben abstehend, durch eine kleine Hautfalte etwas auf die Stirn am Grunde verlängert, aber nicht verbunden; der abgerundete untere Lappen liegt mehr nach hinten, als nach vorn, am untern Rande der Muschel und versteckt den kurzen, aber breiten, stumpfen Tragus nicht. Der Pelz ist oben röthlich braun, doch haben nur die Spitzen der Haare diese Farbe, die Basis ist breit gelblich weiß; unten herrscht der gelbliche Grundton mehr vor, weil die dunkle Spitze hier viel kürzer ist; das Männchen hat überall eine etwas düstere, braunere Farbe. Alle nackten Körpertheile sind schwärzlich wie die Flughaut; an der Analflughaut reicht der lange Hackensporn fast bis zum Schwanz hin. Die freie Spitze des letztern ist ziemlich lang und wenig aber fein runzelig gefaltet. Der Körper hat mit dem Kopf 1½″ Länge, die Ohren sind 3‴ lang, der Vorderarm mißt 1″ 2‴, der Hackensporn 8‴, der Schwanz 1″, seine freie Spitze 5—6‴, die Flugweite ist 8″. —

Ich erhielt ein Pärchen dieser zierlichen Art in Lagoa santa; sie wurde mir nachträglich von Hrn. Dr. Reinhardt als die von Dr. Lund unter obigem Namen aufgestellte Species bezeichnet. —

Anm. Die Anzahl der brasilianischen Grämler scheint groß zu sein. A. Wagner führt im Supplement zu Schreber's Säugethieren noch 4 Arten von daher auf und beschreibt in den Abhandl. d. Münch. Akademie (V. Bd.) weitere 10 Species nach Natterer's Originalen. Ich stelle nur die Diagnosen einiger derselben hier zusammen, weil die meisten den inneren und nördlichsten Gegenden Brasiliens angehören.

a. Mit glatten Lippen.

1. D. ursinus: schwarzbraun, unten lichter, Ohren und Flughaut von gleicher Farbe; erstere sehr breit, abgerundet, an den Kopf gelegt, mittelst einer Hautfalte an die Stirn geheftet und inwendig längs dem Innenrande mit gewölbter breiter Kante versehen; Nase sehr breit, mit stumpfer Längsschwiele zwischen den Nasenlöchern; Lippen und Kinn fast nackt. Flughaut neben dem Arm und der Handwurzel behaart. Schwanz über die Hälfte in der Analhaut. Körperlänge 3″ 2‴, Schwanz 1″ 10‴, etwa 9‴ frei; Vorderarm 1″ 11‴, Flugweite 13″. — Para und Surinam.

Spix, Vesp. bras. 59 tb. 35. f. 4. — Wagn. Schreb. Suppl. I. 472. 8. — Ders. Münch. Acad. Abh. V. 192. 2. —
Dys. Alecto, *Temm.* Mon. d. Mamm. I. 231. tb. 20. —

2. D. longimanus: dunkelbraun, unten ein wenig lichter; Ohren und Schnautze der vorigen Art, erstere ein wenig größer; Flughäute braun, überall haarfrei; Schwanz zur Hälfte in der Flughaut. Körperlänge 3″ 6‴, Schwanz 1″ 8‴, freier Theil 9‴, Vorderarm 2″ 2‴. Flugweite fast 15″. — Caixara in Mato grosso und Surinam.

Wagn. Münch. Acad. Abh. V. 194. 3.

Aendert ab mit weißlichem Haarsaum an den unteren Rumpfseiten neben den Flügeln: D. leucopleura *Natt.* ibid. 196. 4. — Nach v. Tschudi (Fn. peruana I. 11. 5.) einerlei mit D. ferox *Pöpp.* Frorieps Not. No. 32. pg. 230.

3. D. glaucinus: oben dunkel kastanienbraun, unten matt röthlich grau; Ohren mehr aufrecht, groß, breit, abgerundet mit schmälerer stumpfer Kante am Innenrande und breiter Stirnfalte; hier dichter behaart. Schnautze und Lippen behaart, Kopfseiten fast nackt. Flügel lang und schmal, auf der Oberseite längs dem Vorderarm und im inneren Handwinkel etwas behaart; Schwanz über halb eingehüllt. Länge 3″ 5‴, Schwanz 1″ 8‴, Vorderarm 2″ 1‴, Flugweite 14½″. — Cujaba in Mato grosso. —

Wagn. Münch. Acad. Abh. V. 197. 5. Taf. IV. Fig. 1.

4. D. nasutus: rothbraun, unten röthlich weiß. Flughäute hellbraun; Ohren ziemlich breit, aber auf der Stirn nicht verbunden, die Behaarung trennt sie deutlich; Schnautze ziemlich lang vorspringend; Flügel schmal, größtentheils nackt, ein dünner Haaranflug neben dem Vorderarm. Zehen dünn, langborstig; Schwanz zur Hälfte in der Flughaut. — Rumpflänge 3½″, Schwanz 2″ 2‴, Vorderarm 1″ 9‴, Flugweite 13″. — Am Rio St. Franzisco.

Spix. Vesp. bras. 60. tb. 35. f. 7. — Wagner Schreb. Suppl. I. 474. 10.

5. D. albus: Rumpf oben und unten weißlich, die Ohren am Grunde durch eine Hautfalte verbunden, einzeln etwas breiter als lang; Lippen steifhaarig, Backen nackt. Flügel nicht grade lang, schwarz, neben dem Rumpf und Vorderarm rußbraun behaart, auch am innern Handtheil zwischen dem 4ten u. 5ten Finger. Schwanz nicht ganz zur Hälfte frei. — Länge 3″ 4‴, Schwanz 1″ 10‴, Vorderarm 1″ 10‴, Flugweite 12½″. — Mato grosso.

Wagn. Münch. Acad. Abh. V. 201. 7.

6. D. olivaceus: Rumpf oberhalb olivenbraun, unterhalb sehr viel blasser, bisweilen mehr röthlich auf beiden Seiten; Ohren ziemlich kurz, etwas breiter als lang, stoßen auf der Stirn fast zusammen; Schnautze stumpf. Flügel braun, neben dem Rumpfe und am Innenrande des Armes bis zur Handwurzel behaart; Schwanz nicht ganz zur Hälfte frei. Länge 2'' 8''', Schwanz 1'' 3''', Vorderarm 1'' 8''', Flugweite 10''. — Cujaba in Mato grosso.

Wagn. a. a. O. 202. 8. —

b. Mit stark runzeligen Lippen.

7. D. Naso: graubraun, unten heller; Ohren groß, abgerundet, deutlich getrennt von einander; Nase kurz, aber die Nasenlöcher vorspringend. Flughäute braun, auf der Unterseite neben dem Rumpfe behaart. Pfoten mit langen weißen Borsten besetzt; Schwanz lang, zur Hälfte frei. — Länge 2½'', Schwanz 1½'', Flugweite 10'' 8'''. — Häufig in (Nord-?) Brasilien. —

Wagn. Schreb. Suppl. I. 475. 12. — *Tsch.* Fn. per. I. 11. 1.
Dys. nasutus *Temm.* Mon. etc. I 233.
Nyctinomus brasiliensis *Geoffr.* Ann. d. Sc. nat. I. 343. tb. 22. Fig. 1—4.

8. D. gracilis: kleiner, oben und unten umbrabraun, hier heller; Ohren höher als breit, innen nackt, am Grunde zusammenstoßend; Schnautze gestreckt, nach vorn stark verschmächtigt; Flügel lang, schmal, gegen den Rumpf hin einen Zoll breit mit dunklen Puncten besetzt, übrigens nackt, nur die Schenkelflughaut am hinteren Rande neben dem Rumpfe mit feinem Flaum spärlich bekleidet; Schwanz fast zur Hälfte frei. — Länge 2'' 5''', Schwanz 1'' 2''', Vorderarm 1'' 6''', Flugweite 9—10''. — Mato grosso.

Wagn. Münch. Acad. Abh. V. 206. 10.

13. Gatt. Chilonycteris *Gray*.

Annal. of. natur. Hist. IV. pag. 4.
Lobostoma *Gundl. Wiegm.* Arch. 1840. I. 356.

Eine besondere Gattung Mittel-Amerika's, welche durch die frei aus der Analhaut hervorragende Schwanzspitze an die Grämler sich anreiht, obgleich diese Spitze nicht aus dem Rande, sondern aus der Rückenfläche der Haut hervortritt. —

Der Kopf ist ziemlich dick und stark, die Schnautze höchst eigenthümlich gebildet, vorn grade abgestutzt, scharfkantig; der Nasenrücken breit und gefurcht, die Nasenlöcher vorwärts gewendet, mitten auf einer schief zurückfallenden Endfläche liegend, welche mit dem oberen Mundrande zusammenfließt und die Oberlippe bildet; die Unterlippe ähnlich abgeplattet, mit einem herabhängenden Saume versehen, der von kleinen Warzen bedeckt ist; das Kinn in einen frei vorragenden, häutigen, in der Mitte ausgeschnittenen, fast zweilappigen Rand erweitert. — Ohren spitz, hoch und schmal, senkrecht gestellt, weit von einander gerückt, am Innenrande saumartig nach unten erweitert, am hinteren Rande in eine Hautfalte übergehend, die sich unter der Ohröffnung fast bis zum Mundwinkel hinzieht; der Tragus nicht sehr hoch. — Augen klein. — Gebiß scharf, in beiden Kiefern vier Schneidezähne, die oberen mittleren breiter, eingeschnitten; die unteren von ziemlich gleicher Größe, fein, zweimal gekerbt am Rande. Eckzähne hoch und stark; Backzähne $\frac{5-5}{5-5}$, die beiden ersten einfache Lückenzähne, die folgenden breite Kauzähne, der hinterste obere sehr klein. — Flügel breiter als bei Dysopes, sonst ähnlich gebaut, der Daumen klein und dick; der Zeigefinger ohne Glieder, die drei anderen Finger alle zweigliedrig (mit dem Metacarpusgliede dreigliedrig); die Flughaut endet schon in der Mitte des Unterschenkels, daher der Hackensporn aufwärts steht. Der Schwanz ist lang, stark, steckt zur Hälfte in der Analhaut, welche unter ihm frei fortsetzt, noch breiter ist, als der ganze Schwanz lang und umgeschlagen in Falten unter ihm liegt, erst im Fluge sich spannend. —

Die Arten Brasiliens scheinen auf die nördlichen Gegenden beschränkt zu sein, Natterer fand mehrere Species in Mato grosso; ich habe keine erhalten, bei Rio de Janeiro kommen sie nicht mehr vor.

1. Chilonycteris rubiginosa *Natt.*

Pelz einfarbig roströthlich zimmtbraun, auf dem Rücken und an der Brust die Farbe lebhafter, am Bauch die einzelnen Haare in der Tiefe dunkler als an der Spitze; Ohren nnd Flughäute braun, jene lang, schmal, zugespitzt; der Tragus nach außen gebogen, nach innen grade, mit einer vertieften Anschwellung. Lippen breit, die untere fein papillös, der Kinnsaum mit 3 Längswülsten auf der Unterseite. Nasenkuppe glatt, eine Linie hinter ihr ein Knötchen. Flughäute nackt, die Schenkelhaut etliche Linien über der Ferse angeheftet; die Analhaut umhüllt den Schwanz zur Hälfte und überragt ihn ausgespannt — Körper 3″, Schwanz 10‴, Analhaut 1″, Hackensporn 1″ 1½‴, Vorderarm 2″ 2½‴, Flugweite 15″. — Caiçara in Mato grosso.

Wagn. nach Natterer in d. Münch. Acad. Abh. V. 181. 1. Taf. I. Fig. 2—6.

2. Chilonycteris gymnonotus *Natt.*

Pelz oben dunkelbraun, aber nur bis zur Schulter reichend, der ganze übrige Rücken nackt, wie die Flughaut; die Haare oberhalb vollständig braun, unterhalb mit weißen Spitzen. Ohren ziemlich lang und spitz, am Außenrande tief ausgeschnitten, am Innenrande mit einer Leiste; Tragus von fast halber Ohrhöhe, außen convex mit schwach ausgebuchteter Mitte, am Ende abgerundet, am Innenrande mit einem Querlappen versehen. Flughäute matt schwarzbraun, wie der Rücken und die Ohren; Schwanz zur Hälfte frei, die Analhaut gespannt um 1 Drittel breiter. — Länge 2″ 4‴, Ohren 7‴, Schwanz 8½‴, Vorderarm 1″ 8½‴, Analhaut 1″ 2‴, Flugweite 11″. — Cujaba in Mato grosso. —

Wagn. nach Natterer a. a. O. S. 183. 2. Taf. II. Fig. 1.

3. Chilonycteris personata *Wagn.*

Kopf, Ohren, Lippen wie bei der vorigen Art, aber der Rücken völlig behaart, der Pelz oben dunkelbraun, unten heller, mit lichteren Haarspitzen. Flughaut schwarzbraun, etwas über die Mitte des Unterschenkels hinaus angeheftet, der Sporn anfangs an das Schienbein geheftet. Schwanz nicht ganz halb frei. — Länge 2″ 1‴, Ohren 6‴, Schwanz 7⅓‴, Vorderarm 1″ 8‴, Breite der Analhaut 1″ 1‴, Flugweite 10½″. — St. Vincent in Mato grosso.

Wagn. Münch. Acad. Abh. V. 185. 3. —

C. Vespertilionina. Schwanz vollständig in der Flughaut, weder kürzer noch länger als letztere.

14. Gatt. Vespertilio *Linn.*

Im Ganzen kleine Fledermäuse von zierlichem Körperbau, mit langen, schlanken Gliedmaßen und langem Schwanz.

Der Kopf nicht sehr groß, ohne besondere Auszeichnungen; die Nase schief abgestutzt, ziemlich breit, mit kleinen runden Oeffnungen dicht über dem Mundrande; letzterer scharf, ohne Papillen, mit feinem Wimperbesatz aber nicht sehr starken Schnurrhaaren. Ohren bald länger, bald kürzer, mitunter breit oval, gewöhnlich schlanker, von mandelförmigem Umriß, mit am Grunde erweitertem Vorderrande und leicht ausgebogenem Hinterrande; der Tragus schlank, ziemlich spitzig. —

Gebiß scharfzackig, Schneidezähne $\frac{4}{6}$, die oberen durch eine Lücke getrennt, gleich oder ungleich, mit divergirenden Spitzen, die unteren an einander gedrängt, für ihre Größe breit, einmal oder zweimal eingeschnitten. Eckzähne mäßig hoch, spitz, die unteren mit einer stumpfen Nebenzacke nach innen. Backzähne $\frac{4-4}{5-5}$ oder $\frac{5-5}{5-5}$ *); wo im Oberkiefer einer weniger ist, da fehlt der erste, stets etwas kleinere Lückenzahn; aber auch dann, wenn er sich findet, läßt er zwischen sich und dem zweiten eine Lücke, worin eine Warze, welche die Lippe inwendig an dieser Stelle hat, hineinpaßt. Die drei hintersten Backzähne sind vierzackige Kauzähne, die beiden vorderen einzackige Lückenzähne; der den Kauzähnen vorhergehende ist stets stärker, kräftiger und mit einer Nebenzacke am Grunde versehen.

Flügel ziemlich breit, das kurze Metacarpusglied des kleinen zierlichen Daumens gegen den Vorderarm zu frei, gegen den Zeigefinger von einer kleinen Falte der Flughaut umhüllt; der Zeigefinger eingliedrig (d. h. es ist bloß ein Metacarpusknochen vorhanden), ragt nicht über das Metacarpusgelenk des Mittelfingers hinaus und spannt eine mäßige Flughaut, die bis zur Mitte des ersten Fingergliedes am Mittelfinger reicht; dieser Finger scheinbar dreigliedrig, aber das Endglied nur ein starker Knorpel, wie die anderen zweigliedrig, doch diese mit sehr feiner Knorpelspitze. Analflughaut sehr groß, längs der Mitte vom langen Schwanz gespannt, an den Seiten von dem ebenfalls langen Hackensporn; die äußerste Schwanzspitze frei, die Schwanzglieder sehr groß und deutlich, gewöhnlich 7 sichtbar; die Flughaut überall nackt, selbst die Arme und Beine völlig haarfrei. Hinterfüße klein und zierlich.

Die Gattung ist durch zahlreiche Arten in Brasilien vertreten; allein ich habe nur 2 derselben heimgebracht.

1. Vespertilio derasus.

? Vesp. Hilarii *Geoffr* Ann. du Mus. 441. — *Temm.* Mon. II. 241. — Wagn. Schreb. Suppl. I. 526. 62.
? Vesp. brasiliensis *Desm.* Mamm 141. —

Pelz oben dunkelbraun, unten graubraun, an der Flughaut scharf abgeschnitten. Backzähne $\frac{4-4}{5-5}$. Flugweite 11″, Schwanzlänge 1⅓″.

Nase ziemlich breit, am Vorderende seicht gefurcht; Ohren ziemlich schmal und spitz, weit und völlig getrennt; der Tragus lang und schmal.

---

*) Es ist mir in Brasilien keine Art mit sechs Backzähnen vorgekommen.

Körperfarbe auf dem Rücken braun, die Haare am Grunde schwärzlich grau, nur die Spitzen klar braun; am Bauch gelblich graubraun, die untere Hälfte der Haare schwarzgrau, die Spitzen gelbbraun; das ganze Haarkleid scharf am Rande der Flughaut wie abgeschnitten, daher die Arme und Beine völlig nackt sind. Die Flughaut dunkelbraun, fein gefaltet zwischen den Armen; in der Analflughaut die gewöhnlichen convergirend gegen den Schwanz gewendeten Sehnenstreifen. Die Spitzen aller drei hinteren Flugfinger mit kleinen gebogenen hellen Endknorpeln besetzt. Körper mit dem Kopf 2″ 6‴ lang, Schwanz 1″ 4‴, Vorderarm 1″ 8‴, Flugweite 11″, Hackensporn 1″. —

Ich erhielt von dieser Art 2 weibliche Individuen in Neu-Freiburg; das Gebiß zeigt bemerkenswerthe Eigenschaften, die oberen Schneidezähne sind sehr ungleich, das innere Paar ist viel höher und am schiefen Seitenrande zweimal fein gekerbt; der äußere Zahn jeder Seite steht dicht neben dem inneren, etwas abgerückt vom Eckzahn, ist sehr klein und einmal gekerbt; im Alter fehlen die oberen Schneidezähne ganz, so bei dem einen Exemplar; die Zahl der Backzähne beträgt im Oberkiefer vier, im Unterkiefer fünf, dort steht ein ziemlich starker Lückenzahn unmittelbar neben dem Eckzahn, hier finden sich zwei einzeln kleinere, von denen der vordere niedriger und schwächer ist; die Warze an der Innenseite der Lippen fehlt, weil keine Lücke zwischen den Zähnen frei bleibt. —

Man könnte diese Art für Vesp. Hilarii *Geoffr.* halten, wenn nicht der Schwanz sehr viel länger angegeben würde, als wie ich ihn finde; die übrigen Dimensionen und die Farbe passen.

2. Vespertilio nigricans *Pr. Max.*

Pr. Max z. Wied, Beitr. etc. II. 266. 2.
Wagn. Schreb. Suppl. I. 533. 77. — ***Rengg.*** Säugeth. v. Parag. 84. — ***Temm.*** Monogr. II 242.

Das ist die kleinste Fledermaus, welche ich in Brasilien gefunden habe; ihr Rumpf hat mit dem Kopf nur $1\frac{1}{2}''$ Länge, der Vorderarm ist $1\frac{1}{3}''$ lang, der Schwanz mißt fast 1″, die Flugweite ist wenig über 8″. Der Pelz ist dicht und weich, besonders im Gesicht lang, aber ausschließlich auf Kopf und Körper beschränkt; an den Lippen bildet er einen langen dichten Wimpernsaum; seine Farbe ist dunkel schwarzgrau, an der Spitze etwas graulich; auch die Ohren, die Flughaut und der Schwanz sind tief schwarz gefärbt. Die Schnautze ist kurz; die Ohren haben für das kleine Thier eine beträchtliche Größe, sind ziemlich spitz, am Ende nach außen gebogen; der Tragus ist fein und schmal. Arme und Beine tragen keine Haare, aber trotzdem die schwarze Farbe der Flughaut; nur die Analflughaut ist unten etwas heller graulich. Der Hackensporn hat 6—7‴ Länge und dehnt sich bis zur Mitte des Seitenrandes aus. Im Schwanz sind 8 Wirbel bemerkbar. Die Hinterfüße haben eine sehr geringe Größe, und entsprechen darin dem Daumen der vorderen. Das Gebiß besteht aus fünf Backzähnen oben wie unten; der erste sehr kleine Lückenzahn steht dicht neben dem Eckzahn, dann folgt die Lücke, worin sich die Warze an der Lippe legt, und nunmehr der zweite größere Lückenzahn, der unten deutlich einen kleinen innern Nebenhöcker hat; die folgenden 2 Backzähne sind die größten, der hinterste ist wieder beträchtlich kleiner; die oberen Schneidezähne sind einfach spitz, gleich hoch, divergiren aber bedeutend.

Ich bekam ein männliches Exemplar bei Lagoa santa; der kurze dicke Penis ist nackt, wird aber von einem langen Haarschopf überdeckt. —

3. Vespertilio leucogaster.

Pr. Max zu Wied. Beitr. II. 271. 4. — Dess. Abbild. Fig. 21.
Temm. Mon. d. Mamm. II. 243. — Wagn. Schreb. Suppl. I. 528. 65.

Pelz dunkelbraun, die Haare des Rückens mit gelblichen, die des Bauches mit längeren weißen Spitzen. Ohren lang, am Rande leicht ausgebuchtet, mit spitzem Tragus. Je fünf Backzähne. Flugweite 9″.

So groß wie V. barbastellus, dunkelbraun, die Rückenhaare mit fahl gelblichen Haarspitzen, Kehle und Seiten der Brust schwarzbräunlich, Mitte der Brust blaß graulich, Bauch und Aftergegend weißgrau; Ohren, Flughaut und alle nackten Theile bräunlich schwarz; erstere am Außenrande nur sehr wenig ausgebuchtet, länglich geformt, oben zugerundet; der Tragus mäßig lang, lanzettförmig. Flughäute nackt, neben dem Rumpf mit Reihen kleiner Pünktchen; Schenkelhaut bis zum Hacken reichend, der Sporn so lang wie der halbe Rand der Analhaut. — Länge 2″ 10‴, Schwanz 1″ 3‴, Ohr 4½‴, Sporn ebenso, Flugweite 9″. — Am Mucuri, nach Dr. Lund auch in Minas geraes.

4. Vespertilio velatus.

Is. Geoffr. Ann. d Sc. nat. III. 446. — *Guér.* Mag. d. Zool. 1832. pl. 2. — *Temm.* Mon. d. Mamm. II. 240. tb. 59. S. 3. — Wagn. Schreb. Suppl. I. 528. 66.

Pelz oben glänzend schwarzbraun, unten graubraun, in den Weichen graulich; Ohren sehr breit, berühren sich auf der Stirn, jede Muschel mit 2 Längsfalten. Je fünf Backzähne. Flugweite 11″.

Der Kopf dem der Grämler nicht unähnlich, die Schnautze lang, mit röhrenförmigen genäherten Nasenlöchern; Ohren fast ebenso breit wie lang, mit je 2 Längsfalten, von denen die innere bis zur Spitze reicht, die äußere den Hinterrand breit ausgebuchtet macht; beide Ohren berühren sich auf der Stirn, sind aber nur am Grunde zwischen den Haaren mit einander verbunden. Der Tragus so lang wie das Ohr, blattförmig, am Grunde gelappt. Flughaut breit. — Körper 2″ 4‴ lang, Ohr 8‴ hoch, 7‴ breit am Grunde, Vorderarm 1″ 7‴, Schwanz 1″ 6‴, Flugweite 11″. — In Brasilien weit verbreitet, Dr. Lund führt sie in Minas geraes auf. —

Anm. 1. Herr Dr. Lund erwähnt in seinem Verzeichniß noch einen Vespertilio bursa n. sp., worüber Hr. Dr. Reinhardt sich gegen mich dahin geäußert hat, daß er eine sehr eigenthümliche Art sei, deren langer auch im Leben einwärts gebogener Schwanz, nach Lund, gar nicht grade ausgestreckt werden könne, wodurch die Analhaut eine Art Sack bilde. —

2. Bei A. Wagner kommen im Supplement zu Schrebers Säugethieren noch 4 brasilianische Arten vor, deren Diagnosen ich hier mittheile, da wohl einige derselben in Minas geraes sich finden dürften. Ihre Backzähne sind nicht bekannt.

1. V. albescens: oben schwarzbraun, unten weißlich, zumal nach hinten; Ohren lang, spitz mit pfriemartig zugespitztem Tragus; Schnautze ziemlich lang, Nasenlöcher röhrig und getheilt. Länge bis zur Schwanzspitze 3″ 1‴, Ohr 4‴, Vorderarm 1″ 4‴, Flugweite 8″ 2‴. —

Geoffr. Ann. d. Mus. VII. 204. — *Temm.* Mon. II. 244. — A. Wagn. Schreb. Suppl. I. 534. 78.
El Acanelado *Azara*, Quadr. II. 308. No. 82. ?

2. V. parvulus: oben rauchbraun, unten heller; Bauch, Schenkel und Aftergegend isabellgelb; Schnautze kurz und stumpf; Ohren klein, grade, spitz; Schenkelflughaut oben wie unten am Grunde behaart. — Länge des Körpers 1″ 5‴, des Schwanzes 1″ 1‴, des Vorderarms 1″ 1‴ Flugweite 7″.

Temm. Mon. II. 246. — Wagn. Schreb. Suppl. I. 535. 79.

3. V. levis: oben dunkelkastanienbraun, unten ins Gelbliche spielend; Ohren lang und überhaupt groß, das Gesicht theilweis nackt; Schwanz so lang wie der Rumpf. — Körper 1″ 5‴, Vorderarm 1″ 4‴, Flugweite 9½″. —

Is. Geoffr. Ann. d. sc. nat. III. 444. — *Temm.* Mon. II. 249. — Wagn. Schreb. Suppl. I. 535. 80.

4. V. polythrix: Oben dunkelkastanienbraun, unten ins Grauliche spielend; Gesicht langhaarig; Ohren ziemlich klein, länger als breit, außen ausgebuchtet; Schwanz kürzer als der Rumpf, Schenkelflughaut oben etwas behaart. — Länge 2″, Schwanz 1″ 6‴, Vorderarm 1″ 5‴, Flugweite 9″.

Is. Geoffr. l. l. 443. — *Temm.* Mon. II. 248. — Wagn. Schreb. Suppl. I. 535. 81.

3. Von der Gatt. Nycticejus, welche mit Vespertilio im allgemeinen Bau übereinstimmt, aber im Oberkiefer anfangs vier, später nur zwei spitze, den Eckzähnen ähnliche Schneidezähne aber keinen Lückenzahn besitzt, erwähnt Herr Dr. Lund ebenfalls a. a. O. eine Art: N. sericeus, worüber ich keine nähere Auskunft ertheilen kann.

4. Die von Spix aufgestellte Gattung Thyroptera, welche den Zoologen viel zu schaffen gemacht hat, ist jetzt durch die Mittheilungen von Rasch (Wiegm. Arch. 1843. I. 361) und Cantraine (Bull. d. l'Ac. d. sc. d. Brux. XII. 1. 489. 1845) genügend bekannt geworden. Sie ähnelt durch den mit der Spitze frei

vorragenden Schwanz nur äußerlich den Dysopes etwas und steht den Vespertilionen näher; hat vier durch eine Lücke getrennte Schneidezähne im Oberkiefer, sechs im Unterkiefer und je sechs Backzähne, oder im Oberkiefer nur fünf, je nachdem der erste sehr kleine Lückenzahn fehlt oder vorhanden ist. Eigenthümlich scheint der Gattung eine runde ballenartige Hornscheibe zu sein, welche auf der Unterseite des Daumens, da wo das erste und zweite Glied zusammenstoßen, sich befindet und der am Metatarsus eine ähnlich gebaute kleinere Fläche entspricht. Das Gesicht hat keine besondere Eigenheiten, der Schwanz ist so lang wie der Körper und ein Viertel frei. — Spix beschrieb als Th. tricolor dieselbe Art, welche Rasch nach vollständigen Exemplaren weiter bekannt machte; er stellt die Gattung neben Vespertilio, mit dessen Subj. Miniopterus *Bon.* der Schädel die meiste Aehnlichkeit hat, während das Gebiß mehr zum Subj. Vespertilio paßt. Die Art ist einfarbig rußig kastanienbraun, unten etwas lichter; Flughäute und Ohren dunkel aschgrau. — Cantraine's Art ist aus Surinam und wahrscheinlich verschieden, daher Th. bicolor genannt.

Dritte Familie.

Raubthiere. Ferae. Port. Feras de rapina.

Die Raubthiere, an ihrem scharfeckigen Gebiß und ihren hohen Eckzähnen kenntlich, theilt man gewöhnlich in die 3 Gruppen der Insectivorae, Carnivorae und Omnivorae. Davon ist die erste, zu welcher die Igel, Spitzmäuse und Maulwürfe gehören, in Brasilien ebensowenig, wie im übrigen Süd-Amerika, vertreten; die kleineren Beutelthiere übernehmen hier deren Stelle. Carnivoren und Omnivoren finden sich in beträchtlicher Anzahl vor, aber sie lieben, wie alle Raubthiere, die ungestörte Einsamkeit; sie ziehen sich aus der Nähe des Menschen zurück und werden von flüchtigen Reisenden grade am wenigsten getroffen, weil sie die offenen Landstraßen durch die Waldungen meiden, auf denen er wandert. Nur ein einziges Raubthier, die Hyrare (Galictis barbara), habe ich in unmittelbarer Nähe getroffen; alle anderen wurden mir von einheimischen Jägern zugetragen, die stets das Beschwerliche ihrer Jagd und die abgelegenen Schlupfwinkel, in denen sie sich aufhalten, hervorhoben. Die meisten Raubthiere Brasiliens jagen in der Dämmerung oder gradezu bei Nacht, sie liegen am Tage an ihren Rastorten versteckt und sind selbst im Walde, wo sie ihren sicheren Stand haben, unthätig. Auch das trägt dazu bei, sie den Reisenden unzugänglich zu machen. Wenn ich nichtsdestoweniger eine ziemliche Anzahl von Raubthieren Brasiliens zu erwähnen habe, so geschieht es, weil grade sie mit am besten den Brasilianern bekannt sind und man leicht sichere Nachrichten über ihr Vorkommen von ihnen erhalten kann. —

I.

Carnivorae.

Raubthiere mit $\frac{6}{6}$ Schneidezähnen, deren scharfzackige Backzähne einen eigenthümlichen, mit halber Kaufläche versehenen, so genannten Fleischzahn einschließen, hinter dem die ganz mit breiter Krone und stumpfen Höckern versehenen Kauzähne auftreten.

Das Gebiß dieser Raubthiere ist das mannigfaltigste, was Form und Größe der Zähne betrifft, welches bei Säugethieren vorkommt. Die Schneidezähne sind klein und die untern öfters z. Th. eingerückt, namentlich der zweite jeder Seite von außen. Die hohen Eckzähne zeichnen sich durch ihre Stärke, mitunter auch durch schneidende Kanten aus; die Backzähne sind nach 3 Typen gebildet. Zunächst am Eckzahn stehen kleine spitze Lückenzähne, welche entweder nur einen einzigen Kronenhöcker haben, oder wenn mehrere, sie nur in einer Reihe hinter einander zeigen, worin der erste oder zweite der höchste zu sein pflegt. Dann folgt der Fleischzahn, gewöhnlich der größte von allen Zähnen und daran kenntlich, daß neben der äußeren höheren Kronenzackenreihe ein viel kleinerer innerer, stets einfacher Kronenhöcker mit selbstständiger Wurzel auftritt. Hinter diesem schließen die stumpfhöckrigen, quadratischen oder oblongen, quer gegen die andere Zahnreihe gestellten Höcker- oder Kauzähne die Reihe. Im Unterkiefer, wo die Zähne viel schmäler sind, sitzt der innere Höcker des Fleischzahns nicht neben der äußeren Zackenreihe, sondern hinter derselben, oder fehlt ganz und die Kauzähne reduciren sich hier auf geringere Dimensionen. —

Zu den Carnivoren gehören fünf Raubthiergruppen, von denen aber nur drei: die Katzen, Hunde und Marder, Brasilien bewohnen; von den beiden andern ist die der Hyänen ausschließlich, die der Viverren oder Zibethkatzen vorzugsweise in den wärmeren Gegenden der östlichen Halbkugel zu Hause; man kennt nur ein viverrenartiges Thier (Bassaris astuta *Licht.*) aus Mexico in ganz Amerika. —

1. Felinae, Katzen. Port. Gatos.

15. Gatt. Felis *Linn.*

Leicht kenntliche überall bekannte Raubthiere, welche sich schon durch ihren kugeligen Kopf, ihre großen meist hellfarbigen Augen, ihre kurzen, stumpf dreieckigen oder abgerundeten Ohren und ihren leisen vorsichtigen Gang, der mit von den zurückgezogenen Krallen herrührt, auszeichnen. Die brasilianischen Arten sind alle ächte Katzen, mit langem zum Boden reichenden Schwanze und kürzerem, glatten anliegenden Haarkleide, deren allgemeine Beschreibung ich füglich unterlassen kann *). Nur vom Gebiß dürfte bemerkenswerth sein, daß die hohen spitzen Eckzähne nicht bloß 2 scharfe, schneidende Kanten, sondern auch 2 tief eingerissene Längsfurchen haben, und zusammen $\frac{4-4}{3-3}$ Backzähne vorkommen, von denen die 2 ersten Lückenzähne sind. Im Oberkiefer hat der erste eine sehr kleine einfache Spitze, wenn er nicht ganz fehlt; der zweite 3 Zacken, von denen die vordere oft nur als Schwiele angedeutet, die mittlere sehr hoch ist. Im Unterkiefer zeigt der erste Lückenzahn 3 Höcker, der zweite 4, von denen der vorletzte stets der höchste ist. Der Fleischzahn des Oberkiefers hat seinen inneren Kronenhöcker deutlich und weit nach vorn gerückt, nebst 3 Kronenzacken; dem des Unterkiefers mit 2 scharfen Kronenzacken fehlt er völlig. Ein sehr kleiner querer Kauzahn ist nur im Oberkiefer vorhanden. Zehen besitzen die Katzen vorn 5, hinten 4, mit stark gekrümmten, spitzen, zsammengedrückten, beweglichen Krallen.

Die brasilianischen Katzen zeigen in ihrer Lebensweise nichts ausgezeichnetes, sie halten sich in den Waldungen auf und machen nur auf warmblütige Rückgratthiere Jagd. Daher werden mehrere den Hausthieren nachtheilig. Nach der Farbe und Zeichnung bilden sie 2 Gruppen.

---

*) Eine ausführliche allgemeine Schilderung giebt mein Artikel Felis in Ersch u. Gruber's allg. Encycl. I. Sect. Bd. XLII. S. 412 flgd.

A. Gestreifte oder gefleckte, dreifarbige Katzen.

Die Grundfarbe dieser Arten ist gelb oder gelbbraun, darauf stehen schwarze Flecken oder Streifen; Bauch und Kehle bleiben heller oder ganz weiß.

1. Felis Onca *Linn.*

Pr. Max. Beitr. etc. II. 344. — *Rengg.* Säugeth. v. Parag. S 156. —
Temm. Mamm. I. 136. —
Wagn. Schreb. Suppl. II. 474. 4. —
Jaguara et Jaguarete, *Marcgr.* h. n Bras. 235.
Port. Onça pintada, O. preta s. Tigre, O. canguçu.

Das ist die größte südamerikanische Katze, in Brasilien allgemein unter dem Namen Unze (Onça), in der zoologischen Literatur mehr als Jaguar bekannt und überall dort zu Hause, wo Waldungen ihr einen sicheren Schlupfwinkel gestatten; aber gegenwärtig nirgends in der Nähe menschlicher Ansiedelungen häufig, ja kaum anders als ausnahmsweise daselbst sichtbar. — Das Thier übertrifft den Leopard an Größe und namentlich durch den viel dickeren plumperen Kopf und die stärkeren Tatzen; große Exemplare geben dem Tiger nur wenig nach. Gemeiniglich ist der Kopf mit dem Rumpf $4\frac{1}{2}$—5′ lang, der Schwanz 2′, die Höhe beträgt gegen 3′, der Kopf allein pflegt 10—11″ Länge zu haben. Die Grundfarbe ist auf dem Rücken, wie an den Seiten, in der Regel ein reines, schönes Rothgelb, das mitunter ins Braunliche, oder gar ins Braungraue spielt; gegen den Bauch wird es allmälig heller und geht dort, wie an der Innenseite der Beine, an der Brust und der Kehle zuletzt in reines Weiß über. In dem gelben Grunde sitzen runde schwarze Flecke von der Größe unserer Fingerspitzen, welche am Kopfe, Halse, den Beinen und der Rückenmitte unordentliche Längsreihen bilden, aber an den Seiten und auf den Lenden große Kreise von 2—3″ Durchmesser beschreiben, in deren Mitte der Regel nach ein ebensolcher Centralfleck sich befindet. Die Grundfarbe pflegt innerhalb dieser Kreise etwas dunkler zu sein, als dazwischen. An den Beinen lösen sich mehr nach unten die Kreise in Halbringe und zuletzt in einfache Tüpfel auf, und am Schwanz bilden sie nach und nach Querbinden, die zuletzt in wahre Ringe und in eine schwarze Spitze übergehen. An dem Exemplar unserer Sammlung stehen auf dem Rücken 2 Reihen schwarzer Flecken, an den Seiten 5 Reihen großer Ringflecken, mit kleineren stellenweis gemischt, und unregelmäßige Flecken am Schwanz. Das Gesicht ist dicht schwarz gefleckt, die Lippen schwarz gesäumt, die Ohren innen weiß, außen schwarz mit einem weißen Fleck.

Die jungen Thiere sind viel heller gefärbt, als die alten und in frühester Jugend fast ganz weiß; ihr Haarkleid ist bedeutend länger, beinahe luchsartig und ihre schwarzen Flecke stehen weniger regelmäßig in unordentlichen Reihen, die nur selten Ringe beschreiben und noch seltener einen Centralfleck enthalten. Ich sah mehrere solcher jungen Unzenfelle, die im Rumpfe kaum 2' Länge hatten, in Congonhas, wo mir auch alte ausgewachsene Exemplare von sehr dunkler Farbe angeboten wurden. Da aber der Preis sehr hoch war (50 Mille-Reis für die Haut), so nahm ich sie nicht. Die Unze ist also im südlichen Minas noch ziemlich häufig; seltener hört man von ihr im Waldgebiet der Provinz Rio de Janeiro reden; sie muß dort schon sehr beschränkt worden sein.

Die Brasilianer machen aus der Unze mehrere Arten, die sie für streng verschieden halten und mit besonderen Namen belegen. Die gewöhnlichste Form mit hellem Grunde und schwarzen zu Ringen vereinigten Flecken nennen sie Onça pintada. Individuen, deren Flecke dichter an einander gerückt sind und kleinere unvollkommene Kreise beschreiben, bilden die Form Canguçu (*Fr. Cuv.* h. n. d. Mammif. IV. liv. 66.); sie ist sicher nur eine Varietät der ächten Unze, wie solche auch beim Leopard in ähnlicher Art und mit noch stärkeren Differenzen auftritt. Ganz schwarzbraune Exemplare, bei denen jedoch die dunkleren Flecke und Zeichnungen noch immer deutlich als rein schwarz gefärbt sich unterscheiden lassen, bilden die Onça preta oder den Tigre, Marcgraf's Jaguarete, welche fast jeder Brasilianer kennt und die, wenn auch nicht häufig, doch fast überall vorkommen muß. Ich habe freilich weder ein Fell von ihr, noch vom Canguçu gesehen; allein alle Leute in Minas geraes, mit denen ich über die Unze sprach, nannten mir auch diese beiden Formen derselben.

Hauptnahrung der Unze sind die Hirscharten Brasiliens; auch den Capyvari verfolgt sie sehr; selbst Fische weiß sie sich aus den Flüssen zu holen. So nahe an menschliche Wohnungen kommen Unzen in den von mir bereisten Gegenden selten, um dem Hausvieh schädlich zu werden; daß Menschen von ihnen angefallen oder getödtet würden, habe ich nicht gehört. Während meiner Anwesenheit in Lagoa santa ging das Gerücht, man habe kürzlich eine Unze in der Nähe gesehen; aufgebracht aber wurde sie nicht, so lange ich dablieb. Auch später wurde während der 3 Monate, die ich in Congonhas verweilte, kein Exemplar erlegt; ich sah aber 5 verschiedene Felle, die in der letzten Zeit dort oder in der Umgegend erlegten Thieren abgezogen worden waren; darunter auch 2 junge, die von einem Wurf stammten und etwa die Größe eines tüchtigen Schäferhundes gehabt haben konnten. Ihre Felle zeigten die beschriebene helle Farbe und das sehr lange Haarkleid. —

2. Felis mitis *F. Cuv.*

Le Chati, *F. Cuv.* et *Geoffr.* Hist. natur. des Mammifer. Tom. I. livr. 18 u. Tom. III. livr 58.
Fel. pardalis *Pr. Max* Beitr. etc. II. 361. 3. — *Temm.* Mamm. I. 144. — *Rengg.* Säugeth. v. Parag. 191.
Felis Maracaya Wagn. Schreb. Suppl. II. 492. 10.
Port. Maracayá oder richtiger Mbaracayá, auch Gato pintado grande oder Onça pequena.

Beinahe halb so groß wie die Unze, von demselben gedrungenen Körperbau, ähnlicher Farbe, aber relativ noch kürzerem Schwanze. Der Grundton ist mehr gelblich, als röthlich, aber entschieden mit grauem Anflug gemischt; die Innenseite der Beine, die ganze Unterseite und ein Fleck über jedem Auge nebst den Backen rein weiß. Auf dem Kopf, längs dem Rücken, unten an den Beinen und am Schwanz zeigen sich einfache schwarze Tüpfel, die bald lang gezogen, bald rund sind und eine reihenweise Anordnung haben, namentlich auf dem Scheitel, wo sie 5 schmale Streifen bilden; an den Seiten des Rumpfes, den Schultern und Lenden gehen diese Streifen als Reihen breiterer dunklerer, graubräunlicher, länglicher oder runder Flecken fort, die von einem schwarzen stellenweis unterbrochenen Saume eingefaßt werden; das Ohr ist innen weiß, außen schwarz mit weißem Fleck; der Schwanz hat an der vordern Hälfte Flecken, dann 6—7 schwarze Binden, von denen die 3 letzten allein völlig geschlossen sind, die äußerste Spitze ist schwarz. Der Körper des Thieres ist mit dem Kopf $2\frac{1}{2}$—$2\frac{3}{4}'$ lang, der Schwanz allein nur 1′. Stehend hat das Thier $1\frac{1}{3}$—$1\frac{1}{2}'$ Höhe. — Die Pupille des Auges ist, weit geöffnet, völlig kreisrund, wie bei der Unze; sehr verengt nimmt sie eine elliptische Form an; die Iris ist grünlich grau, in der Jugend etwas bläulich. Die Zeichnung der jungen Thiere erscheint anfangs sehr verworren, streifig gefleckt; zuvörderst bloß aus schwarzen Flecken gebildet, die allmälig breiter werden und einen helleren Theil umschließen, oder einseitig nach innen neben sich haben; auch das Haarkleid ist struppiger; wie die Zeichnung deutlicher wird, nimmt es an Länge ab, an Glätte zu, ganz wie beim Jaguar.

Der Mbaracaya lebt im ganzen mittleren und südlichen Brasilien, sowohl im Waldgebiet, als auch im Binnenlande; hält sich, wie alle großen Katzenarten, paarig in einer gewissen Gegend auf, die man als sein Jagdrevier ansehen kann und wirft, wie der Jaguar, nur 2—3 Junge; er ist scheu und furchtsam, bleibt bei Tage versteckt und geht seiner Beute bei

Nacht nach; Hauptgegenstände derselben sind Pacas, Agutis, Tinamus und alles große Geflügel. In die Nähe menschlicher Wohnungen wagt er sich nicht leicht und wird darum seltener erlegt, als die größeren und kleineren Katzen-Arten.

Anm. 1. Mir ist kein Fell dieser Art auf meiner Reise aufgestoßen, erst nach meiner Abreise von Lagoa santa erhielt Hr. Dr. Reinhardt daselbst ein solches. Ich kenne das Thier nur aus zwei schönen lebenden Exemplaren, welche ich in der Scheyer'schen Menagerie hier in Halle sah. Diese glichen in Gestalt und Zeichnung völlig dem von Büffon und Daubenton abgebildeten Jaguar (IX. 107. tab 18. Dtsch. Uebers. V. 1. 111. Taf. 18), den ich unbedenklich für die ausgebildete Form der Spezies halte. Außerdem werden wohl mit Recht die Felis brasiliensis *Fr. Cuv.* (h. n. des Mammif. III. 58) als grauliche Abart, ähnlich der von Azara abgebildeten Varietät des Jaguar, und die Felis mitis *Fr. Cuv.* (l. l. I. 18. *Temm.* Mon. I. 149) als jüngere Form, wofür sie auch Rengger und der Prinz z. Wied erklären, von A. Wagner (Schreb. Suppl. II. 495) zu ihr gezogen.

2. Schwieriger ist die Beantwortung der Frage, ob auch Büffon's Ocelot (hist. nat. XIII. 239 tb 35 u. 36. — Dtsch. Quartausgabe VII. 1. 137. tb. 35. 36) die Felis pardalis *Linn.* (S. Nat. I. 62. 5.) hierher gehöre. Ich glaube gern, daß Felis armillata Fr. Cüvier's (hist. nat. d. Mammif. IV. livr. 65) eine Abart davon sein kann, aber ebendeswegen bezweifle ich die Identität des Ocelot und des Mbaracaya um so mehr. Die gestrecktere Gestalt, der kleinere Kopf, der relativ etwas längere Schwanz (angeblich 13—14" lang) und vor allen die in lange schiefe Streifen ausgedehnten Seitenflecke des Rumpfes scheinen auch mir die Vereinigung beider Formen in eine Spezies zu verbieten. Dahin hat sich auch Dr. Lund ausgesprochen. Der eigentliche Ocelot (F pardalis) kommt gar nicht im südlichen Brasilien vor, er bewohnt die Gegenden am Amazonenstrom und die nördlicher gelegenen Theile Süd-Amerika's; selbst Mexico und Californien, wie einige Angaben berichten. Wenn er in Minas geraes angetroffen worden ist, so wird das nur ausnahmsweise der Fall gewesen sein, eine constante Heimath hat er daselbst nicht. —

3. Felis macrura *Pr. Max.*

Pr. Max. Beitr. II. 371. 4. — Dess. Abb. Taf. 22. — *Rengg.* Säug. v. Parag. 262. — *Temm.* Mon. I. 147. — Wagn. Schreb. Suppl. II. 499. 12. —
Felis Wiedii *Schinz. Cuv.* Thierr. I. 235. —
Felis elegans *Less.* Cent. Zool. 69. tb. 21.
Portug. Gato do mato pintado.

Röthlichbraungrau, Bauch weiß; Kopf, Rücken und Beine mit schwarzen Flecken, die an den Rumpfseiten in langgezogene, braunschwarze, gesäumte schiefe Binden übergehen; Schwanz von Rumpfes Länge, dunkel geringelt.

Viel kleiner als die vorige Art, wenig größer als eine starke Hauskatze und ihr in Gestalt, namentlich durch den dünnen langen Schwanz ähnlicher. Die Grundfarbe ist ein röthliches Braungrau, das an den Seiten nach unten heller wird und am Bauch, der Brust, Kehle, Innenseite der Extremitäten zc. in Weiß übergeht. Kopf, Rücken, Seiten, Schwanz und Beine sind mit dunkleren schwarzbraunen Zeichnungen geziert, welche an den Backen zwei zackige Querstreifen, auf dem Nacken 5 Längsreihen, auf dem Rücken einfache längliche Tüpfelreihen darstellen, woraus an den Seiten ovale längliche-hellbraune Flecke mit schwarzbraunen Rändern hervorgehen, die in schiefen Binden von vorn nach hinten sich an einander fügen. Die Beine haben einfache, nach unten kleinere Tüpfel, der Schwanz ist auf der Grundhälfte gefleckt, dann mit Binden geziert. Der Augenstern hat eine gelbbraune Farbe und die Pupille ist zusammengezogen elliptisch schmal, weit offen aber fast rund. Die Länge beträgt im Rumpf und Kopf vereint fast 2′, der Schwanz ist $1\frac{1}{4}$—$1\frac{1}{2}$′ lang; der Rumpf wird vorn 10″, hinten 11″ hoch.

Diese Katze ist nicht bloß im Urwaldgebiet der Küstenstrecken, sondern auch im ganzen Innern Brasiliens in waldreichen Gegenden die gemeinste Art. Bei Tage läßt sie sich selten sehen, weil sie ihrer Nahrung erst in der Dämmerung nachgeht, dann aber bis dicht an die menschlichen Wohnungen herankommt und bei der Jagd auf Hausgeflügel ertappt wird. Ich war Zeuge eines solchen Ueberfalls, wobei die Katze entkam, und den todtgebissenen großen Hahn auf dem Platze zurück ließ. Ihre Hauptnahrung besteht in kleineren Säugethieren und Geflügel mittlerer Größe. Während meiner Reise habe ich in Neu-Freiburg, am Parahyba, Pomba und in Lagoa santa Exemplare bekommen, die alle einander sehr ähnlich sahen und nur in der Größe und der Form der Seitenflecke, die bald länglicher, bald kürzer sind, aber gewöhnlich 2—3″ Länge haben, etwas differirten.

Anm. Im nördlichen Brasilien zu beiden Seiten des Amazonenstromes tritt, statt dieser Art, die etwas kleinere hellere Felis tigrina *aut.* (Le Marguay *Buff.* XIII 248. oder VII. 1. 139. Taf. 38) auf. Da deren Art-Differenz nicht zu bezweifeln ist, und überhaupt dies Gebiet eine eigenthümliche Fauna besitzt, so möchte die Selbstständigkeit von Felis pardalis *Linn.* neben Felis mitis *F. Cuv.* um so eher gerechtfertigt erscheinen.

B. Einfarbige Katzen mit runder Pupille.

4. Felis concolor *Linn.*

Pr. Max. Beitr. II. 358. — *Renyg.* Säugeth. v. Parag. 181. — *Temm.* Mon. I. 134. — *Desm.* Mamm. 218.
Wagn. Schreb. Suppl II. 467. 2.
Felis Puma *Shaw.* gen. Zool. I. 2. 358.
Port. Suçuarana, zool. Cuguar. — Cuguacuarana *Marcgr.* h. n. Bras. 235.

Der Cuguar ist, wie die beiden folgenden Arten, eine schlank gebaute, ziemlich hochbeinige Katzengestalt, welche sich durch den relativ sehr kleinen Kopf von allen anderen Arten ebenfalls gut unterscheidet; man darf ihn darnach für die eigenthümlichste Katzenform Süd-Amerika's erklären. Sein Pelz ist überall gleichmäßig kurz, aber doch etwas länger, als beim Jaguar, namentlich nach unten an der Bauchseite des Körpers; er hat eine ziemlich helle, röthlichgelbgraue Farbe und ähnelt darin den Luchsen am meisten; längs dem Rücken ist die Farbe am dunkelsten, nach den Seiten wird sie heller, am Bauch gelblich, an der Brust, Kehle, innen am Arm und am Schenkel rein weiß; nur die Schwanzspitze und die Außenseite der Ohren ist schwarzbraun, letztere hat einen gelben Fleck. Auch jedes einzelne Rumpfshaar hat eine schwarzbraune Spitze, bis dahin ist es rothgelb, nach unten zu matter gefärbt; die Lippen tragen lange weiße Schnurrborsten und ein sehr kurzes, feines, weißliches Haarkleid; über und hinter dem Auge ist das Gesicht weißlich, vor ihm mit einem schwarzbraunen Fleck geziert. Die Iris ist gelbbraungrau, die Pupille groß und weit. — So sind die meisten Individuen gefärbt; es giebt aber beim Cuguar ebensogut, wie beim Jaguar, mehrere Nuançen im Farbenton, namentlich mitunter ziemlich graue, selbst aschgraue Exemplare; häufiger herrscht diese graue Farbe nur am Kopf vor, wobei die helleren und dunkleren Stellen verschwinden. Die ganz jungen Thiere haben eine weißliche Farbe und zeigen an den Seiten und Schenkeln einige dunklere verwaschene Flecke, die allmälig verloren gehen. Ausgewachsene Individuen pflegen von der Stirn bis zum Schwanz etwa $3\frac{1}{2}'$ lang zu sein, wovon $8-9''$ auf den Kopf kommen, der Schwanz ist $2'$ lang, die Höhe beträgt an den Schultern $2'$, im Kreuz $2'\ 1-2''$.

Der Cuguar findet sich über ganz Süd-Amerika und einen großen Theil Nord-Amerika's verbreitet; in Brasilien trifft man ihn mehr im Waldgebiet an, als im Innern, wo er auch die Waldungen in den Flußthälern den offenen Camposgegenden vorzieht. Er ist viel weniger kühn und verwegen als der Jaguar, oder die kleineren Katzen; greift nur schwächere Thiere an, und fügt dem Menschen kaum Schaden zu. Am Tage sieht man ihn nicht, er ruht dann im Dickicht; in der Dämmerung und bei Nacht schleicht er nach Beute umher. Junge Rehe, Pacas, Agutis, selbst Affen sollen seine Hauptnahrung abgeben.

Ich habe auf meiner Reise kein frisches Exemplar erhalten, dagegen ein schönes Fell in Neu-Freiburg untersucht, das von einem kurz zuvor dort erlegten Thiere herstammte. Die Brasilianer kennen den Cuguar sehr gut, weil er überall verbreitet ist, man hört sie aber nie mit so viel Interesse von ihm, wie vom Jaguar reden; Beweis genug, daß er viel weniger schädlich und gefürchtet ist. —

Anm. Nach der Angabe des Hrn. von Castelneau sollen die Jungen des Cuguars in Nord-Amerika weiße Tüpfel haben; in Brasilien habe ich das nicht gehört.

5. Felis Eyra *Desm.*

Pr. Max. Beitr. II. 381. 6. — *Rengg.* Säugeth. v. Parag. 208. — *Desmar.* Mamm. 231. —
Wagn. Schreb. Suppl. II. 544. 42.
Port. Murisco vermelho oder Gato vermelho.

Völlig von der Gestalt des Cuguar, nur viel kleiner, hell gelbroth gefärbt, am Bauch blasser; die Oberlippe allein weiß, mit steifen Schnurrborsten besetzt. Die Iris graugelbbraun, die Pupille rund. Die Größe wechselt wenig, der Körper ist mit dem Kopf 1½′ oder etwas darüber lang, der Kopf allein 3″, der Schwanz 1′; die Höhe beträgt vorn 10″, hinten 12″.

Das Thier findet sich weniger im Küstengebiet, als in den inneren waldreichen Gegenden, besonders des nördlichen Minas, ist sehr wild, verwegen, raubt Federvieh und stellt dem Waldgeflügel nach. Ich habe kein Exemplar erhalten. —

6. Felis Yaguarundi *Desm.*

Pr. Max. Beitr. II. 379. 5. — *Rengg.* Säugeth. v. Parag. 203. — *Desm.* Mamm. 230. — *Temm.* Mon. I. 139.
Wagn. Schreb. Suppl. II. 542. 41. — *Waterh.* Zool. of the Beagle II. 16. pl. 8.
Port. Murisco preto oder Gato murisco.

In Gestalt und Größe der vorigen Art gleich, aber einfarbig schwarzbraungrau, indem jedes Haar am Grunde licht aschgraue und schwarze Binden und zuletzt eine breite schwarzbraune Spitze hat; die Lippen und Pfoten heller gefärbt, mit vorwiegendem Grau, die Schnurrhaare braun. Die Iris braun, aber heller als der Pelz; die Pupille rund. Die Dimensionen ganz wie beim Eyra, nur der Kopf etwas größer, 3½″ lang. —

In ganz Brasilien zu Hause, aber nirgends häufig; Lebensweise wie der Eyra, doch nicht völlig so wild; hält sich besonders im Walde auf, klettert geschickt, wie alle Katzen, selbst die größten, auf Bäume, lebt vorzugsweise von Geflügel und wird dem Menschen nirgends schädlich, schon weil er nicht häufig genug ist.

Ich sah ein lebendes Exemplar, das die Gefangenschaft im Käfig gut ertrug; darnach scheint mir die Abbildung in der französischen Uebersetzung von Azara's Reise (Atl. Taf. X) sehr gut gerathen zu sein, weniger die in der Zool. of the Beagle. —

2. Caninae, Hunde. Port. Cachorros.

16. Gatt. Canis *Linn.*

Obgleich die Hunde nicht allgemeiner über die Erdoberfläche verbreitet sind, als die Katzen, so zeigen sie doch viel größere Neigung zu örtlichen Ausartungen neben viel weniger in die Augen fallenden Artunterschieden. Das ganze Naturell des Hundes ist weit mehr, als das der Katzen, zum Nachgeben geneigt und darum auch viel weniger streng im Festhalten seiner Eigenschaften. Das sieht man schon an den unendlich mannigfachen Formen des mit dem Menschen über die ganze Erdoberfläche gewanderten Haushundes; seine Varietäten sind größer in der Erscheinung, als die Artunterschiede aller anderen Hundearten. — Dieser Neigung zu Abweichungen muß man es zuschreiben, daß sehr viele wilde Hundearten sich nur schwierig mit Sicherheit feststellen lassen und eben darum wird es kaum gelingen, die verschiedenen Meinungen der Schriftsteller über die Spezies zu vereinigen. Dazu kommt, daß die Hunde der Wildniß meistens noch scheuer sind, als die Katzen; den Nachstellungen voll Furcht aber klug sich zu entziehen wissen und überall von Reisenden, wie von Einheimischen, seltener gesehen werden. Endlich erklärt die weit weniger scharfe Sonderung der Arten die so verschiedenen Angaben der Einwohner, je nachdem sie von Natur bessere oder schlechtere Beobachter sind; und kaum irgendwo darf man deren Aussagen weniger Vertrauen schenken, als bei den Behauptungen über die Verschiedenheit ihrer einheimischen Füchse. So ist es gekommen, daß man noch heute nicht mit Sicherheit weiß, ob eine oder drei, vielleicht gar vier Arten von sogenannten Füchsen Brasilien bewohnen. —

Was die Allgemeinheiten ihres Baues betrifft, so stößt man bei den wilden Hunde-Arten der neuen Welt auf keine irgendwie erhebliche oder bedeutende Abweichung vom Bau der östlichen Arten; sie verhalten sich darin den Katzen analog, der Gattungstypus ist ein sehr constanter. Der langschnautzige Kopf, die spitzen Ohren, relativ kleineren Augen, der langhaarige Pelz, der buschige Schwanz, der eingezogene Bauch, die höheren Beine, die schwächeren kurz behaarten Pfoten mit vorn 5, hinten 4 Zehen, die stumpfen unbeweglichen Krallen, das alles ist auf beiden Erdhälften ganz nach demselben

Schema gebildet. Auch das Gebiß weicht nicht wesentlich ab. Die Hunde haben $\frac{6}{6}$ Schneidezähne, ziemlich schlanke hohe Eckzähne ohne scharfe Kanten oder Furchen, und $\frac{6-6}{7-7}$ Backzähne, von denen die zwei hintersten jeder Reihe stumpfhöckrige, quergestellte Kauzähne darstellen. Im Ganzen ist der Zahntypus bei den süd-amerikanischen Arten etwas zierlicher, die Schneidezähne sind sehr schmal, besonders die des Unterkiefers, und die Eckzähne, wie es mir scheint, etwas stärker gekrümmt. Von den Backzähnen sind im Oberkiefer die drei ersten, im Unterkiefer die vier ersten Lückenzähne; in beiden Kiefern ist der erste sehr klein und die Wurzel desselben noch einfach, obgleich die Krone schon eine dreieckige Form hat; die 2 (oben) oder 3 (unten) folgenden Zähne haben je 2 Wurzeln und eine entschieden dreieckige Krone, wiewohl die Nebenzacken nur unten eine bestimmte Absetzung erlangen; gewöhnlich hat der letzte Lückenzahn des Unterkiefers eine Kronenzacke mehr als die anderen. Der Fleischzahn ist groß; der innere Nebenhöcker des oberen zwar klein, aber weit nach vorn gerichtet, die äußere Kronenhälfte grob zweizackig; im Unterkiefer hat der Fleischzahn vorn zwei ungleich hohe, scharfe Höcker, deren hinterer eine kleine innere Nebenzacke besitzt, und dann eine niedrige Kaufläche, mit zwei inneren und einem äußeren Randhöcker. Die beiden Kauzähne jedes Kiefers sind einander ungleich, der vordere größer als der hintere, oben jeder von beiden nach innen stark verschmälert stumpfhöckerig, der vordere dreiwurzelig, der hintere zweiwurzelig; im Unterkiefer hat der vordere einen ovalen, der hintere mehr einen kreisrunden Umriß, jener 2, dieser nur eine Wurzel.

Während im Gebiß nur relative Unterschiede auftreten und namentlich die kleineren Arten einen feineren, zierlicheren, mehr scharfeckigen Zahntypus haben, als die Wölfe und ächten Hunde, so zeigt sich in der Bildung der Stirn ein sehr wesentlicher durchgreifender Unterschied, der darin besteht, daß der scharf vortretende dreieckige Orbitalfortsatz des Stirnbeins bei den Hunden, Wölfen und Schakals gleichförmig eben oder selbst gewölbt und mit der Spitze mehr herabgebogen ist, während eben dieser Fortsatz bei den Füchsen kleiner bleibt, zierlicher, auf der Mitte stark vertieft, am Rande aufgeworfen und eine feinere, etwas zurückgebogene Spitze hat. Damit harmonirt, sonderbarer Weise, die

Pupille, denn alle Arten mit gewölbten Stirnecken haben eine völlig runde, alle mit vertieften Orbitalfortsätzen eine elliptische Pupille. Süd-Amerika besitzt, wie es scheint, kein Mitglied dieser zweiten Gruppe, also auch keinen wahren Fuchs; alle seine Hunde-Arten sind Wölfe oder kleine Schakals, die den Fuchshabitus annehmen, ohne ächte Fuchscharaktere zu besitzen *). —

Der übrige Körperbau bietet keine so merkwürdigen Abweichungen dar; die Hundearten, welche man bis jetzt osteologisch geprüft hat, besitzen 7 Halswirbel, 13 Rückenwirbel mit ebensovielen Rippenpaaren, 7 Lendenwirbel und 3 Kreuzbeinwirbel; der ziemlich lange Schwanz enthält bei den Wölfen und Schakals 19, bei den Füchsen 21 oder mehr Wirbel. Ich finde an meinem Skelet von Canis vetulus *Lund.* zwar nur 19 vollständige Wirbel, aber es scheint mir der letzte vorhandene nicht der wirklich letzte zu sein; es ist möglich, daß einige Wirbel noch im Balge stecken, was ich nicht mehr untersuchen kann. Die Knochen der Extremitäten sind ebenso conform in Zahl und Gestalt; ich finde keine beachtenswerthe Unterschiede. Bei allen Hunden ist das Schienbein nach unten mit dem Wadenbein verwachsen, bei den Katzen bleiben beide Knochen stets getrennt. Letztere haben innen am Ellenbogenende des Oberarmknochens einen Kanal zum Durchtritt des Nerv. medianus; den Hunden fehlt derselbe, kommt aber den Mustelinen und kleineren Ursinen wieder zu.

Obgleich also Brasilien keine wirklichen Füchse mit elliptischer Pupille besitzt, so hat es dagegen eine eigenthümliche fuchsartige Hundeform, welche sich von den ihr zunächst stehenden Schakals der östlichen Erdhälfte durch den langen bis zum Boden reichenden Schwanz unterscheidet; ächte Füchse scheinen überhaupt nur nördlich vom Aequator vorzukommen. Von diesen südamerikanischen langschwänzigen Schakals unterscheiden sich die Wölfe als besondere Gruppe, und darnach werden wir die Hunde-Arten Brasiliens zunächst zu sondern haben.

---

*) Das hat schon Fr. Cuvier bei Gelegenheit des von ihm geschilderten Canis brasiliensis (Mammif. livr. 69) ausgesprochen, mit Unrecht aber Azara's Aguarachai für einen ächten Fuchs gehalten; auch der ist ebenso gut, wie Canis cancrivorus, ein langschwänziger Schakal.

A. **Wölfe.** **Mit kurzem Schwanz, der nur bis zum Hacken reicht, und scharf erhabenem Scheitelkamm des Schädels.**

1. Canis jubatus *Desm.*

Azara Quadrup. I. 266. 28. Aguara-guazú. — *Cuv.* regn. anim. I. 151. et III. tab. 1. Fig. 4.
Desm. Mammal. 198. — *Rengg.* Säugeth. v. Parag. 138. — Wagn. Schreb. Suppl. II. 380. 9. — Ders. in Wiegm. Arch. 1843. I. 358. (Gebiß —).
Canis campestris *Pr. Max.* Beitr. II. 334. —
Portug. Guará oder Lobo.

Von der Größe des Wolfes, nur hochbeiniger; die Schnautze dünner, wenn auch nicht länger; der Pelz sehr lang und besonders am Rücken zottig, hellrothbraun gefärbt: die Schnautze, der Nacken und die Pfoten vorn schwarz. —

Dieses große wolfsartige Thier bewohnt die inneren offenen Triften Brasiliens und ist daselbst überall heimisch, aber wegen seines scheuen, vorsichtigen, furchtsamen Naturells, das ihn aus der Nähe menschlicher Ansiedelungen fern hält, stets sehr selten zu sehen und noch viel schwerer zu bekommen. Ich darf es mir als eine besondere Gunst des Schicksals anrechnen, daß während meiner Anwesenheit in Lagoa santa ein Exemplar für Hrn. Dr. Reinhardt aufgebracht wurde und ich dadurch Gelegenheit erhielt, den brasilianischen Wolf näher kennen zu lernen. Er hat zwar die unverkennbarste Aehnlichkeit der Gestalt mit dem europäischen Wolfe, ist aber relativ viel schwächlicher gebaut, die Schnautze enger, die Brust schmäler, die Beine höher, der Schwanz relativ kürzer, und würde noch viel unansehnlicher sich ausnehmen, wenn nicht das lange Haarkleid ihn passend decorirte. Im Gesicht und an den Pfoten sind die Haare kurz anliegend, wie gewöhnlich bei Hunden, weiterhin werden sie länger, an den Beinen ganz allmälig, zumal erst über der Hand- oder Fußwurzel, und erreichen ihre größte Länge im Nacken und längs dem Rücken, wo sie eine starke, aufrichtbare Mähne bilden und gegen 5″ lang werden; an den Rumpfseiten messen sie etwa 3″. Ihre Farbe ist ein klares, reines Zimmtrothbraun, das gegen die Mitte des Rückens etwas dunkler, gegen den Bauch hin heller, gelblicher wird; die Schnautze ist schwarzbraun, die nackte Nase ganz schwarz; im Gesicht wird der Ton heller; den Nacken ziert ein großer schwarzbrauner Fleck, der sich zum Rücken hinabzieht, die Pfoten sind auf der Vorderseite ganz schwarz, hinten braun; die Innenseite der Arme und Beine ist fast weiß; die Ohren sind innen weißgelb, außen rothbraun gefärbt; der Schwanz ist oben rothbraun, unten zumal nach der Spitze hin, gelblicher. Die Größe beträgt im Rumpfe mit dem Kopfe 4—$4\frac{1}{4}$', der Schwanz mißt $1\frac{1}{4}$', die Höhe ist 2', oder etwas drüber. —

Der brasilianische Wolf ist ein scheues, furchtsames Thier, das die Nähe des Menschen meidet, ihn nur aus der Ferne neugierig anblickt und dann abgeht; er ähnelt, so im Felde stehend, einem ganz jungen Füllen im Ansehn und nährt sich von kleineren Säugethieren, aber mehr noch von Baumfrüchten, namentlich der faustgroßen Frucht des Solanum lycocarpum *St. Hil.*, das deshalb in ganz Minas geraes den Namen fruito do lobo führt. Dem Hausvieh wird er nirgends schädlich, ja Rengger versichert, nach den Beobachtungen eines Augenzeugen, daß er rohes Rindfleisch gar nicht verdauen könne. Sein Gebiß und sein Schädel, den A. Wagner a. a. O. in Wiegmann's Arch. beschrieben hat, weisen indessen das Raubthier entschieden in ihm nach, obgleich alle seine Bildungsverhältnisse schwächer sind, als am europäischen Wolfe; mit Ausnahme der Kauzähne, deren größere Entwickelung schon hinreichend für den minder carnivoren Charakter Zeugniß ablegt. Den bestätigt auch seine Lebensweise völlig. Man ißt sogar das Fleisch dieses Wolfes in Brasilien und ich selbst habe es gekostet; es wurde mir als Hirschbraten präsentirt, unter welchem Namen ich es ganz wohlschmeckend, nur etwas zähe fand. Später erfuhr ich, daß es ein Wolfsschenkel gewesen war, den wir verzehrt hatten. —

Anm. Die Eigenthümlichkeit dieses Wolfes ist so groß, daß man versucht wird, daraus eine besondere Gruppe des Hundegeschlechtes zu machen. Wirklich hat auch H. Smith in der Naturalist Library (Mamm. IX. u. X) auf ihn die besondere Gattung Chrysocyon gegründet. Ich behalte es mir vor, an einem anderen Orte noch ausführlicher das Thier zu besprechen, da ich Hoffnung habe, in den Besitz eines vollständigen Exemplares zu gelangen. —

B.* Schakalfüchse. Mit langem, zum Boden reichenden Schwanz, aber ohne erhabenen Scheitelkamm des Schädels. — Lycalopex *Nob.

Zu dieser Gruppe gehören wahrscheinlich alle übrigen süd-amerikanischen wilden Hunde-Arten; wenigstens darf man diejenigen, deren Schädel bekannt ist, hierherziehn, insofern die Orbitalecken des Stirnbeins stets stark gewölbt und mit der Spitze herabgebogen sind; ein Charakter, der den ächten Füchsen abgeht. Weniger sicher ist die runde Pupille, sie scheint nur im weit offenen Zustande kreisrund zu sein und bei starker Lichteinwirkung sich elliptisch zu formen, wenigstens giebt es so Rengger vom Canis Azarae an. Entschieden fuchsartig ist der Schwanz durch seine beträchtliche, bis zum Boden herabreichende Länge. Ob er eine Phiole habe, weiß ich nicht; meine Bälge geben mir darüber keine genügende

Sicherheit. Auf jeden Fall werden die hierher gehörigen Arten eine besondere Gruppe der Hundegattung bilden müssen, für welche ich den, wie es mir scheint, passenden Namen Schakalfüchse (Lycalopeces) vorschlage *).

Anm. Herr Dr. Lund hat dieselben, so weit sie Brasilien bewohnen, am vollständigsten beleuchtet (in seinem Blik paa Brasiliens Dyreverden. V. Afhandl. Kgl. Danske Vidensk. Selsk. Nat. og Math. Afh. 11. Dec. 1843. 4.). Verf. betrachtet sie im Zusammenhange mit den ausgestorbenen Arten von Canis und bringt die sämmtlichen Spezies in eine carnivore und eine omnivore Reihe; erstere enthält den Canis familiaris und mehrere ausgestorbene Arten, letztere die beiden Gruppen der Wölfe mit Scheitelleiste, und der Schakalfüchse ohne diese Leiste. Zu ihnen rechnet er drei fossile und drei lebende Arten. Inzwischen hatte Hr. A. Wagner, bei vorläufiger Anzeige dieser Arbeit in Wiegmann's Archiv (1843. I. 353 u. flgd.) ebenfalls 3 lebende Arten angenommen und damit später (ebend. 1846. II. S. 147) die Lund'schen Arten genau verglichen, wobei sich ihm ergab, daß je 2 der 3 Arten zusammenfallen, je 1 aber stehen bleibe, mithin 4 verschiedene Spezies Brasilien bewohnen würden. Dieser Angabe und der Zersplitterung in mehrere Arten überhaupt, ist v. Tschudi entgegen getreten, indem er in seiner Fauna peruana S. 123 zu zeigen sucht, daß die kleineren fuchsförmigen Hunde des inneren Süd-Amerika's nur einer Art angehören. Ich muß bekennen, daß auch mir die spezifische Differenz so vieler Arten auf einem verhältnißmäßig kleinen Raum nicht einleuchten will; ich kann mit den mir zu Gebote stehenden Materialien nur zwei Spezies herausbringen und glaube, daß diesen beiden die anderen bisher aufgestellten Arten ohne Zwang sich unterordnen lassen.

2. Canis Azarae *aut.*

Canis Azarae *Pr. Max z. Wied* Beitr. etc. II. 338. 2. — Dess. Abbild. z. Nat. Bras. Taf. 23. — *Waterh.* Zool. of the Beagl. II. 14. pl. 7.
Canis brasiliensis *Lund* a. a. O. V. S. 10, No. 1. Taf. 42, Fig. 1—3. cran.
Canis melanostomus *Wagn. Wiegm.* Arch. 1843. I. 358. 3. u. 1846. II. 147.
Aguarachai, *Azar.* Quadr. I. 271. No. 29. — *Rengg.* Säugeth. v. Parag. S. 143.
Sehr dunkele Individuen:
C. melampus *Wagn. Wiegm.* Arch. 1843. I. 358. 1. — Schreb. Suppl. Taf. 92. E.
Raposo do Mato der Brasilianer.

Ganzer Rücken längs der Mitte bis zur Schwanzspitze schwarz; Stirn, Scheitel, Seitentheile des Rumpfes aus schwarz, weiß und gelb gemischt; Bauchseite gelblich weiß; Beine außen gelblich-, oder röthlichgraubraun, Pfoten braun.

Der Pelz dieses Thieres hat das gewöhnliche doppelte Haarkleid; die kurzen Wollhaare sind äußerst fein, etwas gekräuselt, die Grannenhaare bis 2″ lang, im Gesicht und an den Beinen aber viel kürzer, anliegend; die Schnautze bis gegen die Augen hin ist fast schwarzbraun, die Nasenmitte etwas grau, ein Streif am unteren Augenrande ziemlich dunkel, die Spitze der grauschwarzen Unterlippe weißlich; das übrige Ge-

*) Außer den hier beschriebenen beiden Arten gehört noch Canis cancrivorus und C. magelanicus der Gruppe an. Mehr Species kenne ich wenigstens nicht. —

ficht, der Scheitel und die Ohren sind hinten röthlich graubraun; die vordere Seite der Ohren ist hellgrau. Der Nacken, der Rücken, die Seiten des Halses und Rumpfes sind graulich braun, doch scheint die hellere gelbliche Grundfarbe hindurch; an den Rumpfseiten tritt die gelbgraue Farbe mehr hervor, weil die Grannenhaare hier sperriger stehen; jedes einzelne Haar ist am Grunde gelbgrau, dann schwarz, dann gelblich weiß, zuletzt schwärzlichbraun. Der Schwanz ist wie der Rücken gefärbt, nur die Spitze breiter schwarz. Die Beine sind außerhalb röthlichbraun, die vorderen dunkler und zumal längs der Vorderkante schwärzlichbraun, wie die Pfoten auch hinten. Unten ist alles heller; an der Kehle, Brust, Oberarm und Schenkel weiß. Der Rumpf mit dem Kopf mißt 2′ und etwas drüber, der Schwanz ist 1′ 1¼″ lang, die Höhe beträgt 1¼′. —

Vorstehendes ist ein Auszug aus Rengger's Beschreibung seines Canis Azarae; Dr. Lund's Charakteristik des C. brasiliensis lautet a. a. O. wie folgt:

Kopf von mittelmäßiger Größe, sonst kräftig gebaut an Rumpf und Gliedmaßen; an den Seiten dunkelgrau gefärbt, unterhalb schmutzig isabellgelb, vom Nacken bis zur Schwanzspitze schwarz. Außenseite der Beine rußbraun, am Ohr ein ockergelber Fleck; Unterkiefer graubraun. —

Kopf oberhalb grau; jedes einzelne Haar außen schwarz, am Grunde lichter, mit einer weißlichen Binde genau in der Mitte, woraus eine gelbgraue Gesammtfarbe entsteht. Auf der Nase die Haare kürzer und dunkler, fast einfarbig braun; die Nasenspitze schwarz. Seitentheile des Kopfes zwischen Auge und Ohr wie der Oberkopf gefärbt, nur etwas heller und gelblicher; um das Auge eine lichtere gelbliche Einfassung, darunter verläuft eine dunklere Binde, die sich bis zum Ohr hinzieht. Unter dieser Binde sind die Seiten des Kopfes und Kinnes trüber, etwa schmutzig ockergelb; am Ohr wird die Farbe frischer und zieht sich an dessen hinterer Seite hinauf, die vordere äußere Seite des Ohres dunkler gelbbraun. Ein ockergelber Fleck über dem Ohr besteht aus langen urinfarbigen Haaren; im Innern des Ohres stehen lange weißliche, an seinem Rande isabellfarbene Haare. Der Unterkiefer ist bis zum Mundwinkel graubrann, jedes Haar oben schwarzbraun mit einem weißgelben Ringe. Die Haare der schwarzen Rückenbinde sind ziemlich lang schwarz, am Grunde sehr blaß, mit einem weißlichen Ringe; die Rumpfseiten spielen ins Dunkelgraue, aus schwarz und weiß gesprengt; jedes Haar auch hier am Grunde gelblich, am Ende schwarz, in der Mitte weißlich. Unterseite des Halses, Rumpfes und Schwanzes schmutzig isabellgelb, am dunkelsten an der Brust und der Innenseite der Vorderbeine; letztere außen gelbbraun, mit einem schwarzbraunen Längsstreif auf der Vorderkante, Pfoten braun. Auf der Lendengegend gehen die weißen Binden der Haare allmälich mehr ins Gelbliche über, daher die Farbe homogener erscheint; die Außenfläche des Unterschenkels ist braun. Der Schwanz außen gelbbraun, mit schwarzer Binde längs der Mitte bis zur Spitze, die auch schwarz ist. An der Oberlippe, am Mundwinkel und den Backen stehen einige lange Schnurrhaare. — Ganze Länge 3′ 1½″, der Schwanz davon 12½″, der Rumpf mit dem Kopf 2′ 1″. —

Die vorstehenden beiden Beschreibungen stimmen nicht in allen Punkten mit einander überein. Rengger schildert sein Thier unten weiß und die Beine außerhalb bräunlichroth, Farbenangaben, die vollkommen zu dem Bilde des C. brasiliensis von Fr. Cuvier in der hist. natur. des Mammif. livr. 69. passen, aber mit Dr. Lund's Beschreibung, worin die Unterseite als schmutzig isabellgelb und die Außenseite der Beine als gelbbraun mit schwarzem Längsstreif angegeben ist, im Widerspruch stehen. Ich habe in Lagoa santa ein männliches Exemplar frisch gesehen, welches im Juni, also im Winter, erlegt war; es wurde von Hrn. Dr. Lund für seinen C. brasiliensis erklärt, hatte eine kreisrunde Pupille, wenigstens im Tode, und war im allgemeinen etwas dunkler gefärbt, als die obige Beschreibung angiebt, so daß ich das Bild des C. melampus unbedenklich zu ihm gezogen haben würde. Da nun Rengger erwähnt, daß sein Fuchs in der Jugend dunkler erscheine, als im Alter, und im Sommer blasser gefärbt sei, als im Winter, was wahrscheinlich für alle brasilianischen Schakalfüchse gelten wird, so wäre darnach der C. melampus *Wagn.* nur das Jugend- oder Winterkleid von C. brasiliensis *Lund.* — Seitdem habe ich ein Exemplar direct aus Lagoa santa, aber leider ohne Schädel, erhalten, auf welches Dr. Lund's Beschreibung genau paßt; es ist ein Männchen, das Anfangs August, also ebenfalls im Winter, erlegt wurde. Ich finde, wie Rengger, jedes Grannenhaar des Rückens am Grunde weißlichgelb, dann braun, dann weiß und zuletzt breit schwarz; die dazwischen stehenden weichen Wollhaare sind am Grunde grau, dann blaß röthlichgelb, die steifen Schnurrhaare haben eine schwarze Farbe. Die schwarze Farbe der Mitte des Rückens dehnt sich über den Schultern etwas in die Breite, und wird von da über dem Bauch nach hinten schmäler; auf dem Schwanz beginnt sie schmal, wird aber schnell breiter und nimmt zuletzt die ganze Spitze ein. Die Unterfläche ist zwar nicht weiß, sondern gelblich; aber an der Kehle und auf der Mitte des Bauches so hell, daß sie fast weiß genannt werden kann. Die Beine sind inwendig gelbbraun, außen etwas dunkler und allerdings röthlicher; die schwarzbraune Farbe tritt besonders gegen die Kante hin, aber sehr allmälig auf; nur die Pfoten sind braun, oben längs der Mitte mit weiß gemischt. Die Gegend zwischen After und Hodensack hat einen mehr röthlichen Ton, gleich wie der Unterhals über dem Anfange der Brust. —

Anm. 1. Dieser Schakalfuchs ist in Minas geraes ziemlich selten, wenigstens seltener, als der folgende; er hält sich besonders in den Waldstrecken auf und scheint vorzugsweise die gebirgigen Urwaldungen der östlichen Provinzen von Bahia bis St. Paulo und demnächst die analogen Gebiete der Cordilleren-Kette oder der breiten, waldigen Flußthäler des Inneren zu bewohnen; ohne Zweifel war auch der verstümmelte Balg, den ich am Orgelgebirge bei H. Girard sah, zu dieser Art zu rechnen. Natterer erhielt die Stücke, nach denen A. Wagner seinen C. melanostomus aufgestellt hat, bei Ypanema in St. Paulo. Daß er mit dem von Rengger beschriebenen übereinstimme, möchte ich annehmen; der Hauptunterschied in der Farbe des Bauches, der von Letzterem weiß genannt wird, liegt wohl mehr im Ausdruck, als in der wirklichen Farbenverschiedenheit; das zeigt auch die Figur in der Zool. of the Beagle II. Taf. 7.

2. Die Abbildung des Aguarachai in der französischen Uebersetzung von Azara's Reise (Taf. XII) gehört, wie G. Cuvier angiebt (Ossem. foss. IV. 464, 3.), zu Canis cinereo-argenteus, den Azara fälschlich im Pariser Cabinet für seinen Aguarachai erklärt hatte; daher ihn auch Desmarest (Mamm. 204) dahin zog. Der C cinereo-argenteus ist ein ächter Fuchs, wie der Schädel unserer Sammlung beweist, und auf Nord-Amerika beschränkt, was Cuvier in den Ossem. fossil. l. l. mit Recht behauptet; seine spätere Angabe im Regne anim. (I. 153.), daß er ganz Amerika bewohne, ist ein Irrthum. —

3. Ich habe auch den Canis Azarae *Pr. Max.* l. l. wieder zu dieser Art gezogen, da seine Beschreibung ganz gut auf die helleren Individuen derselben paßt und namentlich die Abbildung auf diese Art, keineswegs aber auf die folgende hinweist. Bestimmt lebt der Raposo do Campo nicht im Waldgebiet, wo der Prinz sein Thier beobachtete.

4. Selbst den C melampus *Wagner* halte ich nur für eine sehr dunkle Form des Canis Azarae; was über ihn vom Verf. gesagt wird, setze ich hierher: C. melampus *Wagn.* Wiegm. Archiv. 1843. I. 358. 1. und 1846. II. 147. — Schreb. Suppl. Taf. 92. E. Oberhalb aus schwarz und weiß gemischt, unten weißlich; Schnautze, Hinterseite der Ohren, Beine und Schwanzrücken nebst der Spitze schwarz. — Durch robuste untersetzte Gestalt, Schädelbau und besonders in der Breite des aufsteigenden Astes am Unterkiefer völlig mit C. Azarae verwandt und nach Hrn. Wagner's eigner Ansicht wohl nur eine sehr dunkle Abänderung desselben. Daß Cuvier's Guarachá (Ossem. fossil. IV. 464. 3), den A. de St. Hilaire aus Brasilien mitbrachte, damit identisch sei, wird ebenfalls mit Grund vermuthet; die a. a. O. gemachten Angaben sprechen deutlich genug dafür. Die Heimath ist Mato grosso und das Waldgebiet des inneren Hochlandes von Brasilien.

3. Canis vetulus *Lund.*

Dr. *Lund* a. a. O. V. S. 21, No. 3 tab. 40 u. tb. 42. f. 4. 5 cran.
Wagn. Wiegm. Arch. 1843. I. 358. 1846. II. 147.
Raposo do Campo der Brasilianer.

Rücken aus weiß, schwarz und rothgelb gemischt, die Grundfarbe licht gelbbraun; Stirn, Scheitel, Bauchfläche, Ohren und Beine reiner röthlichgelb; Schwanz mit schwarzer Spitze und schwarzem Querfleck am Grunde; Unterkiefer braun, an der Spitze weiß. —

Der Pelz dieser viel zarter und zierlicher gebauten, aber nicht grade kleineren Art, ist entschieden kürzer, besonders auf dem Rücken und dem Schwanze, daher das ganze Thier viel schlanker erscheint, wozu der relativ längere, dünnere Schwanz ein Bedeutendes beiträgt. Herr Dr. Lund beschreibt das Thier wie folgt:

Die ganze Oberseite blaß gelblich grau, Unterseite schön isabellgelb; Wollhaare leicht gekräuselt, am Grunde grau, später trübröthlich, zuletzt ockergelb; Grannenhaare ziemlich steif, unten blaß gefärbt, an der Spitze schwarz, mit einer breiten weißen Binde vor derselben; Oberkopf und Backen von der Farbe des Rückens; auf der Nase kürzere und etwas dunklere, bräunliche Haare, die Spitze ganz braun. Die Schnurrhaare kurz und schwarz. Der äußerste Rand der Augenlieder nebst einem kleinen Fleck vor dem Auge schwärzlich; Iris braun. An der vordersten Spitze der Oberlippe neben der Nase zeigt sich ein kleiner hellerer Fleck von 1″ Länge und 1½″ Breite; der Unterkiefer nebst der Lippe und der Gurgel bis zum Mundwinkel ist dunkelbraun, selbst der Rand der Oberlippe fällt ins schwärzliche; die äußerste Spitze des Kinnes spielt ins Weißgraue. Hinter dem Munde wird die Kehle weiß, welche Farbe sich etwas an den Backen hinaufzieht; in dieser helleren Gegend stehen einige lange schwarze Schnurrhaare und ein sehr großes Paar weiter hinauf an der Backe. Die Ohren sind oval, und gehen nach oben in eine abgerundete Spitze aus; ihre Innenfläche ist auf der vordern Hälfte mit langen weißen Haaren besetzt, die sich neben der Spitze nach hinten ausbreiten; der äußerste Rand ist hellgelb behaart, die äußere Fläche auf der vorderen Seite dunkler braungrau, nach hinten heller, gegen den Grund röthlicher, indem sich ein so gefärbter Streif längs der Mitte zum Nacken herabzieht und hinter dem Ohr sich zu einem Fleck ausbreitet. An den Seiten des Halses fällt die Farbe mehr ins Gelbe, und am Rumpfe allmälig ins Isabelle, weil die weiße Binde der Grannenhaare immer deutlicher und breiter wird; selbst bis auf die Unterfläche des Bauches erstreckt sich die graugelbe Farbe. Vom Kreuze, wo die graue Farbe am deutlichsten ist, zieht sich eine schwache Binde über die Schultern hinab bis zum Oberarm, geht vor ihm etwas auf die unterste Gegend der Halsseiten über und breitet sich selbst auf der Vorderkante der Arme aus, über dem Handrücken mit einem merklichen Fleck endend. Die innere Seite des Vorderarms ist blaß ochergelb, am Oberarm wird sie noch blasser und mehr mit grau gemischt. Die Pfoten sind isabellgelb, mit einem braunen Fleck auf der Mitte, die Krallen graubraun; die Brust ist graugelb, etwas grauer als der Hals; der Bauch ist isabellgelb. Die äußere

Seite der Schenkel gleicht der des Rückens an den Seiten, und dieselbe Farbe dehnt sich über den Schwanz aus; mit Ausnahme eines schwarzbraunen mondförmigen Querflecks oben unweit des Anfanges und der ganz schwarzen, sehr schlanken Spitze. Innenseite der Beine und Unterseite des Schwanzes isabellgelb; am Fersentheil ein schwarzbraunes Längsband, das gleich unter dem Hackengelenk sehr schmal beginnt und sich bis zum hinteren Fußpolster erstreckt Ein deutlicher schwarzer Fleck oben auf dem Fußrücken am Ende des Fersentheiles. — Das junge Thier hat blassere Farben, der schwarze Fleck auf dem Schwanz fehlt ihm und erscheint erst nach 2 Monaten. — Ganze Länge von der Spitze der Schnautze bis zum Ende des Schwanzes 2′ 11½″, Schwanz 14″, Kopf 5″ 7‴, Ohr 2″ 9‴ hoch. —

Dieser schöne, leicht kenntliche, Schakalfuchs bewohnt die klaren trocknen Campos-Gebiete des inneren Brasiliens und ist dort nicht selten; er hat ein scheues vorsichtiges Naturell, läßt sich aber doch an den Menschen gewöhnen, wenn er jung eingefangen wird. Ich sah ein solches lebendes Exemplar an der Kette in Congonhas. Gegenwärtig habe ich 2 vollständige Bälge mit dem Skelet aus der Gegend von Lagoa santa vor mir; das etwas kleinere weibliche Individuum wurde im Juni erlegt, d. h. im Winter, das Männchen im December, also im Sommer. Letzteres hat überall eine klarere mehr röthlichgelbe Farbe, namentlich an der Brust und an den Beinen; nur an der Kehle und dem Unterbauch könnte man die Farbe isabell nennen; ein sehr deutlicher reinweißer Fleck von der Größe eines Thalers zeigt sich in jeder Achselhöhle. An den Beinen ist der Ton völlig rothgelb, namentlich an der hinteren Kante, wo der schwarzbraune Streif, den Dr. Lund beschreibt, nur sehr schwach durch die schwarzen Spitzen der längeren Grannenhaare angedeutet ist; auch die braunen Flecke auf dem Fußrücken fehlen. Die Grannenhaare des Rückens finde ich am Grunde weißlich, in der oberen Hälfte braun, und mitten auf dieser braunen Hälfte befindet sich die weiße Binde; doch ist die braune Stelle vor dem Ringe etwas lichter, als die fast schwarze Spitze. — Es bestätigen also diese Bälge Rengger's Angabe, daß die Schakalfüchse im Sommer lebhafter, im Winter dunkler, d. h. trüber gefärbt seien. —

Anm. 1. Herr Dr. Lund hält diesen Fuchs für einerlei mit dem Canis Azarae des Prinzen zu Wied und darin tritt ihm A. Wagner bei; ich kann mich dem nicht anschließen. Der Prinz beschreibt auf der Vorderseite der Beine einen schwarzen Streif, den der C. vetulus nicht hat und nennt die Unterfläche nebst der Innenseite der Schenkel „weiß, das gegen die übrige Farbe des Beines nett absticht" (S. 340), eine Angabe, welche mit der völlig gelben oder gar rothgelben Farbe der Brust und des Schenkels von C vetulus im schreiendsten

Widerspruch steht, und viel eher auf C. Azarae *aut.* bezogen werden kann, mit dem auch die dunkle Farbe des Rückens, welche der Prinz hervorhebt, sich mehr reimt, als mit der licht rothgelbgrauen von C vetulus. Wahrscheinlich hat der Prinz hellfarbige sehr alte Individuen vor sich gehabt. —

2. Wohin ich den Canis brasiliensis *Fr. Cuv* et *Geoffr.* h n. d. Mammif. Tom IV. livr 69 bringen soll, das weiß ich nicht so sicher anzugeben; zu C. vetulus gehört er gewiß nicht, und da die Verf. selbst ihn für identisch mit dem C. Azarae *Wied.* halten, so möchte ich ebenfalls dafür mich aussprechen, wenn ich annehme, daß die rothe Farbe der Beine zu grell gehalten ist. Das scheint überhaupt den südlicher lebenden Individuen eigen zu sein; denn auch die Figur in der Zool of the Beagle hat röthere Beine und helleren Bauch, als meine Exemplare. Dies zugegeben würde der a. a. O. dargestellte Schakalfuchs völlig zu der hellfarbigen Form passen, die der Prinz zu Wied beschrieben hat. Was den schwarzen Bogenstreif am Schwanzgrunde des Bildes betrifft, so zeigt er die scharf und schnell breiter werdende Färbung des dunklen Schwanzrückens bei C. Azarae *aut.* ganz gut an, und kann mit dem völlig vom Grunde des Schwanzes getrennten Querfleck des C. vetulus viel weniger verglichen werden.

3. Für eine mehr eigenthümliche Abart von C. vetulus *Lund.* halte ich dessen Canis fulvicaudus (a. a. O. S. 20, Nr. 2, Taf. 43, Fig. 4 u. 5 cran.). Der Kopf ist kleiner, wie Leib und Beine sehr zierlich gebaut, schlank; die Farbe oben weißgrau, unten isabellgelb; Unterkiefer schwarz mit weißer Spitze; Innenseite der Beine ockergelb; Schwanz unten rothgelb, mit einem gleichen Fleck auf der Oberseite. Der Schädel ähnelt, nach der Abbildung, dem von C vetulus ganz, ist aber auch kleiner und feiner gebaut. Die ganze Oberseite, die Backen und Rumpfseiten weißgrau; jedes Haar am Grunde grau, dann schwarz, mit einem breiten weißen Ringe darin, nahe der Spitze. Einfassung des Auges und Ohres spielen ins Gelbe; hinter dem Ohr ein starker Fleck aus rothen bis ockergelben Haaren gebildet. An den Pfoten ein dunkler Saum. Ganze Länge 2' 8½", Rumpf 1' 8½", Schwanz 12", Höhe 12" 9'''. — Das sehr seltene Vorkommen des Thieres in Minas geraes würde mit der Ansicht, welche es für eine bloße Varietät erklärt, sehr gut harmoniren. —

4. Den Haushund (Canis familiaris) glaube ich in meiner Aufzählung der Thiere Brasiliens übergehen zu dürfen, weil er in dem von mir bereisten Theile weder im wilden, noch im verwilderten Zustande vorkommt; alle Hunderassen Brasiliens sind förmliche Hausthiere, welche den Bereich menschlicher Ansiedelungen nicht verlassen. Man sieht auch in Brasilien keine diesem Lande eigenthümliche Hunderasse, namentlich nicht häufiger, als andere Formen, die kleine stumme nackte Rasse, welche Rengger für Paraguay beschreibt und als ursprüngliche Form des Landes betrachtet (Säugethiere S. 151); ich habe nur ein Paar mal Gelegenheit gehabt, solche kleinen nackten Hunde, die unseren Windspielen ähneln, aber etwas gedrungener gebaut, kurzbeiniger und noch kleiner sind, zu beobachten. Die häufigste Form der Haushunde Brasiliens ist eine hellgelbe kurzhaarige, schlanke Rasse, die sich als ein Mittelglied zwischen dem Wachtelhund und dem Windhund bezeichnen läßt; von jenem hat sie die Größe, von diesem das anliegende Haar und die höheren Beine. Man benutzt diese Hunde als Spürhunde auf der Jagd für größere Thiere, doch sind sie viel ungelehriger als unsere Hühnerhunde, denen sie auch in der Größe nachstehen. Von der Wuthkrankheit habe ich in Brasilien nicht reden hören, sie scheint nicht vorzukommen; die Hunde haben Freiheit genug, und es fehlt beiden Geschlechtern nicht an Gelegenheit, zur Brunstzeit einander beizuwohnen. —

3. Mustelinae *Cuv.* Agilia *Ill.*

Brasilien besitzt von dieser zahlreichen Abtheilung der Carnivoren Raubthiere, welche von den übrigen Gruppen sich gut daran unterscheiden läßt, daß in beiden Kiefern nur ein einzelner Kauzahn vorhanden ist *), sehr wenige Mitglieder; allgemein kommen die Fischotter (Lutra) und 2 Arten vor, welche man früher zu den Vielfraßen (Gulo) zog, jetzt aber mit Recht in eine besondere Gattung Galictis gestellt hat. Stinkthiere (Mephitis) werden von einigen Schriftstellern erwähnt, leben aber, wie es scheint, nur in den südlichsten Districten; mir ist keine Art dieser Gattung in Brasilien aufgestoßen.

Will man die Mannigfaltigkeit der Mustelinen im Zusammenhange darstellen, so muß man drei Unterabtheilungen annehmen:

1. Marder (Martinae) mit einem kleinen, sehr kurzen, entschieden queroblongen Kauzahn im Oberkiefer und ungleicher Zahl von Backzähnen **).
2. Dachse (Melinae) mit großem quadratischen Kauzahn im Oberkiefer und ebenfalls ungleichen Backzähnen in beiden Kiefern.
3. Ottern (Lutrinae) mit eben solchem großen oberen Kauzahn, aber gleicher Backzähne-Zahl in beiden Kiefern.

Da Brasilien wirklich ein Stinkthier besitzt, so ernährt es von jeder dieser 3 Gruppen Repräsentanten; denn die Stinkthiere sind ihren wichtigsten Bildungsverhältnissen nach nur langgeschwänzte Dachse.

A. Martinae. Marderformen.

17. Gatt. Icticyon *Lund.*

Früher Cynogale *Lund.*

Blik paa Brasil. Dyreverd. V. 64. Taf. 41. —

Unter dem Namen Cachorro do mato (Waldhund) kennt man im Inneren von Brasilien, namentlich in Minas geraes, ein kleines, dem äußeren Ansehn nach, dachsartiges Thier, das schon Aug.

*) Bei der asiatisch-afrikanischen Gattung Ratelus fehlt derselbe im Unterkiefer, wodurch eine gewisse Analogie mit dem Gebiß der Katzen entsteht.

**) Durch den Mangel des Kauzahns im Unterkiefer von Ratelus wird abnorm die gleiche Anzahl von Backzähnen in beiden Kiefern bei ihm bewirkt. —

v. St. Hilaire (Prem. Voy. II. 336.) erwähnte, ohne es näher zu bezeichnen. Seitdem ist durch Dr. Lund eine ausführliche Beschreibung gegeben worden, welche nicht zweifeln läßt, daß man diesen Cachorro do mato zu den Mardern zu stellen habe, obgleich Dr. Lund, auf einige Analogien des Gebisses fußend, ihn mit den Brasilianern in die Hundefamilie versetzen will. Ich habe das Thier in Brasilien nicht gesehen, es gehört zu den größten Seltenheiten; allein die ausführliche Beschreibung des sorgfältigen Verfassers, von guten Abbildungen begleitet, genügt, um die wahre zoologische Verwandtschaft klar zu erkennen. Demnach gebe ich hier einen Auszug der Lund'schen Beschreibung.

Der allgemeine Bau des Thieres ist ziemlich gedrungen und kräftig; der Rumpf stark gekrümmt, der Rücken, besonders nach hinten, breit; die kurzen und starken Beine geben in Verbindung mit dem langhaarigen Pelz und dem kurzen Schwanz ihm ein dachsartiges Ansehn, während die Farbe mehr an die Marder erinnert. Besonders mit der javanischen Gattung Mydaus hat das Thier eine nicht zu verkennende habituelle Aehnlichkeit, die bis zur Analogie in der Zeichnung sich steigert. Der Kopf theilt die allgemeine Eigenschaft der Plumpheit; die Schnautze ist kurz, breit, stark vorgezogen; die Ohren sind kurz, abgerundet, und erheben sich über den Scheitel nicht. An den Vorderpfoten sind fünf, an den hinteren nur vier durch eine breite Spannhaut verbundene Zehen vorhanden: eine Analogie mit den Hunden, die zu Galictis und den andern Marderformen im Widerspruch steht; der Gang ist digitigrad, der Sohlenballen ziemlich breit; der kürzere Plattfuß steht minder senkrecht als z. B. bei den Hunden, nämlich nur unter einem Winkel von 45°. — Der Schwanz reicht ein wenig über die Aftergrube hinaus. —

Der Schädel hat, nach Dr. Lund's Ansicht, alle Eigenthümlichkeiten der Hundefamilie, während ich in den von ihm gegebenen Abbildungen (a. a. O. Taf. 43, Fig. 1—3) nur wesentliche Eigenschaften der Marder, verbunden mit Andeutungen des Hundetypus im Gebiß, erkennen kann. Es gehört zum Marderbau ebensosehr die länglichere Form des ganzen Craniums, wie die mangelhafte Entwickelung der Orbitalfortsätze am Stirnbein, die kurze breite Gestalt der Schnautze, die plötzliche Strictur in der Mitte der Stirngegend und das breite, senkrechte Hinterhaupt; während auf die Hunde kaum eine andere Eigenschaft, als die etwas gewölbtere Bildung der Scheitel und Stirnfläche, die übrigens auch Eigenheit der Dachse ist, hinweist. Allerdings scheint das Gebiß plumper, stumpfer und großzackiger geformt zu sein, als bei den ächten Mardern, besonders wenn man die amerikanische Form derselben, die Galictis, dagegen hält; aber die Uebereinstimmungen mit den Hunden sind doch nur äußere Aehnlichkeiten. Kein Hund hat einen einzelnen Kauzahn in beiden Kiefern, keiner einen so kleinen hintersten Zahn im Unterkiefer bei so starkem im Oberkiefer. Dagegen stimmt mehr mit der Hundegattung die Form der Zähne im Einzelnen, die Kleinheit des inneren Höckers am Fleischzahn im Oberkiefer, die Kürze der hinteren Kaufläche des unteren Fleischzahns, und die Verschmälerung des oberen Kauzahns nach innen. — Ich glaube aber, daß man auf diese Uebereinstimmungen im Zahnbau ein zu großes Gewicht legt, wenn man daraus Affinität mit den Hunden ableitet; die zahlreichen Unterschiede im Einzelnen und der Totaleindruck des ganzen Thieres dürfen nicht außer Acht gelassen werden. Will man die gehörig berücksichtigen, so muß man sagen: Icticyon ist ein Marder, mit Dachsähnlichkeit im Habitus und Hundeähnlichkeit im Gebiß. So sehe ich ihn an, und von diesem Gesichtspunkte aus mußte ich das Thier hier einreihen.

Das Gebiß besteht aus $\frac{6}{6}$ Schneidezähnen, hohen gebogenen Eckzähnen und $\frac{5-5}{6-6}$ Backzähnen mit $\frac{3-3}{4-4}$ Lückenzähnen und $\frac{1-1}{1-1}$ Kauzahn. Die Schneidezähne des Unterkiefers sind durch die Einrückung des mittleren jeder Kieferhälfte dem Mardertypus verwandt. Die unteren Eckzähne sind sehr groß, höher und spitzer als die oberen, was mehr mit dem Mardertypus, als dem Hundetypus harmonirt. Die Backzähne zeichnen sich durch sehr hohe schlanke Kronenhöcker aus, und weichen dadurch von dem Bau des Mardergebisses stark ab, sie haben allerdings Aehnlichkeit mit dem Hundegebiß; der erste Lückenzahn ist einfach, die folgenden haben einen zweiten niedrigeren Höcker; aber nur einen, nicht zwei, wie die Hunde. Der Fleischzahn des Oberkiefers ist kürzer als bei den Mardern und hat einen sehr kurzen, schwachen inneren Kronenhöcker, welcher dem Milchgebiß ganz abgeht *); der des Unterkiefers zeichnet sich durch die Höhe der zweiten Zacke aus und weicht auch darin vom Mardertypus ab, dem Hundetypus sich nähernd. Der obere Kauzahn ist kürzer als breit und nach innen bedeutend verschmälert, welche Form keinem anderen Mitgliede der Marderfamilie, wohl aber den Hunden, eigen ist. Der untere Kauzahn ist sehr klein, noch kleiner als der hinterste der Hunde. Der Jochbogen ist ohne Kamm und vorn höher als hinten, wie bei Mardern; der Unterkiefer hat die stark nach unten vorspringende Kinnecke der Marder, welche den Hunden fehlt; er ist sonst etwas mehr gebogen, als bei den typischen Mardern, und der Dachsform am ähnlichsten, weil die stärkste Wölbung des Randes grade unter dem Kronenfortsatz liegt; der hintere untere Fortsatz ist kurz und stumpf, nicht spitz und gebogen, wie bei den Hunden. Die Gaumenfläche hat, wie bei Mustela, Galictis, Lutra etc. zwei Furchen, die von den hinteren Gefäßlöchern zu den vordern foram. incisivis gehen, wovon ich bei Hunden nichts wahrnehme; auch die Lage und flache Form der Ohrblasen ist mehr marderartig als hundeartig. —

Vom übrigen Skelet, das Dr. Lund ausführlich bespricht, scheint die Angabe der Wirbelzahlen hier zu genügen. Icticyon hat 14 Rücken-, 6 Lenden-, **) 3 Kreuz- und 13 Schwanzwirbel; die Rückenwirbel und Rippenpaare sind also geringer an Zahl, als bei den Mardern. — Im Uebrigen tritt im ganzen Skelet, nach Dr. Lund's Angaben, die Beziehung zu den Hunden ebenso deutlich auf, wie die zu den Mardern und rechtfertigt die Ansicht, daß Icticyon ein verbindendes Zwischenglied zwischen den Hunden und Mardern ist, wie etwa Meles ein solches zwischen den Bären und Mardern. Doch gehören beide ihrem Gesammtbau nach den Mustelinen an. Wegen der Kleinheit des Kauzahnes kann übrigens Icticyon nicht zu den Dachsen oder Melinen gestellt werden, er muß bei den ächten Mustelinen verbleiben und neben Gulo seine Stelle einnehmen. — Die einzige bekannte Art der Gattung ist:

---

*) Diese von Dr. Lund gemachte Beobachtung ist sehr interessant; er fand auch ähnliche fossile Zähne, die er anfangs für Zähne einer Cynailurus Art hielt und als solche bekannt machte (Blik etc. III. tb. 18).

**) Die Galictis Arten haben 15 Rücken- und 5 Lendenwirbel; die Hunde 13 Rücken- und 7 Lendenwirbel.

1. Icticyon venaticus *Lund* a. a. O.

Sein Pelz hat das doppelte Haar der verwandten Thiere; auf dem Rücken ist es länger, am Kopf und den Beinen kürzer, größtentheils einfarbig braun; die Stirn von den Augen an, der Scheitel mit den Backen, Ohren, Nacken und Schultern sind rothgelb, welche Farbe sich auf dem Rücken allmälig verliert. Länge 24—30″, Schwanz $4^1/_2$—5″, Kopf $5^1/_4$—6″, Höhe 10″. — In dichten Gebüschen der Campos; frißt besonders Geflügel, ist scheu und mißtrauisch; gräbt gern und viel, wie ein Dachs und scheint, wie dieser, im Bau zu leben.

18. Gatt. Galictis *Bell.*

Schlank gebaute Thiere, vom Ansehn der Marder, mit niedrigen Füßen, aber kürzeren Haaren und darum noch graciler in der Erscheinung, besonders des minder buschigen Schwanzes wegen. Der Kopf ziemlich dick und nach hinten breit, die Schnauze wenig vorgezogen, die Ohren niedrig, abgerundet. Das Gebiß stark, vorzüglich die Schneide- und Eckzähne des Oberkiefers, welche wegen der breiten Schnauze viel Spielraum behalten; die Eckzähne nicht grade hoch, aber dick. Backzähne $\frac{4-4}{5-5}$, bisweilen, wenn der erste kleine Lückenzahn ausgefallen ist, nur $\frac{3-3}{4-4}$; oft einseitig ungleich. Der erste Zahn in beiden Kiefern ein kleiner, kurzer, dicker Kegel, der zweite und im Unterkiefer auch der dritte ein zweiwurzeliger Lückenzahn, mit dreieckiger Krone, dessen Basis einen recht sichtbaren Kranz hat. Darauf folgt der Fleischzahn, im Oberkiefer mit starkem Innenhöcker neben der Hauptzacke oder etwas vor ihr, im Unterkiefer mit kleiner hinterer tiefer Kaufläche und einer inneren Nebenzacke am Mittelhöcker. Der Kauzahn im Oberkiefer sehr kurz, kürzer als beim Marder, außen schmal, innen breiter, mit scharfem Kranz am Grunde; der Kauzahn des Unterkiefers ein kleiner, kreisrunder, flacher Höcker. Ausnahmsweise fehlt auch wohl der Kauzahn im Oberkiefer an der einen, seltener an beiden Seiten. Das Milchgebiß ist in allen Theilen scharfeckiger und feiner, der obere Fleischzahn viel kleiner und die Zahl der Backzähne in beiden Kiefern dieselbe, nämlich $\frac{3-3}{3-3}$, indem jedem Kiefer ein zweiwurzeliger Lückenzahn und dem Unterkiefer noch der kleine Kauzahn abgeht. — Die Beine niedrig, vorn und hinten mit je fünf durch Spannhaut verbundenen Zehen, die scharfe, hohe, stark gebogene Krallen tragen, und nackter, schwieliger Sohle, welche auch an den Hinterbeinen bis zur Fußwurzel unter dem Hacken reicht, also fast plantigrad ist. Schwanz ziemlich lang, das Haarkleid allmälig verkürzt, daher zugespitzt; am Grunde desselben neben dem After eine drüsige Stelle, die eine stark nach Bisam riechende Feuchtigkeit absondert.

Man kennt 2 Arten dieser Gattung in Brasilien, von denen die erste ziemlich häufig ist. Sie leben in Gebüschen, jagen auf kleine Säugethiere und Vögel, oder stellen dem Hausgeflügel nach; sie lieben, wie die Marder, das Blut, beißen den gefangenen Thieren zunächst in den Hals und saugen sie aus, oder lecken das vergossene Blut auf, ehe sie ans Fleisch gehen. Nach den Vögeln klettern sie geschickt auf Bäume und erlegen namentlich zur Brunstzeit gern die brütenden Alten auf dem Neste, oder verzehren die schon ausgebrüteten Jungen, die zu ihrer Vertheidigung herbeigeeilten Aeltern wo möglich mit erwürgend. Der zuerst beschriebenen Art wird auch eine große Liebhaberei am wilden Honig allgemein in Brasilien nachgesagt. —

1. Galictis barbara.

Wagn. Schreb. Suppl. II. 214. 1.
Mustela barbara *Linn.* S. Nat. I. 67. — *Pr. Max* Beitr. II. 310. 1.
Gulo barbarus *Desm.* Mamm. 177. — *Rengg.* Säugeth. v. Parag. 119. — Gulo canesceus *Licht.* Doubl. 4.
Mustela gulina *Schinz.* — Must. poliocephala *Oken.*
Le Galera s. Luïra *Fr. Cuv.* h. nat. d. Mamm. III. livr. 55.
El Huron mayor *Azar.* Quadr. I. 172. No. 19. — Abb. Voy d. l'Am. mer. Atl. tb. 12. — Trad. franc. I. 197.
Port. Hyrara oder Papamel.

Pelz braun, der Kopf mehr grau, mitunter an der Kehle oder am ganzen Körper gelblich weiß; Schwanz von Rumpfes Länge. —

Das Haarkleid ist ziemlich lang, am Kopf und an den Pfoten kürzer, braun von Farbe, die Haare am Grunde heller, gelblich, die Endhälfte voll gefärbt, die Spitzen der Grannenhaare am Kopf hinter dem Gesicht, am ganzen Nacken, an der Kehle und Vorderbrust breit weiß, daher diese Theile grau erscheinen, namentlich auch der Rand des Ohres; am übrigen Körper, zumal auf dem Rücken, auch einzelne weißliche Haarspitzen, aber nie am Bauch, an den Beinen und an der Schwanzspitze, welche Gegenden die dunkelste, fast schwarzbraune Farbe haben; dagegen stellt sich gewöhnlich ein weißer Fleck am Unterhalse ein, oder eine bis zur Schulter verlängerte Querbinde. Pfoten ziemlich breit, die Krallen scharf, der Schwanz so lang wie der Rumpf. Ich finde folgende Maaße. Von der Schnautzenspitze bis zum Ohr 4″; Hals und Nacken 5″, Rumpf 12½″, Schwanz 13″; Höhe 6—7″.

Es giebt ganz weißgelbe Varietäten, die bloß im Gesicht und an den Pfoten stark mit braunen Haaren untermischt sind; das Wollhaar ist bei ihnen gelb, die langen Grannenhaare haben eine gleiche Farbe, aber eine rein weiße, hellere Spitze, vor der auf den dunkler gefärbten Körperstellen sich ein brauner Ring befindet. Ich habe ein solches weibliches Exemplar im Balge mitgebracht, kann aber nicht angeben, wie seine Iris beschaffen war.

Das Thier ist in ganz Brasilien bekannt und nirgends selten; ich traf mehrmals lebende Exemplare im Gebüsch während der Reise; seine Lebensart hat Rengger a. a. O. ausführlich beschrieben. —

2. Galictis vittata.

Bell. Zool. Journ. II. 551. u. Transact. of the Zool. Sac. II. 203. tab. 35. — *Waterh.* Zool of the Beagle I. 21. — Wagn. Schreb. Suppl. II. 215. 2.
Gulo vittatus *Desm.* Mamm. 175. — *Rengg.* Säugeth. v. Parag. 126. —
El Huron menor *Azara* Quadr. I. 182 No. 20. — Trad. franc. I. 190.
Le Grison *Buff.* XV. 65. tb. 8.
Cachorinho do Mato der Brasilianer.

Pelz oben gelbgrau, unten schwarzbraun; von der Stirn zur Schulter eine gelbe Binde; Schwanz von halber Rumpflänge. —

Kleiner als die vorige Art, etwas gedrungener, namentlich relativ dicker und der Schwanz kaum halb so lang, das Haarkleid nicht kürzer, aber spärlicher, der Pelz anliegender; Gesicht bis zur Stirn, die Backen, Kehle, Vorderhals, Bauch und Beine schwarzbraun, die kurzen steifen Grannenhaare der Stirn und Backen schön stahlblau glänzend; darüber eine hell ockergelbe Binde, die sich allmälig abnehmend zur Schulter hinzieht; der übrige Pelz gelbgrau, indem jedes Grannenhaar, welches hier nicht mehr so dunkelbraun gefärbt ist, eine breite gelbe Spitze hat, die auf dem Kreuz und Schwanz immer breiter wird, so daß die Schwanzspitze völlig gelb erscheint. Die kleinen Ohren stecken in der gelben Binde und haben deren gelbe Färbe; die Gegend der Brust zwischen den Vorderbeinen und die Weichen sind spärlicher behaart. Das Gebiß gleicht dem der vorigen Art sehr, es ist nur etwas feiner, scharfzackiger, und der Kauzahn des Oberkiefers etwas breiter; der erste sehr kleine Lückenzahn scheint oft auszufallen, er fehlt an dem einen Schädel. Auch im Milchgebiß, das ich besitze, herrscht völlige Uebereinstimmung. Skelet hat 15 Rippenpaare, worunter 11 wahre, 5 Lenden=, 3 Kreuz= und 15—17 Schwanzwirbel. Meine Exemplare zeigen folgende Maaße: Kopf bis zu den Ohren 2½", Nacken und Hals 4"; Rumpf 10"; Schwanz 6" ohne den Endbüschel, Höhe 3—4"; es sind Männchen mit 2 großen knollig hervorragenden Hoden und langer dünner Ruthe, die in einer weiten Scheide steckt, welche sich 2" weit vom Hodensack nach vorn öffnet. Daneben liegen 6 kleine Brustwarzen, die beim säugenden Weibchen sehr groß und stark werden. Spuren von Afterdrüsen bemerke ich nicht.

Der Grison findet sich ebenfalls in ganz Brasilien, aber häufiger in den nördlichen Districten; doch ist er nirgends so gemein, wie die vorige Art. Ich bekam ein Individuum vom Hrn. Beske in Neu=Freiburg, das in der dortigen Umgegend erlegt worden war, und ein zweites von Lagoa santa. —

B. Melinae. Dachse.

19. Gatt. Mephitis *Cuv.*

Die Anwesenheit eines Stinkthieres in den tropischen Gegenden Süd=Brasiliens wird durch Dr. Lund bestätigt; er führt ein solches für das Flußthal des Rio das Velhas an, obgleich es ihm nicht gelang, das Thier selbst in seine Gewalt zu bringen. Etwas glücklicher scheint Ag. d. St. Hilaire gewesen zu sein, denn er versichert (Prém Voyag. II. 337.), die unverkennbarsten Beweise seiner Anwesenheit in einem Hause der Niederlassung Boa Vista an der Barra do Calhao (16° 35" S. Br.) in Minas novas angetroffen zu haben. Später nennt er sogar die Spezies Meph. foeda *Illig.* und giebt ihren brasilianischen Namen zu Iritataca an, läßt sich aber auf eine weitere Schilderung derselben nicht ein, offenbar weil auch er das Thier nie selbst gesehen hat. —

Eine Mephitis foeda *Illig.* kommt in den systematischen Schriften nicht vor, wohl aber eine Mephitis suffocans *Illig.* und die ist offenbar gemeint, schon weil sie die einzige Art ist, welche sich bis nach Brasilien verbreitet. Man kennt sie am vollständigsten aus Azara's Beschreibung (El Yaguaré, Apunt. p. l. Hist. nat. d. l. Quadrup. I. 187. No. 21), allein dieser sorgfältige Beobachter versichert, das Thier nie nördlicher als 29° 30′ S. B. getroffen zu haben. Eben darum ist es wahrscheinlich Rengger'n ganz entgangen. Dagegen erwähnt Lichtenstein die Art aus St. Paulo an der Grenze der Tropen, woher Sieber sie an das Berl. Mus. einsandte, und eben deshalb wäre es wohl möglich, daß sie ausnahmsweise noch nördlicher angetroffen würde. — Häufig ist aber das Stinkthier im tropischen Theile Brasiliens auf keinen Fall und sicher mehr ein seltener Gast dieses Gebietes, als ein normaler Bewohner desselben. Ich kann daher nur angeben, was frühere zuverlässige Autoren über seine spezifischen Charaktere berichten und lasse vorzüglich Azara und Lichtenstein, als die sorgfältigsten Beobachter, reden. —

1. Mephitis suffocans *Ill.*

Verh. d. Kön. Acad. d. Wissensch. z. Berlin 1811. pag. 109—121. — *Lichtenst.* Darst. neuer etc. Säugeth. Taf. 48, Fig. 1. — Derselb. Abh. d Kön. Acad d. Wissensch. z. Berl. phys. math. Cl. 1836. pag. 276. 7. — Wagn. Schreb. Suppl. II. 193. 5.
El Yaguaré *Azar.* Quadr. I. 187. No. 21. — Trad. franc. I. 211. —
Chinche Feuillée Journ,. d. Phys. I. 272. Ap. No. 3.

So groß wie ein Marder, aber breiter gedrungener gebaut, dunkel schwarzbraun, die Schnautze heller; über den Scheitel eine weiße Querbinde, die sich auf den Nacken begiebt und neben dem Rücken getrennt bis zum Schwanz fortläuft. —

Die Gesammtlänge des Thieres beträgt 26″, der Schwanz mißt $8\frac{1}{2}$″, der Kopf bis zum Ohr $2\frac{1}{2}$″; sein Haar ist dicht, lang, reichlich, auf der Schnautze kurz, von hier allmälig länger, an den Seiten 1″, auf dem Rücken $1\frac{1}{2}$″, am Schwanz $2\frac{1}{2}$″ lang; am Bauch und den Beinen kürzer als 1″. Die Farbe ist ein dunkles Schwarzbraun, das auf der Schnautze am hellsten ist, ins Graubraune spielt. Die weiße Binde zieht sich mitten zwischen Auge und Ohr quer über den Scheitel, wendet sich in der Höhe des Auges nach hinten, nähert sich dem Ohr und geht über ihm zum Nacken fort; bis dahin ist sie sehr schmal, kaum $\frac{1}{2}$″ breit; jetzt dehnt sie sich, indem sie neben dem Rücken über den Lenden zum Kreuz sich begiebt, etwas aus, und wird schon, ehe sie den Schwanz berührt, wieder schmäler. Beide Seitenstreifen treten getrennt auf den Schwanz, laufen an ihm hinab und verlieren sich, allmälig undeutlicher werdend, etwas vor der Spitze. So sehen junge Thiere aus; mit zunehmendem Alter rücken die Streifen immer näher an einander, verkürzen sich hinten, berühren sich allmälig vorn auf dem Scheitel und stoßen hier unter einem spitzen Winkel zusammen. Damit ist jederzeit ihr allmäliges Verschwinden auf dem Hintertheile des Körpers verbunden. —

Von den allgemeinen Gattungseigenschaften mögen hier nur die wichtigsten Platz finden.

Die Schnautze ist verlängert, zugespitzt und ihre Nasenkuppe nackt; die Augen sind klein, aber lebhaft; die Ohren abgerundet, wenig vorspringend, die Lippen mit wenig bemerkbaren Schnurren besetzt; der reichliche Pelz hängt zottig von den Seiten des Leibes herunter und der Schwanz hat ein stark buschiges, zweizeiliges, breit gerundetes Ansehn. Die Pfoten haben 5 wenig gespaltene, fast ganz mit einander verwachsene Zehen, deren Spitze mit ziemlich langen, aber keinesweges sehr starken, schwach gekrümmten Nägeln besetzt ist; die Sohlen sind nackt, wenigstens die Ballen. Das Gebiß besteht aus je 6 Schneidezähnen, von denen die unteren durch eine Längsfurche auf der Innenseite gezeichnet sind, kräftigen aber nicht grade langen Eckzähnen und $\frac{4-4}{5-5}$ Backzähnen, wovon oben der erste sehr kleine Lückenzahn stets bald verloren geht; ihm folgt ein stärkerer, kegelförmiger Lückenzahn, welcher mit dem zweiten des Unterkiefers ziemlich gleiche Größe hat; im Unterkiefer sind drei allmälig größere Lückenzähne vorhanden. Der Fleischzahn des Oberkiefers ist kurz aber breit, die innere Zacke sehr stark aber nur flach und der Mitte des Zahnes genähert; der untere Fleischzahn hat vorn 3 kleine spitze Zacken und hinten eine sehr große, vertiefte, die halbe Krone einnehmende Kaufläche. Der Kauzahn des Oberkiefers ist sehr stark, fast quadratisch, nur wenig breiter als lang, innen bogig gerundet; der untere Kauzahn stellt einen kleinen, kreisrunden vertieften Höcker dar. — Durch diese Eigenschaften der Kauzähne läßt sich das Gebiß leicht und scharf von dem der Marder oder Iltisse, welche in Brasilien von den Hyraren vertreten werden, unterscheiden.

Das brasilianische Stinkthier lebt nach Azara nur auf den offenen Triften, sogenannten Campos, und meidet die Nähe feuchter, schattiger Gegenden; es ist ein Nachtthier, welches sich bei Tage in seinen Erdlöchern versteckt hält, und in der Dunkelheit leise und vorsichtig auf seinen Raub ausgeht, der in allerhand kleinen Rückgratthieren, aber auch in Insecten, z. B. Kakerlaken, bestehen soll. Sein unangenehmer Geruch, dessen Wirkungen Azara als höchst andauernd und widerlich beschreibt, rührt bekanntlich vom Secret zweier großen Drüsen her, die in den Mastdarm dicht vor dem Sphincter münden und eine dünne Flüssigkeit absondern, welche das Thier, wenn es gereizt oder sonst heftig aufgeregt wird, willkürlich aus dem After hervorspritzt. Ich habe 2 Stinkthiere

(Meph. Chinge und Mydaus meliceps) anatomisch untersucht und kann aus eigner Erfahrung G. R. Lichtenstein's Angaben (a. a. O. S. 258) über die Eigenschaften und Wirkungen des Secretes nur bestätigen. Wenn man das Thier in Ruhe läßt, verspürt man auch nichts von seinem Gestanke.

C. Lutrinae. Ottern.

20. Gatt. Lutra *Raj.*

1. Lutra brasiliensis.

Pr. Max Beitr II. 320. 1. — Wagn. Schreb. Suppl. II. 263. 7. — *Fr. Cuv.* Diet. des Scienc natur XXVII. 224. — *Cuv.* regn. anim. I. 148. et III. tb. I. Fig. 3, cran.
Portug. Loutra oder Ariranha

Pelz braun, ziemlich kurzhaarig, auch die Nasenkuppe behaart; Unterlippe und zahlreiche Flecken an der Kehle weißlich; Schwanz ziemlich platt.

Die brasilianische Fischotter gleicht im allgemeinen Ansehn der unsrigen, sie ist aber beträchtlich größer und leicht von ihr an der behaarten Nasenkuppe nebst der eigenthümlichen Form des Schwanzes zu unterscheiden. Der Kopf ist etwas dicker und gewölbter; das Gebiß hat alle Eigenschaften der europäischen Art, nur fehlt der erste sehr kleine Lückenzahn im Oberkiefer häufiger; dann sind nur $\frac{4-4}{5-5}$ Backzähne vorhanden, der Regel nach $\frac{5-5}{5-5}$. Davon ist der allererste ein sehr kleines Stiftchen dicht hinter dem Eckzahn, der zweite hat eine dreieckige Form, wie der dritte etwas größere, und gleich ihm zwei Wurzeln; der große Fleischzahn hat einen breiten innern Kronenhöcker, dessen Rand gekerbt ist; der Kauzahn ist zwei Drittel so lang, wie breit, stark, vierhöckerig, am Innenrande stärker gesäumt. Im Unterkiefer sind die 3 Lückenzähne alle zweiwurzelig; am Fleischzahn ist der innere Nebenhöcker ebenso groß, wie der mittlere und die Käufläche hinter ihnen sehr breit; der Kauzahn dagegen klein, kreisrund, feinhöckerig. Im Milchgebiß finden sich nur $\frac{3-3}{3-3}$ Backzähne, die sehr klein sind und den späteren Zähnen wenig ähneln; man muß sie oben als Lückenzahn, Fleischzahn und Kauzahn, unten als 2 Lückenzähne und den Fleischzahn betrachten. Die Lippen und Backen sind mit starken, gelblichen Schnurrhaaren besetzt; die Nasenkuppe ist behaart, wie das Gesicht, und breit; Nasenlöcher seitlich geöffnet, von einer herabhängenden Klappe verschließbar; die Ohren klein und rund; die Pfoten ziemlich breit, mit starken sanft gekrümmten Krallen versehen und die Zehen durch Schwimmhaut verbunden; der Schwanz ist breit und flach gedrückt, stark behaart, die Haare der Seiten abstehend, so daß die Ränder eine etwas gebogene Form haben, sonst hinterwärts zugespitzt. Das Weibchen hat 4 Zitzen am Bauch, die zur Säugezeit sehr groß werden, das Männchen einen dicken zweitheiligen Hodensack und eine schlanke Ruthe, deren Scheide sich 3½″ weit vom Hodensack nach vorn öffnet. — Der Pelz der Fischotter ist ziemlich kurz und weich anzufühlen, von schöner klarer, brauner Farbe, mit stark glänzenden Grannenhaaren; die Unterlippe hat eine weißliche Farbe und von ihr erstrecken sich weißliche oder gelbliche Flecken die Kehle hinab bis zur Brust, die bald isolirt, bald ganz oder z. Th. in eine gemeinsame weiße Fläche verschmolzen sind. Selbst auf der Brust werden noch hellere Stellen bemerkbar. Die gewöhnlichen Dimensionen des Thieres sind folgende: Kopf von der Schnautze bis zum Ohr 4″; Hals und Nacken 6″, Rumpf 14″, Schwanz 18″; es giebt aber noch größere Exemplare, obgleich die meisten jene Verhältnisse nicht überschreiten.

Die Fischotter findet sich in ganz Brasilien an den Flüssen und Gebirgsbächen; sie beschäftigt sich den Tag über mit der Jagd im Wasser und ruht bei Nacht; ihre Beute verzehrt sie auf dem Lande und kehrt häufig mit den gefangenen Fischen ans Ufer zurück; nur kleinere verschluckt sie im Wasser, den Kopf hoch heraussteckend. Die Brasilianer stellen ihr sehr nach, weil sie ihren Pelz besonders gern zu Jagdtaschen und Regenkappen für die Gewehre benutzen. — Ich erhielt das leider verstümmelte Fell eines halbwüchsigen Thieres am Rio Macacu, oben im Orgelgebirge; später kam mir kein Individuum wieder vor, obgleich ich an vielen Orten von der Fischotter reden und stets sie als ein häufiges Thier bezeichnen hörte. — Der Prinz zu Wied hat ihre Lebensweise ausführlich geschildert und Rengger ihre Unterschiede von der etwas kleinern Art in Paraguay (L. paranensis) hervorgehoben. —

Anm. A. Wagner hat eine Lutra solitaria aus St. Paulo (Ypanema) aufgestellt, welche sich durch die nackte Nasenkuppe von der vorigen Art unterscheidet. Vgl. Wiegmann's Archiv 1842, I. 358. 6.

II.

Omnivorae s. Ursinae.

Raubthiere mit $\frac{6}{6}$ Schneidezähnen, hohen Eckzähnen und (wenigstens in Brasilien) $\frac{6-6}{6-6}$ Backzähnen, unter denen kein eigentlicher Fleischzahn von eigenthümlicher Form, mit einfachem innern oder hinteren Kauansatz, bemerkt wird*).

Die Familie der Bären, welche dieser Gruppe der Raubthiere angehört, wird in Brasilien nur durch kleine anomale Formen vertreten, die außer den breiten Tatzen, den langen wenig gebognen Krallen, dem plantigraden Gang auf der breiten nackten Sohle wenig in der allgemeinen Erscheinung mit unseren Bären gemein haben. Es sind ziemlich schlanke Thiere mit langen Schwänzen, die Füchsen und Zibethkatzen mehr ähneln, als Bären. Sie gehören den beiden Gattungen Procyon und Nasua an.

21. Gatt. Procyon *Storr.*

1. Procyon cancrivorus.

Desmar. Mammal. 169. — *Pr. Max,* Beitr. II. 301. — *Rengg.* Säugeth. v. Parag. 113. — Wagn. Schreb. Suppl. I. 160. 5.
Raton crabier *Buff.* Suppl. VI. 236. tab. 32. —
El Popé s. Aguara popé, *Azara,* Quadr. I. 278. No. 30.
Portug. Guachinim oder Guassini.

Pelz röthlich braungrau, ein Fleck um die Augen, die Beine unten und die Schwanzspitze nebst einigen Ringen davor, dunkler; Schwanz bis zum Hacken reichend, Beine ziemlich hoch, auffallend kurz behaart. —

Von der Größe und Gestalt eines Fuchses, aber der Pelz und der Schwanz kürzer. Die Schnautze ziemlich lang und spitz, doch nicht völlig so lang wie beim Fuchs, das Auge ebenso klar, mit gelbgrauer Iris und runder Pupille; die Ohren etwas kürzer, länglich oval, sehr kurz behaart; das ganze Haarkleid dicht und anliegend, überall viel kürzer, als beim Fuchs und den nord-amerikanischen Waschbären, besonders im Gesicht und

*) Nur im Milchgebiß hat der obere erste Kauzahn einige Aehnlichkeit mit dem Fleischzahn der Carnivoren, vermöge der einfachen inneren Kronenzacke, die indessen viel weiter nach hinten, als nach vorn am Zahn sitzt; im bleibenden Gebiß treten statt ihrer zwei Kronenzacken auf und damit verschwindet die Analogie eben dieses stets sehr kleinen Zahnes mit dem großen Fleischzahn der Carnivoren völlig.

an den Beinen. Das Wollhaar röthlich grau, die Grannenhaare am hervorragenden Theile heller, mit schwarzen Spitzen, auf dem Rücken und Kreuz am dunkelsten; Vorderbeine und die untere Hälfte der hinteren braun, die Pfoten mehr mit grau gemischt oder haarlos; die Augen breit schwarzbraun gesäumt, daneben die Farbe zunächst etwas heller, besonders an den Wangen; die Lippen, Kehle und Oberbrust weißlich, auch der Rand des nach der Spitze dunkleren Ohres sehr hell; Bauch gelblich grau, Schwanz mit breiter schwarzbrauner Spitze und 4 — 5 deutlichen dunkleren Binden davor. — Der Kopf von der Schnautze bis zum Ohr $4\frac{1}{2}''$, der Rumpf mit dem Kopf 2′, der Schwanz etwas über 1′, die Höhe 14—16″.

Der Guachini oder südamerikanische Waschbär ist beträchtlich größer, als der nordamerikanische; er scheint aber schlanker gebaut, wegen des kürzeren mehr anliegenden Haarkleides, das sich nicht zum Pelzwerk eignet; er lebt nur im Küstengebiet Brasiliens, besonders in der Nähe größerer Strommündungen, wo Mangle-Gebüsche wuchern, und nährt sich von kleinen Säugethieren, vorzüglich aber von Taschenkrebsen, deren es stets eine sehr große Menge auf dem Schlamm unter dem Gebüsch giebt. Er besteigt auch die Bäume nach jungen Vögeln und Früchten, aber Blut liebt er nicht; daher er, wie seine Gattungsgenossen, das Fleisch ins Wasser taucht, bevor er es verzehrt. Dem Menschen wird er nicht schädlich. Ich habe kein Exemplar mitgebracht; indeß befindet sich eins aus Cajenne in der hiesigen Sammlung, dessen Schädel mir ebenfalls zur Vergleichung vorliegt. —

Darnach ist der Kopf größer, der Scheitel flacher, die Stirn breiter und die Schnautze etwas kürzer, als bei gleich großen Waschbären aus Nord-Amerika. Die $\frac{6}{6}$ Schneidezähne sind unter sich verschieden, obgleich nicht so bedeutend, wie bei Nasua; nur die 4 mittleren jeder Reihe haben gleiche Form und Größe, im Oberkiefer eine dreizackige, im Unterkiefer eine ausgeschnittene Schneide. Das äußere Paar des Oberkiefers ist größer, viel dicker, kegelförmig, mit scharfen Rändern; des Unterkiefers zwar auch größer, aber nicht kegelförmig, sondern schief von außen her abgestutzt, mit dreizackiger Schneide. Die Eckzähne sind noch im Nachwachsen begriffen, verrathen aber ihre beträchtliche Größe durch die starke Auftreibung des Kiefers; sie besitzen, zumal die oberen, eine scharfe schneidende Kante. Backzähne giebt es $\frac{6-6}{6-6}$, 3 davon sind Lückenzähne, die 3 anderen Kauzähne; jene zeigen sich als einfache, von vorn nach hinten größere Kegel, deren Basis ein breiter Zahnkranz umgiebt; die Kauzähne haben eine vierseitige Form, die des Oberkiefers sind breiter als lang, nach innen schmäler, die des Unterkiefers länger als breit. Der erste Kauzahn des Oberkiefers hat 5 Höcker, 3 sehr ungleiche am Außenrande,

2 gleichere am Innenrande; der zweite, größte Kauzahn hat 5 größere, gleich starke Höcker, aber der unpaare steht ganz am Innenrande; der letzte Kauzahn ist eigentlich nur 3höckerig, doch zeigt der Innenhöcker eine kleinere vordere Nebenzacke. Von den Kauzähnen des Unterkiefers hat der erste 3 Höcker, die anderen beiden jeder 5, die z. Th. Nebenhöcker besitzen; am zweiten ist der erste Höcker, am dritten der letzte der unpaare. Uebrigens sind alle Zähne bei dieser Art etwas größer, als bei Pr. Lotor, obgleich das ganze Thier, wegen des kürzeren Pelzes, nicht grade größer erscheint. —

Das Milchgebiß besteht in frühester Jugend aus 4 mittleren sehr feinen Schneidezähnen, die zuerst durchbrechen, und 2 viel größeren, die später daneben sich erheben. Nach ihnen erscheint die Spitze des Eckzahnes und darauf kommen $\frac{4-4}{4-4}$ Backzähne ziemlich bald hinter einander hervor, welche in ihrer Gestalt zweien Lückenzähnen und den beiden ersten Kauzähnen entsprechen. Der erste Kauzahn ist dreizackig, mit einfacher innerer Kronenzacke, während eben dieser Zahn im bleibenden Gebiß zwei innere Höcker besitzt; der zweite viereckig, wie im bleibenden Gebiß. Sobald diese 4 Zähne ganz vollendet sind, werden die 4 mittleren Schneidezähne gewechselt, aber viel später die seitlichen. Unmittelbar nach den Schneidezähnen bricht ein fünfter Backzahn hervor, welcher auch der fünfte des bleibenden Gebisses ist; nach ihm kommt der sechste, und wenn der durchgebrochen ist, fällt der zweite Lückenzahn mit dem letzten Milchbackzahn gleichzeitig aus; sind die vollendet, so kommen der erste und dritte Lückenzahn an die Reihe und etwas früher die äußeren Schneidezähne; der letzte Schichtzahn von allen ist der Eckzahn. —

Anm. Das Skelet des Guachini habe ich nicht untersuchen können; der nordamerikanische Proc. Lotor hat 7 Hals-, 14 Rücken-, 6 Lenden-, 3 Kreuz- und 18 Schwanzwirbel. Von den 14 Rippenpaaren sind 9 wahre und 5 falsche; das erste Paar ist sehr breit. Das Brustbein besteht aus 8 Knochenkörpern, von denen der letzte einen ziemlich langen proc. xiphrodeus darstellt. Das Schulterblatt ist dreiseitig oval, von ansehnlicher Breite; das Schlüsselbein, wie bekannt, nicht vorhanden. Dagegen steckt in der männlichen Ruthe ein sehr starker, S-förmig gebogener Knochen mit gespaltenem Kopf in der Eichel, der an unserem Exemplar $3\frac{1}{2}$'' mißt. —

22. Gatt. Nasua *Storr.*

Die hierher gehörigen, Rüssel- oder Schweifbären, gewöhnlich Cuatis genannten, Thiere bilden eine Süd-Amerika eigenthümliche Form, welche nur hier und wie es scheint in seinem ganzen Umfange vertreten ist. Es sind schlank gebaute Geschöpfe mit langen spitzen Köpfen, langem Schwanz und niedrigen breiten Tatzen, die in ihrer äußeren Erscheinung einige Aehnlichkeit mit den Zibethkatzen verrathen, aber freilich sonst nicht näher mit ihnen verwandt sind.

Der schlanke, spitze Kopf hat eine weit über den Mund hervorragende Schnautze, deren Rand scharfkantig aufgeworfen ist, etwa wie bei den Schweinen; die Augen sind klar und nicht sehr groß; die Ohren ziemlich niedrig, abgerundet; der Hals ist nicht lang gegen den langen, schlanken Rumpf, der in einen ebensolangen, gleichmäßig behaarten Schwanz übergeht; die Beine sind niedrig, aber gedrungen, die Pfoten breit, besonders die hinteren tatzenförmig, mit langen, sanft gebogenen spitzen Krallen an ihren je fünf Zehen und breiter nackter Sohle, die ganz bis zum Hacken reicht. Das Haarkleid ist dicht und weich, überall ziemlich lang, nur nicht im Gesicht und an den Pfoten; das Wollhaar zart und reichlich, das Grannenhaar weder sehr stark noch sehr lang.

Das Gebiß gleicht sehr dem der vorigen Gattung, ist aber, wie der ganze schlanke Schädel, zierlicher und feiner gebaut *). Die Schneidezähne gleichen denen von Procyon sehr, doch ist das äußere Paar im Oberkiefer relativ etwas kleiner und weiter von den mittleren abgerückt; es hat übrigens die schneidenden Ränder, wie bei Procyon, und das untere auch die schiefe, dreizackige Schneide. Die Eckzähne sind ziemlich hoch, stark seitlich zusammengedrückt, nicht so dick, wie bei Procyon, schneidend nach vorn und hinten zugeschärft. Die $\frac{6-6}{6-6}$ Backzähne haben völlig analoge Verhältnisse, 3 sind Lückenzähne, 3 Kauzähne. Ihre Form ist im Einzelnen zierlicher, ihre Höcker sind höher und deren Kanten schneidender; die Zahl der Höcker ist ganz dieselbe, wie bei Procyon.

Auch im Milchgebiß zeigt sich große Uebereinstimmung und ist namentlich die Folge der Zähne völlig die gleiche. Als Unterschiede können erwähnt werden: die relativ größere Stärke der mittleren Milchschneidezähne in beiden Kiefern und die in demselben Verhältniß größere Schärfe der Backzähne, deren Zahl übrigens auch $\frac{4-4}{4-4}$

*) Herr Vand. Hoeven hat sogar beide Gattungen, wegen der Aehnlichkeit des Gebisses, in eine zusammenziehen wollen, worin er aber sicher zu weit geht. —

im Milchgebiß ist. Der erste Kauzahn hat eine dreiseitige Form und ähnelt dem Fleischzahn der Otter, indem neben der äußeren zackigen Höckerreihe nur eine breite innere Kronenzacke auftritt. Der zweite hat 5 Zacken, wie am bleibenden Gebiß. Von den 4 Backzähnen erscheinen übrigens zuerst nur die beiden mittleren jeder Seite, d. h. der zweite Lückenzahn und der erste Kauzahn; später folgen die beiden anderen nach. Sind diese 4 Zähne vollständig, so bricht hinten ein fünfter Zahn, der erste bleibende, durch und auf ihn folgt der sechste oder zweite bleibende. Während der im Durchbruch begriffen ist, werden die Schneidezähne gewechselt und nun erst fällt der vierte Backzahn aus; ihm folgt der zweite Lückenzahn und wenn der sich gehoben hat, tritt zwischen ihm und dem ersten Kauzahn der dritte Lückenzahn ein; noch später folgt der erste und zuletzt kommen die Eckzähne. So läßt sich der Zahnwechsel an einer Reihe von Schädeln der hiesigen Sammlung deutlich verfolgen. —

Die Cuatis halten sich theils in kleinen Trupps, theils einzeln, im Waldgebiet auf, streichen bei Tage im Walde umher, klettern geschickt auf die Bäume, nähren sich von deren Früchten, fressen aber auch Fleisch, namentlich Geflügel und kleine Säugethiere. Auch die Erde sollen sie, wie die Schweine, aufwühlen nach Würmern und Insecten. Sie werfen in alten Bäumen oder sonst an versteckten Orten zuerst im October 4—5 Junge, sammeln nach dieser Zeit, gegen Ende des Sommers, viel Fett in ihrem Körper an und sind namentlich zur kalten Jahreszeit ungemein reichlich damit versehen. Man ißt ihr Fleisch, doch nur in den unteren Volksschichten. In der Gefahr klettern sie gern auf Bäume, von wo man sie leicht herunterschießt, weil alle die Gewohnheit haben, so wie ein Schuß fällt, auch wenn sie nicht getroffen sind, sich herabzustürzen, wie ein Ball zusammengekugelt. Unten werden sie dann im Dickicht leicht von den Hunden überwältigt. Ihr Pelz ist bei den Brasilianern sehr beliebt und wird selbst zu Satteldecken, besonders aber zu Pistolenkappen verwendet.

Nach den Untersuchungen des Prinzen zu Wied, dem Rengger beistimmt, muß man 2 Arten in Brasilien unterscheiden; ich kenne nur die erste, welcher man öfters im Walde begegnet und überall zu erlegen Gelegenheit findet. —

1. Nasua socialis *Pr. Max.*

Pr. Max, Beitr. etc. II. 283. 1. — *Rengg*. Säugeth. v. Parag. 98. — Wagn. Schreb. Suppl. I. 165. 1. —
Viverra Nasua, Narica et Quasje *Linn*. S. Nat. I. 64.
Nasua rufa et fusca *Desm*. Mammal. 170.
El Cuati, *Azara*, Quadr. I. 293, No. 31. —
Port. Coati do bando.

Pelz rothbraun oder graubraun, mitunter röthlich gelbbraun gefärbt; das untere weiche Wollhaar einfarbig graulich, die längeren Grannenhaare zur Hälfte dunkler, mit einem weißlichen oder gelblichen Ringe vor der Spitze; der Rücken am dunkelsten gefärbt, von da nach den Seiten hin allmälig heller, der Bauch gelblich grau; die Schnautze bis zum Gesicht und die Pfoten am dunkelsten gefärbt, bald rothbraun, bald schwarzbraun; der obere Rand der Augen und die Backen durch hellere Farbe abgesetzt, der Nasenrücken, die Lippen, die Kehle weißlich graugelb; der Schwanz wie der Rumpf gefärbt, mit 8—10 dunkleren breiten Binden und dunklerer Spitze; bisweilen die Binden sehr verloschen, nur als dunklere Schatten angedeutet. Länge des Kopfes 5—6″, des Rumpfes 12—13″, des Schwanzes 17—18″.

Dies Thier ist eins der gemeinsten brasilianischen Raubthiere; man trifft es überall in den Wäldern in kleinen Trupps von 12—18 Individuen; sie kommen ziemlich schnell, unter kurzen, grunzend kreischenden Tönen angestürmt, besteigen die größten Bäume, suchen nach Früchten und Nestern, und laufen auf dem Boden galoppirend, ohne eigentlich schnell von der Stelle zu kommen, wobei sie den Schwanz hoch und steil aufgerichtet tragen. Sie werden nur schwer gezähmt und behalten ihr widerspenstiges, eigensinniges Naturell auch in der Gefangenschaft bei. Sie graben nur Erdlöcher unter oder an alten Baumstämmen und werfen darin ihre Jungen, aber Baue nach Art der Füchse und Dachse legen sie nicht an.

Anm. Die Zahlenverhältnisse des viel zierlicher, als bei Procyon, gebauten Knochengerüstes sind ziemlich dieselben; der Cuati hat 7 Hals-, 14 Rücken-, 6 Lenden-, 3 Kreuz- und etwa 20—22 Schwanzwirbel; unter den 14 Rippenpaaren befinden sich 10 wahre und 4 falsche; das Brustbein hat 10 Knochenkerne oder Abtheilungen. Die männliche Ruthe enthält einen feinen zierlichen Knochen von 1½″ Länge. An den Extremitäten sind der Kanal für den nerv. medianus am Innenende des Oberarmes und die völlige Trennung der Tibia von der Fibula bemerkenswerth; beide Eigenschaften kommen auch der Gattung Procyon zu. Nur die Pfotenknochen sind relativ etwas breiter und stärker, als bei Procyon; alle übrigen Knochen, namentlich die des Brustkastens, zierlicher; auch das Schulterblatt hat eine schmälere, einfach ovale Form, mit scharfer oberer Hinterecke. —

2. Nasua solitaria *Pr. Max.*

Pr. Max, Beitr. z. Naturg. Bras. II. 292. 2. — *Rengg.* Säugeth. v. Parag. 109.
Port. Coati mondéo.

Der Pelz des einsamen Cuati ist ebenso doppelhaarig; die Wollhaare sind, wie beim geselligen, grau; die 2—3‴ längeren Grannenhaare im Gesichte größtentheils schwarz. Ueber, hinter und unter dem Auge ist ein kleiner runder, graulich weißer Fleck. Der hellere Streif auf der Nase, der für den geselligen C. bezeichnend ist, fehlt hier immer; die Unterlippe ist an der Spitze schwarz, an den Seiten weiß; die Ohren sind schwarz, mit Ausnahme des graulichen Randes. Auf dem Kopfe, Nacken, Rücken, an den Seiten des Rumpfes und der äußern der Beine haben die Grannenhaare unten eine graue Farbe, welche von der Mitte an in die braune und zuletzt in eine citronengelbe Farbe übergeht; der Pelz ist daher, je nach der Stellung des Thieres, bald gelblich grau, bald bräunlich gelb. An der Kehle, dem Halse, der Brust, dem Bauch und der Innenseite der Beine sind die Borstenhaare an der Endhälfte röthlich gelb; am Schwanze wechseln 7 bräunlich gelbe mit ebenso vielen schwärzlichbraunen Ringen, auch die Schwanzspitze ist schwarzbraun; die Pfoten und die Fußgelenke dicht darüber sind schwarz, die nackte Nase und die Sohlen haben dieselbe Farbe. — Länge des Kopfes 6″ 2‴, des Rumpfes vom Nacken bis zum Schwanz 1′ 5″, des Schwanzes 1′ 9″; mittlere Höhe 1′. —

Das Thier lebt einsam in den Wäldern Brasiliens und gehört zu den Seltenheiten. Mir ist kein Exemplar vorgekommen, aber Hr. Dr. Lund, der es untersuchte, bestätigt im Einklange mit des Prinzen zu Wied und Rengger's Angaben, seine Artselbstständigkeit. Daher habe ich des Letzteren Beschreibung mitgetheilt.

Anm. Am nächsten scheint ihr die Nasua montana zu kommen, welche von Tschudi in seiner Fauna peruana beschrieben und abgebildet (Taf. V) hat; sowohl die Farbe, als auch das längere Haarkleid und der kürzere Schwanz passen gut zu Rengger's Angaben. Besonders würden beide Arten durch das hellfarbige weißliche Gesicht der letzteren sich von einander unterscheiden. —

Vierte Familie.

Beutelthiere. Marsupialia.

23. Gatt. Didelphys *Linn.*

Das Geschlecht der Beutelratten, im Portugisischen Gamba oder Jupati genannt, ist eine rein amerikanische Thierform, welche sich vom Rio de la Plata bis zum Lorenzo über den ganzen Continent verbreitet. — Ziemlich große, fast nackte, abgerundete Ohren; ein scharfzackiges Gebiß, bestehend aus $\frac{8}{10}$ Schneidezähnen, starken langen Eckzähnen und $\frac{7-7}{7-7}$ spitzzackigen Backzähnen, machen in Verbindung mit dem schuppigen fast nackten Schwanz und dem freien nagellosen Daumen an den Hinterpfoten ihre Mitglieder leicht kenntlich. Die Sonderbarkeit, blinde und nackte, noch unreife Jungen zu gebären, welche die erste Zeit unbeweglich an den Zitzen der Mutter hängen und so lange sie saugen von einer beutelförmigen Erweiterung der Bauchhaut umgeben werden, erhöht ihre Eigenthümlichkeiten und bringt sie mit den ähnlich organisirten Thieren Neu-Hollands und seiner Nachbar-Inseln in die nächste systematische Beziehung. Mit denselben bilden sie die darnach benannte große Gruppe der Beutelthiere (Marsupialia).

Amerika besitzt nur die einzige Gattung; denn die Abtrennung des Schwimmbeutlers (Chironectes), als besonderes Genus, halte ich nicht für mehr gerechtfertigt, als die Auflösung der Gattung Didelphys in eine größere Zahl von Abtheilungen nach den Verschiedenheiten des Pelzes, Gebisses und der Schädelbildung. Will man diese z. Th. sehr natürlich abgegrenzten Gruppen unter Didelphys belassen, so muß auch Chironectes bei ihnen verbleiben, weil die Anwesenheit einer Schwimmhaut zwischen den Hinterzehen bei ihm sicher nur ein spezifischer Charakter ist.

Die Beutelratten ähneln im äußeren Ansehn den gemeinen Ratten sehr, obgleich viele von ihnen größer, manche aber auch beträchtlich kleiner sind. Ihr Körper ist von einem doppelten Haarkleide bedeckt, das aus weichem, zarteren, leicht gekräuselten Wollhaar und darüber hinaus ragenden steiferen, starren Grannen- oder Stichelhaaren besteht; an den Ohren, Pfoten und am Schwanz bleiben nur die letzteren, hier sehr kurzen, sperrig gestellten Haare und diese Theile erscheinen darum mehr oder weniger nackt. Wirklich nackt sind nur die Nasenspitze und die Sohlenflächen. Erstere hat eine glatte Oberfläche, eine mehr oder minder scharfe Längsfurche und an den oberen Ecken befindliche halbrunde, nach außen offene Nasenlöcher. Die Lippen sind mit langen, steifen Schnurrhaaren zerstreut besetzt; auch an den Backen, über dem Auge und am Kinn stehen einige. Die Ohren sind aufgerichtet, ziemlich groß, abgerundet, außen zumal und am Rande fein behaart, oder auch ganz nackt; unten ist vom hinteren Rande deutlich ein kleines rundes Ohrläppchen abgetrennt und inwendig sieht man hinter dem Vorderrande eine kleine, aufgerichtete runde Klappe, die keinesweges der Tragus ist, sondern hinter und über ihm aus der Wand der Ohrmuschel hervorragt. — Der übrige Körperbau zeigt nicht viel Eigenthümliches, bis auf die Pfoten und den Schwanz. Erstere haben eine nackte papillöse Sohle, deren Fläche in mehrere Ballen abgetheilt ist. Auf der Höhe dieser Ballen sitzen in Mitte der kleineren Papillen stets einige viel größere, die auch an den Ballen der Zehen, namentlich dem Endballen, sich bemerkbar machen. Die Vorderpfoten haben 5 Zehen von ziemlich gleichem Bau, die mittelste ist die längste, die anderen 4, je 2 und 2, sind paarig kürzer. Jede Zehe endet mit einem breiten runden Ballen, auf dem oben der feine, spitze, schmale, aber den Rand nicht überragende Nagel sitzt; die 3 mittleren Zehen haben einen gemeinsamen Mittelballen, die 2 äußeren je einen besonderen. Außerdem ist gewöhnlich noch ein vierter accessorischer, mitunter sehr langer spitzer Ballen unter der Fußwurzel vor der Außenzehe vorhanden, welcher durch die zapfenartige Verlängerung des Erbsenbeines entsteht. An den Hinterpfoten sind die Zehen viel länger, der innerste ist daumenförmig frei abgesetzt, sehr breit, mit großem kreisrunden Endballen versehen, aber nagellos; die vier anderen sind schlanker und tragen je eine scharfe, spitze gebogene Kralle, welche an den 2 inneren Zehen größer zu sein pflegt, als an den 2 äußeren; hier überragt sie den Endballen kaum. Die vier Sohlenballen sind etwas schwächer und weniger gewölbt; statt des einfachen mittleren Ballens der

Vorderpfoten finden sich hier 2 gleich große für die 3 Mittelzehen. Der Schwanz ist so lang wie der Rumpf, oder länger, bisweilen kürzer; gewöhnlich ein starkes kräftiges Organ, das eingekrümmt getragen wird und mehr oder weniger der Umwickelung fähig zu sein scheint. Er hat eine drehrunde From und nur am Grunde ein dichtes Haarkleid; später wird er sperrig behaart, so daß die nackte Haut durchscheint. Dieselbe ist durch schiefe Linien regelmäßig querrautenförmig getäfelt und dadurch in eine große Zahl keiner flacher Warzen getheilt. Auf jeder Warze ruht eine dünne hornige Platte, die ihren Rand nach hinten etwas überragt; unter der dadurch gebildeten Leiste sitzen die Stichelhaare des Schwanzes, sie wurzeln in den Papillen, aber nur an ihren 2 nach hinten gewendeten Rändern, worin sie der Reihe nach zu 3, bis 5 nebeneinander eingelassen sind. Je dichter sie stehen und je länger sie sind, um so haariger erscheint der Schwanz; die großen Arten pflegen nacktere, die kleineren mehr behaarte Schwänze zu besitzen. —

Das Gebiß der Beutelratten zeigt, so weit ich es habe verfolgen können, bei den meisten Arten eine große Uebereinstimmung. Die $\frac{10}{8}$ Schneidezähne sind sehr zierlich gestaltet, die 2 mittleren des Oberkiefers mehr genähert, höher, spitzer und von den 4 anderen jeder Seite merklich abgerückt. Im Unterkiefer sind alle 8 von gleicher Größe und ohne Unterbrechung an einander gereihet. Die ziemlich hohen Eckzähne sind stark gekrümmt, namentlich die oberen recht lang, und hinterwärts mit einer schärferen Kante versehen. Von den $\frac{7-7}{7-7}$ Backzähnen sind die $\frac{3-3}{3-3}$ vorderen Lückenzähne, die folgenden $\frac{4-4}{4-4}$ Kauzähne. Jene haben eine dreiseitige Krone, mit einfachem Höcker, und alle 3 zwei Wurzeln; diese sind mit mehreren spitzen Höckern neben einander versehen. Die 3 Lückenzähne sind von ungleicher Größe; oben ist der erste klein, die beiden folgenden sind einzeln viel größer, aber unter sich verschieden; der zweite ist feiner, scharfkantiger; der dritte oft dick, kuppig gewölbt, dem Lückenzahn der Hyänen ähnlich. Im Unterkiefer übertrifft der zweite Lückenzahn den dritten an Größe, weicht aber weniger in der Form von ihm ab. Die Kauzähne des Oberkiefers haben eine dreiseitige Kaufläche mit 4—6 Höckern und einer kleinen inneren Fläche ohne Höcker; die Kauzähne des Unterkiefers sind länglich gestalten, an beiden Seiten platt, außen schmäler als innen und 5 höckerig; 3 Höcker bilden eine vordere Gruppe, 2 eine niedrigere, hintere. Im Oberkiefer hat jeder Kauzahn 3 Wurzeln, im Unterkiefer nur 2. Lücken lassen die Zähne nicht zwischen sich; nur im Oberkiefer ist hinter dem ersten Lückenzahn ein beträchtlicher freier Raum, in welchen der zweite sehr große Lückenzahn des Unterkiefers hineingreift. Noch größer, wenigstens dicker, pflegt der dritte Lückenzahn des Oberkiefers zu sein; indessen bietet seine Form nach den Arten merkliche Verschiedenheiten dar.

Das Milchgebiß steht im Bau der Schneidezähne mit dem bleibenden in völliger Harmonie, aber die 2 mittleren oberen Schneidezähne erscheinen später, als die anderen, und erreichen noch viel später ihre volle Größe. Die Eckzähne des Milchgebisses sind klein, anfangs nicht höher als die Lückenzähne; hernach erheben sie sich mehr. Die Zahl der Backzähne beläuft sich auf $\frac{4-4}{5-5}$; doch bricht der hinterste jedes Kiefers später durch, als die vorhergehenden; nämlich gleichzeitig mit den oberen mittleren Schneidezähnen, d. h. am Ende der Säuglingsperiode. Ich vermuthe sogar aus seiner Form, daß dieser hinterste Kauzahn jedes Kiefers ein bleibender ist, und nicht mehr zum Milchgebiß gehört. Die beiden ersten sind ziemlich starke Lückenzähne mit schneidender Kronenkante; die folgenden Kauzähne, welche das Ansehn, nur nicht die Größe, der bleibenden Zähne haben, doch viel scharfzackiger sich ausnehmen. Dies Milchgebiß ist vollständig, wenn die Jungen den Beutel der Mutter verlassen; bis dahin sind die Zähne noch im allmäligen Durchbruch begriffen. Die Schneidezähne erscheinen zuerst, dann die Lückenzähne, später die Eckzähne, ganz zuletzt die hintersten Kauzähne.

Das Knochengerüst der Beutelratten hat schon Temminck abbilden lassen (Monogr. d. Mammal. I. Taf. V. VI.); ich glaube darum nicht, auf eine detaillirte Darstellung eingehen zu müssen. — Der Schädel ist langgestreckt, ziemlich niedrig und die Gehirnkapsel sehr klein, besonders eng zwischen den Augen. Die großen Arten haben einen hohen Scheitelkamm und scharf vortretende Orbitalecken am Stirnbein; den kleinen Arten fehlen beide Eigenschaften. Der Jochbogen ist hoch, nach oben stark zugeschärft und ebenfalls mit einer kleinen Orbitalecke versehen, wenn das Stirnbein ein solche hat. Das sehr niedrige Hinterhaupt zeigt einen scharfen, vortretenden

Rand, der Unterkiefer ist an seinem ganzen unteren Rande bogenförmig begrenzt und hinten unter dem Gelenkkopf in eine starke nach innen gewendete Spitze vorgezogen. Die 7 Halswirbel zeichnen sich bei den größeren Arten durch sehr hohe, zu einem Kamm vereinigte Dornfortsätze aus; die Anzahl der Rückenwirbel ist 13, wovon 7 wahre, 6 falsche Rippen tragen, die 4 hintersten derselben bleiben ganz frei; Lendenwirbel finden sich 6, das Kreuzbein hat 2, und der Schwanz 25—31 Wirbel *), mit die größte Anzahl, welche man bei Land-Säugethieren findet. Am Schultergürtel ist die Anwesenheit des Schlüsselbeins, am Becken das auf seinem vorderen Rande neben der Schambeinfuge sitzende Beutelknochenpaar, aus den verknöcherten Sehnen des musc. obliquus internus entstanden, bemerkenswerth. Tibia und Fibula bleiben völlig getrennt. —

Von den Eingeweiden berühre ich nur kurz die Verdauungsorgane, weil ich die allein selbst untersucht habe. Der Magen ist einfach, querelliptisch und etwas bogenförmig gekrümmt; die Leber besteht aus drei Hauptlappen, die so vor dem Magen liegen, daß der größte rechts neben ihm ist, der kleinste in der Mitte und der dritte links neben ihm; am ersten sitzt die Gallenblase, der zweite und dritte haben einen besondern großen Nebenlappen. Vom Dünndarm ist nichts bemerkenswerthes zu erwähnen; am Anfange des Dickdarmes tritt ein kurzer Blinddarm auf. Pancreas und Milz sind groß, besonders die letztere; sie liegt links unter dem Magen, und erstreckt sich mit einer langen Spitze ganz nach rechts hinüber. Gallen- und pancreatischer Gang münden nicht weit vom Pylorus in das Duodenum ein. An den Harnorganen fand ich nichts bemerkenswerthes, und die inneren Genitalien habe ich nicht untersucht; die weiblichen sind von E. Home, die männlichen von G. R. Treviranus ausführlich beschrieben. Aeußerlich sind letztere durch den enorm großen Hodensack, der am Bauch, weit vor der Ruthen-

*) Die 3 ersten Schwanzwirbel sind, namentlich bei jüngeren Thieren, oft innig mit dem Becken am Sitzbein verbunden, so daß es scheint, als wären 5 Kreuzbeinwirbel vorhanden; eine wirkliche Synchondrose findet jedoch nur zwischen den 2 ersten und dem Darmbein Statt. Der letzte dieser 3 vordersten Schwanzwirbel, welche ebenso sehr, wie der folgende 4te, durch Kürze sich auszeichnen, trägt den ersten untersten Dornfortsatz, dessen Anwesenheit sich bis fast ans Ende des Schwanzes verfolgen läßt; der 9te bis 12te Schwanzwirbel pflegen die längsten zu sein.

mündung liegt, merkwürdig; die Ruthenmündung ist unmittelbar vor und unter dem After, an derselben Stelle mit der Scheidenöffnung. Die Weibchen haben gewöhnlich 10 Milchdrüsen, welche den hinteren Raum der Bauchfläche einnehmen; 3 etwas kleinere stehen vorn im Dreieck, 5 große beschreiben in der Mitte ein Viereck mit Mittepunkt, und 2 etwas kleinere machen den Schluß. Um diese 10 Drüsen bildet sich durch Erweiterung der Bauchhaut der Zitzensack als ein temporäres Organ *), das allen Arten zukommt, aber nur zur Zeit, wenn sie Junge haben, vollständig zu einer geschlossenen Tasche sich entwickelt. Da die meisten Gambas im October Junge werfen, so ist der Sack schon vor dem Ende des Winters im Entstehen; wahrscheinlich beginnt er, wenn die Brunstzeit anfängt, d. h. im August. Mitte Januar sind die Jungen schon recht groß, und seit dem Februar pflegen sie den Sack der Mutter nicht wieder zu betreten. Bis dahin stecken sie in ihm und hängen an den Zitzen, in der ersten Zeit ohne Unterbrechung, später willkürlich sich ansaugend, wodurch die Zitzen nach und nach sehr lang werden. Bei der Geburt bringt die Mutter nicht mittelst ihrer hinteren Hand, sondern mit dem Munde die anfangs völlig unselbstständigen, blinden und nackten Jungen an die Zitzen, an denen sie in Folge von Turgescenz derselben so lange hängen bleiben, bis das zuerst sehr kleine runde Maul einer selbstständigen Erweiterung und Schließung fähig ist; bis dahin lassen die kleinen Thierchen nicht wieder los.

Beobachtungen von Meigs haben übrigens gezeigt (Ann. a. Magaz. of nat. Hist. XX. 321.), daß die Trächtigkeit der großen Beutelratten, wenigstens der Didelphys virginiana, noch unter 3 Wochen anzuschlagen ist; er fand am 7. März eben geborne Junge bei einem Weibchen, das wahrscheinlich etwas vor dem 18ten Februar belegt worden war; es fällt also auch bei dem Nord-amerikanischen Beutler die Brunstzeit noch in den Winter. Die Jungen zeigten alle Lebenszeichen Neugeborner, machten, während sie an den Zitzen hingen,

---

*) Herr Dr. Reinhardt theilte mir in Lagoa santa diese seine Beobachtung, daß der Zitzensack eine temporäre Ab- und Zunahme erleide, zuerst mit; ich halte die Richtigkeit derselben für um so begründeter, als nur auf diese Weise der Sack seiner wahren Bedeutung völlig entspricht, insofern er als accessorisches Generationsorgan, derselben Periodicität unterliegt, wie die andern Organe dieser Sphäre.

selbstständige Bewegungen und führten deutliche Respirationsactionen aus. Sie waren dunkel rosaroth gefärbt, aber ohne alle Haare und ohne Spur von Nabel; selbst mit der Lupe war keine zu entdecken. An den Zitzen der Mutter ließ sich schon 4 Tage vor ihrer Geburt eine allmälige Turgescenzzunahme bemerken; die Spitze einer solchen Zitze, von der das Junge nur mit Mühe abgezogen werden konnte, hatte keine knopfförmige Verdickung, wie so oft behauptet worden. Das losgerissene Junge sog vernehmlich an einem Haarpinsel, den man ihm in den kleinen offnen Mund gesteckt hatte; seine Zunge war mit Milch bedeckt und sein Magen damit angefüllt; es starb 1 Stunde und 20 Minuten nach der Abtrennung von der Zitze*). —

Die Beutelratten sind keineswegs seltne, aber lichtscheue nächtliche Thiere, welche bei Tage ruhen, sich verkriechen und nur ausnahmsweise gesehen werden; sie streifen in der Nacht, besonders gern bei Mondschein, nach Beute umher und nähren sich von Vögeln, Amphibien und Insecten; die größeren auch vom Hausgeflügel, dem sie wie die Marder und Iltisse schädlich werden. Die kleineren vertreten die Stelle unserer Igel und Spitzmäuse in Süd-Amerika. — Man fängt die größeren ziemlich leicht durch hingelegte Eßwaaren in Schlagfallen, und setzt ihnen auch Schaalen mit Brantwein aus, wo man sie vermuthet, weil sie denselben ungemein lieben, sich betrinken und dann leicht überrumpelt werden. Wegen ihres Aufenthaltes in Verstecken bei Tage hält es sehr schwer, diese gemeinen Thiere zu bekommen, besonders die kleineren Arten; und darum ist ihre sehr große Anzahl immer noch höchst ungenügend bekannt. Ich habe auf meiner Reise 10 Spezies beobachtet und die meisten auch heimgebracht, war also glücklicher, als viele Andere; indessen ist das nur die Hälfte der Arten, die in Brasilien wirklich vorkommen **). Ich werde sie alle, soweit sie sicher bekannt sind, hier aufführen.

---

*) Die spätere Mittheilung über denselben Gegenstand von Mydd. Michel (Proceed. Amer. Ass. for Sciense etc. Charl. 1850. pag. 60) kenne ich nicht im Original. S. Wiegm. Arch. 1853. II. 14.

**) Ueber die Beutelratten haben besonders Hr. Dr. Lund in den Schriften der Kopenhag. Akadem. (Kongl. Dansk Vidensk. Selsk. Afh. Sect. Naturw og Mathem. VIII. 235. 1842) u. A. Wagner (Abhandl. d. Königl. Bayer Akad. etc. math. phys. Class. V. Bd., S. 125 flgd. 1847) in neuerer Zeit spezifische Untersuchungen angestellt.

I. Beutelratten mit langen, weit über das Wollhaar hervorragenden Grannenhaaren und sehr großen, inwendig völlig nackten, chagrinirten Ohren. Didelphys *Nob.*

Zu dieser Gruppe gehören die wahren Gambas der Brasilianer; es sind große Thiere, von den Dimensionen der Marder, doch dicker und hochbeiniger, die sich besonders vom Geflügel und deren Eiern ernähren, daher dem Federvieh der Ansiedler höchst nachtheilig werden. Ihr Schädel hat den hohen scharfen Scheitelkamm und sehr starke, weit vorspringende Orbitalecken. Im Gebiß zeichnet sich der dritte obere Lückenzahn durch seine dicke kuppige Form aus; auch die Kauzähne sind plumper, stumpfhöckeriger und haben in der äußeren Zackenreihe nur drei etwas ungleiche Höcker. Diese Eigenschaften des Gebisses und Haarkleides sind höchst charakteristisch für die hierher gehörigen Arten, man könnte darauf eine eigene Gattung gründen; sie sind ferner leicht an dem unangenehmen Geruch kenntlich, der ihnen eigen ist, und von 2 Drüsen neben dem Mastdarme herrührt. —

A. Die Grannenhaare des Pelzes sind schwarz gefärbt; ebenso dunkel, wie die Spitzen der Wollhaare.

1. Didelphys cancrivora.

Temm. Monogr. de Mammal. I. 32 tab. V (Skelet).
Desmar. Mammal. 255. — Wagn. Schreb. Suppl. III. 41. 5. — *Waterh.* Mamm. I. 473. —
Philander maximus oriental. femina Seba Thes. I. 64. tb. 38. f. 1.
Le Crabier *Buff.* Suppl. III. 272. tab. 54.
Did. marsupialis *Pr. Max.* Beitr. II. 387 und 413.

Gleichmäßig schwarzbraun, der Grund der Haare gelblich, ein Fleck über jedem Auge von derselben Farbe. Schwanz an der Endhälfte hell fleischroth weiß. —

Das ist die größte brasilianische Beutelratte, der Gamba der Gebirgsgegenden und dort weit verbreitet. Ich erhielt den 17. Januar ein Weibchen mit Jungen, die schon die Größe junger Katzen hatten und den Zitzensack verließen. Das alte Thier hatte überall eine dunkel schwarzbraune Farbe, doch schienen an den Seiten die gelblich gefärbten unteren Wollhaare klar hindurch, weniger am Rücken, am Kopf und an den Pfoten. Das feine zarte Wollhaar ist am Grunde weißlichgelb, höher hinauf entschieden ochergelb, zuletzt braun gefärbt; die über 3″ langen

Stachelhaare haben, so weit sie hervorragen, eine tief schwarzbraune Farbe, die untere Partie ist heller gefärbt. Am Kopf, wo das Haarkleid viel kürzer ist, herrscht die schwarzbraune Farbe vor, doch erscheint über dem Auge ein gelblicher Fleck, der sich zum Ohr hinzieht. Die Pfoten sind schwarz, der Bauch aber und die Brust ziemlich hell gelbbraun. Der Schwanz ist am Grunde behaart, dann nackt und schwarz, wie die Ohren; aber die zweite Hälfte desselben hat keine Farbe mehr, sondern der Fleischton scheint durch die kleine farblose, weißliche Haut hindurch. — Die Jungen glichen der Mutter in Farbe und Zeichnung völlig, nur war der helle Fleck über dem Auge und die hellere Bauchfläche scharf von dem schwarzbraunen Tone abgesetzt; allein das lange Stachelhaar fehlte ihnen durchaus. Ihre Länge betrug ausgestreckt 5″ von der Schnautze bis zum Schwanz, das alte Thier zeigte folgende Maaße: Länge des Körpers mit dem Schwanze 2′ 8″ 9‴, Länge des Kopfes 4″ 3‴, des Rumpfes 13″ 9‴, des Schwanzes 14″ 9‴, des Ohres 1″ 11‴. —

Der Krabbenbeutler stellt besonders den Hühnern und Tauben nach und frißt, ganz wie der Iltis, gern deren Eier, die er geschickt auszuleeren weiß; das von mir in Neu-Freiburg beobachtete Thier wurde lebendig in einer Schlagfalle gefangen. Es gab keinen Ton von sich, wenn man es neckte, sondern schnob nur recht vernehmlich durch die Nase; etwa wie der Hamster und Igel; sein Geruch war durchdringend unangenehm, doch erst in der Nähe recht bemerkbar.

Anm. Nach den Angaben des Prinzen zu Wied (Beitr. II. 391.) bekommen bei dieser Art im Winter, d. h. während der trocknen und kälteren Jahreszeit (Juni bis September), die langen Grannenhaare eine weißliche Farbe, so daß deren Farbe keinen Unterschied von der folgenden, im Ganzen etwas kleineren Art darbieten würde. Ich habe über diesen Punkt keine Erfahrungen machen können, ich kann nur versichern, daß das von mir im Januar, also im Hochsommer, untersuchte Weibchen keine Spur weißlicher Grannenhaare zeigte.

B. Die Grannenhaare des Pelzes sind, so weit sie hervorragen, weiß gefärbt; wenigstens die meisten und größten.

2. Didelphys aurita *Pr. Max.*

Pr. Max zu Wied Beitr. etc. II. 395. 2. —
Dr. ***Lund***, a. a. O. S. 236.

Gelbgraubraun gefärbt, der Kopf heller, mit drei schwarzbraunen Streifen; die Stachelhaare des Rückens und der Seiten größtentheils weiß; Ohren und Pfoten schwarzbraun, der Schwanz am Grunde schwarz, am Ende weiß.

In allen Theilen kleiner und schmächtiger gebaut, als die vorige Art, nur die Ohrmuschel relativ etwas größer, einfarbig schwarzbraun, ganz nackt, warzig chagrinirt. Nase nackt, fleischroth gefärbt; das Gesicht gelblich, die Lippen, wo die langen Schnurrhaare stehen, rein weiß. Vom Nasengrunde erstreckt sich ein brauner Streif zum Hinterkopf, und ein anderer läuft an jeder Seite des Kopfes von der weißen Oberlippe durch das Auge zum Ohr hin; die Kehle hinter dem Kinn ist bräunlich, der Vorderhals nebst dem Bauch gelblich, am Unterhalse ein weißer Fleck. Im Nacken herrscht die braune Farbe vor, an den Rumpfseiten scheint überall der gelbe Grund durch, nur die Beine sind vom Ellenbogen und Knie an ganz braun. Die längsten Stachelhaare sind rein weiß und stehen so dicht am Hinterrücken und Kreuz, daß das Thier dort fast weiß aussieht; nach vorn mischen sich mehr und mehr schwarzbraune Grannenhaare ein, und hier stehen nur einzelne längere mit weißer Binde vor der Spitze. Die Schnurrborsten sind sämmtlich schwarz. Der Schwanz ist bis etwas über die Mitte hinaus schwarz, dann weiß. — Ganze Länge von der Schnautzenspitze bis zur Schwanzspitze 2″ 6‴, Kopf bis zum Ohr 3″ 2‴, Schwanz 12½″, Ohrmuschel 1″ 4‴ (nach dem Exemplar unserer Sammlung).

Diese Art ist im Küstengebiet bei Rio de Janeiro viel seltener als die vorige, im Innern wird sie häufiger; in Minas geraes scheint jene ganz zu fehlen, ich habe hier nur von dem Gamba als einem grauen Thier reden hören, schwarze Gambas kannte man daselbst nicht.

Anm. Der Prinz zu Wied, welcher die Art richtig erkannte, scheint sie nicht scharf genug von der vorigen geschieden zu haben, und daher rühren die vielen Verwechselungen der späteren Schriftsteller. Temminck, der zuerst eine Didelphys Azarae annahm, vereinigt die ächte Azarasche Art, welche auch Rengger beschreibt (Säugeth. 233), und die an ihren zur Hälfte weißen Ohren leicht kenntlich ist, mit der vorstehenden, und darin folgte ihm A. Wagner in Schreber's Supplementen (III 38. 2.); erst später, als er die folgende Art kennen gelernt hatte, sah er den Mißgriff Temminck's ein und schlägt nun für die alte Azarasche Art den Namen D. leucotis vor (Münch. Ac. Abh. V. 127), während Waterhouse, der eine gute Abbildung lieferte (Mamm. I Taf. 18, Fig. 2), die Temminck'sche Benennung beibehält. Eines neuen Namens bedarf es auch in der That nicht, man lasse dieser Art den Namen, unter welchem sie der Prinz zu Wied beschrieb, und beschränke die Benennung D. Azarae auf diejenige Art, welche Azara zuerst unter dem Namen Micuré bekannt machte (Quadrup. I. 209. No. 22), so sind weiter keine Verwechselungen möglich und Benennungen erforderlich. Die ächte D. Azarae *Temm.* oder der Micuré mit weißen Ohren *), kommt in Brasilien gar nicht vor. —

*) Azara sagt a. a. O. S. 213 ausdrücklich: La oreja — — — obscura em la raiz, lo demas blanco, y mas caida que en todos.

3. Didelphys albiventris *Lund.*

Lund a. a. O. — *Waterh.* Mamm. I. 472. — Carigueya *Marcgr.* Bras. 222. Did. poecilotis *Wagn. Wiegm.* Arch. 1842. I. 358. 7. und Abh. d. Königl. Bayer. Acad. etc. math. phys. Cl. V. S. 126. 1. —

Pelz grau, Kopf und Bauch rein weiß, ersterer mit 3 dunklen Streifen; Schwanz und Ohren zur Hälfte weißlichfleischfarben.

Etwas kleiner, als die vorhergehenden Arten, sonst ihnen im Bau des Haarkleides völlig gleich; die Wollhaare fein und zart, weißlich gefärbt, mit dunkel schwarzbrauner Spitze, die langen Grannenhaare größtentheils ganz weiß, die im Nacken schwarz, wie der Grund, auch an den Beinen und am Schwanzgrunde treten schwarze auf. Der Kopf bis über die Ohren hinaus ganz weiß; ein grauer, nur dicht vor dem Auge schwarzer Streif beginnt auf der Oberlippe neben der Nase, und zieht sich durch das Auge zum Ohr hin; ein dritter schwarzer Streif beginnt auf der Stirn vor den Augen und zieht sich allmälig breiter zum Nacken, den er beinahe ganz bedeckt; die Ohren sind am Grunde schwarz, am ganzen Endrande weißlich fleischfarben; die nackte Nase ist ebenso gefärbt, die langen Schnurren sind schwarz. Die Pfoten haben eine ganz schwarze Farbe, erst über dem Hand- und Hackengelenk treten weiße Haare in dem bis zu Schultern und Hüften hinauf schwarzen Grunde auf. Die Brust, der Bauch, die Weichen und der Hodensack sind weißlich. Der Schwanz hat am Grunde eine sehr lange buschige Behaarung, der auch viele weiße Haare beigemischt sind; die größere Hälfte ist kurz behaart, fast nackt, anfangs schwarz, dann weißlich fleischfarben. — Ganze Länge 22″, Kopf bis zum Ohr 3″, Rumpf 9″, Schwanz gegen 10″, die langbehaarte Strecke fast 3″; Ohr innen 1½″, außen nur 1¼″. —

Diese ausgezeichnete Art bewohnt die offenen Camposgegenden im Innern von Minas geraes; ich erhielt ein nicht ganz ausgewachsenes männliches Exemplar den 28. Juni zu Lagoa santa durch Hrn. Dr. Lund's Vermittelung. Marcgraf hat sie zuerst a. a. O. kenntlich beschrieben, hernach ist sie von allen Schriftstellern übersehen worden, bis Dr. Lund sie aufs Neue bekannt machte; fast um dieselbe Zeit unterschied sie auch A. Wagner nach Natterer's Vorgange, als besondere Art (Wiegm. Arch. f. Naturg. 1842. I. S. 358). —

II. Beutelratten mit kurzem weichem Pelze, dessen Grannenhaare nicht besonders lang oder stark sind.

Diese meist kleineren Arten, mit relativ viel kleineren, mehr behaarten und fleischigeren Ohren, nennt man in Brasilien nicht mehr Gambas, sondern Jupatis, und hält sie z. Th. für Ratten, namentlich die kleinsten für Spitzmäuse, deren Stelle sie auch offenbar vertreten. So weit ich ihr Gebiß verfolgen kann, hat es dieselben Zahlenverhältnisse, aber die Backzähne sind etwas feiner, und besonders ist der dritte, obere Lückenzahn nicht so kuppig gewölbt, sondern scharfkantig schneidend und kleiner. — Sie verrathen keinen so unangenehmen Geruch wie die Arten der ersten Abtheilung und scheiden sich nach den Kauzähnen in zwei Gruppen.

1. Kauzähne wie in der vorigen Gruppe gebaut, d. h. stumpfhöckerig, breit, ohne eine kleine Nebenzacke in der äußeren Höckerreihe hinter der Kerbe; nur im spitzeren Milchgebiß ist sie vorhanden. —

A. **Zwischen den Zehen der Hinterpfoten ist eine breite vollständige Schwimmhaut vorhanden. Chironectes** ***Illig.***

4. Didelphys palmata *Geoffr.*

Cuv. Reg. anim. I. 177.
Chironectes variegatus *Illig.* Prod. Syst. Mamm. et Av. S. 76. — **Wagn.** Schreb. Suppl. III. 54. 1. Ders. Münch. Acad. Abh. m. phys. Cl. V. 157. — *Waterh.* Mamm. I. 532.
Chironectes Yapock *Desm.* Mammal. 261. — *Ogilby,* Lond. Edinb. phil. Mag. IX. 510 (1836) und Proceed. zool. Soc. IV. 56.
Petite Loutre de la Guiane *Buff.* Suppl. III. 159. pl. 22.
Lutra minima *Zimm. Bodd.*

Pelz oben auf der Mitte grau, mit feiner schwarzer Längslinie und 6 breiten schwarzen Querbinden; unten und innen rein weiß; Ohren und Schwanz schwarzgrau, die Spitze weiß.

Eine höchst eigenthümliche Art, mit sehr weichem, glatten, anliegenden Haarkleide, das ohne Unterbrechung gleichmäßig den ganzen Rumpf bis zu den Pfoten bedeckt, indessen mit zerstreuten, etwas derberen, längeren Grannenhaaren überall untermischt ist. Die sehr langen, zumal am Kinn starken Schnurren sind größtentheils weiß, nur die oberen schwarz. Die Ohren sind fein behaart, nicht eigentlich nackt zu nennen, der Schwanz ist fast dicht mit steifen, anliegenden Haaren besetzt. Den ganzen Rücken nimmt eine schön aschgraue klare Färbung ein, die sich an der Außenseite der

Beine herabzieht, aber von der rein weißen Farbe der Kehle, Brust, des Bauches und der Innenseite der Beine scharf abgesetzt ist. Auf diesem grauen Grunde stehen 6 rein schwarze breite Querbinden; die erste reicht von der Nase bis hinter die Augen und bedeckt das ganze Gesicht; die zweite ist ihr sehr nahe gerückt, sie bedeckt den ganzen Scheitel und reicht bis zum Nacken, kann aber auch mit der vorigen als eine gemeinsame Farbenfläche betrachtet werden, auf der dann über jedem Auge ein graulicher Querfleck stände, denn die Mitte der Stirn ist nicht unterbrochen. Die dritte Binde geht quer über die Vorderbeine, die vierte liegt mitten auf dem Rücken, die fünfte über der Lendengegend, die sechste am Kreuz und den Schenkeln; sie ist die schmälste. Alle stehen durch einen mittleren Längsstrich in Verbindung mit einander. Der Schwanz und die Ohren sind schwarz, nur die Spitze des ersteren ist ein wenig, bald gegen ein Viertel (jung), bald kaum ein Achtel (alt) weißlich fleischroth. Von den fast nackten Pfoten sind die vorderen durch die besonders starke, zapfenartig vortretende Entwickelung des Erbsenbeines und die breiten Endballen, worin der Nagel steckt, ausgezeichnet; die hinteren haben einen sehr langen Haarbesatz am Unterschenkel über dem Hacken und eine deutliche derbe Schwimmhaut zwischen den Zehen, welche auch den Daumen mit einschließt, und ihn dadurch etwas mehr an die nächste Zehe heranzieht. Oben ist die Schwimmhaut fein behaart, unten nackt. Die Sohlenballen sind schwach, niedriger, flacher und weniger scharf abgesetzt, als bei allen anderen Arten, sonst aber die Pfoten nicht verschieden.

Die Schwimmbeutelratte findet sich ziemlich in ganz Brasilien in der Nähe von Flüssen und Bächen, ist aber nirgends häufig; ihre Nahrung besteht angeblich in Crustaceen und ähnlichen kleinen Wasserthieren, aber auch in Fischen. — Ich erhielt im Februar ein Weibchen mit großem Beutel und 5 Jungen zu Neu-Freiburg, dessen Dimensionen folgende sind: Rumpf von der Schnautze bis zum Schwanz 14″, der Schwanz 13″, die behaarte Strecke 2″, Kopf bis zum Ohr $2\frac{1}{2}$″; Ohr innen 8‴ hoch, Hinterpfote 2″ 3‴. — Die Jungen gleichen der Mutter völlig und sind 6″ im Körper, 5″ im Schwanze lang.

Vom Gebiß und Schädel werde ich später eine ausführliche Beschreibung geben; die Eingeweide und das Skelet gingen verloren, da das Exemplar schon ausgeweidet war, als ich es erhielt; ich untersuchte beides nur an den Jungen, von denen ich 2 abbalgte, die anderen 3 (2 Männchen, 1 Weibchen) in Spiritus mitnahm; davon ist ein Männchen als Skelet aufgestellt. Ich finde für jetzt nur bemerkenswerth, daß der Scheitelkamm ganz fehlt und den Stirnbeinen die am alten Thier deutlichen Orbitalecken auch in der Jugend; sein Milchgebiß zeigt $\frac{3-3}{4-4}$ fertige Backzähne, worunter $\frac{2-2}{2-2}$ Lückenzähne, während oben wie unten noch ein hinterster Zahn im Durchbruch sich befindet. Da dieser entschieden größer zu werden scheint, als der vorhergehende, so könnte wenigstens der untere schon dem bleibenden Gebiß angehören. Aus Ogilby's Untersuchungen ist bekannt, daß das halbwüchsige Thier $\frac{5-5}{5-5}$ Backzähne hat, worunter je 2 Lückenzähne; es würde also hinter dem letzten oberen Backzahn zuvörderst noch einer auftreten und dem später, wahrscheinlich mit dem beginnenden Wechsel der 4 vordern Zähne gleichzeitig, ein letzter (siebenter) Backzahn folgen. Während der Schichtung treten nämlich 3 Lückenzähne an die Stelle von 2, und der erste Milch-Kauzahn wird durch einen bleibenden ersetzt. Den kurzen Halswirbeln fehlt der hohe kammförmige Dornfortsatz des alten Thieres durchaus; die Zahlen der Wirbel und Rippen zeigen die allgemein angegebenen Werthe, der Schwanz enthält 30 Wirbel, aber die 2 letzten sind ganz kleine runde Knöchelchen, wie feine Stecknadelknöpfe. Die Handwurzel zeigt 8, die Fußwurzel 7 Beinchen, völlig in der gewöhnlichen Anordnung; nur das Erbsenbein ist durch seine spitze Kegelform und seine ganz nach hinten gewendete Stellung merkwürdig. Unter den 13 Rippen sind 7 wahre und 6 falsche, die 4 hintersten jeder Seite bleiben ganz frei. Im Brustbein sind 4 Wirbel und ein schmaler proc. xiphoideus vorhanden; der erste vorn ziemlich breite Wirbel trägt 2 Rippenpaare, die beiden folgenden jeder eins, der vierte 3 Paare. Am Ende des proc. xiph. sitzt eine breite Knorpelplatte. Das dünne Schlüsselbein ist fast so lang wie das Schulterblatt und am unteren Ende des humerus ist der bekannte Kanal zum Durchgang des nervus medianus und der arteria brachialis vorhanden.

B. Die Zehen der Hinterpfoten frei, ohne Schwimmhaut; Schwanz zweifarbig, so lang wie der Rumpf, zwar stark und kräftig, aber keineswegs besonders verdickt; der Anfang nur eine kurze Strecke dicht behaart, das Ende weißlich. Metachirus *Nob.*

5. Didelphys myosurus.

Temm. Monogr. d. Mammal I. 38. — *Pr. Max.* Beitr. II. 400. 3. — Wagn. Schreb. Suppl. III. 43. 7.
Didelphys nudicaudata *Geoffr. Desm.* Mamm. 257. — *Waterh.* Mamm. I. 482.

Pelz röthlich graubraun, längs der Mitte des Rückens dunkler, über jedem Auge ein hellrother Fleck; Bauch gelblich, Schwanz am Ende hell fleischroth. —

Von ziemlich schlanker Gestalt, mit lebhaftem dunklem Auge und mäßig großen, ziemlich nackten Ohren. Ganzer Pelz sehr dicht, wollig, mäuseartig; Füße mit feinen Haaren sperrig besetzt; Lippen, Backen und oberer Augenrand mit langen Schnurrborsten versehen. Scheitel und Stirn bis zwischen die Augen schwarzbraun, der übrige Oberkopf, Nase, Ohrgegend, und alle oberen Körpertheile graubraun, mit rothgelben Haarspitzen gemischt; die Haare in den untern 2 Dritteln dunkelgrau, an den Seiten des Kopfes, Halses und Körpers nimmt an jedem Haar die fahlbräunlich rothe Farbe die Oberhand; Vorderblätter, Schenkel und Schwanzgegend mehr grau oder schwärzlich gemischt; Füße fahl graubräunlich, etwas glänzend; alle unteren Theile von fahl röthlichgelber oder einfach falber Farbe. Das Auge hat eine schmale schwarzbraune Einfassung und darüber ein hell gelbrothes Fleckchen. Ohren dunkel graubraun, Schwanz an dem nackten Theile zur Hälfte graubraun, am Ende weißlich. Ganze Länge 25″ 2‴, des Kopfes 3″ 3‴, des Rumpfes 9″, des Schwanzes 13″, der Ohren 12‴. —

Der Prinz zu Wied erhielt diese Art bei Comechatiba unter 17° S. Br.; sie war daselbst nicht häufig; im südlichen Brasilien scheint sie nicht mehr vorzukommen, ich habe kein Exemplar dort gesehn. Auch Dr. Lund gedenkt ihrer nicht in Minas geraes. —

6. Didelphys Quica *Natt.*

Temm. Monogr. d. Mamm. I. 36. — Wagn. Schreb. Suppl. III. 42. 6. *Waterh.* Mamm. I. 480.

Pelz ziemlich kurz, weich, dunkel aschgrau, am Bauch gelblich weiß; über dem Auge ein weißlicher Fleck; Ohren und Schwanz dunkelgrau, letzterer am Ende weißlich.

Gestalt und Haarkleid wie beim Schwimmbeutler, die graue Farbe dunkler, die Haare kürzer, straffer anliegend; der Pelz weich und zart anzufühlen, aber doch aus längerem Grannen- und weichem Wollhaar gemischt; das Kolorit der ganzen Oberseite ist einfarbig aschbraungrau, leicht heller gewellt, in dem die etwas stärkeren Grannenhaare weiße Spitzen haben; die Stirn ist etwas dunkler, und auf ihr steht jederseits über dem Auge ein großer weißer Fleck; die Augengegend am dunkelsten, fast schwarz, die Nase und Oberlippe wie die Stirn; Backen, Kinn, Kehle, Brust, Bauch, Weichen und Innenseite der Beine gelblichweiß, die Weichen schön gelb, der Hodensack röthlichgelb, nach dem Tode mehr verblassend; Pfoten spärlich behaart, oben grau, die Zehen besonders weißlich, unten fleischfarben. Nase fleischroth, nackt, Ohren dunkelgrau. Die langen

Schnurrborsten schwarz. Schwanz am Grunde stark behaart, dann feinborstig, bis etwas über die Mitte hinaus dunkel schwarzgrau, das übrige weißlich fleischfarben. — Ganze Länge 21″ 9‴, der Schwanz 10″, die behaarte Strecke wenig über 1″, der Rumpf 9‴, der Kopf bis zum Ohr 2½″, Ohr 11‴ hoch. —

Ich erhielt ein schönes männliches Individuum in Neu-Freiburg von Hrn. Beske, das in der dortigen Umgegend erlegt war.

7. Didelphys cinerea *Pr. Max.*

Beitr. z. Nat. Bras. II. 406. 4. — *Temm.* Mamm. I. 46. — Wagn. Schreb. Suppl. III. 47. 12. — *Waterh.* Mamm. I. 501.

Oben röthlich grau, unten schön isabellgelb; das Auge schwarz eingefaßt; Schwanz halb schwarz, halb weiß.

So groß wie eine Ratte, also viel kleiner als die vorige Art, der Pelz sehr weich, fein, die Haare 6—7‴ lang, ihre Farbe mehr röthlich grau, indem die aschgrauen Haare eine röthliche Spitze haben. Kinn, Backen, Kehle, Brust, Bauch, After und Innenseite der Beine röthlich isabellfarben, aber nach dem Tode bald verblassend; der Kopf oberhalb dunkelgrau, die Augen schwarz gesäumt, die Ohren groß, nackt, schwarzgrau; die Pfoten ziemlich hell weißgrau, ihre Sohle fleischfarben, der Schwanz am Grunde dicht behaart, dann nackt, fast ohne alle Borsten, zur Hälfte schwarz, dann weißlich fleischfarben; die langen Schnurren fein und schwarz. — Ganze Länge 14″ 8‴, des Körpers 6″ 5‴, des Schwanzes 8″ 3‴, der behaarten Strecke 2″, Höhe des Ohres 10‴. —

Der Prinz zu Wied fand diese Art in den Wäldern am Rio Mucuri zu Morro d'Arara und schildert sie als ein raublustiges Thier, welches nicht bloß dem wilden, sondern auch dem zahmen Hausgeflügel nachstelle, es todtbeiße und ihm das Blut aussauge; sein Geruch ist eigenthümlich und höchst unangenehm. — Temminck giebt übrigens etwas größere Maaße an, als der Prinz zu Wied, namentlich 16″ Gesammtlänge. —

8. Didelphys incana *Lund.*

Dr. *Lund*, a. a. O. S. 237. — *Waterh.* Mamm. I. 503.

Alle Obertheile rein grau, Unterfläche weiß; durch die Augen zieht sich ein schwarzgrauer Streif; Schwanz hellbraun, die Spitze weiß, röthlich durchschimmernd. Ohren grau. — Länge 9″, Kopf und Rumpf 4″, Schwanz 5″. — Minas geraes (Lagoa santa); mir unbekannt.

2. Backzähne feiner gebaut, ihre Höcker schärfer und spitzer; in der äußeren Höckerreihe der oberen Kauzähne ein kleiner vierter Nebenhöcker hinter der Hauptkerbe; der Schädel dünner, flacher, ohne Scheitelkamm, z. Th. selbst ohne Orbitalecken; die Bauchtasche aus 2 Längsfalten gebildet. Grymaeomys *Nob.*

a. Schwanz länger als der Leib, einfarbig, fast nackt; Ohren sehr groß.

9. Didelphys murina.

Linn. Syst. nat. II. 1. 72. — *Schreb.* Säugeth. III. 545. tb. 149. — *Desm.* Mamm. 259. — *Temm.* Mon. I. 50. — *Pr. Max z. Wied*, Beitr. etc. 411. 5. — Wagn. Schreb. Suppl. III. 49. 14. — Ders. Münch. Acad. Abh. ph. m. Cl. V. 143. 7. —

Pelz der Oberseite röthlich braungrau, der Unterseite gelblich weiß; um jedes Auge ein schwarzer gegen die Oberlippe verlängerter Fleck. Schwanz ein wenig länger als der Rumpf, bräunlich fleischfarben, unten heller. —

Das kleine Beutelthier, welchem der alte Linné'sche Namen belassen werden soll, ist noch nicht so groß wie Mus Rattus, sehr weich und sanft behaart, oberhalb röthlichbraungrau, unten gelblich weiß, welche Farbe auch die Nase, Lippen und Pfoten zeigen; nur der Handrücken zieht schon etwas ins Braune. Das Auge umgiebt ein schwarzer Saum, welcher sich vor dem Auge zu einem Fleck ausbreitet; die steifen langen Schnurrhaare sind schwarzbraun; die großen klaren Ohren haben eine etwas gebräunte Fleischfarbe, der Schwanz ist bräunlich fleischfarben, unten jedoch heller, fast weiß, nur am äußersten Grunde dicht behaart. — Länge von der Schnautzenspitze bis zur Schwanzwurzel $4\frac{1}{2}$—5″, des Schwanzes $5\frac{1}{2}$—6″, des Kopfes bis zum Ohr $1\frac{1}{3}$″, des Ohres vom Eingange am Grunde bis zur Spitze 9‴, auf dem Scheitel gemessen nur 6‴, die Hinterpfote 9‴. —

Diese Art bewohnt nicht bloß die Ostküste Brasiliens im Waldgebiet, von Rio de Janeiro bis über Para hinaus, sondern auch die inneren Gegenden, und scheint noch über ganz Guyana verbreitet zu sein. Ich habe sie in Brasilien nicht selbst erhalten, und darum der Beschreibung des Pr. z. Wied mich angeschlossen. —

Anm. Herr A. Wagner hat nach Natterer's Vorräthen von. D. murina zwei Arten getrennt, die er D. macrotarsus und D. microtarsus nennt. Bei gleicher Größe und Farbe mit D. murina soll die erstere größere Ohren und viel stärkere robustere Hinterbeine besitzen, während die zweite ebenfalls größere Ohren als D. murina hat, aber deren feinere zierliche Hinterbeine und am Grunde schiefergraue Haare. Jene großbeinige Form fand Natterer am Rio Madeira, diese kleinpfotige in St. Paulo bei Ypanema. Ich lasse die Berechtigung dieser Arten dahin gestellt sein und verweise auf des Hrn. Verf. Beschreibungen in der Abh. d. Münch. Acad. V S. 145. 8. u. S. 147. 9.

10. Didelphys agilis *Nob.*

D. murina *Lund*, Blik paa Bras. Dyrev. III. 237. — D. elegans *Lund*, Forts. Bemerk. ov. Bras. udd. Dyrsk. Sct. 15. d. 1842.

Oben röthlich braungrau, Kinn und Kehle weiß, Bauch röthlichgelb; ein schwarzer Fleck rings um das Auge; Schwanz länger als Kopf und Rumpf zusammen, bräunlich. —

Ich habe aus Minas geraes von Lagoa santa ein kleines Beutelthier mitgebracht, welches sich von D. murina schon durch eine allgemeine Gracilität und geringere Größe unterscheidet, so daß ich es nicht damit verbinden kann und deshalb für Hrn. Dr. Lund's D. elegans halte. Es ist oben röthlich braungrau gefärbt, man könnte die Farbe schmutzig zimmtgrau nennen, allein dieser Ton nimmt bloß die Haarspitzen ein; an der unteren Hälfte sind alle Haare bleigrau, wie frisch geschabtes Schieferpulver. Die Lippen, das Kinn, die Kehle und der Vorderhals sind weißlich, ohne Schieferfarbe am Grunde der Haare; Brust, Bauch, Weichen und Innenseite der Pfoten haben eine röthlich weißgelbe Farbe, mit schieferfarbener Unterlage, d. h. die Haare sind auch hier am Grunde hell schiefergrau. Der schwarze Fleck um das Auge verbreitet sich gleichmäßig nach hinten, wie nach vorn; die Schnurrhaare der Oberlippe sind schwarz, die des Kinnes weiß. Die Ohren haben eine bräunliche Fleischfarbe; der Schwanz ist oben bräunlich fleischfarben, unten weißlich fleischfarben und fast ganz von dicht anliegenden kurzen Härchen bekleidet. — Länge des Kopfes und Rumpfes 3″ 2‴, des Schwanzes 3″ 10‴, der Ohren $4^1/_2$‴, des Kopfes bis zum Ohr 9‴, der Hinterpfote 6‴. —

Anm. Das von mir beschriebene Thier ist zwar nicht ganz ausgewachsen, aber keineswegs ein sehr junges Individuum, denn das Gebiß hat alle seine Zähne vollständig und der Schädel zeigt auch sonst keine sehr jugendlichen Charaktere; höchstens könnte das Thier noch 1″ in die Länge zunehmen, vielleicht 4″ im Rumpf und 5″ im Schwanze messen; dann wäre es aber noch beträchtlich kleiner als Wagner's D microtarsus, mit dem die Art übrigens nahe verwandt zu sein scheint. — Dr. Lund's Name konnte nicht bleiben, weil schon Waterhouse eine Spezies aus Chili ebenso benannt hat, deshalb habe ich eine neue Benennung eingeführt. —

Nach Bridges Ann. of. nat. hist. XV. 427. ist das Weibchen der chilesischen D. elegans *Waterh.* (Mamm II. 515. Zool. of the Beagl 95. pl 31) beträchtlich kleiner, als das Männchen und sein Schwanz viel dicker und fleischiger. Sollte nicht bei Didelphys pimelura, welche Hr. Dr. Reinhardt aufgestellt (Vidensk. Meddel. 1849. 12. Dec.) aber, so viel ich weiß, noch nicht näher beschrieben hat, ein gleiches Verhältniß sich finden und sie mit unserer D. agilis identisch sein können? — Mein Exemplar ist ein Männchen.

11. Didelphys pusilla.

Desm. Mamm. 261. 399. — Wagn. Schreb. Suppl. III. 50. 15. — *Waterh.* Mamm. I. 514.
Enano, *Azar.* Quadr. I, 262. No. 27.

Pelz grau, am Rücken ziemlich dunkel, am Bauche weiß; Augen von einem schwarzen Ringe umgeben; der Schwanz dünn, länger als der Leib. —

Pelz kurz und weich, grade nicht sehr dicht, dunkel bleigrau; um das Auge ein schmaler schwarzer Ring, welcher sich im Thränenwinkel etwas ausdehnt; über dem Auge ein weißlicher Fleck und zwischen beiden ein etwas dunkleres Dreieck; die Gegend zwischen den Ohren, der ganze Rücken, die Seiten und die Außenfläche der Beine bleigrau, etwas dunkler als bei der Maus. Unter dem Auge auf dem Oberkiefer ein gelblich weißer Fleck; das Kinn, die Kehle, ganze Unterseite und die Innenfläche der Beine weißlich, reiner als bei der Hausmaus; der Schwanz etwas heller gefärbt als der Körper, der Hodensack dunkelfarbig mit kurzen weißen Haaren besetzt. — Ganze Länge 7″, der Schwanz $3^2/_3$″; Ohr aufrecht abgerundet, etwas über 6‴ hoch, 4‴ breit; die Schnurrhaare feiner als bei den andern Arten; Hodensack herabhängend, 5‴ stark, daher kein junges Thier. —

Man kennt diese Art nur aus Azara's im Vorstehenden mitgetheilter Beschreibung; er erhielt sie mehrmals im October von den Indianern des Dorfes St. Ignacio Guazu, welche sie in ihren Hütten gefangen hatten. Da Herr Dr. Lund D. pusilla *Desm.* unter den Thieren aus dem Flußthal des Rio das Velhas aufführt, so habe ich sie aufgenommen, kann aber weiter nichts über ihr Vorkommen angeben; gesehen habe ich die Art nicht.

b. Schwanz beträchtlich kürzer als der Rumpf, gewöhnlich auch etwas dicker als in der vorigen Gruppe, gleichmäßiger fein und dicht behaart, weniger greifend, einfarbig; Ohren kleiner.

12. Didelphys tristriata.

Kuhl, Beitr. z. Zool. etc. S. 64.
Wagn. Schreb. Suppl. III. 52. 18.
Dr. *Lund*, a. a. O. S. 237. — *Waterh.* Mamm. I. 518.
Mus araneus *Marcgr.* h. n, Bras. pag. 229.
Sorex brasiliensis *Erxleb.* Syst. pag. 127.

Pelz rothbraungrau, unten weißlich; längs der Mitte des Rückens ein schwacher dunklerer Streif, der vom Scheitel zum Schwanz reicht, und auf dem Rumpf zwei kürzere, noch mattere neben sich hat.

Ausnehmend zarte, weiche und feine Haare bekleiden den ganzen Körper dieses niedlichen Thieres; ihre Farbe ist am Grunde schiefergrau, dann schwarzbraun, zuletzt hell zimmtroth bis dottergelb; in den drei dunklen Streifen, die übrigens nicht sehr deutlich sind, herrschen äußerlich ganz schwarze Grannenhaare, die überall, besonders auch am Kopfe sich zeigen, bedeutend vor, und führen den dunkleren Ton herbei; um das Auge liegt ein heller gelbrother Ring, der unter dem Auge am deutlichsten ist; die Lippen sind gelbroth, das Kinn, die Kehle, Brust, Innenseite der Beine, der Bauch und die Weichen werden allmälig aus rothgelb ganz weißlich; die Pfoten haben eine dunkelbraungraue Farbe; der Schwanz ist oben braungrau, unten schön rothgelb, gleichmäßig dicht anliegend behaart; die fein behaarten Ohren sind braun, die Schnurren schwarz. — Ganze Länge 7″, Kopf bis zum Ohr 1″, der Schwanz 2″ 2‴. Das Ohr 4‴ hoch, Hinterpfote 9‴ lang.

Ich erhielt ein Exemplar dieser seltenen Art von Hrn. Beske in Neu-Freiburg, der es schon seit längerer Zeit in Händen gehabt und wie Marcgraf für eine Spitzmaus gehalten hatte. —

13. Didelphys brachyura.

Schreb. Säugeth. III. 548. tb. 151. — Wagn. Suppl. dazu, III. 51. 17. — *Desmar.* Mamm. 260. 398. — *Temm.* Mon. I. 53. — Dr. *Lund*, a. a. O. III. 237 u. IV. 63. — *Waterh.* Mammal. I. 522. — Zool. of the Beagle 97. pl. 32.

Gelblichgrau am Rücken, röthlicher an den Seiten, schmutzig goldgelb am Bauch; Schwanz dicht mit anliegenden feinen Haaren bedeckt, nur am Grunde abstehend behaart. —

Die Farbe frischer Exemplare ist auf dem Kopf, Hals und Rücken gelblich grau, beinahe wie der Pelz der Wanderratte; an den Seiten, Wangen, Armen, Schenkeln und Weichen neben der Schwanzwurzel lebhafter roströthlich; die unteren Theile gelblichroth, die Pfoten weißlich. Der Schwanz ist halb so lang wie der Körper, ziemlich stark, aber sanft in eine Spitze auslaufend; er ist nur an der Wurzel behaart, übrigens mit kurzen Härchen bedeckt. Die Ohren sind ziemlich klein, abgerundet; die Schnautze ist kurz. — Länge 4″ 3‴, Schwanz 2″ 3‴. — In Minas geraes, sowohl von Aug. d. St. Hilaire, als auch von Dr. Lund beobachtet.

Anm. 1. Hr. Dr. Lund führt Azara's Colicorto neben D. brachyura *Pall.* fragweise bei der von ihm beobachteten Art auf. Letztere ist nach Temminck und Desmarest verschieden von D. brachyura *Schreb.* und heißt bei ihnen D. tricolor. Sie wird größer, ist im Körper 5½″ lang, der Schwanz 3″ und unterscheidet sich besonders durch die vom Grunde aus bis über die Mitte hin fortgesetzte abstehende Behaarung der Schwanzwurzel. Die Farbe ist auch verschieden, der Rücken lichtgrau und scharf von der roströthlichen Seitenfarbe gesondert, der Bauch gelblich weiß. Sie findet sich in Guyana. Azara's Colicorto (Quadr. I. 258. No. 26) gehört nach der Beschreibung a. a. O. eher zu D. brachyura, als zu D. tricolor; er sagt ausdrücklich, der Schwanz sei dick, wie abgeschoren, nur 3''' weit (nicht 5, wie in der französisch. Uebers. I. S. 297 steht), am Grunde behaart, übrigens 2½" lang, und das ganze Thier mit ihm 6¾"; den Rücken nennt er bleigrau, die Backen und Seiten zimmtbraun, die Bauchfläche heller. Seine Farbenangaben sind gewöhnlich etwas grell.

2. Hr. A. Wagner hat in den Abh. d. Münch. Acad. V. 151. darauf aufmerksam gemacht, daß die verschiedenen Beschreibungen der D. brachyura stark von einander abweichen, weshalb ich nur eine, die Temminck's, hier aufgenommen habe. Er beschreibt daselbst Nr. 11 eine D. glirina *Natt.* aus Mato grosso, welche ich unbedenklich für den ächten Colicorto Azara's halten muß, wenn ich die Größe des Körpers zu 6" 2''' und des Schwanzes zu 2" 6''', wie Azara, einschließlich des letzteren, betrachten darf.

14. Didelphys velutina *Natt.*

A. Wagner, Münch. Acad. Abh. m. phys. Cl. V. 155. 13.

Röthlichgrau am Rücken, gelblichweiß am Bauch, die Seiten etwas gesättigter gelblich, ziemlich scharf von der Rückenfarbe abgesetzt; um das Auge ein feiner schwarzer Ring.

In der Rückenfarbe mit D. murina übereinstimmend, aber nur halb so groß und der Schwanz viel kürzer. Der Kopf ziemlich stark und für die Größe des Thieres lang gestreckt; der Nasenrücken licht graubraun, die Lippen und Wangen weißgelbgrau, mit sehr spärlichen schwarzen Schnurrborsten, die Backen bräunlicher; rund um das Auge ein feiner schwarzer Ring. Vom Scheitel an wird die Farbe dunkler, röthlicher braungrau, indem jedes Haar, so weit es frei liegt, hellere und dunklere Ringe hat; der verdeckte Grundtheil schiefergrau; an den Seiten ist die Farbe etwa röthlichweiß, besonders unter und hinter dem Ohr. Die Bauchfläche und die Pfoten gelbweiß, je mehr nach außen um so gesättigter rothgelb; an den Rumpfseiten und am After besonders schön röthlich. Der Hodensack weiß. Ohren und Schwanz oben braun, letzterer dick, fleischiger als gewöhnlich, unten weißlicher gefärbt, überall dicht mit kurzen anliegenden Haaren bekleidet, so daß von den Schuppen nichts zu sehen ist; am Grunde 2''' breit lang abstehend behaart. — Länge des Körpers 3" 11''', des Schwanzes 3" 2''', des Kopfes bis zur Ohröffnung 13''', der Hinterpfoten 6'''. —

Ich erhielt von dieser Art nur ein Exemplar in Lagoa santa; es ist ein altes völlig ausgewachsenes Individuum, wie der herausgenommene Schädel beweist.

Fünfte Familie.

Nagethiere. Glires *Linn.*

(Rodentia *aut.*).

Keine Gruppe der Säugethiere ist so zahlreich in allen Erdtheilen vertreten, wie die Familie der kleinen, behenden, furchtsamen Geschöpfe, welche als Eichkätzchen, Ratten, Mäuse und Hasen Jedermann hinlänglich bekannt sind. Schmale meißelförmige Schneidezähne, der Mangel von Eckzähnen und durch eine weite Lücke von den Schneidezähnen getrennte, unter sich gleichförmige Backzähne, machen sie leicht kenntlich. Davon giebt es überall Repräsentanten auf der Erde, fast so weit wie thierisches Leben überhaupt reicht; ja sogar in denjenigen Gegenden, welche gleich Neu-Holland und den Südsee-Inseln, eine ganz eigenthümliche Säugethierschöpfung hervorbrachten, oder derselben anderweitig völlig beraubt sind, haben rattenartige Nagethiere noch Eingang gefunden. Es wird darum Niemanden überraschen dürfen, daß die große Continentalfläche Südamerika's, von der Brasilien den eigentlichen Mittelpunkt bildet, sehr reich mit Nagethieren versehen ist und daß selbst eine Reise, welche gleich der meinigen nur eine sehr kleine Strecke des großen Gebietes berührt hat, verhältnißmäßig viele Arten dieser Familie zur Untersuchung brachte. Zwar gelten die Schwierigkeiten des Erwerbes, welche bei Gelegenheit der Fledermäuse uud Beutelthiere schon erwähnt wurden, in ebenso hohem Grade auch von den Nagern; aber leugnen läßt es sich nicht, daß auch der Eingeborne im Ganzen besser mit diesen Thieren bekannt ist, als mit jenen, und darum leichter sie, als andere, ihm noch weniger zugängliche Geschöpfe dem Reisenden in die Hände liefert. Ratten und Mäuse möchte man überall gern los sein, Haasen und Kaninchen als beliebte Speise oft verzehren, und darum ist Jeder zu ihrem Fange bereit, mit ihrer Jagd beschäftigt, wenn er noch mehr als den gewöhnlichen Nutzen sich davon verspricht.

Bei allgemeiner Betrachtung der brasilianischen Nagethiere fällt übrigens die Sonderbarkeit sogleich in die Augen, daß ein Land, welches so reich ist an Wäldern, wie wenige auf Erden, in seinem ganzen östlichen Districte nur eine einzige Art von Eichkätzchen aufzuweisen hat, und daß auf den weiten Camposgefilden des Inneren ebenfalls nur eine einzige Art der in der alten Welt so zahlreich vertretenen Haasengattung gefunden wird. Ebenso sonderbar erscheint die Thatsache, daß die sonst überall verbreiteten ächten Mäuse (Rattini) durch eine eigenthümliche an Arten zahlreiche Gattung Hesperomys vertreten werden, und daß alle übrigen Nager für das bezeichnete Gebiet besondere charakteristische Formen sind. Keine andere Gegend der Erde besitzt Meerschweinchen und Pacas, nur Süd-Amerika hat Caviinen unter seinen thierischen Bewohnern; vorzugsweise hier, und z. Th. auf den westindischen Inseln, ist die scharf abgeschlossene Familie der rattenartigen Nager oder Muriformen mit vier gleich großen schmelzfaltigen Backzähnen, welche aus den Abtheilungen der Wollratten (Lagostomidae), Stachelratten (Loncheridae) und Ferkelratten (Capromyidae) besteht, vorhanden. Ebenso giebt es hier zwar Stachelschweine, aber ganz abweichend von den an andern Stellen der Erde vorhandenen Formen organisirte Arten, welche nicht bloß die Bäume besteigen, sondern durch ihren nackten Wickelschwanz auch den Ratten fast ähnlicher sehen, als den ächten Stachelschweinen. Alle diese Thatsachen bestätigen die bereits ausgesprochene Behauptung, daß wir im Bereich der Nager es mit einem besondern, selbstständigen Organisationsgebiet zu thun haben, welches die Eigenthümlichkeiten der südamerikanischen Natur fast noch schlagender zeigt, als die Anwesenheit von Beutelthieren und Affen mit Wickelschwänzen oder Krallnägeln an den Händen. —

Ohne uns bei einer allgemeinen Schilderung der Nager weiter aufzuhalten, weil sich in Rücksicht auf die Formen Süd-Amerika's kaum etwas ausschließlich bezeichnendes darin anführen ließe, wenden wir uns sogleich zur besondern Betrachtung der vorhandenen, von mir beobachteten Arten, die also, nach vorstehenden Mittheilungen, sechs verschiedenen Unterabtheilungen angehören. —

1. Sciurini. Vier gleich große Backzähne mit Wurzeln, oder vor ihnen im Oberkiefer das Rudiment eines kleineren fünften, ein

geschlossener proc. zygomaticus am Oberkiefer, behaarte Ohren, lang behaarte Schwänze, getrennte tibia und fibula.

2. Murini. Drei von vorn nach hinten kleiner werdende Backzähne meist mit Wurzeln, eine senkrechte oben erweiterte Spalte im proc. zygomat. des Oberkiefers, fast nackte Ohren, nackte beschuppte oder zerstreut behaarte Schwänze, verwachsene tibia und fibula.

3. Muriformes. Vier genau oder ziemlich gleichgroße Backzähne, ein großes rundes Loch im proc. zygom. des Oberkiefers, nackte oder fein behaarte Ohren, beschuppte oder z. Th. behaarte Schwänze von verschiedener Länge, getrennte tibia und fibula.

4. Aculeati. Vier gleichgroße Backzähne mit Wurzeln, ein ebensolcher proc. zygom., runde Stacheln zwischen dem Haarkleide, behaarte Ohren, ein langer Wickelschwanz.

5. Subungulati. Vier gleichgroße oder z. Th. ungleiche Backzähne ohne Wurzeln, ein großes Loch im proc. zygom. des Oberkiefers, nackte Ohren, kein Schwanz oder nur ein nackter Stummel.

6. Duplicidentati. Fünf oder oben gar sechs wurzellose Backzähne, im Oberkiefer vier Schneidezähne, 2 kleine hinter 2 größeren, kein Loch im proc. zygom. des Oberkiefers, große behaarte Ohren, ein kurzer behaarter Schwanz.

1. Sciurini.

Unter den Nagethieren ist keine andere Gruppe so scharf abgeschlossen und so übereinstimmend gebaut, als die der Eichkätzchen. Im Schädel besonders sind die breite Stirn, der scharfe Orbitalrand, der breite völlig geschlossene processus zygomaticus am Oberkiefer, der hintere spitze proc. orbitalis des Stirnbeins, und die kurze aber doch scharf abgesetzte Schnautze ebenso viele fast ausschließlich nur dieser Familie zuständige Eigenheiten. Das Gebiß zeigt gar keine andere Schwankung, als in Rücksicht auf die Anwesenheit oder den Mangel eines kleinen accessorischen Backzahnes vorn im Oberkiefer. Hierzu kommen die starken Schlüsselbeine, die Uebereinstimmungen im Bau der Pfoten, der lange Schwanz, nebst den ganz getrennten Schienbein- und Wadenbeinknochen, welche zwar auch andern Nagethierabtheilungen eigen sind, aber stets als sicheres Gruppenmerkmal sich zu erkennen geben. Die Anzahl der Rückenwirbel ist gewöhnlich 12, der Lendenwirbel 7, der Kreuzwirbel 3, der Schwanzwirbel 24—25. —

24. Gatt. Sciurus *Linn.*

Cachingelé der Brasilianer.

1. Sciurus aestuans *Linn.*

Linn. S. Nat. I. 88. — Schreb. Säug. IV. 787. — Wagn. Suppl. III 186.
Pr. Max. Beitr II. 430. 1.
Macroxus aestuans *Fr. Cuv.* Dict. X. 248.
Sc. brasiliensis *Briss.*
Le grand Guerlinguet, *Buff.* h. nat. Suppl. VII. 261. Tab. 65.

Das brasilianische Eichkätzchen ist in allen Wäldern der Ostküste ein häufiges Thier, und gehört zu den gewöhnlichsten Erscheinungen aus dem Thierreiche, welche dem Reisenden auf den sonst einsamen Wegen durch die Urwälder begegnen. Man sieht es ebenso behende, wie unsere schöne zimmtbraune Art, an den Stämmen der Waldbäume umherhüpfen und erkennt an der völligen Uebereinstimmung im Betragen beider schon ihre nahe Verwandtschaft ohne Schwierigkeit. —

Im Körper beträchtlich kleiner, als das europäische Eichkätzchen, unterscheidet sich das brasilianische von ihm auch sonst augenfällig durch die viel kürzeren, nicht mit einem Haarbusch versehenen Ohren. Der Pelz ist weich, ziemlich kurz, und zeigt eine gelblich braungraue Farbe, indem jedes einzelne Haar am Grunde dunkel schiefergrau, dann schwarzbraun gefärbt und vor der Spitze mit einem oder zwei breiten gelben Ringen versehen ist. Die Ohren haben einen stark röthlichen Ton; die Nasenspitze ist rothgelb; Lippen und Kinn sind hell weißgelb, die Schnurrhaare darin aber schwarz; Kehle und Vorderhals wieder rein weiß; die Brust, Mitte des Bauches und die Innenseite der Beine ist röthlichgelb, die Zehen reiner grau gefärbt und der ziemlich lang behaarte, von unten gesehn zweizeilige Schwanz zeigt eine Anordnung der Farbe in helle gelbliche und dunkler schwärzliche Binden, welche sich aber nicht scharf von einander absetzen. Die Augen sind groß, kreisrund mit dunkler Iris und hellerem, gelblichem Saum; das Ohr ist oval, abgerundet, innen und außen gleichmäßig kurz behaart. Die Vorderpfoten haben vier Zehen mit hohen spitzen Krallen, von denen die dritte die längste ist; statt des Daumens zeigt sich ein von einem kleinen Kuppennagel bedeckter Höcker; an den Hinterpfoten sind fünf vollständige Zehen mit spitzen Krallen vorhanden. Die lange Sohle ist bis zum Hacken nackt. Die Männchen besitzen einen großen, grau behaarten Hodensack in den Weichen und einen etwas längeren, stärker behaarten Schwanz; die Weibchen

4 Paar Zitzen. Das Gebiß besteht aus zwei, von vorn gesehn sehr schmalen, von der Seite betrachtet breiten, langsam zugeschärften Schneidezähnen mit gewölbter, braun gefärbter Vorderkante, und **vier** Backzähnen an jeder Seite in jedem Kiefer, die eine vierseitige Kaufläche mit abgerundeten Ecken zeigen, auf der im unversehrten Zustande zwei in spitze Höcker vortretende Querwülste sich bemerklich machen; der kleine vordere fünfte Stiftzahn des Oberkiefers ist nicht vorhanden. — Ganze Länge 13—14″, der Kopf bis zum Ohr 1″ 7‴, der Rumpf allein 5″, der Schwanz bis ans Ende der Rübe 6½—7″, die Hinterpfote 1″ 7‴.

Anm. Brasilien beherbergt nur in seinen nordwestlichen Gegenden, und wahrscheinlich auch an seiner westlichen Grenze gegen die Cordilleren zu, einige andere Eichkätzchen-Arten; weit nach Süden werden sie aber nicht gehen, denn Azara und Rengger haben in Paraguay keine Eichkätzchen mehr gefunden. Die hier beschriebene Art verbreitet sich bis Peru; v. Tschudi führt sie in seiner Fauna peruana auf, und neben ihr noch 3 Spezies: Sc. variabilis *Geoffr.*, Sc. stramineus *Eydoux.* und Sc. tricolor *Pöpp.* — Von diesen 3 Arten dringt nur die letztere bis nach Brasilien vor; Spix brachte 2 Individuen davon aus den nordwestlichen Gegenden am oberen Amazonenstrom nach München. Außerdem beschreibt A. Wagner noch **vier** brasilianische Arten, größtentheils aus Natterer's Sammlungen (Münch. Acad. Abh. m. phys. Cl. V. 273). Davon sind drei: Sc. gilvigularis (S. 283), Sc. pyrrhonotus (S. 277) und Sc. igniventris (S. 275) gleichfalls am Amazonenfluß in der Gegend, wo der Rio Madeira und Rio Negro in ihn münden, gefunden; die vierte: Sc. Langsdorffii *Brandt* (S. 273) erstreckt sich allein ins Innere Brasiliens nach Mato grosso. Sie ist größer als Sc. aestuans, oben gelbbraun, unten ockergelb, mit rostrothen Beinen nebst Schwanz und weißer Brust.

2. Murini.

Rattos der Brasilianer.

Die Unterabtheilung der ächten Mäuse hat ein sehr sicheres Kennzeichen am Schädel in der Form jener spaltenförmigen Oeffnung des processus zygomaticus am Oberkiefer; keine andere Nagethiergruppe zeigt eine solche Bildung. Der genannte processus umschließt oben neben der Ecke des Stirnbeines ein ziemlich kreisrundes Loch, von dem eine schmale Spalte nach unten herabgeht, die von einem scharfen plattenförmigen Vorsprunge des Jochbogenfortsatzes begrenzt wird. Der Jochbogen selbst ist schmal, und besonders das eigentliche os zygomaticum klein, kurz und schwach; die Ränder der Augenhöhlen am Stirnbein ziemlich stark nach innen gebogen, doch nicht immer fein erhaben gerandet, und die Stirnfläche sehr enge, nicht breiter als die Nase. Die Schneidezähne sind noch feiner und zierlicher als bei den Eichkätzchen gebildet, vorn gewölbt und leicht gebräunt; die unteren besonders schmal und sehr allmälig zugeschärft. Die Backzähne haben im unversehrten Zustande hohe Querwülste, von denen jede in mehrere Höcker abgetheilt ist. Der erste vorderste Zahn pflegt drei, der mittlere zwei und der hinterste nur eine und eine halbe Querwulst zu besitzen, indem die äußere Abtheilung der letzten Querwulst fehlt. Ebenso groß ist auch die Zahl der Wurzeln, wenigstens ihrer untersten Spitzen. Je mehr die Zähne sich abkauen, desto undeutlicher werden die Abtheilungen und Höcker der Krone; man sieht zuletzt nur einen Schmelzsaum, der so viele Falten an jeder Seite hat, wie der Zahn Querwülste hatte. Ein dritter guter Familiencharakter ist die innige Verwachsung der Tibia mit der Fibula an ihren unteren Enden; beide stellen hier nur einen Knochen dar, der erst gegen die Mitte hin in zwei ungleiche Aeste sich gabelförmig theilt. Die meisten Murinen haben ferner einen sehr hohen proc. spinosus am zweiten Rückenwirbel, dessen stumpfe Spitze mit einem beweglichen, nach vorn übergebogenen Fortsatz versehen ist. Nur den kurzschwänzigen Arvicolen scheint diese Eigenschaft zu fehlen und obwohl kein ächter Hypudaeus in Süd-Amerika auftritt, so kommen doch Formen vor, die ihnen in der Lebensweise, wie in der Kürze des Schwanzes analog sind, weshalb die angegebene Eigenschaft auch bei diesen kurzschwänzigen Arten geringer entwickelt und weniger augenfällig sein, vielleicht ganz fehlen mag *). Dagegen haben alle Murinen Süd-Amerika's, so weit bekannt, hohe, breite, meist abgerundete oder etwas löffelförmig gespitzte Ohren **), deren vorderer Rand und äußerer Saum dichter behaart zu sein pflegt, während die Mitte auf beiden Seiten ganz oder ziemlich nackt bleibt. Ebenso kurz und fein sind die Pfoten behaart, die Sohle derselben aber ist nackt, an den Zehen quer geringelt, gleichsam mit Gürtelschwielen bekleidet; am Plattfuß fein chagrinirt oder glatt, mit 3—6 hervorragenden Warzen

---

*) Ich habe die systematische Bedeutung dieses hohen proc. spinosus mit seinem beweglichen Aufsatze am zweiten, nicht ersten Rückenwirbel der Nagergruppen schon einmal (Allg. liter. Zeit 1843. Nr. 142, S. 524) besprochen und F. W. Theile hat seine anatomische Beziehung verfolgt (Müll. Arch. 1839. S. 137). Hr. Dr. Lund machte auf ihn bei den Stachelratten aufmerksam (Blik p. Bras. Dyr. III. 242).

**) Die letztere Form ist Eigenheit der Gruppe Phyllotis *Waterh.*, welche der Westseite anzugehören scheint.

oder Sohlenpolstern versehen. Der Schwanz hat in Wirtel geordnete Schuppen, aus deren hinterem etwas vorspringenden Rande längere oder kürzere, feinere oder derbere Haare in verschiedener Anzahl hervorragen. Daher erscheint er bald ziemlich nackt, bald dicht und fast vollständig behaart. —

Die bisherigen Angaben gelten in ziemlich gleicher Weise für alle Murinen der ganzen Erdoberfläche, aber die weiteren Bildungsverhältnisse, namentlich des Gebisses, zeigen Unterschiede, welche die Eigenthümlichkeit der meisten, wenn nicht aller Bewohner Amerika's, als einer besonderen Gruppe, herausstellen. Die Backzähne der altweltlichen Murinen sind nämlich entschieden größer, namentlich breiter und die des Oberkiefers mit drei zu Querwülsten an einander gefügten Höckerreihen versehen; während die neuweltlichen schmälere kleinere Zähne und auch im Oberkiefer nur zwei Höckerreihen auf der Kaufläche besitzen. Es spricht sich darin eine größere Kräftigkeit, Gefräßigkeit und Kaufähigkeit der Mäuse der alten Welt so deutlich aus, daß es Niemanden nach solcher Sachlage in Verwunderung setzen kann, die einheimischen vor den fremden Eindringlingen verschwinden zu sehen; die europäischen Ratten und Mäuse sind den amerikanischen ebenso überlegen, wie die europäischen Ansiedler der Urbevölkerung Amerika's; das Prognosticum eines dereinstigen völligen Unterganges, welches ihr mit Sicherheit zu stellen ist, darf auch auf die Hausratten und Mäuse Amerika's ausgedehnt werden. Schon jetzt trifft man unsere Ratten in allen größeren Orten Brasiliens, und da sie dort ebenso wild und ungebunden, wie bei uns, ihr Wesen treiben, so scheint es um so weniger erlaubt, sie mit Stillschweigen zu übergehen, als sie in ihrer neuen Heimath ziemlich allgemein für ächte Brasilianer angesehen werden, und mehrfache Unterschiede zeigen, die auch ein zoologisches Interesse gewähren. — Ich beginne also mit diesen eingewanderten Murinen, als den kräftigeren Repräsentanten der Abtheilung.

a. Rattini. Ursprüngliche Bewohner der alten Welt.

25. Gatt. Mus *Linn.*

Da es hauptsächlich das Gebiß ist, welches die Mäuse der östlichen Halbkugel von denen der westlichen unterscheidet, auch äußerlich gar kein sicheres, allgemein geltendes Kennzeichen für jede von beiden Gruppen aufgefunden werden kann, so beschränken wir unsere Betrachtung hier lediglich auf die Zahnbildung. —

Die Backzähne sind relativ viel größer und namentlich die oberen entschieden breiter. Jeder Zahn hat in frühester Jugend auf seiner Kaufläche zwei oder drei Querwülste, welche durch Einkerbungen in kleine nebeneinanderstehende Höcker abgesondert sind. Aeußerlich bekleidet sie ein Schmelzüberzug, welcher Falten in die Tiefe der Zahnsubstanz von beiden Seiten hineinsendet und auf der abgekauten Zahnfläche einander gegenüberstehende Einschnitte, mit dazwischen liegenden Schmelz-Inseln, oder in etwas früherer Zeit völlig durchgehenden Schmelzleisten darstellt. Nie alterniren diese Schmelzfalten mit einander, sondern immer stehen sie in einer etwas nach vorn gebogenen einfachen Querreihe.

Im Oberkiefer hat der erste Backzahn drei Querwülste, die einzeln ziemlich stark bogenförmig gekrümmt und nach hinten hohl sind, so daß die dritte kleinere Querwulst in der zweiten liegt; letztere und die erste sind in drei kleine Höcker abgetheilt, von denen der mittlere der höchste und größte ist; die dritte Querwulst besteht nur aus zwei Höckern, der innerste überall kleinste Höcker fehlt ihr. — Der zweite obere Backzahn hat zwar auch drei Querwülste, aber die vorderste Wulst besteht gar nur aus einem (dem inneren) Höcker, die zweite deutlich aus dreien, die dritte noch aus zweien, aber der äußere Höcker ist noch viel kleiner als am ersten Zahn. — Der dritte Zahn hat dieselben Bestandtheile, da er aber im Ganzen sehr viel kleiner ist, als der zweite, so sind es noch mehr die einzelnen Höcker seiner Wülste. — Bei den kleineren Arten, oder Mäusen, ist dieser dritte obere Backzahn relativ sehr viel kleiner, als bei den großen Ratten und seine Elemente können nur bei starker Vergrößerung unterschieden werden. —

Die Backzähne des Unterkiefers sind relativ schmäler, und darum zerfallen ihre Querwülste nur in je zwei Höcker, die freilich einzeln dem großen Mittelhöcker der oberen Backzahnwülste an Umfang gleichkommen. Der erste Zahn ist relativ länger als der obere, und besteht ursprünglich aus vier Querwülsten, von denen die hinterste sehr kleine nur einhöckerig ist, und in dem etwas flacheren Bogen der vorhergehenden dritten Wulst liegt. Dieser gleicht die zweite Wulst vollkommen, aber die erste ist kleiner, als beide, und ihre Höcker sind ungleich, der innere der größere. Der zweite Zahn hat drei Querwülste, die sich ganz so verhalten zu einander, wie die drei hinteren des ersten Zahnes; der dritte Zahn besteht nur aus zweien Wülsten, einer vorderen zweihöckerigen und einer hinteren ziemlich großen einhöckerigen. —

Sind die Zähne stark abgekaut, so erkennt man auf dem ersten Zahn des Oberkiefers zwei, auf den beiden folgenden nur eine gebogene quere Schmelzinsel oder Querfalte; im Unterkiefer hat der erste Zahn anfangs drei Falten, aber bald verschwindet die hinterste kleinste; die anderen beiden Zähne zeigen nur eine Falte oder Insel, je nachdem sie weniger oder mehr abgekaut sind. Bei Zähnen ausgewachsener, aber noch nicht alter Thiere, sind bloß die Höcker der Querwülste abgekaut, und ein solcher Zahn hat ebensoviele platte, breite, scharfkantige Querwülste, als wie viele höckerige Wülste der frische Zahn besaß.

Die einzigen, sonst noch beachtenswerthen Körpertheile sind der Schwanz und die Pfoten. Jener ist von kurzen, herzförmig quadratischen Schuppen bekleidet, die an ihrem hinteren Rande steife Haare von größerer oder geringerer Länge umschließen; davon hängt es ab, ob der Schwanz nackter oder behaarter erscheint. Die Pfoten sind zwar ebensowenig nackt, aber ihr Haarkleid steht doch so sperrig und ist so kurz, daß im Leben die Fleischfarbe der Haut hindurchschimmert. Ihre Nägel sind ziemlich kurz, zugespitzt, etwas zusammengedrückt, mäßig gekrümmt und am Grunde von einem Borstenbesatz begleitet. An der nackten Sohle sieht man unter der Zehenspitze einen ovalen Ballen und vor ihm eine Anzahl Querfalten, welche übrigens bei dieser Gattung viel schwächer und unbestimmter sind, als bei den Sigmodonten. Der Vorderfuß hat 4 kleine Sohlenballen, 3 unter den 4 Zehen, der vierte Ballen des Daumens ist mit der Zehe selbst verschmolzen; ein fünfter Ballen liegt nach außen an der Handwurzel; die Hinterfüße sind viel länger und darum ihre ähnlich gelagerten Sohlenballen größer und deutlicher, auch kommt noch ein kleiner sechster Ballen am Innenrande der Sohle hinzu; am Hacken schlagen sich die Haare von beiden Seiten um die hier sehr schmale

Sohle etwas herum, bedecken sie aber nicht. Vorn ist die dritte Zehe die längste, aber nur wenig länger als die vierte; mehr bleibt die zweite hinter beiden zurück, die fünfte reicht bis zur Basis der dritten, der Daumen nur bis zur Basis der fünften; er trägt einen kurzen, gerundeten, kuppenförmigen Nagel. Hinten nehmen die drei mittleren Zehen von innen nach außen etwas an Länge zu; die fünfte ist halb so lang, wie die vierte, die erste kaum halb so lang wie die fünfte. —

Der Pelz besteht aus verschiedenen Haaren: weicheren, wolligen und kürzeren Grundhaaren; längeren, steiferen Grannenhaaren. Unter den letzteren ragen stets eine um so größere Zahl als längere sogenannte Stichelhaare besonders am hintern Theile des Rückens hervor, je größer das Thier ist; sie sind darum viel deutlicher bei den Ratten, als bei den Mäusen. Untersucht man diese steifen Stichelhaare mit der Lupe, so findet man sie abgeplattet und mit einer feinen Längsfurche versehen, ähnlich den Stacheln der Stachelratten.

Als gute äußere Merkmale der Rattinen überhaupt dienen endlich die ziemlich lange, etwas vorragende, bis an einen nackten Saum um die Nasenlöcher behaarte Schnauze; die breite gespaltene Oberlippe, welche mit langen starken Schnurren ziemlich dicht besetzt ist; die gelbe Farbe besonders der oberen Schneidezähne; das große, runde, tief schwarze Auge; die feinbehaarten, fast nackten fleischbraunen Ohren und das nie einfarbige, sondern stets aus helleren und dunkleren weißgelben und schwarzbraunen Tönen gemischte, öfters ziemlich klar rothgelbbraune Haarkleid. — Das Männchen hat eine kurze dicke Ruthenscheide und eine starke Anschwellung unter dem After, welche die Hoden umschließt; das Weibchen ist mit zehn Zitzen versehen; 6 davon liegen am Unterbauch zwischen den Schenkeln, 4 an der Brust zwischen und hinter den Armen. —

1. Mus decumanus *Pall.*

Pall. Sp. Glir. 91. — Schreb. Säugeth. IV. 645. Taf. 178. — Wagn. Schreb. Suppl. III. 404. 1. — *Desm.* Mamm. 299. — *Brants* Muiz. III. — *Smuts* Mamm. cap. 35. — *Waterh.* Zool. Beagl. II. 44. — *Blas.* u. *Keys.* Wirbelth. Eur I. IX. 36. —

Le Surmulot *Buff.* VIII 206. tb. 27. — *Fr. Cuv.* h. n. d. Mammif. II.

Varietät mit dunkel purpurbraunem Rücken:

Mus maurus *Waterh.* Zool. of the Beagl. II. 33.

Rückenseite gelblich braungrau, die Bauchseiten heller grau; Kinn und Kehle weiß, Brust und Bauch weißgrau, in der Jugend mehr bleigrau. Länge des Rumpfes 9—10'', des Schwanzes $6\frac{1}{2}$—7''. —

Die Hauptfarbe des Pelzes ist ein grauliches Gelbbraun, das längs der Rückenmitte, von der Schautze an, den dunkelsten mehr braunen Ton hat; neben der Mitte treten besonders an den Backen, Schultern, Bauchseiten und Schenkeln die gelben, selbst etwas ins Röthliche spielenden Töne deutlicher hervor; gegen den Bauch hin wird alles reiner und heller gelbgrau, am Bauche selbst, der Brust und der Innenseite der Beine herrscht das Grau vor, und die gelben Haarspitzen der Seiten verwandeln sich in weiße; eigentlich weiß sind nur das Kinn, die Kehle und ein Theil der Oberlippe. Die langen Schnurren sind schwarz, die Pfoten grau, die Ohren und der Schwanz etwas dunkler.

Näher untersucht erscheinen die Haare des Pelzes in der Tiefe aschgrau, welche Farbe am Rücken allmälig in braun, am Bauch in weißgrau übergeht; die Spitze der Haare ist stets anders und sehr verschieden gefärbt, bald gelb, bald rothgelb, bald braun, bald schwarz; je nachdem die Haare feiner oder gröber, kürzer oder länger sind. Gewöhnlich haben auch die gelben Haare dunklere Spitzen. Die ganz schwarzen sind die langen steifen Stichelhaare mit feiner Furche, welche am weitesten über den übrigen Pelz hervorragen. Am Bauch, der Brust, Kehle und den Beinen fehlen diese langen dunklen Stichelhaare, und darum hat hier der Pelz einen viel helleren Ton; dennoch fühlt er sich ziemlich harsch an, weil überhaupt das Haarkleid der großen Ratten straffer ist, als das der kleinen Mäuse. Die steifen, bis 3'' langen Schnurren sind mit einigen kleineren weißlichen vermischt; übrigens schwarzbraun oder schwarz. Das Haarkleid der Pfoten ist bis auf den Grund der Zehen grau; die Zehenspitzen und Krallen sind weiß. Die Ohren tragen innen einige lange Grannenhaare, sonst sind sie höchst fein und schwach behaart; das Schuppenkleid des Schwanzes ist sehr grob, die Borstenbesetzung kurz, nach hinten aber etwas länger, daher die Schwanzspitze dunkler und rauher erscheint; die Unterfläche ist nur am Grunde etwas heller und eine kurze Strecke desselben dicht behaart. — Junge Thiere sind überall grauer gefärbt, besonders auch am Bauch, der Brust und der Kehle; die gelbrothe Färbung des Rückens, die weißliche des Bauches tritt erst mit dem Alter mehr und mehr auf. Ganze Länge 1' 3—4'', des Rumpfes 9—10'', des Schwanzes $6\frac{1}{2}$—7'', des Kopfes bis zum Ohr 2'', der Hinterpfote $1\frac{1}{3}$—$1\frac{1}{2}$''. —

Ich habe die Wanderratte nur in der Provinz von Rio de Janeiro bei Neu-Freiburg angetroffen, wo sie überall in den Häusern ein bekannter und häufiger Gast war; die von mir zurückgebrachten Exemplare sind weder am Bauch so weißlich, noch am Rücken so röthlich, wie die hiesigen Individuen, zugleich auch etwas kleiner, was alles für ihr jugendliches Alter zeugt. —

2. Mus leucogaster *Pict.*

Mém. d. l. soc d'hist. nat. d. Genève. 1841. IX. 1. 153. c. fig. — Wagn. Schreb. Suppl. III. 408. 5.

Rücken röthlich braungrau, Seiten mehr blei- als aschgrau gefärbt; Bauchfläche vom Kinn zum After rein weiß. Länge 7—8″, Schwanz 6″.

In allen Theilen etwas kleiner als die vorige Art, und was sie besonders gut unterscheidet, ihr Pelz weicher, sanfter, und der Bauch von Jugend auf heller, d. h. rein weiß gefärbt. Schnautze und Backen weißgrau, Oberkopf und Mittelrücken braun, oben die Mischung aus rothgelb und schwarz inniger, die langen steifen Stichelhaare viel sparsamer und einzeln feiner; die Backen und Gegend am Ohr, gleich wie die Seiten des Mittelrückens am röthlichsten; die eigentlichen Seiten, Schultern, Schenkel und Steißseiten entschiedener grau, das Grau etwas ins Bläuliche spielend; unten überall vom Kinn bis zur Schwanzwurzel rein weiß und hier besonders sehr zart und weich anzufühlen. Pfoten nur auf dem Hand- und Fußrücken grau, die Zehen ganz weiß; die Schnurren tief schwarz, ohne Spur von weißer Beimischung. Schwanz etwas feiner geschuppt, besonders am Grunde. — Ganze Länge 12½″, Kopf bis zum Ohr 1½″, Rumpf ohne den Kopf 6¼″, Schwanz 6″, die Behaarung des Grundes etwas kürzer, Hinterpfote 1⅓″. — Ich erhielt von dieser Art ein weibliches Individuum bei Neu-Freiburg. —

Anm. Das von mir beschriebene Exemplar ist noch jung und darum nicht so röthlich gefärbt, wie es die Pictet'schen aus der Gegend von Genf der Abbildung nach zu sein scheinen; wohl aber hat ein zweites brasilianisches Exemplar, das mir aus Berlin zur Ansicht gesendet ist, ganz dieselbe Farbe. Da es keine andere Ratte mit rein weißem Bauch giebt, das Thier ebenfalls ein in Brasilien eingeführtes ist, und sonst zur Beschreibung a. a. O. gut paßt, so habe ich es damit zu verbinden kein Bedenken getragen.

3. Mus tectorum *Savi.*

Savi, nouv. Giorn. d. Litter. 1825. — ***Blas.*** et ***Keys.*** Wirb. Eur. S. 36. — A. Wagn. Schreb. Suppl. III. 405. 2.

Mus alexandrinus, ***Geoffr.*** Descr. de l'Egypte. hist. nat. tb. 5, f. 1. — ***Desm.*** Mamm. 300. — ***Selys Lonch.*** Microm 54. — ***Rüpp.*** Mus. Senckenb. III. 106.

Mus flaviventris ***Licht. Brants*** Muiz. 108.

Mus infuscatus Wagn. Schreb. Suppl. III. 445. c

Mus setosus *Lund* Blik paa Bras. Dyrev. III. Till. 277. — Wagn. Schreb. Suppl. III. 446. d.

Rückenfarbe gelblichgrau, die Mitte ins Schwärzliche, die Seiten daneben ins Röthliche spielend; Bauch in der Tiefe grau, die Oberfläche röthlich isabellgelb. Rumpf 7 – 8″, Schwanz 8 – 9″. —

Farbe und Größe nicht ganz die der Wanderratte, der Pelz viel weicher, zarter anzufühlen, lichter gelblich grau und weniger braun gefärbt, die Ohren größer, der Bauch entschieden gelb. Oben sind die Haare in der Tiefe grau, dann bekommen sie einen röthlich gelben Ring und zuletzt eine schwärzliche Spitze. An den steifen, langen Stichelhaaren herrscht letztere vor, und da dieselben auf dem Hinterrücken am dichtesten stehen, so ist diese Gegend die dunkelste. An den Seiten des ganzen Rückens tritt die röthlich gelbe Farbe mehr auf, gegen den Bauch hin verlieren sich die schwarzen Haarspitzen, und an allen unteren Theilen fehlen sie völlig. Das Haarkleid hat in dieser Gegend einen graugelben Ton, in dem bei jüngeren Thieren das Grau überwiegt, besonders an den Seiten des Halses und an den Pfoten; je älter das Individuum, um so reiner wird das Gelb. Die Schnautze ist bräunlich, die Stirn mehr graulich, um die Augen legt sich ein dunkler Ring; die langen und starken Schnurren sind schwarz, die Pfoten grau mit weißlichen Zehenspitzen. Die relativ größeren Ohren haben eine bräunliche Fleischfarbe; der Schwanz ist viel länger, feiner beschuppt und besonders gegen das Ende hin stärker behaart; oben und unten gleich düster braungrau. Auszeichnend ist die Fläche des Gaumens durch 7 erhabene Querleisten, von denen 2 vor, 5 zwischen den Zähnen liegen; letztere sind gezackt und die 3 ersten von ihnen mit einer V förmigen Biegung in der Mitte versehen. — Länge des Körpers 7—8″, der Ohren 8—9‴, der Hinterpfote $1^1/_2$″, des Schwanzes 8—9″. — In Minas geraes, besonders Abends an den Dachsparren, sehr gemein und in jedem Hause zu sehen. —

Anm. Es leidet wohl keinen Zweifel, daß die in verschiedenen Gegenden Brasiliens beobachtete gelbbäuchige Hausratte von der ursprünglich, wie es scheint, in Aegypten heimischen Dachratte abstammt, und wie die Wanderratte aus dem Norden Europa's, so aus dem Süden dahin verschleppt wurde.

4. Mus musculus *Linn.*

Linn. S. Nat. I. 83. — *Pall.* Glir. 95. — Schreb. Säugeth. IV. 654. Taf. 181. Wagn. Schreb. Suppl. III. 409. 6. — *Desm.* Mamm. 301. — *Brants* Muiz. 116. — *Waterh.* Zool. of the Beagl. II. 38. — *Blas.* et *Keys.* Wirbelth. Eur. I. IX. 37.

Le Souris *Buff.* VII. 309 tb. 39. — *Lund*, Blik p. Bras. Dyrev. III. Till. 278.

Gelblichgrau, gegen den Bauch hin allmälig blasser; Schwanz nicht völlig so lang wie der Rumpf. — Körper 3½", Schwanz 3—3¼".

Die Hausmaus, welche ebenfalls über ganz Brasilien verbreitet ist, unterscheidet sich von der unsrigen nur durch einen etwas weicheren, kürzeren Pelz; die Exemplare, welche ich von Neu-Freiburg und Lagoa santa mitgebracht habe, stimmen mit den hiesigen in Farbe und Größe vollkommen überein. Der Pelz ist oben bräunlich gelbgrau und zeigt, näher untersucht, am Grunde der Haare eine bleigraue Farbe, die mehr als die Hälfte einnimmt; nach oben wird die Farbe etwas dunkler und darauf zeigt sich ein klarer gelber Ring, über dem eine braune Spitze den Schluß macht. In der Mitte des Rückens ist diese Spitze am breitesten, gegen die Seiten verschwindet sie und daher rührt der hellere mehr gelbgraue Ton sowohl hier, als am Bauch. Die Pfoten sind hellgrau; die Stichelhaare sehr fein, ziemlich kurz und sparsam vertheilt; die langen Schnurren haben oben eine schwarzbraune, in der untern Partie eine weißliche Farbe; die Ohren sind ziemlich groß, bräunlich fleischfarben; der Schwanz hat eine braungraue Farbe und ist gegen die Spitze etwas länger behaart. — Rumpflänge 3¼—3½", Kopf bis zum Ohr ¾", Schwanz 3—3¼", Hinterpfote 7—8'''.

Anm. 1. Das Gebiß der Maus weicht von dem der Ratte in einigen Punkten ab, zuvörderst darin, daß der hinterste Backzahn des Oberkiefers der Maus sehr viel kleiner ist, als der der Ratte und überhaupt die ganze Zahnreihe sich nach hinten viel stärker verschmälert. Auch der erste Backzahn ist verschieden, indem der innere Höcker der vordersten Querwulst weiter nach hinten zurückgesetzt und neben dem großen Mittelhöcker der zweiten Querwulst sitzt, während der Innenhöcker dieser Wulst fast neben der dritten Querwulst liegt, welche bekanntlich keinen Innenhöcker hat. Ferner sind beide Innenhöcker der Maus relativ entschieden kleiner, als die entsprechenden der Ratten. So finde ich das Gebiß nicht bloß bei meinen Exemplaren aus Brasilien, sondern auch bei den hiesigen, zwischen denen und den Brasilianern kein Unterschied besteht.

2. Hr. v. Tschudi hat in seiner Fauna peruana eine Gattung der Mäuse unter den Namen Drymomys aufgestellt, welche große Aehnlichkeit im Bau ihrer Zähne mit unseren Mäusen zu haben scheint, mir aber nicht näher bekannt ist.

b. Sigmodontes. Ursprüngliche Bewohner der westlichen Halbkugel.

Wir haben schon angegeben, daß es der Zahnbau ist, welcher die Ratten und Mäuse Amerika's von denen der östlichen Erdhälfte unterscheidet. Der Unterschied liegt nicht in den Schneidezähnen, denn die sind bei den amerikanischen Rattinen oder Sigmodonten ebenso fein, schmal, leicht gewölbt und vorn gebräunt, wie bei den altweltlichen Arten; auch giebt es in Brasilien keine Form mit gefurchten oberen Schneidezähnen, wie solche in der Gattung Reithrodon *Waterh.* die Südspitze des amerikanischen Continents bewohnt. Dagegen zeigen die Backzähne, besonders die des Oberkiefers, einen ganz anderen eigenthümlichen Bau. Ursprünglich, d. h. in frühester Jugend vor allem Abkauen, hat jeder Zahn hohe kegelförmige Höcker an beiden Seiten, die durch etwas niedrigere Querfirsten mit einander verbunden sind. Der vorderste Zahn pflegt drei Höcker an jeder Seite, der mittlere zwei an jeder Seite und der dritte überhaupt nur zwei oder noch einen dritten unpaaren Höcker am Hinterrande zu besitzen. Auch am ersten Zahn, besonders dem stärker verschmälerten des Unterkiefers, sind die beiden vordersten Höcker so nahe an einander gerückt, daß sie mehr einem zweitheiligen Höcker, als zwei selbstständigen ähnlich sehen. Zwischen den erhabenen Jochen oder Firsten, welche diese Höcker verbinden, bemerkt man in der Tiefe scharf abgesetzte, gebogene, enge Furchen, gleichsam Wasserrinnen, um den von einem Gebirge hergenommenen Vergleich weiter auszuführen, und diese Furchen sind die Lücken der tief in die Zahnsubstanz eindringenden Schmelzfalten. Die Richtung und Größe dieser Furchen ist an beiden Seiten des Zahnes etwas verschieden; an den Zähnen des Oberkiefers sind die Furchen auf der Außenseite die tieferen und jede von ihnen ist entschieden mit der Spitze etwas nach hinten gebogen, also vorwärts gewölbt, rückwärts hohl; an den Unterkieferzähnen biegen sich die inneren Furchen etwas mit der Spitze nach vorn und greifen tiefer in den Zahn hinein; dagegen klaffen die Furchen auf der entgegengesetzten Seite beider Zahnreihen etwas stärker, sind kürzer und stehen senkrechter gegen die Längenrichtung des Zahnes. Sieht man endlich den Zahn noch genauer an, so bemerkt man vorwärts neben der Mündung dieser Furchen, welche auf der Seitenfläche deutlich als Falte erkannt wird, einen feinen accessorischen Höcker, der gleichfalls im Oberkiefer deutlicher erkannt wird, als im Unterkiefer. Das ist der Bau eines ganz frischen Zahnes; durch Abkauen der obersten Schmelzkanten bekommen sowohl die Höcker, als auch die Joche, gleichzeitig eine kleine, ebene Mahlfläche, die bald eine von einem Schmelzsaum umgebene, gewundene, d. h. stumpfeckige Zickzacklinie darstellt, und so lange das Abkauen auf die Haupthöcker und Joche beschränkt bleibt, ihre Form nicht wesentlich ändert. Daran erkennt man das Jünglingsalter einer südamerikanischen Maus, und so stellt z. B. die Figur von Fr. Cuvier's Eligmodontia typus (Ann. d. sc. nat. II. Ser. Zool. T. 7, pl. 5) den Zahnbau dar. Wird aber die Maus älter, so kaut sie die Höcker und Joche immer mehr herunter und kommt endlich mit der Abkauung auf den Grund der Zahnkrone, wo der erweiterte Zahnrand, das cingulum, über der Wurzel sich befindet. Jetzt sieht man auch die Nebenhöcker in der Abkauung; d. h. an jede stumpfe Seitenecke der Zickzacklinie hat sich nach hinten eine kleine Nebenecke angesetzt und die Biegung der Windung ist außen nicht mehr einfach, sondern doppelt, aus einer größeren und einer kleineren Curvatur bestehend. Bis zu diesem Zeitpunkt sind die engen tiefen Falten der Kaufläche noch seitwärts geöffnet; schreitet aber das Abkauen noch weiter vor, so schließen sie sich von außen her zu schmalen gebogenen Schmelzinseln, weil ihre Tiefe am Umfange geringer ist, als in der Mitte. Nun sieht man auf der Mahlfläche des Zahnes nicht bloß die Falten am Umfange als Einkerbungen, sondern auch je zwei verschiedene isolirte Schmelzgruben oder Inseln, kleinere rundliche, welche von der Vertiefung, dem Thal, zwischen dem Haupthöcker und dem Nebenhöcker, der zu ihm gehört, herrühren, und größere, mehr langgezogene, gebogene Schmelzgruben, welche die ursprünglichen tiefen Furchen, die Hauptquerthäler zwischen den beiden Haupthöckern darstellen. Dieses Stadium bezeichnet das Mannesalter einer Maus; lebt sie noch länger, wird sie ein Greis, so kaut sie allmälig auch die Schmelzflecke oder Inseln fort und dann hat die Mahlfläche ihres Zahnes nur noch einen stumpfgefalteten Schmelzsaum, dessen Falten auf der einen (oben äußeren, unten inneren) Seite etwas tiefer einzudringen pflegen, als auf der anderen. Das geht übrigens nicht bei allen Arten in gleicher Zeit vor sich; einige nehmen bald, andere erst sehr spät die Greisenform des Zahnes an. —

Nach dieser Darstellung, die sich auf Vergleichung einer Menge von Schädeln aller Altersstufen gründet, ist also die Zahl der Falten im Zahn kein für die Aufstellung von Gruppen geeignetes Merkmal; jüngere Individuen werden mehr Falten im Zahn haben können, als alte; denn wie die Nebenhöcker am Rande der Haupthöcker ganz abgekaut sind, so geht die zwischen beiden ursprünglich vorhanden gewesene Falte verloren. Darum läßt sich auch die Zahl der Falten nicht im Allgemeinen angeben, man muß immer das Alter des Individuums genau berücksichtigen; das läßt sich daraus relativ erkennen, aber Gruppen oder gar Gattungsmerkmale liefern diese Falten nicht. — Nach meinen Erfahrungen hat der vorderste Zahn zwei Hauptfalten und zwei Nebenfalten auf jeder Seite, aber dazu kommt am Grunde des ersten gemeinsamen Höckerpaares noch eine kleine Quergrube nach außen, die in einer gewissen Zeit auch als Falte auftreten kann; dann müßte der erste Zahn 5 Falten auf jeder Seite besitzen. Der mittlere Zahn hat nur eine Hauptfalte an jeder Seite, aber an der äußeren eine zweite vorn neben der Ecke, die der Hauptfalte fast an Größe gleichkommt, aber doch früher verloren geht. Der hinterste Zahn des Oberkiefers hat eigentlich gar keine Hauptfalte, sondern nur Nebenfalten, weil ihm das hinterste Höckerpaar fehlt; dennoch sieht man in den mittleren Stadien der Abkauung gewöhnlich außen 2 kleine Falten, innen eine; ganz alten Thieren fehlt an diesem Zahn jede Falte. — Im Unterkiefer, wo der Zahntypus etwas gestreckter ist, zumal nach hinten zu, ist der hinterste Zahn gewöhnlich an der Innenseite mit einer bleibenden Falte versehen, welche eine vordere größere Portion des Zahnes von der hinteren kleinen abgrenzt; vorher pflegt er außen zwei gleiche kleine, oder drei ungleiche Falten, eine größere in der Mitte zu besitzen. —

Die Wurzeln der Backzähne verhalten sich in ähnlicher Art, wie ihre Höcker zu einander, indessen ist die Verschmelzung der Wurzelpaare häufiger und inniger als die der Höcker. So hat zuvörderst der erste Zahn des Oberkiefers vorn nur eine große Wurzel und dahinter an der Außenseite zwei kleine, an der Innenseite ebenfalls nur eine große Wurzel; der mittlere Oberkieferzahn ist außen mit zweien, innen mit einer großen Wurzel versehen; der hinterste Zahn hat gewöhnlich ebensoviele Wurzeln, aber jede einzelne ist etwas kleiner. Im Unterkiefer sind die Wurzeln der Backzähne etwas anders vertheilt; der vorderste Zahn hat auch vier Wurzeln, aber vorn und hinten steht je eine größere Wurzel, und zwischen beiden zwei kleine einander gegenüber; der mittlere und hinterste Zahn haben einzeln nur zwei Wurzeln, von denen jede hintere etwas größer ist, als die vordere. Damit harmonirt es, daß die zweite Abtheilung des hintersten Unterkieferzahnes etwas länger, aber auch schmäler zu sein pflegt, als die erste. —

Weiter ist vom Gebiß nichts Allgemeines hervorzuheben, wohl aber muß erwähnt werden, daß die Oberlippe der Mäuse Süd-Amerika's im Ganzen etwas dicker, fleischiger und die Nasengegend breiter zu sein pflegt, als die analoge Gegend der Mäuse in der alten Welt. Am deutlichsten zeigt sich dieser derbere Bau an der Spalte in der Oberlippe, welche mir verflachter erscheint und in der Regel nicht ganz bis an die Nase hinaufreicht, auch in der untern Hälfte nicht völlig gespalten, sondern durch eine haarfreie Hautfalte in der Tiefe der Spalte verbunden ist. Brandt hat auf diese, besonders bei den großen Arten deutliche Bildung, eine besondere Gattung Holochilus bilden wollen, allein ich habe mich nicht davon überzeugen können, daß darin eine entschiedene Differenz zwischen den großen und den kleinen Arten Statt finde; ich bin vielmehr der Ansicht, daß weit eher nach der kräftigeren Form des Gebisses, als nach der Lippenbildung eine Absonderung der Gruppe gewagt werden könne. Soll indeß die Differenz der Zahnformen Gattungsunterschiede begründen, so würde es mit der Abtrennung von Holochilus nicht gethan sein; man würde eine ganze Reihe von Gattungen aufstellen, und somit zu dem älteren Prinzip von Waterhouse zurückkehren müssen, obgleich Letzterer selbst, durch Fallenlassen seiner früheren Genera, die Unmöglichkeit der Durchführung schon eingestanden hat. —

Indessen ist es wünschenswerth, die, wie es scheint, zahlreiche Menge der Arten Brasiliens, übersichtlich zu gruppiren, und dazu kann mehr als der Zahnbau, die Verschiedenheit des Pelzes, der Fuß- und Schwanzbildung benutzt werden. Was ersteren betrifft, so hat er zwar immer etwas längere, zerstreute Grannenhaare zwischen dem weichen, gleichmäßiger langen Haarkleide, aber diese längeren Grannen sind nicht steifer und ragen bald beträchtlich, bald nur sehr wenig hinten aus dem übrigen Pelze hervor. Das sieht man besonders auf dem Hinterrücken, wenn man das Thier von der Seite betrachtet. Mit jenen längeren Grannen ist stets auch ein allgemein längerer, weichlicherer, mehr zottiger Pelz; mit diesen kürzeren ein weicheres, feineres, knapper anliegendes Kleid verbunden. Es kommt hiezu, daß die Arten der ersten Gruppe im Allgemeinen längere Schwänze, welche dem Rumpf an Länge gleichkommen oder gar ihn übertreffen, die der zweiten dagegen kürzere Schwänze, welche ein Beträchtliches hinter dem Rumpf an Länge zurückstehen, zu haben pflegen; indessen ist das nicht Regel. Die Füße, von denen das vordere Paar sich durch Kleinheit, welche sich besonders auf die mitunter merkwürdig kurze Außenzehe erstreckt, das hintere durch beträchtliche Größe auszeichnet, bieten eine ähnliche Verschiedenheit in der Anordnung der Ballen auf der nackten Sohle dar. Vorn haben die Mäuse wohl immer die 5 Ballen, nämlich 3 unter dem Anfange der Zehen und 2 unter der Handwurzel, wovon die innere zugleich den Daumen bildet. Zählt man von hinten nach vorn, so liegt der hinterste größte Ballen am Außenrande der Handwurzel, der zweite ist der Daumenballen, der dritte liegt unter der Basis des Kleinfingers, der vierte unter dem Anfange des Zeigefingers und der fünfte gehört dem Mittel- und Ringfinger gemeinschaftlich an. Auf der hinteren Sohle sind drei ganz ähnlich gelagerte Ballen am Anfange der Zehen nicht zu verkennen; auch der vierte unter dem Grunde der großen oder Innenzehe fehlt nie, ebensowenig ein fünfter, auf der Außenkante der Sohle etwas mehr nach hinten, als der Daumenballen. Weniger constant scheint der sechste Ballen zu sein, welcher am Innenrande des Fußes vor dem Daumenballen liegt und der Stelle entspricht, wo sich das Metatarsusglied des Daumens an das Keilbein heftet. Dieser Ballen ist bald sehr groß und der größte von allen, bald sehr klein und bei manchen Arten fast verstrichen, wenn auch nicht ganz verschwunden. So weit dieser Ballen sich nach hinten erstreckt, ist die Sohle stets nackt; der Anfang derselben aber unter dem eigentlichen Hacken, welcher bei den Ratten der alten Welt ebenfalls bis zur Hackenspitze seine volle Nacktheit behält, pflegt bei den Sigmodonten mehr oder weniger behaart und mitunter völlig von den gegen die Mitte gerichteten Haaren, welche am Saum des Hackens sitzen, überdeckt zu sein. Das ist um so bestimmter der Fall, je länger der ganze Fuß, also auch die Sohle wird und wieder in demselben Grade ist dann der hinterste sechste Sohlenballen verstrichen. Hierauf glaubte ich die Gruppirung der Arten zunächst mit einiger Sicherheit stützen zu können, allein die

Grenze läßt sich nicht ganz scharf ziehen, und darum ist auch dies Verhältniß als systematisches unbrauchbar; aber die nach dem Zahntypus aufgestellten Gruppen sind entschieden noch unsicherer, und wenn man nicht sämmtliche Altersstufen des Gebisses vor sich hat, gar nicht mit Schärfe festzustellen. Darum werde ich nur gewisse Sectionen in der Gattung Hesperomys annehmen und alle mir bekannten Arten unter diesem Gattungsnamen abhandeln. —

26. Gatt. Hesperomys *Waterh.*

The Zoology of the Beagle Tom II. pag 75.

Die brasilianischen Arten dieser reichen Gattung gehören vier verschiedenen, mehr durch das allgemeine Ansehn, als durch bestimmte Charaktere von einander unterscheidbaren Gruppen an. —

I. Holochilus *Brandt.*

Mém de l'Acad. Imp. d. Sc. de St. Petersb. VI Ser. Tom. III. Pt. 2. 1835.

Große rattenförmige Arten von lebhaft rostrother oder rothgelber, seltener rothbrauner Farbe, mit breiter dicker Schnautze, unten durch eine Hautfalte verbundener Oberlippenspalte und breiten flachen Schneidezähnen, welche die Zähne gleichgroßer Arten der alten Welt entschieden an Breite übertreffen. Die Backzähne sind größer als bei allen andern Arten von Hesperomys, der dritte Zahn des Oberkiefers selbst ebenso lang, oder angeblich noch länger als der zweite; der des Unterkiefers nicht minder entwickelt, aber schmäler. Die Furchen der Kaufläche sehr flach, daher die Höcker nur klein sind und sich bald abkauen; die in die Zahnsubstanz eindringenden Schmelzfalten ungemein enge, durch breite Bogen getrennt, an denen nur in der Jugend Nebenfalten sich bemerkbar machen; die Schmelzfalten selbst grader, einander von beiden Seiten mehr gegenüber gestellt und so nahe gerückt, daß sie sich auf der abgeriebenen Kaufläche berühren. Der Schädel kräftig gebaut, der Schnautzentheil kurz und breit, die Stirn sehr schmal, die Orbitalränder leistenartig erhaben. Der Pelz nicht grade besonders lang, sehr weich, die Grannen zwar deutlich vortretend, aber weder sehr lang noch sehr zahlreich; Schwanz lang, stark, aber mäßig behaart, eher nackt zu nennen. Vorderpfoten klein, Hinterpfoten stark, aber nicht besonders lang, wenn auch relativ viel länger als die gleichgroßer Ratten; die Sohlenballen ziemlich klein, die Haut dazwischen schuppenförmig getäfelt, der Hacken stark behaart.

Ich habe keine Art dieser Gruppe in Brasilien beobachtet, doch kommen daselbst die folgenden 4 in dem von mir bereisten Gebiete sicher vor.

1. Hesperomys vulpinus *Licht.*

Mus vulpinus *Licht.* Brants Muiz. 137. 51. — Dess. Darst. neuer ꝛc. Säug. Taf. 33, Fig. 2.
Wagn. Schreb. Suppl. III. 554. 5.
H brasiliensis *Waterh.* Zool. of the Beagl. II. 58. 21. pl. 19. u. pl. 33 f. 3.
Wagn. Schreb. Suppl. III. 515. 1. Holochilus brasiliensis.

Oben längs der Mitte des ganzen Körpers braun, die Seiten schön rothgelb, unten vom Kinn bis zum After weiß. Ganze Länge 15—16", des Schwanzes 7—7½".

So groß wie die Wanderratte, ähnlich gestaltet, aber der Pelz ungemein weich und zart, seidenartig wollig, überall mit zerstreuten steiferen aber nicht stechenden Grannenhaaren untermischt. Schnautze bis zu den Nasenlöchern behaart, auf dem Rücken die Haare kammartig gegen einander gewendet; Ohren dicht und weich behaart, nirgends nackt, am Vorderrande ein nach innen gewendeter längerer Haarsaum. Ganzer Rücken, vom Nasenrande bis zum Schwanz braun, nach den Seiten allmälig heller, etwas gewellt, dunkler scheckig; an den Seiten von den Backen bis zum Schenkel rothgelb, welche Farbe gegen den Bauch zwar heller wird, aber doch von der reinweißen Unterseite sich ziemlich scharf absetzt. Nur die Gegend am Unterhalse vor den Beinen und die Mitte der Brust ist ebenfalls rothgelb. Pfoten obenauf graugelb, die Zehenspitzen und Krallen weiß, die nackten Sohlen fleischfarben. Schwanz deutlich beschuppt, überall behaart, die Haare oben braun, unten weißlich. Jedes Körperhaar am Grunde schiefergrau, auch die meisten des Bauches, nur lichter, dann gelbroth, die Rückenhaare am Ende dunkelbraun. — Rumpf-Länge 9", Kopf bis zum Ohr 1" 11"', Hinterpfote 2" 3"', Schwanz bis zur Wurzel 7", davon ½" dicht behaart.

Schneidezähne ziemlich breit, breiter als bei der Wanderratte, vorn rothgelb, die oberen etwas dunkler; Oberlippe nur am unteren Ende gespalten, dicht behaart, etwas weißlich; die mäßig langen und feinen Schnurren braun, die untern weißlich. Backzähne sehr ungleich, der erste der längste, der mittlere der kürzeste; jener im Oberkiefer innen und außen mit je 2 Falten, die entschieden alterniren, und neben einander vorbeigreifen. Mittlerer Zahn außen mit 2, innen mit 1 Falte; hinterer Zahn ebenso, aber der letzte schmälere und längere Lappen schließt noch eine gebogene Falte oder Insel ein. Erster Zahn des Unterkiefers außen mit 2, innen mit 3 Falten und dazu noch eine 8förmige Insel im vordersten Lappen; mittler Zahn innen mit 2, außen mit 1 Falte, vor der am Vorderrande ein Winkel sich zeigt; dritter Zahn mit ebensolchem Winkel und je einer Falte außen wie innen, von denen die äußere viel länger und tiefer, die innere schief nach vorn gewendet ist. Alle Falten eng, schmal, ganz aneinander geschlossen, nur an der Mündung etwas klaffend, die Zwischenräume völlig bogenförmig gerundet. — Vorderpfoten sehr klein, der Daumen kurz, die Außenzehe nur wenig länger, die dritte und vierte Zehe gleich lang; Hinterpfoten lang und gestreckt, kräftig gebaut, die drei mittleren Zehen lang und fast gleich, der Daumen etwas kürzer als die kurze Außenzehe. Alle Krallen schlank, scharf, spitz, wenig gebogen, nur die vordere Daumenkralle kuppig. — Die Heimath ist Süd-Brasilien und weiter bis an die Grenzen von Patagonien; Aug. de St. Hilaire brachte die Art aus Minas geraes, das mir vorliegende Originalexemplar von G. A. Lichtenstein's Mus vulpinus stammt vom Uruguay.

Anm. Der Artname von Lichtenstein ist um so mehr vorzuziehen, als Geoffroy und Desmarest ihren Mus brasiliensis mit M Anguya zusammenwerfen, selbiger auch mehr außerhalb, als über Brasilien sich verbreitet.

2. Hesperomys robustus *Nob.*

Mus brasiliensis *Pictet*, Notice s. l. An. nouv. etc 53. 4 pl. 12—14

Gelbbraun, die Pfoten und Kreuzgegend graulich, die Seiten und der Bauch heller gelblich; Schwanz steif behaart, etwas kürzer als der Leib; dieser 10″, jener 8″ lang.

Ein großes, kräftig gebautes Thier, das der vorigen Art wenig nachgiebt. Der Pelz ist nicht eben langhaarig, sehr weich und zart, glänzend, nur auf dem Kreuz von einigen feinen Grannen etwas überragt. Seine Hauptfarbe ist längs dem Rücken von der Nase bis zum Schwanz ein lebhaftes Gelbbraun, das gegen den Schwanzgrund etwas trüber, graulicher wird; nach den Seiten zu tritt die goldgelbe Färbung der Haare reiner auf, die Bauchseiten erscheinen blaß goldgelb, die Bauchmitte ist mehr weißgelb. Auf der Außenseite der Beine, an den Backen und hinter dem Auge wird der Ton matter braun, auf dem Rücken der Pfoten graubraun, nur die Zehenspitzen mit den Nägeln sind weißlich. Von der Nase, auf welcher die Haare sich kammartig gegen einander wenden, wird die Farbe bis zum Scheitel hinauf etwas röthlicher, fast kastanienbraun; die Lippen sind weißgrau gefärbt, und denselben Ton hat die Kehle bis gegen die Brust hin; die langen bis zu den Ohren reichenden Schnurren sind am Grunde schwarz, gegen das Ende weißlich gefärbt. Das Ohr ist nicht eben groß, breit gerundet, innen und außen am Umfange röthlichbraun behaart; der lange kräftige Schwanz hat ein starkes, aber nicht grade dichtes, rothbraunes Borstenkleid, das oben längs der Mitte einen länger haarigen Kamm bildet. Am Grunde sind alle Rumpfhaare schiefergrau, doch die an der Bauchfläche heller; das letzte Drittel hat entweder eine klare goldgelbe, oder eine rein braune Farbe; indeß ist auf die breite goldgelbe Binde gewöhnlich noch eine feine schwarzbraune Spitze aufgesetzt; nach dem Kreuz zu wird die gelbe Binde kürzer, die braune Spitze herrschender; die langen feinen Grannen sind ganz braun. Die völlig nackte Sohle der Hinterbeine ist dunkel fleischfarben und reicht bis zum Hacken hinauf. — Kopf bis zum Ohr 2″, Ohr innen 8‴, Rumpf vom Nacken bis zum Schwanz $7^3/_4$″, der Schwanz ebenso lang, am Grunde nicht stärker behaart; Hinterpfote 2″. —

Der herausgenommene Schädel ist 20‴ lang, kräftig gebaut, mit starken, besonders nach hinten schärfer leistenartigen Orbitalrändern und spitzer schlanker Schnautze versehen. Er zeichnet sich durch die lange, hintere, bis zwischen die Augenhöhlen reichende Zuspitzung der Nasenbeine aus. Die Backzähne sind bis zum cingulum hinunter abgekaut und haben vollständig den Bau der typischen Calomys-Arten, d. h. der dritte obere Zahn ist schon etwas kleiner als der zweite; der erste obere Zahn zeigt 2 tiefe gebogene äußere Falten und vor jeder eine kleine, isolirte quere Insel; an der Innenseite sind die beiden Schmelzfalten etwas kürzer, weiter und so gestellt, daß sie sich vor den Außenfalten zwischen sie und die Insel hineinschieben. Der zweite Zahn enthält außen 2 tiefe Falten und zwischen beiden eine kleine Insel, der die innere Falte genau entspricht. Der dritte hat dieselbe Anlage gehabt, aber alle Falten sind schon zu Inseln isolirt; deren besitzt er also vier. Unten hat der erste Zahn außen 2, innen 3 Falten und ganz vorn eine Insel; der zweite zeigt außen 1, innen 2 schon zu Inseln abgekaute Falten; der dritte, eben so lange, aber viel schmälere Zahn, gleichfalls. —

Ich erhielt ein Exemplar dieser Art aus Berlin zur Ansicht ohne nähere Angabe des Fundortes; Pictet beschreibt die Art a. a. O. von Bahia und verbindet damit H. brasiliensis *Wat.*, den ich zur vorigen Art bringe.

3. Hesperomys squamipes *Licht.*

Mus squamipes *Licht. Brants* Muiz. 138. 52.
Holochilus sciureus Wagn. Schreb. Suppl. III. 553. 4.

Röthlichbraun auf dem Rücken, die Seiten matter, gelblich am Bauch, die Kehle rein weiß; Schwanz sehr feinschuppig, fein behaart. Länge 14—15″, der Schwanz $6^1/_2$—7″.

Im Ganzen viel zierlicher gebaut als die vorige Art, kleiner, der Hausratte im Vergleich ähnlicher; oben hell röthlich zimmtbraun auf dem Rücken, etwas mit grau gemischt, die Seiten ockergelbgrau oder braungrau; der Bauch bei ganz alten Thieren hell isabellfarben, besonders in der Schenkelfuge; die Kehle bis zur Brust und die Unterlippe weiß. Von der Schnautzenspitze zum Ohr zeigt sich ein sehr deutlicher zimmtfarbner, etwas mit grau gemischter Streif, der sich im Nacken ausbreitet und mit dem ähnlich gefärbten Rücken zusammenfließt; der Nasenrücken hat einen sehr deutlichen Kamm; die Backen sind mehr grau, der Rand der Oberlippe, das Kinn und die Kehle stets rein weiß. Die Ohren haben vorn ein etwas längeres, röthliches Haarkleid, hinten und am Umfange sind sie sehr fein behaart; innen in der Tiefe nackt. Die Schnurren sind rothbraun, einige der unteren weiß. An den Beinen zieht sich außen der gelblich- oder röthlichgraue Ton der Seiten, mit mehr vorwiegendem Grau bis zur Pfote hinab; der Handrücken ist rothbraun, der Fußrücken mehr grau; die Zehen und die Innenseite sind weiß oder hellgelb; die Krallen weißlich, mit einem graulichen Fleck in der Mitte, der mir von den durchscheinenden Zehenknochen herzurühren scheint. Lange weiße Haare bedecken sie von oben. Zwischen denselben sieht man, besonders an den Seiten der Hinterzehen, ähnliche schuppenförmige Warzen, wie am Schwanz; aber sie sind nicht überall gleich deutlich. Jedes Haar ist übrigens am ganzen Rumpf in der Tiefe hell schiefergrau und geht durch blaßgelb nach der Spitze zu in rothbraun über; am Bauch ist das Grau sehr schwach, besonders bei älteren Exemplaren mit rein gelber Farbe der Bauchseite; an der weißen Kehle fehlt der graue Grund ganz. Der Schwanz ist höchst fein beschuppt und kurz behaart; er ist oben wie der Rücken gefärbt, unten wie der Bauch; nach hinten werden die Haare etwas länger. Seine Länge ist beträchtlich, aber seine Dicke für die Größe des Thieres nur unbedeutend. Die hie und da zerstreut stehenden längeren Grannen des Rumpfes sind sehr zart, nicht stechend und etwas dunkler braun gefärbt, als das benachbarte Haarkleid. Sohle fleischfarben, stark chagrinirt, die Zehen sehr deutlich geringelt. — Länge des Rumpfes $7\frac{1}{2}$—8″; Kopf bis zum Ohr 1″ 10‴. Ohr innen 7‴; Schwanz $7\frac{1}{2}$—8″, am Grunde $\frac{1}{2}$″ dicht behaart. Hinterpfote 1″ 8—9‴. — In Minas geraes von Spix am St. Francisco gesammelt; das Exemplar des Berl. Mus. ist von St. Paulo. —

Anm. Brants versichert, daß diese Art als Mus brasiliensis *Geoffr.* im Wiener Mus. aufgestellt sei; ich glaube auch, daß Hol. Anguya *Brandt*, den A. Wagner Hol. canellinus nennt (Schreb. Suppl. III. 552. 3.), mit der eben beschriebenen Art identisch ist. —

4. Hesperomys physodes *Licht.*

Wagn. Schreb. Suppl. III. 535. 26.
Mus physodes ***Brants*** Muiz. 139. 53. — ***Lichtenst.*** Darst. n. Säugeth. etc. Taf. 34, Fig. 1.
? Hesper. russatus ***Wagn.*** Münch. Acad. Abh. V. 312. 6.

Hell zimmtbraun auf der Oberseite, rein weiß am Bauch, beide Farben scharf gegen einander abgesetzt; der nackte Schwanz etwas kürzer als der Körper; dieser 6⅔", jener 6⅓".

Sehr zierlich und fein gebaut, besonders die Pfoten und der Schwanz, aber die Ohren groß. — Das Haarkleid weich, kurz, knapp anliegend, aber doch sanft anzufühlen. Ganzer Rücken von der Schnautze bis zum Schwanz hell rothgelbbraun, eine Mischung der Zimmtfarbe mit Orange; die Backen ebenso, aber die Oberlippe und die Halsseiten hinter den Backen weiß; die Beine außen ganz zimmtroth, innen weiß, wie die Pfoten und Zehen; das Weiße überall scharf abgesetzt vom zimmtrothen Theil. Jedes Haar in der Tiefe schön bleigrau, das Ende zimmtroth, oder weiß; die Rückenhaare z. Th. mit dunkleren, braunen Spitzen, die den eingestreuten sehr feinen, kurzen, wenig vom übrigen Pelze unterscheidbaren Grannen angehören. Nasenrücken mit einem Haarkamm; Ohren groß, bauchig gewölbt, abgerundet, innen nackt, am Umfange behaart, besonders an der Vorderseite, rothbraun, vor der Spitze auf der hintern Seite ein weißer Fleck. Schnurren fein, braun, die untern weiß. — Pfoten zierlich, die vorderen schmal, wegen des sehr kleinen, aber doch nicht ganz fehlenden Daumens, die Außenzehe ebenfalls sehr klein, aber vorhanden; die 3 mittleren sehr ungleich, die innere stark, die äußere mäßig verkürzt. Hinterpfoten etwas weniger verschmälert, die Zehen frei, verhältnißmäßig lang, die 3 mittlern von fast gleicher Länge, indem die mittelste nur wenig vorspringt. Sohle nackt, fleischfarben, minder deutlich chagrinirt, die Zehen unten fast glatt. Schwanz sehr dünn, höchst fein beschuppt, schwach behaart, wenig gefärbt. — Ganze Länge 13", Rumpf 6" 8"', Kopf bis zum Ohr 1" 5"', Schwanz 6" 4"', Ohr 7"', Hinterpfote 1" 4"'. — St. Paulo.

Anm. Ich habe das mir von Berlin zur Ansicht gesandte Originalexemplar genau beschrieben; von G. R. Lichtenstein und noch mehr von Brants ist der Schwanz zu kurz angegeben, indem die ½" lang behaarte Strecke nicht richtig beim Messen vom Körper getrennt worden. Die Art schließt sich zunächst an Hol. leucogaster ***Brandt***, und an Hesp. russatus ***Wagn.*** a. a. O. Der gelbliche Anflug des Bauches und die lebhafte Farbe auf dem Rücken werden für letzteren als Unterschiede hervorgehoben. —

II. Calomys *Waterh.*

Proceedings of the Zool. Society V 1837

Kleinere, zierlicher gebaute Mäuse mit langem, sehr weichem, fuchsartigem Pelze, der von den noch viel längeren aber weichen Grannenhaaren weit überragt wird. Das Maul und die Schnautze sind wie bei der vorigen Gruppe gebildet, aber etwas zarter, die Backzähne weichen dagegen sehr ab. Zuvörderst ist der hinterste Zahn beträchtlich kleiner und namentlich im Oberkiefer entschieden kürzer als der mittlere; ferner sind die Schmelzfalten zwar auch noch eng und parallelseitig, aber doch die kürzeren etwas mehr geöffnet und die größeren tieferen entschiedener gebogen, auch vor der Mündung mit einer kleinen Nebenfalte, die ein kleines Höckerchen trägt, versehen. In allen diesen Punkten stellt die Gruppe den wahren Typus der Hesperomys-Gattung dar. Am Schädel ist der Schnautzentheil ebenso dick und kurz wie bei Holochilus, und die beträchtlich nach innen gebogenen, rückwärts stark divergirenden Orbitalränder haben eine sehr deutliche, erhabene Randleiste, welche nur bei einigen ganz kleinen Arten verstrichen ist. Die Hinterpfoten und der Schwanz erreichen in dieser Gruppe die größte Länge und stehen mit einander in grader Correspondenz; je länger die Hinterpfote, desto deutlicher ist auch die Hackenbehaarung und desto verstrichener sind die Sohlenballen. Die Ohren sind zwar groß, erreichen aber denselben Umfang auch bei andern kurzschwänzigen Formen.

Auch in dieser Gruppe ist der Pelz noch sehr lebhaft rothbraun oder gelbbraun gefärbt und der Bauch fast immer rein weiß oder hellgelb; aber es herrscht doch, wegen der vielen langen dunkleren Grannen längs der Mitte des Rückens ein brauner Ton vor; so hell zimmtrothe Arten, wie unter Holochilus, kommen bei Calomys nicht mehr vor. —

a. Schwanz von Körperlänge, mitunter ein wenig darunter, gewöhnlich etwas darüber *).

5. Hesperomys Anguya.

Hesperomys Anguya Wagn. Schreb. Suppl. III. 534. 25.
El Anguyà, *Azara* Quadr II. 89. No. 48.
Mus Anguya *Desm.* Mamm. 486. — *Brants* Muiz. 141. 53. — *Rengg.* Säugeth. v. Parag. 229. — *Pictet* Notic. etc. l. l. 61. pl. 15.
H. leucodactylus *Natt.* Wagn. Münch. Acad. Abh. V. 312. 4.

---

*) Die von Fr. Cüvier aufgestellte Gattung Eligmodontia (Ann. d. Sc. nat. II Ser. Zool T. VII, pag. 168. 1837) stellt den ausgebildetsten Typus dieser Abtheilung dar. —

Rückenseite röthlich braun, mit zerstreuten dunkleren Haaren gemischt; Unterseite weiß, die Brust graulich; der Schwanz etwas länger als der Körper, braun. Länge des Rumpfes 5½″, des Schwanzes 6″.

Die Maus, welche den von Azara eingeführten Namen tragen muß, soll über den größeren Theil des inneren Brasiliens verbreitet und überhaupt dort nicht selten sein; dennoch ist es mir nicht geglückt, ein Exemplar in meine Gewalt zu bringen, und da ich auch sonst keins gesehen habe, so theile ich bloß Azara's Beschreibung nach dem Spanischen mit. Er sagt: „Unter dem Namen Anguyà begreifen die Indianer alle einheimischen Ratten und die ihnen ähnlichen kleinen Thiere; ich beschränke ihn auf die jetzt zu beschreibende Maus. — Sie ist im Ganzen 11½″ lang, wovon 6″ auf den Schwanz kommen, der wie bei allen Ratten fast nackt ist, und am Grunde 9‴ Umfang hat; das sitzende Thier zeigt vorn 2¼″, hinten 3½″ Höhe. Die Nase hat eine fleischfarbene Spitze, von da bis zum Ohr sind 14‴, das Auge liegt dem Ohr etwas näher und der Abstand beider Augen beträgt 6‴. Die Schnautzenspitze ist etwas zugespitzt und unbehaart; die Schnurren sind reichlich, die oberen schwarzbraun, die unteren weiß, die längsten reichen bis zum Ohr 11‴ weit. Das Ohr ist 9‴ hoch, 5‴ breit, abgerundet, innen fein am Umfange behaart, besonders am Hinterrande, welcher breiter vortritt als der vordere. Das Auge ragt beträchtlich hervor; die Schneidezähne sind gelb und die der unteren Kinnlade stärker gebogen. Die Vorderpfoten haben vier Zehen, die äußere ist nur eine Linie lang, und beträchtlich weiter zurück gesetzt am Anfange; die beiden mittleren entspringen mehr vorwärts und übertreffen die innerste um 1‴. Außerdem hat die Pfote einen sehr kleinen Daumen, der so kurz ist, daß man ihn nur mit Mühe unterscheidet. Die Hinterpfote hat fünf Zehen; die äußerste und die innerste entspringen einander gegenüber, jene ist die größere und stärkere; die 3 anderen beginnen da, wo die innere endet. Der Hinterfuß ist 14‴ lang mit den Nägeln, bräunlich behaart, wie auch die Hand der Vorderpfote. — Von der Schnautze bis zum Schwanz ist die Farbe bis an den Seiten hinab zimmtbraun; in der Tiefe sind die Haare grau und ganz unten weißlich. Eben diese Farbe herrscht an der Unterseite und ist an der Kehle am reinsten, auf der Brust zwischen den Armen etwas düster. Der Pelz fühlt sich weich an und die Haare am Ohr bedecken seinen Grund, vermöge ihrer Länge. — Beide beobachteten Individuen waren Weibchen, deren Vulva sich wie bei der Ratte verhielt.“ —

Anm. 1. Rengger's Beschreibung ist sehr kurz, er nennt die Oberseite röthlichbraun, Kehle und Bauch weiß, die Brust licht grau; die oberen Schnurren braun, die unteren weiß, die Fußsohlen im Leben grünlich grau; der Rumpf mißt 5'' 3''', der Schwanz 5'' 9'''. Die Maus fand sich im dichten Gebüsche einer steinigen Cordillere, wo sie paarweis unterirdische Gänge bewohnte. — Wagner hat wieder andere Bezeichnungen; der Rücken ist nach ihm röthlich falb, mit einzelnen ganz schwarzen Haaren untermengt; der Bauch weiß; die Schnurren sind schwarz, mit lichten Spitzen; Körper 5'' 2''', Schwanz 5'' 6''' — Auf ältere und darum schöner gefärbte, etwas größere Individuen, Körper 5'' 7''', Schwanz 5'' 11''', scheint der H. leucodactylus *Natt.* (a. a. O.) gegründet zu sein; die alten Thiere haben meistens dunklere Sohlen. —

2. Ueber die von Azara beschriebenen Mäuse herrscht noch große Ungewißheit; er unterscheidet in dem spanischen Original nicht vier Arten, wie Rengger bemerkt, sondern neun (Vol. II. pag. 80. seq. No. 44 — 52); in der französischen Uebersetzung sind nur fünf Arten aufgeführt, aber mit der Stachelratte und dem Tucutuco, welche Azara seinen wahren Mäusen vorangehen läßt, z. Th. vermischt. Von den Arten Azara's kenne ich nur drei mit Sicherheit; auch Dr. Lund hat keine von den fünf der französischen Uebersetzung unter seinen Arten in Minas erkannt, daher die Verbreitung der meisten dieser kleinen Thiere nicht sehr groß zu sein scheint. Ich lasse es dahin gestellt, ob der Anguya wirklich das von mir bereiste Gebiet berührt. —

6. Hesperomys leucogaster *Natt.*

Wagner, Abhand. d. Münch. Acad. phys. Cl. V. 306. 1.

Oben röthlich gelbbraun, mit schwarzbraunen Haaren gemischt; unten grauweiß, Bauch gelblich; Schwanz länger als der Körper, fast nackt; letzterer $6\frac{2}{3}$'', Schwanz $7\frac{1}{4}$''.

Pelz ziemlich reichlich, lang und sehr weich anzufühlen, auf der ganzen Oberseite von röthlich gelbbrauner Farbe, die Stirn, Augengegend und der Hinterrücken reiner braun, die Schnautze stark mit greis gemischt, der Nacken und die Seiten mehr rothgelb, die Backen und die Gegend am Ohr ins Grauliche spielend. Unten vom Kinn bis zum After grauweiß, die Kehle am reinsten weiß, der Bauch gelblich angeflogen. Alle Haare in der Tiefe schiefergrau, die Mitte braun, die Spitze der meisten rothbraun, sehr vieler hellgoldgelb, einiger schwarzbraun; letztere etwas längere, stärkere Grannen. Oberlippe mit weißlichem Fleck am Mundwinkel, die Seiten neben der Kehle und die Brust zwischen den Vorderbeinen graulich. An den Vorderbeinen erstreckt sich die Rückenfarbe außen bis zum Handrücken hinab, wird aber allmälig trüber; an den Hinterbeinen läßt sie die vordere Fläche neben dem Knie weiß und spielt überhaupt mehr ins Graue; der Fußrücken ist bräunlich, die Zehen sind, wie die vorderen, weiß; die nackte Sohle ist dunkel fleischfarben, bräunlich. Der lange dünne Schwanz hat sehr feine Schuppen und ein ganz kurzes, sparsames bräunliches Haarkleid, das an der Spitze einen schwachen Schopf bildet. Die langen Schnurren sind braun, die untern weiß, die Spitze der längsten reicht über die Schulter hinaus und spielt weißlich. Das Ohr ist oval, nicht eben breit, fein mit kurzen braunen Haaren besetzt, die am Vorderrande dichter stehen und länger sind. — Ganze Länge 14″, der Kopf mit dem Rumpf $6\frac{1}{4}$—$6\frac{1}{2}$″, bis zum Ohr $1\frac{1}{4}$″, der Schwanz $7\frac{1}{2}$—$7\frac{3}{4}$″, die Hinterpfote $1\frac{1}{3}$″, das Ohr innen 7‴. — Von St. Jao del Rey. —

Anm. 1. Die von Wagner beschriebenen Exemplare fing Natterer bei Ypanema in St. Paulo; Brants gedenkt ihrer bei Mus Aguya (Muiz. 142.), unter welchem Namen ich diese Art aus der Berliner Sammlung zur Ansicht erhielt.

2. Holochilus leucogaster *Brandt*, l. l. 428. 2. tb. 12, hat fast genau dieselben Körperverhältnisse auch ganz dieselbe Zeichnung, erscheint aber in der Abbildung, welche nach dem Leben gemacht wurde, viel heller rothgelb; fast so hell wie H. physodes. In der Beschreibung werden die langen, bis zur Körpermitte reichenden Schnurren hervorgehoben. Die Hinterpfote soll 1″ 7‴ lang und ihre Sohle schwarz sein.

3. Eine andere ähnliche Art mit ebenso langen Schnurren unterscheidet Dr. Lund als M. mystacalis Blik p Bras. Dyrev. III. Till. 279. Das Thier ist 12″ lang, wovon 5″ auf den Rumpf, 7″ auf den Schwanz kommen; die Farbe ist oben röthlichgrau, unten weißlich; der Schwanz endet mit einem Busch langer Haare. Sie muß den beiden vorigen Arten sehr nahe stehen.

4. Auch der Mus vulpinus desselben Schriftstellers (a. a. O.) dürfte hierher gehören, wenigstens in die Nähe dieser einander sehr ähnlichen Arten kommen, wenn nicht gar, wie ich vermuthe, mit H. leucogaster zusammenfallen. Seine Länge ist 12″ 6‴, wovon 5″ 5‴ dem Rumpf, 7″ 1‴ dem Schwanz zustehen; der Pelz ist ungemein langhaarig, oben lebhaft rostroth, unten weiß mit rostgelbem Anflug. —

7. Hesperomys laticeps *Lund.*

Blik p. Bras. Dyr. III. Till. 279.
H. subflavus Wagn. Schreb. Suppl. III. 534. 24.

Oben hell goldgelb, stark mit schwarzbraun gemischt, Nase und Stirn grauer; unten hell isabellgelb, grau durchscheinend. Ohren sehr groß. Schwanz so lang wie der Körper, jeder von beiden $5\frac{1}{2}$—6″. —

Völlig wie die vorige Art gestaltet, ebenso voll und weichhaarig, aber etwas kleiner, der Schwanz kürzer, die Ohren größer, die Farbe helleren Tones. Vorderkopf von der Nase bis hinter die Augen weißgrau, mit vielen schwarzen Haaren gemischt; von da an die ganze Rückenseite hellgelbgrau, eine Mischung aus gelben und schwarzen Haarspitzen, unter denen einzelne längere schwarze Grannen mit feiner weißer Spitze stehen; in der Tiefe alle Haare hell schiefergrau. Kehle weiß, die Seiten gegen die Backen hin isabellgelb, die Brust vor den Armen gelblich, dahinter graulich. Die Mitte des Bauches und die Weichen weiß, nach außen gelblich, die Farbe am lebhaftesten in der Schenkelfuge am Steißrande und an den Bauchseiten. Schwanz ziemlich dicht behaart, oberhalb braun, unten mehr gelblich. Ohren groß, breit, abgerundet, grauschwarz behaart, innen mit gelblichen Haarspitzen, besonders vorn und am Umfange. Schnurren reichlich, aber fein, etwas über das Ohr hinaus reichend; die meisten schwarzbraun mit weißlicher Spitze. Lippen und Pfoten weiß. Die Arme und Beine außen wie der Rücken gefärbt, nur matter, die Sohle nackt, fleischfarben; die Schneidezähne vorn hellgelb. — Ganze Länge 11—12″, Kopf und Rumpf 5½—6″, der Schwanz 6″, Kopf bis zum Ohr 1″ 5‴, Ohr innen 8‴, Hinterpfote 14‴. — Von Lagoa santa.

Anm. Unter den von Dr. Lund kurz definirten Mäusen derselben Gegend (a. a. O.) paßt der Mus laticeps gut hierher, aber dessen Dimensionen sind um 1½″ im Rumpf und Schwanz kleiner angegeben. Von den beiden mir vorliegenden Bälgen hat der kleinere einen relativ etwas längeren Schwanz; beide sind Männchen. Wagner's Beschreibung ist kenntlich und läßt über die Identität seiner Art mit meinen Exemplaren keinen Zweifel. — Nahe verwandt damit ist Azara's Cola igual al Cuerpo (Quadrup. II. 87. No. 87. — Trad. franc. II. 82. — Mus cephalotes *Desm.* Mamm. 305. — ***Brants*** Muiz. 144) aber kleiner (Körper 4″, Schwanz 4″) und heller grau, rothbraun melirt, unten weiß. —

8. Hesperomys pyrrhorhinus *Pr. Max.*

Mus pyrrhorhinus, ***Pr. Max zu Wied*** Beitr etc. II. 418. 1 Taf II, Fig. 3. 4. Gebiß, und dessen Abbild. Fig. 27, das Thier.
Wagn. Schreb. Suppl. III. 531. 21.

Rücken graugelb, Schnautze, Ohren und Steiß lebhaft rothbraun; Bauchseite und Pfoten weiß; Schwanz beträchtlich länger als der Körper, dieser 4½″, jener 7¾″.

Gestalt der Waldmaus (M. sylvaticus), etwas größer, der Schwanz viel länger. — Pelz weich und fein, aber reichlich; an allen oberen Theilen schwärzlich und gelb gemischt; die Spitze der Nase bis halb hin zum Auge hell rostroth; ebenso, aber etwas heller, die beiden großen, abgerundeten fein behaarten Ohren; die Schnurren schwarz, rückwärts bis über das Ohr hinausreichend. Ueber den Hinterschenkeln fängt der Pelz an stark mit hellrostrothen Haarspitzen sich zu mischen, und diese Farbe nimmt so zu, daß sie an der Schwanzwurzel die herrschende wird. Alle unteren Theile vom Kinn bis zum After, nebst der Innenseite der Beine, rein weiß; unterer Theil der Hinterbeine sehr sparsam behaart, hell gelbröthlich, Schwanz fein geschuppt, sparsam mit kurzen weißlichen Haaren besetzt. — Ganze Länge 12¼″, Rumpf 4½″, Schwanz 7¾″, Kopf bis zum Ohr 1″ 4‴; Ohr innen 8½‴, Schwanz am Grunde 4‴ weit behaart, Hinterpfote etwas über 1″. — Im Sertong von Bahia, wo die Maus in den trocknen niedrigen Gebüschen sich aufhält, und den unteren leeren Theil der Nester von Anabates rufifrons bewohnt. —

9. Hesperomys eliurus *Natt.*

Wagner, Münch. Acad. Abh. phys. math. Cl. V. 307. 2.
Mus longicaudus *Lund*, Blik p. Bras. Dyrev III Till. 279.

Rücken rothgelbbraun, nach den Seiten in goldgelbgrau übergehend, Bauch und Pfoten weißgrau; Schwanz viel länger als der Körper, dieser 3¾", jener 5".

Ein auffallend zierliches Mäuschen *), kleiner als die Waldmaus, dunkel rothgelbbraun auf der Oberseite, indem die Haare in der Tiefe schiefergrau, an der Spitze theils goldgelb, theils rothgelb, theils schwarzbraun gefärbt sind; die letzteren bilden etwas längere stärkere Grannen. Die Schnautze ist bis gegen die Augen hin mehr grau, der Lippenrand weißlich, die dichten und starken Schnurren sind schwarz mit weißlicher Spitze und reichen etwas über das Ohr hinaus. An den Backen, dem Hals und den Seiten des Körpers wird die Farbe lebhafter gelb, mehr orange; die Außenseite der Beine ist trüber grau gelbbraun gefärbt, die Innenseite gleich wie die ganze Bauchfläche vom Kinn bis zum After hell weißgrau, indem die bleifarbnen Haare kurze weiße Spitzen haben. Die Pfoten sind ungemein schwach behaart, weißlich, die hinteren sehr lang und bis zur Hackensohle völlig nackt, dunkelbraun gefärbt. Die Ohren treten ziemlich weit hervor, und sind dunkelbraun behaart, die Haare haben innen am Umfange gelbliche Spitzen und die Schneidezähne eine blaßgelbe Farbe. Der sehr dünne Schwanz ist bräunlich, oben etwas dunkler als unten, sehr kurz und schwach behaart. — Ganze Länge 9", Kopf und Rumpf 3¾" Schwanz 5—5¼", Hinterpfote 1", Ohr innen 6'''. — Von Neu-Freiburg und Lagoa santa. —

Anm. Ich stimme Hrn. Wagner bei, wenn er vermuthet, daß Hrn. Dr. Lund's M longicaudus (a. a. O.) mit dieser Art identisch ist; da es aber schon einen älteren Hesp. longicaudatus giebt, so hielt ich Natterer's Namen aufrecht. — Sehr nahe kommt dieser Art der Hesp. elegans *Waterh.* (Zool of the Beagle II. Mamm. 45. tb. 2), womit als seine jugendliche Form die Eligmodontia typus *Fr. Cuv.* (a. a. O.) zu verbinden ist; der kürzere Schwanz (Körper 3½", Schwanz 3¼") und die angeblich ganz behaarten Sohlen unterscheiden beide Spezies von einander. Zu derselben scheint mir auch Mus longitarsis *Rengg.* (Säugeth. v. Parag. S. 232) zu gehören und damit wieder Azara's Colilargo (Quadr. II. 91. No. 49. — Trad. franc II 98), den Desmarest als Mus nigripes aufführt (Mammal. 490. — *Brants* Muiz 146. 58. — Wagn. Schreb. Suppl. III. 542. 36.) identisch zu sein. Die Art war bei Neu-Freiburg nicht selten, ich erhielt 5 Exemplare, worunter beide Geschlechter, und bewahre davon eins noch in Weingeist. —

---

*) Der Schädel dieser und wahrscheinlich auch der vorigen Art hat minder scharfe Orbitalränder, denen die feine Randleiste fehlt.

b. Schwanz beträchtlich kürzer als der Körper, gewöhnlich um ein Drittel oder zwei Fünftel; seltener noch mehr verkürzt. —

Ich habe aus dieser Abtheilung bei Neu-Freiburg nur eine Art und bei Lagoa santa drei Arten von Mäusen erhalten, welche ich mit Dr. Lund für noch unbeschrieben ansehe und unter den von ihm gewählten Namen hier schildern werde. Sie sind nach Beschaffenheit und Farbe des Pelzes, Gebisses und Schädelbaues ächte Calomys, haben aber einen viel kürzeren Schwanz als die typischen Formen.

10. Hesperomys orobius *Wagn.*

Schreber, Suppl. III. 533. 23.

Pelz fein und zart, ohne merklich vorragende Grannen, gelbgrau, am Bauch weißlich, an der Kehle hellgrau. Gesammtlänge 8½″, Schwanz 3½″.

Ein ausnehmend hübsches Thier, schlank gebaut, mit schönen Verhältnissen aller Theile; der Kopf sanft gewölbt, die Schnautze ziemlich spitz, die Ohren breit, abgerundet, stark vortretend, fein behaart, am Vorderrande länger und dichter; der Rumpf mäßig gewölbt, ungemein feinhaarig, so daß die längeren Grannen fast ganz verschwinden und nur hinten auf dem Kreuz ½—1‴ spärlich hervortreten; Schwanz so lang wie der Rumpf bis zum Nacken, fein und anliegend behaart, wodurch die Schuppen nur wenig sichtbar bleiben; Pfoten von mittlerer Größe, die Behaarung ziemlich dicht, anliegend, die Sohle der hintern nackt, braun. Farbe des lebhaft glänzenden Pelzes auf dem Rücken ganz gleichmäßig braungraugelb, d. h. jedes Haar ist am Grunde schiefergrau und endet mit einer schön hellgelb gefärbten Spitze, der zuletzt ein schwarzes Ende aufsitzt; bald ist der gelbe, bald der schwarze Theil der größere und so entsteht eine ganz innige feine Mischung aus schwarz und hellgelb, ohne allen röthlichen Ton; nach den Seiten nimmt das Gelbe etwas mehr Ueberhand und geht auf der Bauchmitte in ein lichtes Gelbgrauweiß über; dagegen ist das Kinn und die Mitte der Kehle bis zum Halse hinab rein und schön hellgrau, von einem gelblichen Saum umfaßt; die Ränder der Oberlippe haben denselben graulichen Ton; die Schnurren sind am Grunde schwärzlich, am Ende weißlich, die kleineren ganz weiß, die längsten reichen bis zum Ohr; alle sind verhältnißmäßig fein. Hinter dem Ohr, dessen ziemlich starke Behaarung dieselbe Farbe hat, wie das Rumpfhaar, leuchtet unten vom Ohrlappen eine weißliche Stelle hervor; die Vorderbeine sind weißgrau, die Hinterbeine gelbgrau gefärbt, die Zehenspitzen an beiden mehr gelblich als weißlich. Der Schwanz ist oberhalb schwarzbraun, unten weißgrau, besonders am Grunde. Die Aftergegend hat den reinsten gelblichen Ton. — Ganze Länge $8\frac{1}{2}''$, Kopf bis zum Ohr $16'''$, Ohr innen $7'''$, Rumpf vom Nacken bis zum Schwanz $3\frac{1}{2}''$, Schwanz $3\frac{1}{2}''$, Hinterpfote $13'''$. — Ich erhielt zwei weibliche Individuen bei Neu-Freiburg; die Art gleicht in der Farbe am meisten unserer Hausmaus, aber ihr Colorit ist viel lebhafter und frischer, das der letzteren düsterer. Der Schädel hat den Bau von Calomys, eine gewölbte Stirn, scharfe leistenartige Orbitalränder, eine kürzere dickere Schnautze, und etwas breitere Schneidezähne. Im Totalbau steht diese Art der folgenden am nächsten, sie ist aber größer und der Kopf nicht so plump, das Ohr nicht so hoch, stärker behaart, und die Farbe durchaus nicht röthlichgraubraun, sondern lebhaft gelblichgraubraun.

Anm. Es ist möglich, daß Azara's El Agreste Quadrup II. S. 94, No. 50 hierher gehört; das Thier ist aber kleiner, nur $6\frac{1}{4}''$, der Schwanz $2\frac{5}{6}''$ lang und in dem Farbenton wird eine röthliche Beimischung erwähnt, die meine Art nicht hat. Unter den von Waterhouse beschriebenen Arten paßt keine, dagegen scheint Pictet's M. auritus, Noctic. etc. 70. 8. pl. 18. mit meiner Art zusammenzufallen. —

11. Hesperomys expulsus *Lund.*

Blik paa Bras. Dyrev. III. Till. 280.
Wagn. Schreb. Suppl. III. 545. 6.

Pelz von mäßiger Länge, fein und weich; oben röthlich gelbbraun, unten weiß oder licht isabellfarben; hinter jedem Ohr ein weißer Fleck. Gesammtlänge $7''$, Schwanz $3''$.

Durch den kurzen, dichten und feinen Pelz schließt sich diese Art der vorigen sehr nahe an; aber die Farbe ist oben mehr röthlich gelbgraubraun, bei H. orobius reiner goldgelb graubraun. Die einzelnen Haare sind in der Tiefe schiefergrau, dann röthlichlehmgelb, an der Spitze bald weißlicher, bald brauner; die längeren ausnehmend feinen Grannen sind nicht zahlreich, in der Tiefe ebenfalls grau, dann rothbraun, zuletzt weißlich gefärbt. Die Oberlippe ist weiß und die in ihr sitzenden Schnurren haben größtentheils dieselbe Farbe; einige der oberen werden bräunlich; die Ohrmuschel ist sehr groß, vorn behaart, am Umfange fein gewimpert, sonst nackt; hinter dem Ohr steht am Grunde ein deutlicher weißer Fleck. Die Kehle ist weißlich, die Brust und der Bauch ebenfalls, oder bei anderen Individuen licht isabellgelb, welche Farbe an den Bauchseiten bestimmter hervortritt und allmälig in den zur Seite lichter gefärbten Rücken übergeht. Die Außenseite von Arm und Bein ist wie der Rücken gefärbt, nur etwas trüber, die Innenseite weiß. Die Vorderpfoten sind ganz weiß, die hinteren auf dem Fußrücken etwas gelblich; ihre Sohle ist fleischfarben; vom Hacken aufwärts wird die Farbe plötzlich braungrau. Der Schwanz ist oben braun, unten weißlich, sehr kurz, aber ziemlich dicht anliegend behaart. — Im Schädelbau zeichnet sich diese Art durch eine sehr große Breite der unteren Schneidezähne aus; sie sind ebenso breit wie die oberen, und dabei kurz. Die Backzähne haben keine besondere Größe, aber auffallend scharf sind für ein so kleines Thier die Orbitalrandleisten. Stirn und Scheitel sind flach; die Gegend zwischen den Löchern des Jochbeinfortsatzes etwas vertieft und die Flügelfortsätze hinter dem Gaumen ganz besonders breit. Alle diese Eigenschaften sprechen für ein starkes Nagevermögen und erklären Dr. Lund's Angabe, daß diese kleine Maus vor der Einwanderung der europäischen Arten in den Wohnungen der Mineiros sich angesiedelt hatte. Ich habe 2 Exemplare von Lagoa santa mitgebracht, ein altes Männchen und ein halbwüchsiges Junges; die Jungen sind mehr gelbgrau, die Alten reiner weiß oder gelb am Bauch. Die Art ist bei Lagoa santa die häufigste. — Ganze Länge 6—7″, Kopf bis zum Ohr 12—13‴, Ohr innen 8‴ hoch; Rumpf vom Ohr bis zum Schwanz $2\frac{1}{2}$—$3\frac{1}{4}$″, Schwanz $2\frac{1}{4}$—3″, Hinterpfote 11‴.

Anm. 1. Azara's La Laucha (Quadr. II. 96. No. 51. — Trad franc. II. 102. — *Desm.* Mamm. 306. — *Brants* Muiz. 148. — Wagn. Schreb. Suppl. III. 543. 37.) muß dieser Art nahe kommen, aber beträchtlich kleiner sein, da er die ganze Länge nur zu $4\frac{3}{4}$″ und den Schwanz zu 2″ angiebt. Ihr Pelz ist auf dem Rücken eine Mischung von schwarzgrau und rothbraun, unten dagegen weißlich. Sie lebt ebenfalls in den Wohnungen, ist aber ursprünglich eine Feldmaus.

2. Für nahe verwandt halte ich auch H. bimaculatus *Waterh.* Zool. of the Beagl. II. 43. tb 12, der mir nur auf junge Individuen gegründet zu sein scheint. —

12. Hesperomys lasiurus *Lund.*

Blik paa Bras. Dyrev. III. Till 280.
Wagn. Schreb. Suppl. III. 545. 7.

Pelz sehr lang und reichlich, minder zart anzufühlen, von zahlreichen langen Grannen überragt; oben gelbbraun gefärbt, unten gelbgrau; Schwanz dicht abstehend behaart, $2\frac{1}{2}$″ lang, der Körper $4\frac{1}{4}$″. —

Gleicht in der Farbe des Rückens und Beschaffenheit des Pelzes dem Hesp. leucogaster Nr. 6. am meisten, doch ist dies kleine Thier relativ noch langhaariger und voller; besonders wegen der vielen, langen, weit vorragenden, aber doch höchst feinen Grannen. — Die Grundfarbe der einzelnen Haare ist ein dunkles Schiefergrau, die Spitze der meisten ist schwarzbraun, sehr vieler aber auch dunkelgoldgelb mit weißlichem Ende; die feinen zarten Grannen sind am vorragenden Theile schwarz, an der äußersten Spitze weiß. Der Augenrand ist besonders über und hinter dem Auge goldgelber, die Oberlippe am Rande graugelb, dann goldgelb; die oberen Schnurren sind schwarzbraun, die unteren weißlich; die längsten reichen so eben bis ans Ohr. Letzteres ist ziemlich klein, breit abgerundet, am Vorderrande stark behaart, kürzer am Umfange außen wie innen, aber doch viel stärker als bei H. expulsus; alle Haare haben gelbliche Spitzen. An der Unterlippe ist der Rand gelblich, die Mitte weiß; die Kehle hat einen weißgelben Ton, aber der graue Grund der Haare scheint durch; die Brust ist weniger gelblich, mehr graulich; dagegen die Innenseite der Beine und der Bauch klarer gelb; den After umgiebt ein schöner goldgelber Kranz, der in den dunklern Rückenpelz übergeht; die Pfoten sind obenauf grau, nur die Haare an der Spitze der Zehen weiß; die Sohle ist schwarzbraum. Der ziemlich lang, dicht, etwas abstehend behaarte Schwanz ist obenauf schwarz, unten gelb, gegen die Spitze hin verloschener. — Der Schädel ist an der Schnautze spitzer, zwischen den Augenhöhlen breiter und auf Stirn und Scheitel viel gewölbter als der von H. expulsus; die oberen Schneidezähne haben dieselbe Breite, sind aber kürzer, die unteren viel längeren dagegen schmäler; der Jochbogen ist viel feiner, und ganz abweichend verhalten sich die schmalen, engen Gaumenflügel; dagegen finde ich die Backzähne ein wenig größer als bei der vorigen Art, sonst aber völlig ebenso geformt. — Ganze Länge 7″, Kopf bis zum Ohr 14‴, Ohr innen 5‴, Rumpf vom Nacken bis zum Schwanz 3″, Schwanz $2\frac{1}{3}$ bis $2\frac{1}{2}$″, Hinterpfote 10‴. —

13. Hesperomys lasiotis *Lund.*

Blik paa Bras. Dyrev. III. Till. 280.
Wagn. Schreb. Suppl. III. 545. 8.

Pelz sehr fein, zart und dicht, ohne lange Grannen; oben gelblich grau, unten weiß; Ohren sehr groß, am Vorderrande dicht braun behaart; Schwanz kürzer als der halbe Rumpf, dieser 3″, jener $1\frac{1}{3}$″.

Die kleinste mir vorgekommene Maus, ein ungemein zierliches Thierchen, das aber nichtsdestoweniger ein kräftiges Gebiß und einen ziemlich starken Kopf hat. Die Schnautze ist kurz, ziemlich dick, die Augen sind groß; die Schnurren lang, reichen bis zum Ohr; letzteres hat eine beträchtliche Größe, ist aber doch sehr fein und zart gebaut, kurz innen wie außen behaart, und am Vorderrande auf der Außenseite mit längeren schwarzbraunen Haaren, die gelbliche Spitzen haben, dicht besetzt. Der äußerst zarte und feine Pelz ist in der Tiefe dunkel schiefergrau gefärbt, die einzelnen Haare sind ziemlich lang, aber die Grannen machen sich wenig bemerklich; die Spitzen der Haare sind theils lehmgelb, theils schwarzbraun. Unten ist das Haarkleid kürzer und die Spitzen aller Haare sind silberweiß; das Weiß setzt sich von den Seiten ziemlich klar ab und geht hier durch gelb in grau über. Die Beine sind innen weiß, außen licht gelbgrau, die Pfoten auf dem Rücken bis zu den Zehen gelblichgrau, die Zehen weiß. Der sehr zierliche Schwanz ist oben dicht mit anliegenden schwarzen Haaren besetzt, unten sind die Haare kürzer, weißlicher. — Ganze Länge 5¼″, Kopf bis zum Ohr 11‴, Ohr innen 5½‴, Rumpf vom Scheitel bis zum Schwanz 2⅓″, Schwanz 1⅓″, Hinterpfote 9‴. — Ich erhielt zwei weibliche Individuen zu Lagoa santa.

Der Schädel hat scharfe leistenartige Orbitalränder, eine kurze Schnautze, eine sehr breite, wenig gewölbte Hirnkapsel und für die Größe des Thieres starke Schneidezähne. Die Backzähne sind ebenfalls groß zu nennen, und haben sehr deutliche hohe Höcker, zwischen denen die tiefen Furchen der Schmelzfalten scharf sich absetzen. In allen diesen Punkten ähnelt derselbe ebenso sehr dem Schädel von H. expulsus, wie das äußere Ansehn beider Arten durch die Beschaffenheit des Pelze , die großen Ohren und die Färbung.

Anm. Herr Dr. Lund hat etwas kleinere Maaßangaben (2″ 6‴ im Körper und 1″ 1‴ im Schwanz) aber doch entschieden dieselbe Art bezeichnet. — Wahrscheinlich ist auch Azara's El blanco debaxo (Quadrup. II. 97. No. 52) das hier beschriebene Thierchen. —

III. Habrothrix *Waterh.*

Proceed. zool Society, V. 28. 1837.

Nach dem Gebiß läßt sich diese Gruppe kaum scharf von der vorigen trennen, obgleich nicht in Abrede gestellt werden kann, daß die in die Zahnsubstanz eindringenden Schmelzfalten der Backzähne kürzer sind und auswärts stärker klaffen, daher der Zahn im halb abgekauten Zustande keine isolirte Schmelzinseln auf der Mahlfläche zeigt, sondern bloß tiefe, breite Kerben an der Seite. Dazu kommt ein entschieden kleinerer Umfang des hintersten, fast kreisrunden Zahnes im Oberkiefer, und eine ganz ungemeine Zierlichkeit der feinen unteren Schneidezähne. Aber leicht unterscheidet man die Habrothrix-Arten am Schädel, der viel schmäler und gestreckter ist, keine aufgeworfenen oder scharfen, sondern abgerundete Orbitalränder und eine viel längere, schmälere Schnautze hat; dabei ist der Jochbogen kürzer und weniger stark gebogen, was eine schwächere

Backenmuskulatur und somit ein geringeres Nag- oder Kauvermögen anzeigt. Aeußerlich verrathen sich die hierher gehörigen Arten durch einen lockeren Pelz, ohne so lang vortretende Grannen, und eine mehr homogene grauliche Färbung. Ihre Schnautze ist fein und spitz, die Schnurren sind kurz und spärlich, die Augen viel kleiner, die Ohren aber nichts destoweniger groß, doch mehr breit als hoch. Pfoten und Schwanz verrathen sich durch besondere Kürze, und letzterer sowohl durch Feinheit, als auch durch eine gleichmäßigere, dichtere, kurze, anliegende Behaarung. Der Hackentheil hat lange nicht die Ausdehnung wie bei den Calomys-Arten; er ist etwas dicker und meistens nicht behaart, aber die Ballen auf ihm sind bestimmter abgesetzt und dunkler gefärbt. — Diese Mäuse vertreten in Süd-Amerika die Stelle der dort fehlenden Arvicolen und sind auch z. Th. schon für Hypudaei gehalten worden. Da aber ihre Zähne förmliche Wurzeln und eine andere Form haben, so kann man sie nicht mit den Hypudäen verbinden. —

14. Hesperomys auritus.

Wagn. Schreb. Suppl. III. 532. 22.
Mus auritus *Desm.* Mamm. 306. — *Lichtenstein*, Darstell. neuer etc. Säugeth. Taf. 34, Fig. 2. — *Brants* Muiz. 145.
El Orejon *Azara*, Quadr. II. S. 83, No. 45. — Trad. franc. II. S. 91.

Röthlich braungrau, unten heller, mehr rothgelb gefärbt; Ohren sehr groß, Schwanz etwas kürzer als der Körper; dieser 4¼″, jener 3¾″.

Etwas größer, als die Hausmaus, der Schwanz entschieden kürzer, die Farbe mehr röthlich angeflogen. Der Pelz ist fein, weich und kurz; die Haare sind sämmtlich in der Tiefe dunkelgrau, das letzte Viertel hat eine hellere, röthlich braungelbe Farbe; einzelne derbere schwarzbraune Grannen stehen dazwischen. Am reinsten rothbraun, etwa rostroth, ist die Farbe an der Schnautze, dem Kehlrande, der Stirn und der Mitte des Rückens; gegen die Seiten wird das Rothbraun blasser, falber; gegen den Hinterrücken dunkler, brauner; die Bauchseite ist mehr gelbgrau, indem hier die Haare dunkel isabellfarbene, aber kürzere Spitzen haben. Die Schnurren sind fein, weich und reichen nicht über das Ohr hinaus; ihre Farbe ist braun mit weißlicher Spitze, die unteren sind ganz weiß. Das Ohr ist verhältnißmäßig groß, bauchig gewölbt, abgerundet, innen am Umfange behaart, außen nur am Vorderrande; die Haare fast zimmtfarben. Die zarten Pfoten sind weißlich grau, die vordern gelblich, die Sohlen fleischfarben, aber die Ballen darin schwarzbraun. Der zarte Schwanz ist sehr kurz geringelt, fein mit blaßbraunen, unten helleren, sehr kurzen Härchen besetzt, die Krallen sind weiß. — An dem mir aus der Berliner Sammlung zur Vergleichung gesendeten Originalexemplar von Mus auritus *Licht.* finde ich folgende Maaße: Ganze Länge 8″, davon der Rumpf 4¼″, der Schwanz 3¾″, der Kopf bis zum Ohr 1″, die Hinterpfote 1″ 1‴, das Ohr 7‴ hoch, 5‴ breit. — Im Waldgebiet der Küstenstrecke zwischen Rio de Janeiro und Bahia, aber auch im Innern.

Anm. Azara's Beschreibung seines Orejon läßt sich ohne Zwang auf diese Art deuten; das von ihm beschriebene Exemplar scheint ein wenig größer gewesen zu sein; von Hrn. G. R. Lichtenstein wird der Schwanz etwas zu kurz, der Rumpf etwas zu lang angegeben. Brants bemerkt, daß er die Maus als Mus pyrrhogaster *Waterh.* im Wiener Mus. gesehen habe, und daß die rothgelbe Farbe nur den Männchen am Bauch zukomme; die Weibchen seien weißgrau. — Vielleicht gehört auch Mus callosus *Rengg.* (Säugeth. v. Parag. S. 231) hierher, was um so weniger mit Sicherheit sich bestimmen läßt, als die Angabe über die Zahl der Sohlenballen ungenau ist. Nur wenn man die Zehenballen nicht mitrechnet, kann man vorn 2, hinten 4 Ballen zählen.

15. Hesperomys arviculoides *Pict.*

Wagn. Schreb. Suppl. III. 519. 7.
Mus Renggeri *Pictet*, Notices s. l Anim. nouv. etc. 76. 10. pl. 21—23.

Oben dunkel braungrau, sehr fein gelb besprengt, der Bauch lichter gelbgrau; Schwanz etwas kürzer als der Rumpf; dieser 5″, jener 3¼″.

Dem H. orobius Nr. 10 in Größe und Gestalt ähnlich, aber die Farbe etwas dunkler, die Schnautze spitzer, der Schwanz länger. Der Pelz weich, zwar kurz, aber doch länger als bei H. orobius, mit feinen wenig vortretenden Grannen; die Grundfarbe der Haare dunkel bleigrau, die meisten mit kurzem, gelbem Ringe vor der schwarzen Spitze; einige mit hellerer Spitze; die feinen Grannen schwarz mit weißlicher Spitze; der Farbenton von der Nase bis zum Schwanz ganz gleichmäßig, am dunkelsten längs der Mitte, nach den Seiten hinab lichter, die feine Sprenkelung klarer. Unterseite vom Kinn bis zum After gelbgrau, jedes Haar mit breiter isabellfarbener Spitze, die Säume der Aftergegend voll gelblich; die Pfoten reiner grau, die Zehen nur an der Spitze etwas weißlich. Ohren nicht eben groß, breit abgerundet, vorn und am Saume dicht behaart, die Haare mit gelben Spitzen; Schnurren kurz und fein, braun gefärbt. Der Schwanz ziemlich dünn, dicht mit kurzen, feinen, anliegenden Borsten besetzt, oben schwarzgrau, unten weißlich, zumal gegen den Grund hin. — Der Schädel etwas flacher aber nicht breiter als bei den Calomys-Arten, die Schnautze dicker, die Backzähne relativ etwas breiter, der harte Gaumen sehr viel kleiner, indem nicht bloß die Backzahnreihen dichter an einander gerückt sind, sondern auch die vorderen

Gaumenlöcher weiter nach hinten bis zur Mitte des ersten Zahnes in ihn eingreifen. Untere Schneidezähne feiner als z. B. bei H. orobius. — Ganze Länge 8—9″, der Kopf bis zum Ohr 15‴, das Ohr innen 6‴ hoch, der Rumpf vom Scheitel bis zum Schwanz 4″, der Schwanz 3¼″, die Hinterpfote 1″; alte große Männchen im Ganzen über einen Zoll länger. — Bei Neu-Freiburg, in den Umgebungen eine der häufigsten Arten, aber bloß im Freien, in Gebüschen auf der Erde anzutreffen. —

Anm. Pictet will diese Art, die er zuerst aufgestellt hat, jetzt mit H. Renggeri *Waterh.* (Zool. Beagl. II. 14. pl. 15) verbinden; letztere, in Chili heimisch, ist beträchtlich kleiner, noch langhaariger und die gelben Sprengpunkte sind etwas größer, der Schwanz aber viel kürzer.

16. Hesperomys Nigrita *Licht.*

Wagn. Schreb. Suppl. III. 523. 13.
Mus Nigrita *Lichtenst.* Darst neuer etc. Säugeth. Taf. 35, Fig. 1.

Oben dunkel rothbraun, fein lichter besprengt; unten schwarzgrau; Ohren klein, gerundet; Schwanz kürzer als der halbe Rumpf, dieser 4″, jener 1½″. —

Nach Ansicht des Originalexemplares der Berliner Sammlung ist der allgemeine Farbenton des Pelzes oben dunkel rostbraun, aber keineswegs schwarz; doch mag die jetzt ziemlich vorherrschend rothbraune Farbe durch das Alter des Exemplares und sein Verblassen zugenommen haben und das frische Thier einen schwarzbraunen Pelz mit feinen roströthlichen Haarspitzen, dem goldgelbe Spitzen sparsam beigemengt sind, besessen haben; letztere sieht man no chjetzt deutlich als hellere Spritzpunkte, besonders an den Seiten des Rumpfes; der Nasenrücken und der Nacken haben den klarsten rostrothen Ton. — Der Grund jedes Haares ist dunkel schiefergrau, welche Farbe auch an der Kehle, der Brust und dem Vorderbauch vorherrscht; doch zeigen sich auch hier überall hellere Spitzen, die am Unterbauch mehr ins Goldgelbe spielen. Die Schnautze ist fein und spitz, die blaßbraunen Schnurren erreichen das Ohr nicht; letzteres hat eine niedrige gerundete Form und einen dichten Haarsaum am Umfange. Die Pfoten sind graubraun, der kurze Schwanz ist dicht fein behaart, oben schwarz. — Das Exemplar ist ein Männchen und zeigt folgende Maaße: ganze Länge 5½″, der Kopf bis zum Ohr 1″, das Ohr innen 4‴, der Rumpf vom Scheitel bis zum Schwanz 3½″, der Schwanz 1″ 4‴, die Hinterpfote 8½‴. — Aus der Umgegend von Rio de Janeiro. —

Anm. Da ich von dieser Art und von H. auritus den Schädel nicht gesehen habe, so stehen sie hier nur wegen des kürzeren Schwanzes; sie könnten auch zu Calomys, b. gehören.

IV. Oxymycterus *Waterh.*

Proceed. Zool. Society. V. 1837.

Durch die auffallend lange, spitze, rüsselförmig vorragende Schnautze zeichnet sich diese Gruppe vor allen anderen bemerklich aus; sie hat übrigens das kürzere Haarkleid, dem feine, wenig hervorragende Grannen in geringerer Anzahl beigesellt sind; den feinen, zierlichen, kurzen, anliegend behaarten Schwanz; die großen, breiten, abgerundeten, stärker behaarten Ohren; die kleinen Augen und die kürzeren Schnurren mit Habrothrix gemein; — sondert sich aber doch scharf durch die viel längeren, stärkeren, mehr grade und spitz hervorragenden Krallen an den Zehen von ihr ab. Selbst der Daumen der Vorderpfote hat eine solche zugespitzte, scharfe, freilich etwas kleinere Kralle; die Hackengegend der Hinterbeine ist kurz und unten völlig haarlos; die Sohlenballen ragen auf ihr sehr deutlich hervor. — Im Bau des Schädels ist die schlanke Form von Habrothrix noch weiter getrieben; die Nasenbeine ragen nicht bloß über den Zwischenkieferrand mit den Schneidezähnen weit hervor, sondern derselbe kommt ihnen sogar entgegen und bildet ein wirkliches, nur in der Mitte fein gespaltenes Halbrohr, das durch die Nasenbeine zu einem ganzen geschlossen wird. Letztere erweitern sich etwas am Ende, fast wie das Mundstück einer Trompete. Auf der Unterseite dieses langen Schnautzentheiles liegen ebenso lange, bis zwischen die Backzähne reichende Gaumenlöcher; dagegen ist die Oeffnung im proc. zygomaticus des Oberkiefers nicht groß und namentlich der plattenförmige Vorsprung neben ihr klein. Die Backzähne haben kurze, weite Falten und ähneln denen der Arvicolen im abgekauten Zustande ziemlich; der mittlere Zahn hat in beiden Kiefern an jeder Seite nur eine Falte und der sehr kleine hinterste im Oberkiefer gar keine. Allen fehlen isolirte Schmelzflecke oder Inseln auf der Kaufläche. Die unteren Schneidezähne sind ebenso dünn und fein, wie bei Habrothrix, aber nicht ganz so lang. Am Schädel sind die sonst scharfen Orbitalränder völlig verstrichen, die Stirn ist breiter zwischen den Augenhöhlen, als bei den typischen Hesperomys-Arten und die Gegend zwischen dem proc. zygomaticus beiderseits wie eine flache Blase aufgetrieben; dazwischen schieben sich die hinteren Enden der Nasenbeine weit in die Stirn hinein und übertreffen den proc. nasofrontalis des Oberkiefers sehr. Endlich ist der Jochbogen äußerst schwach, fein und kurz; die Gehirnkapsel klein, mäßig gewölbt, im Ganzen aber niedriger, als bei den eigentlichen Hesperomys. —

Wenn man die vorige Section als Correspondent von Hypudaeus in Brasilien betrachtet, so kann man diese für das Aequivalent von Lemmus oder Myodes ansehen; denn die Art, welche hierher gehört, ist ähnlich, wie er, ein noch bestimmterer Erdwühler, als die Mitglieder der vorigen Gruppe es sind; sie scheint über ganz Brasilien verbreitet zu sein, aber den harten Boden der Campos zu meiden und den lockeren der Waldstrecken zu lieben.

17. Hesperomys rufus *Desm.*

Wagn. Schreb. Suppl. III. 540. 32.
Mus rufus *Desm.* Mamm. 487 — Id. nouv. Dict. d'hist. nat. Art. Rat. 23. — *Rengg.* Säug. v. Parag. 230 (?). — *Brants* Muiz. 142. —
Hesper. Oxym. rostellatus Wagn. Schreb. Suppl. III. 514. 2. Taf. 202. A.
El Hocicudo *Azar.* Quadr. II. 80. No. 44 — Trad. franc. II. 94.

Junge Thiere.

Hypudaeus dasytrichos *Pr. Max z. Wied* Beitr. etc. II. 425. — Wagn. Schreb. Suppl. III. 595. c.

Pelz dunkelrostbraun, aus schwarzbraunen und rostgelben Spritzpunkten gemischt; Bauch lichter röthlich gelbgrau. Schwanz kürzer als der Rumpf, dieser 6½—7″, jener 3½—4″. —

So groß wie unsere Wasserratte, aber schlanker, der Kopf viel spitzer Schnautze unten von der Oberlippe her gespalten, fast bis zur nackten Nasenscheidewand; Ohren bei jungen Thieren klein, bei alten groß, breit abgerundet; Pfoten zwar nicht so zierlich, wie bei Calomys, aber doch nicht grade sehr massiv, die spitzen Krallen lassen sie lang erscheinen. Der Pelz oben dunkel schwarzbraun, mit rothgelben Spritzpunkten; in der Tiefe alle Haare schieferschwarz, die Spitze der meisten braun, vieler rothgelb, die Grannen schwarz. An den Backen neben der Kehle und den Bauchseiten die Farbe lichter, am ganzen Bauch rothgelb überflogen, die Kehle mehr grau, die Aftergegend am röthlichsten; alte Männchen unten viel heller, blasser. Pfoten oben braun, die Sohle schwarz, die Krallen hell hornbraun, der Schwanz schwarzbraungrau. — Ganze Länge 10—11″, Kopf bis zum Ohr 19—20‴, Ohr innen 8‴, Rumpf vom Scheitel bis zum Schwanz 5—5½″, Schwanz 4—4¼″, Hinterpfote 14—16‴. — Die Art war in den Wäldern bei Neu-Freiburg nicht selten; sie bewohnt den ganzen Küstenstrich und ist auch im Walddistrict Paraguays heimisch; auf den trocknen Höhen des Innern von Minas geraes scheint sie nicht vorzukommen. Sie lebt in Erdlöchern und wird bei Tage nicht häufig gesehen. —

Anm. Wegen der höchst fehlerhaften Beschreibung in der franz. Uebersetzung von Azara's Werk ist diese Art verkannt worden. Brants hat schon der Hauptirrthümer Erwähnung gethan. Ich zweifle keinen Augenblick, daß die hier citirten Schriftsteller ein und dieselbe Art in verschiedenen Altersstufen oder Geschlechtern vor sich hatten; nur Rengger möchte vielleicht ein anderes Thier beschrieben haben, da er des spitzen Kopfes mit keiner Silbe gedenkt. —

Eine ähnliche, lebhafter gefärbte Art mit weißer Unterlippe hat Pictet

(Notices s. l. Anim. nouv etc. II. 38. pl. 10) als H. Ox. hispidus beschrieben; sie findet sich bei Bahia. —

Anhang.

Außer den hier unterschiedenen 17 Arten brasilianischer Mäuse, welche ich selbst gesehen habe, sind noch eine Anzahl von Arten aufgestellt worden, die ich, da sie in keiner näheren Beziehung zu den von mir geschilderten zu stehen scheinen, nicht berühren konnte, und deshalb hier anhangsweise namhaft mache.

Zuvörderst berichtet Herr Dr. Lund in seinen so oft erwähnten Abhandlungen (III. Tillag, S. 276) von 2 Arten, die er nur aus Knochenresten kennt, welche sich in den Höhlen finden, aber offenbar nicht fossil sind. Die eine, welche nach ihm Hesperomys principalis genannt werden müßte, ist größer als alle anderen Arten; die zweite: Hesp. fossorius, zeichnet sich durch einen sehr stark entwickelten Muskularkamm am Oberarm aus und muß darnach eine sehr geschickte Erdwühlerin sein. Es wäre wohl möglich, daß diese Art mit dem zuletzt geschilderten H. rufus, der seiner Krallenform nach eine wahre Wühlmaus sein muß, zusammenfiele. Eine dritte Art nennt Dr. Lund Hesp. aquaticus (a. a. O. S. 279) und beschreibt sie als ein großes Thier mit dickem Kopf und niedrigen Ohren, von 15″ 5‴ Länge, wovon 8″ auf den Schwanz kommen; ihr Pelz ist weich, dicht, otterartig, oben gelbgraubraun, unten ockergelb; ihre Pfoten haben Schwimmhäute zwischen den Zehen; sie lebt am Wasser und baut ein Nest im Schilf. Ich würde sie zu Hesp. robustus Nr. 2 ziehen, wenn diese Art Schwimmhäute hätte, weil auch Pictet erwähnt, daß selbige sich in der Nähe des Wassers aufhalte. — Die übrigen Arten desselben Forschers habe ich theils beschrieben, theils mit den von mir beschriebenen verglichen; sein H. mystacalis, an den bis zur Mitte des Leibes reichenden Schnurren kenntlich, ist oben röthlichgrau, unten weißlich und 12″ lang, wovon 7″ auf den mit einem Haarschopf am Ende gezierten Schwanz fallen; er scheint zu der Gruppe zu gehören, welche Hr. v. Tschudi in seiner Fauna peruana S. 183 mit dem Namen Rhipidomys belegt und dem Rh. leucodactylus Taf. 13, Fig. 2 sehr nahe zu stehen. Alle anderen sind von mir beschrieben oder angezogen worden. —

Die zweite neuere Behandlung brasilianischer Mäuse rührt von A. Wagner her und steht in den Abhandl. der K. Bayr. Akad. math. phys. Cl. Bd. V, S. 306 flgd. — Hier werden 10 Arten aus Brasilien abgehandelt; davon habe ich 4 theils beschrieben, theils als Synonyme älterer Arten nachzuweisen gesucht; von den 6 anderen mögen hier die Diagnosen eine Stelle finden.

1. Schwanz so lang oder länger als der Körper.

1. H pygmaeus: Pelz oben roströthlich, unten weißlich; Ohren groß, dicht behaart; Schwanz licht gefärbt, wie die Sohlen. Körper 2″ 7‴, Schwanz 3″ 5‴, Hinterpfote 9¼‴. — Von Ypanema in St. Paulo.

2. H. concolor: Pelz oben goldgelb, unten scharf abgesetzt weiß, die Bauchhaare am Grunde nicht grau, die Beine bräunlich; Schwanz fast nackt, so lang wie der Leib, jener 4¾″, Hinterpfote 1″. — Am Rio Curicuriari in Nordwestbrasilien.

2. Schwanz beträchtlich kürzer als der Körper.

3. H. brachyurus: Pelz oben bräunlich gelb, schwarz besprengt, unten trüb blaßgelb, die Beine bräunlich; Schwanz dicht behaart, kürzer als der halbe Leib, oben schwärzlich, unten weißlich; — Körper 5″, Schwanz 2⅓″, Hinterpfote 11‴. — Von Ytarare in Südbrasilien.

4. H. fuliginosus: Pelz oben roströthlich braun, schwarz besprengt, unten trüb gelblich; Ohren und Pfoten kurz, braunhaarig; Schwanz kurz behaart, kürzer als der halbe Rumpf; dieser 4¼″, jener 1½″, Hinterpfote 8‴. — Von Ypanema in St. Paulo.

5. H. caniventris: Pelz oben trüb lehmgelb und schwarz gemischt, unten weißgrau, leicht gelblich; Beine blaßbraun; Schwanz kurzhaarig, oben braun, unten weißlich, kürzer als der halbe Leib; dieser 4″ 2‴, jener 1″ 9‴, Hinterpfote 11‴. — Fundstätte nicht näher bekannt.

6. Als Drymomys musculus *Natt.* beschreibt Wagner a. a. O. S. 318. 1. eine kleine Maus, welche Natterer in den Häusern von Ypanema in St. Paulo antraf; sie gleicht unserer Hausmaus in Größe und Farbe, hat aber das Gebiß einer Drymomys *v. Tsch.*

Eine dritte Arbeit über brasilianische Mäuse findet sich in Pictet's Notices sur les Animaux nouveaux ou peu connus d. Mus. d. Genève, Livr. 3 et 4. Genève. 1844. 4. Verfasser behandelt darin, außer den schon erwähnten Arten, noch folgende:

1. Mus cinnamomeus, l. l. 64. 6. pl. 19. — Pelz reichlich, weich, lang; die Haare am freien Theil braun, die Spitze rothgelb, der Grund grau; Backen, Halsseiten und Rumpfseiten klarer gelbroth; Kehle, Brust und Bauch weißgelb. Vorderbeine zur Hälfte weißlich, scharf von der obern braunen Partie abgesetzt. Länge des Rumpfes 5″ 6‴, des Schwanzes 4″ 6‴. — Erinnert im Pelz an H. lasiurus Nr. 12.

2. Mus masculipes, l. l. 67. 7. pl. 20. — Pelz kurz, aber weich; die Haare oben grau mit gelber Spitze und eingemengten braunen Grannen, unten rein weiß; Backen und Rumpfseiten gelber; Pfoten mit schwarzbraunem Fleck oben auf der Wurzel. Rumpf 5″, Schwanz 4½″. — Erinnert im Habitus an H. expulsus Nr. 11.

3. Mus auritus, l. l. 70. 8. pl. 18. — Pelz lang und weich, die Haare oben grau, mit gelblicher Spitze und eingestreuten braunen Grannen; Hals- und Rumpfseiten lebhaft gelb; Lippen, Kehle, Innenseite der Beine, Brust, Bauch und Steiß weißlich. Ohren sehr groß, fast nackt. Rumpf 5″, Schwanz 4¼″ lang. Erinnert an H. orobius Nr. 10. — Pictet verbindet damit M. auritus *Desm. Azar.* etc., der aber sicher eine andere Art bezeichnet; Azara sagt nichts von der weißen Farbe der Unterseite. Auch ist das Thier keine Phyllomys, sondern eine Calomys; die ächten Phyllomys haben weit längere, löffelförmige Ohren.

3. Muriformes.

Rattos der Brasilianer.

Süd-Amerika hauptsächlich hat eine Reihe von Nagern aufzuweisen, welche bei der entschiedensten äußeren Aehnlichkeit mit den Ratten doch in den meisten wesentlichen Eigenschaften von ihnen verschieden sind.

Zu den äußeren Rattenähnlichkeiten gehören, neben der Gesammtform, allermeist kurze, abgerundete, breite, wenig oder fein behaarte Ohren; ein ganz ähnlich gefärbter und gebildeter Pelz; ziemlich nackte, schwach und kurz behaarte Pfoten, vorn mit vier größeren Zehen, die scharfe Krallen tragen und ein deutliches Daumenrudiment, auf dem ein kurzer Kuppelnagel zu sitzen pflegt; hinten fünf vollständige, krallenführende Zehen; endlich ein meist langer, beschuppter, dazwischen behaarter Schwanz, dessen Haare einen Borstencharakter zeigen und bald kurz, bald sehr lang, aber nur selten so dicht gestellt sind, daß nicht die Schwanzrübe mit dem Schuppenkleide hindurchschimmerte. Osteologisch ist der erhöhte, eigenthümlich gestaltete processus spinosus mit dem beweglichen Aufsatz am zweiten Rückenwirbel für alle ein entscheidender, rattenartiger Familiencharakter. —

Neben diesen Aehnlichkeiten bieten sich aber ebenso große durchgreifende Verschiedenheiten dar. Kein Mitglied der Muriformes hat das eigenthümliche spaltenförmige Loch im processus zygomaticus des Oberkiefers, sondern alle zeigen statt dessen eine weite kreisrunde Lücke, die den ganzen processus so ausfüllt, daß er nur mit zwei engen Wurzeln am Oberkieferknochen haftet. Sie dient zum Durchgange eines Theiles vom musculus massetericus, der in dieser ganzen Gruppe sehr groß ist und nicht bloß vom Jochbogen, sondern auch vom Oberkiefer vor demselben entspringt. Kein Muriforme hat ferner die schmale Stirn von der Breite der Nase, sondern eine stets breitere, oft doppelt so breite, welche durch scharfkantige, vorspringende Orbitalränder noch mehr verbreitet wird. Gewöhnlich bilden diese Ränder fast grade, nach vorn convergirende Linien, mitunter (bei Mesomys und Carterodon) nach innen gekrümmte, fein erhaben umrandete Bogen. Hiezu kommt eine viel schmälere, tiefere, fast hohle Gaumenfläche und einander mehr parallel stehende längliche Gehörblasen, hinter denen ein weit stärkerer Griffel- oder Zitzenfortsatz herabragt. Auch ist am Unterkiefer der aufsteigende Ast viel breiter, senkrechter gestellt und darum der hintere untere Griffelfortsatz viel feiner und spitzer. — Wichtiger aber noch, als diese Unterschiede des Schädelgerüstes, sind die Verschiedenheiten des Zahnbaues. Die Muriformes haben breitere, etwas flachere Schneidezähne mit graderem Endrande, und beständig vier ziemlich gleich große Backzähne, entweder mit abgerundet gewundenen Schmelzfalten, die später, d. h. im höheren Alter, z. Th. nur noch als Schmelzinseln sich bemerkbar machen, oder mit scharf winkelig geknickten Falten, welche mitunter sich treffen und den Zahn in parallele Schmelzplatten abtheilen. Bisweilen, doch nicht immer, zeigt der vorderste Zahn, besonders im Unterkiefer, eine Falte oder Platte mehr, als die folgenden; auch pflegt der vierte hinterste Backzahn später durchzubrechen, als die drei anderen; selbst erst im ganz reifen Lebensalter, wenn die Thiere schon fortpflanzungsfähig sind. — Vom übrigen Skelet ist nur die totale Trennung des Schienbeins vom Wadenbein in ihrer ganzen Länge als Gruppencharakter beachtenswerth, insofern eine solche Trennung allen Rattinen abgeht. Einige, aber wie es scheint, nicht in Brasilien einheimische Gattungen der Muriformes machen davon insofern eine Ausnahme, als bei ihnen Schienbein und Wadenbein im untersten Drittel sich inniger aneinander legen; doch geht diese Verbindung nicht so weit, wie bei den Rattinen, wo sie bis zur Mitte oder gar darüber hinaus, bis auf zwei Drittel, total miteinander verwachsen.

Will man die sämmtlichen Mitglieder dieser Gruppe in ihre natürlichen Beziehungen zu einander bringen, so muß man vier Unterabtheilungen annehmen:

1. Ferkelmäuse (Capromyidae). Sie haben ein schlichtes Haarkleid *), breite abgerundete, aber kurze Ohren und größtentheils lange,

*) Die Form des Grannenhaares liefert eigentlich nur einen relativen Unterschied, insofern die größeren steiferen derselben nicht bloß bei den Capromyiden, sondern auch schon bei den Rattinen, platte, mit einer feinen Längsfurche versehene, nur sehr schmale Stacheln darstellen, welche zu dem Stachelkleide der Loncheriden einen allmäligen Uebergang bilden.

schuppige spärlich mit Haaren besetzte Schwänze. Ihre Backzähne sind von gleicher Größe und mit Windungen versehen.

Gatt. Myopotamus, Capromys, Habrocoma *), Dactylomys, Cercomys.

2. Stachelratten (Loncheridae). Sie haben derbe, mehr oder minder steife, platte Stacheln statt der Grannenhaare zwischen dem Haarkleide des Rückens; übrigens die Charaktere der vorigen Gruppe, nur dichter behaarte Schwänze. —

Gatt. Loncheres, Echinomys, Nelomys, Mesomys, Carterodon.

3. Schrotmäuse (Psammoryctidae). Sie haben ein einfaches Haarkleid, abgerundete z. Th. sehr kurze Ohren, meistens kürzere dicht behaarte Schwänze und Backzähne mit kurzen Falten, die nach hinten gewöhnlich kleiner werden.

Gatt. Psammoryctes, Schizodon, Ctenomys, Octodon.

4. Wollmäuse (Eriomyidae). Sie haben einen sehr zarten weichen Pelz, sehr große oft lange Ohren, lange buschig behaarte Schwänze und Backzähne mit parallelen Platten.

Gatt. Eriomys, Lagidium, Lagostomus.

Von diesen 4 Gruppen gehören die beiden letzten vorzugsweise den Pampas und Hochebenen der Andes an; Brasilien hat von ihnen nur ein Mitglied in dem südlichsten Theile gegen den Rio Panama hin aufzuweisen; die erste ist mit mehreren, die zweite mit allen ihren Gattungen in Brasilien vertreten. Außerhalb Süd-Amerika's kommen Muriformen nur in Afrika vor und wie es scheint mit 3 Gattungen; Aulacodes zunächst mit Myopotamus und Cercomys verwandt, Petromys an Octodon sich anschließend, und Ctenodactylus, dessen Stellung noch unsicher ist **).

*) Diese Gattung steht näher zu Capromys als zu Octodon; der Typus ihrer unteren Backzähne ist wie bei Capromys und Loncheres, ihrer oberen dagegen ganz eigenthümlich.

**) Die Gattung hat nur drei Backzähne, was sie von allen Muriformen entfernt. Da ich sie nicht selbst untersuchen konnte, so muß ich mein Urtheil zurückhalten; ich kenne das Thier zu wenig, um seine Beziehungen zu anderen zu verstehen. Gervais stellt es zu den Dipodiden. —

a. Ferkelmäuse. Capromyidae.

Ein vollkommen rattenartiges Ansehn, weichere, nicht zu wirklichen Stacheln ausgedehnte Grannenhaare; starke, genau gleichgroße Backzähne, mit allermeist abgerundet gebogenen Falten, von denen die eine weitere und stärker klaffende oben nach innen, unten nach außen am Zahn liegt, während die entgegengesetzte Seite des Zahnes mit 2 oder 3 engeren Falten begabt ist, die sich später auf der Kaufläche zu isolirten Schmelzinseln abzusondern pflegen, bilden die Hauptcharaktere dieser Abtheilung. Sie tritt mit ihren typischen Gestalten außerhalb Brasilien auf; Myopotamus im Süden, Capromys in Westindien sind dahin zu rechnen. In Brasilien scheint jene durch die Gatt. Cercomys, diese durch Dactylomys vertreten zu sein; beide gehören zu den seltensten Muriformen dieses Landes und sind nur in einzelnen Exemplaren bekannt. —

27. Gatt. Dactylomys *Is. Geoffr.*

Guérin Magaz. d. Zool. 1840.

Aeußeres Ansehn rattenartig, nur etwas schlanker, dem gestreckten Bau der Loncheres ähnlich; der Kopf niedriger und besonders schmäler, die Ohren ziemlich klein, den Scheitel nicht überragend; das Gebiß aus platten, vorn gelben Schneidezähnen und vier gleich großen Backzähnen gebildet, deren jeder aus 2 ganz getrennten fast dreikantigen Platten besteht. Im Oberkiefer ist jede Platte nach außen mit einer Falte versehen, die ihr das Ansehn eines V giebt; im Unterkiefer hat nur die vordere Platte eine Falte an der Innenseite, die hintere ist einfach. Der erste Zahn des Unterkiefers ist abweichend, mit einer kleinen Schmelzröhre am Vorderrande und einer großen, von zwei Falten am Innenrande zerklüfteten Platte dahinter. Beide Zahnreihen des Oberkiefers nach vorn dicht an einander gerückt, stark nach hinten divergirend *). Pelz weich, mäßig lang, ohne steife Grannenhaare oder Stacheln; der Schwanz lang, stark, beschuppt, schwach und fein behaart. Beine sehr eigenthümlich, die Vorderpfoten vier-

*) Sowohl in dieser starken Divergenz nach hinten, als auch in der Form der Schmelzplatten spricht sich eine merkwürdige Aehnlichkeit mit dem Gebiß von Cavia aus.

zehig, indem die nagellose Daumenwarze höchst unbedeutend ist; die 2 mittleren Zehen gleich lang, viel länger als die äußere und innere; jede mit einem kurzen, dicken Nagel; die Hinterpfoten fünfzehig, doch auch hier die 3 mittleren Zehen länger, schlanker mit spitzeren Krallen, als die äußere, ziemlich kurze, und die innere, welche beide stumpfere Nägel tragen. —

Man kannte von dieser interessanten Gattung lange Zeit nur eine Art, die der Pariser Sammlung durch Entführung aus dem Lissaboner Kabinet zugekommen war; kürzlich hat A. Wagner eine zweite Spezies aus St. Paulo beschrieben, welche sich wahrscheinbis in das südliche Minas geraes verbreiten wird.

Dactylomys amblyonyx *Natt.*

Wagn. Münch. Acad. Abh. V. 304. 2.

Oben olivenbraun, schwarz gesprengt, unten rothgelb; Schwanz dichter mit Haaren bekleidet, Krallen erweitert. Ganze Länge 21″, Schwanz 11″ 6‴. —

Pelz weich und schlicht, die Haare der Oberseite in der Tiefe größtentheils schiefergrau, mit olivengelben Spitzen; längs des Rückens mit vielen ganz schwarzen Haaren untermischt, welche an den Seiten verschwinden, wodurch der Ton goldig fahlgelb wird; die Haare der Unterseite ockergelb, gegen die Tiefe hin lichter. Auf dem Kopf zeigt sich ein rostfarbner Anflug, hie und da mit grau gemischt, der an den Wangen vorherrschend wird; Kinn und Ende der Oberlippe weißlich, Kehle ockergelb, gleich Brust und Bauch. Beine außen wie der Rücken gefärbt, die Pfoten spärlich mit weißlichen etwas dunkel gesprenkelten Haaren besetzt. Sohle fleischfarben. Ohren und Schwanz graulich fleischfarben, jene am Rande fein behaart, dieser am Grunde dicht behaart, dann schuppig, mit bräunlichen Haaren besetzt, die am Ende einen Pinsel bilden. Schnurren sehr lang, schwarz; Krallen spatelförmig erweitert, mit flacher Wölbung und stumpfer Zuspitzung. — Rumpf $9\frac{1}{2}$″, Schwanz $11\frac{1}{2}$″, die äußersten Haare noch $\frac{3}{4}$″ länger, Ohr 8‴, Hinterpfote 1″ 11‴. —

Natterer erhielt 2 Individuen bei Ypanema in St. Paulo; sie leben auf Bäumen, klettern geschickt und häufen Nahrung für den Winter in Baumlöchern an.

Anm. Die zuerst bekannt gewordene Art dieser Gattung ist Echimys dactylinus *Desm.* Mamm. 291. — *Fr. Cuvier* Nouv. Ann. du Mus. d'hist. nat. I. 330. pl. 18. 19. — Dactylomys typus *Is. Geoffr.* Guér Mag. d Zool. 1840. 27. u. 47. pl. 20. u. 28. Fig. 1—3. — A. Wagn. Schreb. Suppl. III. 348. 1. — Ders. Abh. d. Münch. Acad. V. 302. 1. Das Thier erreicht eine Gesammtlänge von 28″, wovon $11\frac{3}{4}$″ auf den Rumpf, die übrigen auf den Schwanz kommen; es ist oben röthlich gelb, längs dem Rücken mit etwas schwarz besprengt, an den Seiten blasser, an Kehle, Brust, Bauch und Pfoten weiß. Seine Nägel sind mehr zusammengedrückt, haben eine scharfe Spitze und die hinteren eine bedeutendere Größe. Lange Zeit kannte man nur das eine Exemplar, welches die Franzosen aus Lissabon nach Paris brachten; seitdem hat Natterer ein zweites Exemplar am Rio Negro, im Gebiet des Amazonenstromes, erlegt, als es eben einen Baum hinauf klettern wollte. Neuerdings sind noch ein Paar Individuen nach Paris gekommen und von Gervais besprochen worden. —

Von dem Schädel hat Fr. Cuvier a. a. O. eine Abbildung gegeben, welche, so klein sie auch ist, doch eine unverkennbare Aehnlichkeit mit dem Schädel von Capromys anzeigt, namentlich in der Form des Schnautzentheiles, der relativ sehr kleinen Augenhöhle, dem längeren, hohen, scharfkantigen Hinterhaupt und dem starken kräftigen Unterkiefer. Der Jochbogen ist zwar schwächer, als bei Capromys, aber in der Form ihm sehr ähnlich. Der dickere Schnautzentheil des Schädels und der stärkere Kinnwinkel des Unterkiefers weisen auf dieselben kräftigen Schneidezähne hin, welche sich bei Capromys finden; bei den Loncheriden sind sie im Verhältniß schmäler und dünner. —

28. Gatt. Cercomys *Fr. Cuv.*

Nouv. Ann. d. Mus. d'hist. nat. I. 1832.

Cercomys cunicularius *F. Cuv.*

Fr. Cuv. a. a. O. S. 330. pl. 18 u. 19. — Dess. hist. nat. des Mammif. III. livr. 60. — Wagn. Schreb. Suppl. III. 350. 1. — *Waterh.* Mamm. II. 305.

Größe und Farbe der Wanderratte, der Rücken mehr braun, die Seiten blasser, aber minder grau, der Bauch weißlich.

Der Kopf ist ziemlich groß, die Schnautze breiter als bei der Wanderratte, die Lippen dick, mit langen, über die Backen hinaus reichenden Schnurren; das Auge groß, die Ohren ziemlich breit, hoch, fein behaart, etwas zugespitzt; der Rumpf ganz wie bei einer großen Wanderratte gestaltet, die Pfoten etwas stärker, die hintere vom Hacken an länger; der Schwanz dick, kräftig, so lang wie der Leib, fast nackt, d. h. sperrig mit kurzen Haaren besetzt. Der Pelz dicht und weich, gelbbraun, die Haare am Grunde schwarzgrau, die meisten am Ende gelblich, dazwischen derbere schwarzbraune Grannenhaare, die sich besonders gegen den Rücken zusammendrängen, daher der Ton hier dunkler wird; der Bauch und die Kehle sind weißlich grau; die langen Schnurrhaare braun, die Krallen weißlich, der nackte Schwanz violettgrau; die Ohren braun, halb behaart. — Der Schädel gleicht in seinem Gesammtbau dem von Loncheres und Echinomys sehr, ist aber etwas länglicher und dem der Gattung Nelomys noch ähnlicher; die Schneidezähne sind platt, die Backzähne haben einen fast kreisrunden Umriß, sind von gleicher Größe und jeder einzelne ist mit einer Falte und drei Schmelzinseln versehen. Schon das zeugt für ein bedeutendes Alter des Individuums, daher die Wurzelbildung der Backzähne sehr entwickelt sein mußte; in der Jugend hatten die Zähne offenbar eine breite Falte an der einen Seite, die oben nach innen, unten nach außen liegt, und drei am Anfange enge elliptische Falten an der entgegengesetzten Seite, welche sich allmälig zu isolirten Inseln abkauten. Darin weicht der Zahnbau von Echinomys, Nelomys und Carterodon ab; die alle an der entsprechenden Seite jedes hinteren Backzahnes nur zwei Falten besitzen. — Das einzige bekannte Individuum wurde von Aug. de St. Hilaire aus Minas novas mitgebracht. —

Anm. Die allgemeine Aehnlichkeit dieses Thieres mit Capromys scheint sehr groß zu sein, so weit sich das nach Abbildungen beurtheilen läßt; weniger das Gebiß und der Schädeltypus. Ich finde, bei Vergleichung der Abbildungen von Fr. Cuvier mit dem Schädel von Capromys, an letzterem einen viel kräftigeren Unterkiefer, einen stärkeren, breiteren Jochbogen, eine relativ sehr viel kleinere Augenhöhle und eine stärkere Entwickelung des proc. stylomastoideus hinter der Ohrblase bei Capromys. So groß hat diesen Griffel, der übrigens, wie bekannt, nicht dem Zitzentheile des Schläfenbeines, sondern dem Gelenktheile des Hinterhauptbeines angehört, nur die Familie der Subungulaten, besonders Coelogenys und Hydrochoerus. Auch die Zähne weichen ab, doch nicht in der Anlage der Falten, nur in der Ausführung, indem jede Schmelzfalte bei Capromys nach innen enger, nach außen weiter ist, und dadurch eine schärfer winkelige Form erhält, und selbst die 3 kleineren wahrscheinlich, bei fortschreitender Abkauung, bleibend sein, nicht zu isolirten Inseln vom Schmelzsaum sich ablösen werden, wie das bei Cercomys und den Loncheriden der Fall ist. Endlich hat jeder obere Backzahn bei Capromys außen nur je zwei Falten, nicht je drei, wie Fr. Cuvier's Abbildung von Cercomys, wo 3 Inseln in jedem Zahn sich finden, wahrscheinlich macht. —

b. Stachelratten. Loncheridae.

Die Anwesenheit steifer, bald nur harscher, bald stechender, mitunter über eine Linie breiter, oben der Länge nach vertiefter und mit einem aufgeworfenen Rande versehener Haare oder Stacheln zwischen dem Pelze des Rückens, wo sie die Stelle der Grannen einnehmen und letztere mehr oder weniger vollständig verdrängen, bildet den Gruppencharakter dieser Abtheilung. Im Uebrigen sind die Stachelratten durch eine dicke Schnautze, sehr lange, zahlreiche Schnurren, minder hohe Ohren von den vorigen Gattungen nur z. Th. verschieden; auch ist der allermeist sehr lange Schwanz mit seinem dichteren, borstigen, langen oder kurzen Haarkleide ein zwar keinesweges entscheidendes, aber doch bezeichnendes Merkmal für diese Abtheilung. Das Gebiß hat dieselbe typische Anlage und zeigt im Bau des Zahnes nur Gattungskennzeichen, nicht Familieneigenschaften. —

Alle Stachelratten gehören dem mittleren Süd-Amerika an, die meisten bekannten sind in Brasilien zu Hause.

29. Gatt. Loncheres *Illig.* *).

Prodrom. Syst. Mamm. et Av. S. 90. 1811.
Echimys *Geoffr.* Msc. Nelomys *Jourd.*

Die ausgebildetste Stachelbekleidung des Pelzes, welche man in dieser Familie kennt; kurze, dicke, über den Scheitel nicht hervorragende Ohren; kurze, kräftige Pfoten mit stark gekrümmten, hohen spitzen Krallen, aber kurzen, dicken Zehen, von denen hinten die dritte und vierte genau gleich lang sind; ein sehr langer Schwanz und Backzähne, die im Oberkiefer aus zwei gleichgroßen Abtheilungen bestehen, bilden die Charaktere dieser Gattung. Ihre Mitglieder leben in Wäldern, klettern geschickt, besteigen nicht bloß die Bäume, sondern nisten auch in deren Kronen, oder hohlen verdorrten Aesten, in kunstreichen Bauen, und fressen nebenbei Insecten. —

Das Gebiß bedarf einer weiteren Auseinandersetzung um so mehr, als es die ausgebildetste Form des Familientypus darstellt. Die Schneidezähne sind ziemlich schmal, stärker gewölbt, als bei Echinomys und Nelomys, wenig gebräunt, oder ganz weiß. Die vier Backzähne bilden zwei parallele, im Oberkiefer einander sehr nahestehende Reihen und haben einzeln eine etwas länglich ovale Form; sie bestehen im Oberkiefer aus zwei durch eine tiefe, ganz durchgehende Kluft getrennten Abtheilungen. Jede Abtheilung hat die Form eines nach außen offenen **) lateinischen U. In frühester Jugend sind die Schenkel des U abgerundete Wülste, später werden sie zu flachen, von Schmelz eingefaßten Leisten. Geht die Abkauung noch weiter, so verbinden sich die beiden Abtheilungen am Innenrande, oder in der Mitte, durch eine enge schmelzgesäumte Brücke. Das ist gewöhnlich schon an den vorderen Zähnen der Fall, während an den

*) Der Name wird von Lichtenstein passend wie ein Masculinum behandelt, und kann es mit größerem Rechte sein, als Echimys, und die übrigen Composita von μῦς.

**) Die Figur des Gebisses von Lonch didelphoides, welche Fr. Cuvier gegeben hat (Nouv. Ann. etc. I. 1832. pl. 18. f. 2.), stellt die Zähne des Oberkiefers so dar, als ob die hintere Abtheilung der beiden hintersten Zähne nach innen und nicht nach außen geöffnet sei. Bei Lonch. cristatus ist das nicht der Fall, alle Falten seiner Zähne öffnen sich nach außen; bei L. armatus ist die hintere Abtheilung des dritten Zahnes nach innen geöffnet, die des vierten nach außen. Es scheinen darin also Artunterschiede aufzutreten.

hinteren noch jede Abtheilung für sich bleibt. Allmälig weiter abgekaut wird die Mahlfläche viel breiter, ebener und zeigt jetzt drei von Schmelz eingefaßte Querfurchen: die mittlere gewöhnlich durchgehend, aber im Centrum unterbrochen, die beiden seitlichen von der Außenfläche in den Zahn eindringend. Letztere werden im hohen Alter zu isolirten langgezogenen Inseln. Im Unterkiefer bestehen die drei hinteren Zähne nur aus drei Querwülsten, d. h. der Zahn hat am Außenrande nur eine, am Innenrande zwei Falten; jene ist kürzer aber weiter als diese, und schief nach vorn gewendet, während diese senkrecht gegen die Länge des Zahnes sich wenden. Der erste vorderste Zahn ist schmäler aber auch länger als die 3 folgenden, er besteht aus drei in der Jugend völlig getrennten Abtheilungen: die vorderste dreiseitige hat eine centrale Lücke, die mittlere ist ein einfacher Querwulst, die hintere ein Vförmiger Wulst. Durch Abkauen ändert sich dieser Zahn nur wenig, im höheren Alter verschwinden die Querfurchen und werden zu inselförmigen Lücken. Alle Zähne haben dann isolirte Wurzeln, und zwar im Oberkiefer, wie gewöhnlich, eine große Wurzel an der Innenseite und zwei kleine an der Außenseite; im Unterkiefer hat jeder Zahn vorn zwei kleine und hinten eine große Wurzel, nur der erste Zahn, je nach seiner Größe, zwei oder drei Wurzeln hinter einander.

Diese Beschreibung des Gebisses gründet sich auf die Untersuchung von L. cristatus und L. armatus. Ich besitze auch die vollständigen Skelete. Beide haben 14 Rückenwirbel, von denen der zweite durch den hohen proc. spinosus sich auszeichnet; unter den Rippen sind 7 wahre und 7 falsche; die Anzahl der Lendenwirbel ist 7, die der Kreuzwirbel 3; Lonch. cristatus hat die seltene Zahl von 43 Schwanzwirbeln, L. armatus nur 40; Schienbein und Wadenbein sind völlig getrennt, und die Schlüsselbeine recht stark. Am Oberarm ist kein Kanal neben dem inneren Ellenbogenhöcker für den nerv. medianus und die art. brachialis vorhanden, wohl aber ein kleiner Muskularkamm. Der Schädel ist überall sehr scharfkantig, übrigens dünnwandig; die Orbitalkante völlig gradlinigt und das eigentliche zygoma ziemlich breit. Besonders aber zeichnet sich der proc. stylomastoideus hinter der Paukenblase durch eine bedeutende Breite und Höhe aus. —

Im Uebrigen wäre noch zu erwähnen, daß das Männchen eine starke Hodensackanschwellung und das Weibchen wahrscheinlich vier Zitzen besitzt, 2 nach Natterer's Beobachtung an den Seiten des Rumpfes zwischen Vorder- und Hinterbeinen, 2 andere, nach meiner eignen Wahrnehmung, in den Weichen neben den Schenkeln, aber keine vorn an der Brust.

Nachstehende 2 Arten habe ich in Brasilien erhalten. —

1. Loncheres cristatus.

Wagn. Schreb. Suppl III. 332. 2. — *Waterh.* Mamm II. 315. pl. 17, f. 2.
Echimys crist. *Desmar.* Mammal. 291. —
Nelomys cristat. *Is. Geoff.* Guér. Maz. 1840. 40 et 49
Lonch. chrysurus *Licht.* Abh. Berl. Acad. 1818. S. 191.

Kaffeebraun, Oberkopf schwarz, mit weißer Nase und Stirnstreif bis zum Scheitel; Schwanz dicht und lang behaart, am Grunde braun, dann schwarz, die Endhälfte weiß. —

Steife Stacheln bedecken die ganze Oberseite des Thieres, die breitesten stehen auf dem Kreuz; nach vorn und an den Seiten werden sie schmäler, am Bauch, der Brust, Kehle und den Beinen wahre Borsten; auch der Kopf ist nicht eigentlich mit Stacheln, sondern mit weicheren etwas flachen Borstenhaaren bekleidet; am Schwanz stehen Stacheln nur so weit er noch braun ist, dann förmliche Haare, die gegen die Spitze sehr lang werden. — Die Farbe ist am Oberkopf bis gegen das Ohr hin, und über die Augen hinaus, bis auf die Backen schwarzbraun; Nasenkuppe, Mitte der Oberlippe, Mundrand und ein Streif über die Stirn bis zum Hinterkopf sind weiß; die langen Schnurrhaare schwarz. Der übrige Körper kaffeebraun, längs dem Rücken dunkler, an den Seiten heller, am Bauch und den Beinen gelblicher; die meisten Stacheln des Hinterrückens haben einen schöneren rothbraunen Ring vor der Spitze, und ebenso gefärbte Haare stehen zwischen ihnen; am Schwanz wird die Farbe schnell dunkler und geht nach $1\frac{1}{2}''$ in schwarz über, dann treten die Haare auf; die Endhälfte ist rein weiß gefärbt. Die Pfoten sind dunkler braun als das übrige Bein, die Nägel horngraubraun. — Ganze Länge 22″, der Schwanz allein $11\frac{3}{4}''$, die weiße Strecke $6\frac{1}{2}''$; der Kopf bis zum Ohr $1\frac{3}{4}''$, das Ohr 8‴ hoch, die Hinterpfote 2″ 3‴ lang. —

Ich untersuchte von diesem schönen Thier ein großes männliches Individuum in Neu-Freiburg bei Herrn Bescke, das dort im nahen Walde erlegt worden war; meine Beschreibung ist nach dem etwas kleineren Weibchen gemacht, welches die hiesige Sammlung schon vor meiner Reise besaß und frisch im Weingeist erwarb. So lange es in der Flüssigkeit steckte, hatte sein Schwanz eine schöne fast citronengelbe Farbe und daraus erklärt sich wohl der Name Allamands (Suppl. à Buffon. IV. 164. tb. 67 und VII. 283. tb. 72.) Lérot à queue dorée, den Schreber (Säugeth. IV. tab. 70. B.) zu seinem Hystrix chrysuros benutzte. Nach dem Austrocknen ist die Farbe der Schwanzspitze völlig weiß geworden. —

2. Loncheres armatus.

Wagn. Schreb. Suppl. III. 335. 4. -- *Waterh.* Mamm II. 321
Nelomys armatus *Is. Geoffr.* l. l. 11 et 51.
Mus hispidus *Licht.* Darst. etc. tb. 35. f 2.
Torò im Innern Brasiliens genannt.

Graubraun, die Stacheln zumal am Hinterrücken mit rothgelbem Ringe vor der Spitze; Lippen, Backen und Unterseite gelblich weißgrau; Schwanz kurz behaart, nackt durchscheinend.

Kleiner und relativ schlanker als die vorige Art, der Stachelbesatz nicht so dicht, und darum zumal der Kopf nicht so dick. Schnautze vorragend aber abgerundet, dicht und fein behaart, nur die Ränder der Nasenlöcher nackt. Oberlippe stark, bauchig gewölbt, mit langen Schnurren dicht besetzt, von denen einige bis zur Schulter reichen. Auge ziemlich groß. Ohrmuschel relativ etwas größer, als bei der vorigen Art, am Hinterrande stark ausgebuchtet, die abgerundete Spitze bis zum Scheitel reichend; der Antitragus und Antihelix dem menschlichen Typus nicht unähnlich. Stirn, Scheitel, Nacken und Vorderrücken mit flachen, lanzettförmigen Stachelborsten besetzt, deren Zahl je mehr nach hinten immer zunimmt, bis sie auf dem Kreuz vorherrschend werden; dazwischen überall feinere, schmälere Borsten und ganz feine Haare; die stärksten Stacheln nicht ganz eine Linie breit, etwas über 1″ lang, mit feiner 2—3‴ weit vorspringender Haarspitze; übrigens einfarbig braun, nach dem Grunde zu matter, weißlicher, gegen die Spitze dunkler und hier ein schöner rothgelber Ring bei denen des Hinter- und Mittelrückens. Dieser Ring ist deutlicher an den Haaren zwischen den Stacheln, als an den eigentlichen Stacheln. Die Seiten des Körpers sind einfarbig braun, oben etwas trübe; die Unterfläche wird allmälig heller und geht beim Männchen ins isabellfarbene über, während sie beim Weibchen mehr einen graugelben Ton annimmt; die Beine sind außen braun, innen gelblich und hier sehr spärlich behaart; die Zehen haben mehr eine weißliche Farbe, die Krallen sind hell gelbgrau. Der Schwanz ist am Grunde auf der Oberseite eine kurze Strecke wie der Rücken behaart, dann wird er plötzlich in schiefer

Richtung von den Seiten her fast nackt und gleicht einem Rattenschwanze völlig; er ist von rautenförmigen Schuppen bekleidet, dazwischen aber behaart, welche Haare gegen die Spitze etwas dichter stehen und länger werden; die Farbe derselben ist oben schwarzbraun, unten gelblich graubraun.

Das Gebiß dieser Art weicht von dem der vorigen in keinem anderen Punkte ab, als darin, daß die Schneidezähne rein weiß gefärbt sind, und die kleine Schmelzbrücke, welche die beiden Hauptabtheilungen der 3 hinteren oberen Backzähne in der Tiefe verbindet, mehr gegen die Mitte der Zahnoberfläche gerückt ist. —

Ganze Länge des Weibchens von der Schnautzenspitze bis Schwanzspitze 17$^3/_4$", der Schwanz allein 8$^3/_4$", Schnautzenspitze vom Ohreingang 1" 10‴, Höhe des Ohres 9‴, Hinterpfote 1" 6‴. — Das Männchen nur 13$^3/_4$" lang, der Schwanz 6$^1/_2$".

Diese Art scheint weit durch Brasilien verbreitet zu sein, Natterer fand sie in Mato grosso und mein Sohn schoß den 26. Febr. im Walde bei Neu-Freiburg ein trächtiges Weibchen, das eben zu Nest ging und zwei ziemlich ausgetragene Fötus bei sich hatte; es gab, als es fiel, einen grunzenden Ton, wie der Hamster, von sich. Das Nest befand sich in der Laubkrone eines niedrigen Baumes, etwa 14′ über dem Boden, und war aus locker in einander gefügten Blättern gebildet, die aus einem über 1′ langen Mittelstiel und großen opponenten Blättchen in mehreren Paaren bestanden. Es hatte den Umfang und die Gestalt einer großen Melone und an dem einen Ende eine faustgroße Oeffnung, wodurch das Thier aus- und einschlüpfte. — Um das Exemplar desto besser zu conserviren, steckte ich es in Branntwein, wobei es mir wie Spix ergangen ist, es ließ allmälig alle Stacheln und Haare fallen, so daß es nur als Skelet brauchbar blieb. —

Anm. 1. G. R. Lichtenstein hat zuerst ein schönes altes männliches Individuum, dessen Farben klarer und reiner zu sein pflegen, a. a. O. beschrieben und für Echimys hispidus ***Desm. Geoffr.*** gehalten. Is. Geoffroy berichtigte diesen Irrthum. —

2. Mit dem Namen Phyllomys brasiliensis belegt Dr Lund eine Stachelratte, deren Gebiß in der Abbildung (Blik paa Brasil. Dyrev III. 243. Taf 21, Fig. 12 u. 13) die allernächste Beziehung zu Loncheres herausstellt. Was Dr. Reinhardt über das Thier mittheilt (Videnskab. Meddel 1849. No 7, S 113), bestätigt nicht bloß diese schon von Waterhouse ausgesprochene Ansicht (Nat. Hist. of. Mamm. II. 330), sondern macht es mir sogar wahrscheinlich, daß dasselbe mit dem vorstehend beschriebenen Loncheres armatus identisch sein könne. Wir kennen durch Natterer die Ausbreitung der Art bis nach Mato grosso, und darum wird sie auch in Minas geraes nicht fehlen, wenn man sie gar noch viel weiter östlich im Küstendistrict antrifft. Nach jenen Angaben ist das Thier eine langgeschwänzte Stachelratte mit kurzen Ohren, breiter Schnautze,

dicken Lippen, starken kräftigen Zehen und breiten Stacheln auf dem Rücken, deren Spitze in einem haarförmigen Fortsatz ausgeht, grade wie ich ihn bei L. armatus gefunden habe. Die Farbe ist rothbraun, am Grunde der Haare und Stacheln graulich, dann schön rothgelb und an der Spitze fast schwarzbraun; die Seiten sind heller, die Unterfläche ist beinahe isabellgelb, die Schneidezähne sind weiß, ein wichtiges Merkmal für L. armatus. Von den Backzähnen besteht jeder einzelne oben aus 4 schmalen elliptischen Platten, die paarig zu einem U vereinigt sind; unten sind die Zähne schmäler, die Platten halbmondförmiger gestaltet und so gestellt, daß der Zahn an der Außenseite einen, an der Innenseite zwei Einschnitte oder Falten, also nur drei Platten zu haben scheint. Nur der etwas längere vorderste Zahn des Unterkiefers hat deutlich 4 Platten, d. h. 3 Falten an der Innenseite, von welchen die mittlere mit der Falte der Außenseite zusammentrifft. Die anderen Zähne sehen aus, als beständen sie aus 2 V Platten, die wie ein W zusammenhängen. Der Schwanz war an dem einzigen Exemplar, das Dr. Reinhardt erhielt, verstümmelt; der Rumpf zeigte folgende Maaße: Ganze Länge 9″; von der Schnautzenspitze zum Ohr 1″ 8‴, Ohr hoch 8‴, Länge der Hinterpfote 1″ 4‴.

Bemerkung.

Die beiden hier beschriebenen Arten lassen sich nach den Verschiedenheiten des Gebisses und Schwanzes als die Typen zweier Unterabtheilungen der Gattung Loncheres betrachten, wie dies schon A. Wagner in Schreber's Suppl. (III. 332—335) gethan hat. Die etwas feiner gebauten Mitglieder der zweiten Abtheilung haben relativ längere Ohren und nähern sich mehr den Echinomys.

Zur ersten Abtheilung gehören ferner:

1. L. paleaceus *Ill. Licht.* a. a. O. von Para; heller braun, ohne schwarz am Kopf, aber mit weißem Streif und halb weißem Schwanz. Wie Waterhouse (Mamm. II. 318.) nachzuweisen sucht, wohl nur eine Altersverschiedenheit oder Varietät von L. cristatus. Mit ihr stimmt die Abbildung von Buffon, Suppl. VII. 283. tb. 72. —
2. L. Blainvillii *Jourd. Geoffr.* Wagn. a. a. O. 334., einfarbig braun mit ganz schwarzem Schwanz. Von Bahia.
3. L. grandis *Natt.* Wagn. Münch. Acad. Abh. V. 295., goldgelb, schwarz getüpfelt, Kopf und Schwanzspitze schwarz. Von Managuarri am oberen Amazonenfluß.

   Zwei ebenfalls von A. Wagner in den Abh. d. Münch. Acad. V. 2c. aufgestellte Arten: L. nigrispina (S. 296) von Ypanema in St. Paulo und L. unicolor *Rüpp.* (S. 298) ohne bestimmten Fundort, kann ich auch nur für jüngere Individuen halten, die wahrscheinlich zu L. Blainvillii gehören werden. Dagegen dürfte der L. macrurus *Natt.* ebend. eine eigene Art aus dem Innern sein.

Zur zweiten Abtheilung sind zu stellen:

4. L. semivillosus *Geoffr.* Wagn. a. a. O., gelbgrau mit weißer Unterfläche und beinahe ganz nacktem Schwanz; aus Columbien, und
5. L. didelphoides *Geoffr.* ibid 41. 50., oben leberbraun, unten weiß; Schwanz eine kurze Strecke am Grunde behaart, dann nackt. — Vermuthlich gehört dahin auch L. obscurus Wagner, Schreb. Suppl. III. 336., und Münch.

Acad. Abh. III. 196., von dem ich gleichfalls ein nur als Skelet brauchbares Exemplar, ohne nähere Angabe des Fundortes, erhalten habe. Die Art unterscheidet sich durch den kürzeren Schwanz mit 33 Wirbeln gut von L. armatus, mit dem in Größe und Farbe sie übereinstimmt. Mein Exemplar zeigt hellgelbe Schneidezähne und besitzt nicht 13, sondern 14 Rippenpaare nebst 7 Lendenwirbeln.

30. Gatt. Echinomys.

Echimys *Geoffr. Desmar.* Mammal. 290.

Thiere äußerlich vollkommen wie Ratten gebaut, mit ziemlich großen nackten Ohren, langen schuppigen, sperrig behaarten Schwänzen und ziemlich schwach behaarten Pfoten, bilden den Inhalt dieser Gattung. Sie unterscheiden sich von Loncheres hauptsächlich durch 3 Eigenschaften:

1. Die Ohren sind löffelförmig, viel dünner, am Rande schwächer eingeschnitten, feiner behaart und ragen hoch über den Scheitelrand hervor.

2. Der Pelz ist seiner größeren Oberfläche nach nicht stachelig, sondern aus einfachen Haaren gebildet; die flachen, spitzen Stacheln mit erhabenen Rändern stellen sich erst allmälig mit dem Alter ein und bedecken dann vorzugsweise den Hinterrücken und die Kreuzgegend. Mitunter scheinen sie ganz zu fehlen.

3. Das Gebiß besteht aus kürzeren, mehr kreisrunden Backzähnen, von denen jeder anfangs in zwei ungleiche Abtheilungen zerfällt; die vordere Abtheilung hat im Unterkiefer, die hintere im Oberkiefer die Form eines U, das dort nach innen, hier nach außen offen ist. Durch Abkauen fließen beide Abtheilungen allmälig zusammen, indem zwischen ihnen eine Schmelzbrücke erscheint, welche oben am Außenrande, unten am Innenrande des Zahnes liegt. Geht die Abkauung weiter, so wird aus dem Einschnitt des U eine Schmelzinsel und bei ganz alten Thieren hat die Kaufläche nur 2 solcher Inseln von ungleicher Größe. Der erste Zahn jeder Reihe ist auch hier eigenthümlich gestaltet; er zeigt nämlich im vorderen Schenkel der hinteren Abtheilung des Oberkiefers eine kleine äußere Falte, so daß dieser Zahn scheinbar aus zwei Ufalten besteht; im Unterkiefer ist noch ein Grübchen in der vorderen Abtheilung vor der Falte vorhanden, wodurch diese Abtheilung im abgekauten Zustande mit 2 Schmelzinseln hinter einander auftritt.

Die Beine von Echinomys sind schlanker, die Zehen länger, die Krallen feiner; an den hinteren ist die ganze Pfote relativ beträchtlich länger und die drei mittleren Zehen gleich lang; nur die Krallenspitze der mittelsten ragt etwas vor. — Der Schwanz ist ziemlich nackt, deutlicher beschuppt, dünn und kurz behaart. Die Schnurren sind dagegen noch länger als bei Loncheres.

Am Skelet verräth der Schädel einen feineren Bau, die Schnauze ist relativ länger, der Jochbogen beträchtlich schmäler, der scharfe Orbitalrand nicht grade, sondern nach innen gebogen; der proc. stylomastoideus kürzer und feiner; die Backzahnreihen stehen weiter von einander, sind relativ viel kürzer und divergiren ein wenig nach hinten. Der Rumpf hat nur 12 Rückenwirbel mit ebenso vielen Rippenpaaren, worunter 7 wahre und 5 falsche; die Zahl der Lendenwirbel ist 7, der Kreuzwirbel 3, der Schwanzwirbel 33—35. Die Lendenwirbel zeichnen sich durch besonders lange, stark nach vorn geneigte, auf der oberen Kante tief ausgehöhlte Dornfortsätze aus und unterscheiden sich dadurch sehr augenfällig von den Lendenwirbeln der vorigen Gattung, die kürzere mehr senkrecht gestellte Dornen tragen.

Die Echinomys-Arten leben auf dem Boden oder in Erdlöchern und besteigen die Bäume nicht. —

Echinomys myosurus.

Loncheres myosurus *Licht.* Abh. d. K. Ac. z. Berl. 1818. S. 192, Taf. I. Fig. 1. — *Pr. Max* Beitr. etc. II. 445. 1. —
Echimys cajennensis *Geoffr. Desm.* Mamm. 292. — *Is. Geoffr.* Guér. Mag. d. Zool. 1840. 13 et 52. — *Pict.* Mém. d. l. Soc. Phys. d. Genève IX. 145. pl. 1—4. — *Waterh.* Mamm. II. 334. pl. 19. f. 2.
Mus leptosoma *Brants* Muiz 150. — *Licht.* Darst. neuer etc. Säugeth. Taf. 36, Fig. 2 (M. cinnamomeus).
Mus spinosus *Licht.* ebend. Fig. 1 (excl. Syn.).
Echinomys leptosoma Wagn. Schreb. Suppl. III. 341. 1.
Loncheres elegans *Lund*, Blik p. Bras. Dyrev. II. 99. III. 245. Taf. 25, Fig. 8 u. 13. IV. 63.

Jüngere Individuen ohne Stacheln.

Echimys setosus *Geoffr. Desm.* Mamm. 293. — *Is. Geoffr.* Guér. Mag. 1840. 12. pl. 25. — *Waterh.* Mamm. II. 339.
Echinomys fuliginosus Wagn. Schreb. Suppl. IV. 343. — *Waterh.* Mamm. II. 341. —

Rückenfläche von der Nasenspitze bis zur Schwanzspitze braun, Unterfläche rein weiß, scharf gegen die braune Farbe abgesetzt; Beine außen braun, Pfoten ganz weiß.

Kopf bis über die Lippen und Backen hinaus braun, in der Jugend ganz weichhaarig und gleichfarbiger, röthlicher, mit zunehmendem Alter durch eingemischte steifere, dunklere, mehr stachelförmige Haare allmälig derber und brauner gefärbt; die ausnehmend langen Schnurren ebenfalls braun. Dieselbe Farbe erstreckt sich über den Nacken, Rücken, das Kreuz, die obere Schwanzseite und die Außenfläche der Beine bis zu den Pfoten, und ist auf der Mitte der Seite scharf gegen die weiße Farbe der Unterfläche abgesetzt. Letztere verbreitet sich über die halbe Oberlippe, das Kinn, die Kehle, Brust, Beine, den Bauch und die Pfoten, und zieht sich auf der Unterseite des Schwanzes hinab. In der Jugend sind beide Farben nicht so scharf geschieden, das Braun ist röthlicher, der Bauch trüber, und dem Haarkleide fehlen die breiten flachen Stacheln; wie diese hervortreten, nimmt die Farbe einen anfangs graubraunen, hernach reiner braunen Ton an, der auf dem Scheitel, zwischen den Schultern und längs der Mitte des Rückens am dunkelsten und fast schwarzbraun wird. Diese dunklere Farbe rührt hauptsächlich von den langen breiten, steifen Stacheln her, die nun überhand nehmen und oben die Haare allmälig ganz verdecken. Die Stacheln sind über einen Zoll lang, am Grunde weiß, dann allmälig braun, zuletzt schwarzbraun; die Haare zwischen ihnen sind auch unten weiß, werden aber je mehr nach oben gelblicher und zuletzt röthlich dottergelb. An den Rumpfseiten sind die Stacheln schmäler kürzer, und nach der Spitze zu etwas gebräunt, einige auch ganz weiß; an den weißen Körpertheilen haben Haare und Stacheln eine gleiche ganz weiße Farbe. Auf den Beinen läuft in der Mitte der Außenseite ein brauner Streif herab, aber die Pfoten sind ganz weiß. Die Innenseite der Schenkel ist beinahe nackt. Der Schwanz hat oben einen ziemlich dunklen Ton, besonders nach dem Grunde zu; unten ist er weißlich, gegen die Spitze allmälig stärker behaart und dort mit einem weißlichen Pinsel geziert. Die hohen nackten Ohren sind bräunlich fleischfarben. — Ganze Länge 14—16″, der Schwanz allein $7\frac{1}{4}$—$8\frac{1}{2}$″, der Kopf bis zum Ohr 1″ 10‴—2″, das Ohr 9‴ hoch, die Hinterpfote $1\frac{3}{4}$ bis 2″ lang.

Man findet diese Ratte sowohl im waldigen Küstengebiet, namentlich des mittleren Brasiliens, als auch auf den ebenen waldlosen Camposgefilden des Innern, über welche sie weit verbreitet und zahlreich vertheilt ist; sie lebt versteckt im hohen Grase, oder in Erdlöchern, soll sich gern in der Nähe von Teichen im Schilf aufhalten, gut schwimmen können, und bei Nacht ihrer Nahrung, die besonders in Mayskörnern besteht, nachgehen, die Maysstauden erklettern und die Kolben abnagen. Ihr Bau ist auf dem Boden, nicht auf Bäumen.

Anm. 1. Ich habe keine andere Art, als die eben beschriebene, in Brasilien getroffen, sie aber häufig bei Lagoa santa erhalten. Wenn Rengger's Echimys longicaudatus (Säug. v. Parag. S. 236) zu ihr gehört, wie man annimmt, so verbreitet sie sich südlich etwa bis zum Wendekreise; nördlich kennt man sie von Bahia, wo sie auf der kleinen Insel Deos gemein ist, und ebenfalls aus Guyana von Cajenne. — Pictet hat a. a. O. nachgewiesen, daß das Stachelkleid erst allmälig auftritt und den jungen Thieren fast ganz fehlt; ich kann das an meinen Exemplaren bestätigen. —

2. G. R. Lichtenstein's Mus spinosus ist nach dem Originalexemplar, was ich zur Vergleichung aus Berlin erhielt, ein sehr altes, stark verbleichtes, fehlerhaftes Stück dieser Art, dem ein um mehr als ein Drittel verkürzter, ihm fremder Schwanz angesetzt wurde; mit Echimys spinosus ***Geoffr. Desm.*** hat das Präparat gar keine Aehnlichkeit. So existiren denn schon 8 Abbildungen dieses gemeinen Thieres (3 von Lichtenstein, 3 von Pictet, 1 von Is. Geoffroy, 1 von Waterhouse; die besten sind die Pictet'schen), und darunter ist eigentlich keine wahrhaft naturgetreu. —

3. Was die übrigen Arten von Echinomys betrifft, so wird zuvörderst der E. albispinus ***Is. Geoffr.*** a. a. O. Taf. 26 nur durch weiße Stacheln an den Seiten zwischen den Haaren von dem sehr ähnlichen E. myosurus unterschieden; ob mit Recht, lasse ich dahin gestellt sein. — Gewiß aber ist E hispidus ***Geoffr. Desm.*** etc. eine gute Art, von gleicher Größe, aber entschieden rothbrauner Farbe, ohne weiße Seiten und Bauch, bloß unten heller, mit weißer Kehle und Unterlippe. Sie kommt von Bahia, und würde besser zu Rengger's kurzer Beschreibung von Echimys longicaudatus passen, als E. myosurus. — Die vierte Art E. inermis ***Pict.*** (Notic. s. l. Anim. nouv. etc. II. 35. pl. 9.) hat keine Stacheln, ist mehr graubraun, als rothbraun, unten rein weiß und auch sonst ganz wie die Hauptart gebaut. Sie lebt in der Serra das Almas bei Bahia.

31. Gatt. Nelomys *Lund.*

Blik paa Brasil. Dyrev. III. 242. Isothrix ***Wagn.***

Die Gattung unterscheidet sich äußerlich von der vorigen nur durch den kürzeren, länger und fast vollständig behaarten Schwanz, die geringere Entwickelung der Stacheln und die viel kleineren Ohren; ihre fast kreisrunden Backzähne haben beinahe denselben Bau, d. h. eine breitere schief gestellte Falte auf der einen (oben inneren, unten äußeren), zwei ovale nach innen weitere Falten auf der anderen Seite; ihre Schneidezähne sind eben, aber schmal und stark gebräunt.

Nelomys antricola *Lund.*

Dr. Lund a. a. O. Taf. 22 u. 23.
Echimys apereoides antea II. 98 — Echimys antricola ***Waterh.*** Mamm. II. 350.
Is. pachyurus ***Wagn. Wiegm.*** Arch. 1845. I. 146. — Is. crassicaudus ***Natt.***, Münch. Acad. Abh. V. 291. 3.

So groß wie eine kräftige alte Wanderratte, aber der Schwanz relativ kürzer. Farbe oben ein gelbliches Grau, unten beim Männchen weißlich, beim Weibchen gelblicher; der Schwanz gegen die Spitze hin dunkler, schwarzbraun, unten am Grunde weißgrau wie die Zehen; über dem Auge ein weißlicher Fleck. — Die Nase ist dick und breit, völlig behaart; die Oberlippe stark, nur am Rande gespalten, mit starken und langen bis zur Schulter reichenden schwarzen und weißen Schnurren; letztere am unteren Rande der Lippe. Vorderkopf bis zu den Augen reiner grau, weiß und schwarz gesprengt, vom Auge an etwas bräunlicher, gelblich grau, auf dem Rücken wird die Farbe am lebhaftesten ockergelblich gesprengt; jedes Haar größtentheils bleigrau, die Spitze schwarzbraun mit einem gelblichen Ringe; die stärksten Grannenhaare entschieden flachgedrückt, der Länge nach gefurcht, ganz schwarz, harsch, aber nicht eigentlich stechend *). Ohren ziemlich klein, nach oben verschmälert, am Hinterrande tief eingebuchtet, mit starkem Antitragus und deutlichem Antihelixrande; innen am oberen Ende mit langen Haaren sperrig besetzt. Augenliederrand schwärzlich, das obere Augenlied weißlich; Iris dunkelbraun. Pfoten für die Größe des Thieres zierlich, die Zehen weißlich behaart, die Krallen hell horngrau; die Außenseite der Beine und der Handrücken grau, die Innenseite weißlich oder gelblich. Bauch, Brust und Kehle bis zum Kinn und den Lippen weiß beim Männchen, gelblicher beim Weibchen; am Unterhalse das Grau des Nackens sich eindrängend. Schwanz am Grunde dicht und lang behaart, dann mit kürzerem steiferem Grannenhaar dicht besetzt, oben allmälig aus gelbgrau in schwarzbraun übergehend, unten anfangs weißlich, dann auch braun. Weichengegend hell weiß. — Das Gebiß und das ganze Skelet, so weit es Dr. Lund abgebildet hat, ist völlig nach dem Typus von Echinomys und Loncheres gebildet; Schädel, Schulterblatt und Beine zeigen keine wesentlichen Abweichungen; der hohe proc. spinosus am zweiten (nicht ersten) Rückenwirbel ist vorhanden, tibia und fibula völlig getrennt. Die Wirbelzahlen sind leider nicht angegeben. Der Schädel ist relativ etwas schmächtiger und gestreckter, als der von Echinomys, besonders die Schnautze spitziger und der Scheitel flacher; die oberen Orbitalränder sind sehr dünn und stark abgesetzt, der Jochbogen nur schwach, mit spitzer Zacke hinten auf dem oberen Rande, welche einer kleinen Ecke am Orbitalrande entspricht; beides deutlicher als bei Echinomys, die wieder Loncheres darin übertrifft. Die Zahnreihen stehen einander parallel, sind ebenso kurz, wie bei Echinomys, aber die einzelnen Zähne nach hinten größer und die Faltung ihrer Schmelzsäume minder scharf und tief; die davon eingefaßten Zahnlappen

---

*) Wagner sagt bei Isothrix, daß keine flachen Haare vorhanden seien (a. a. O. S. 286), ich finde sie dagegen bei N. antricola sehr deutlich.

sind breiter, dicker, kürzer, an den Ecken gerundeter und der ganze Zahn hat ein gedrungneres Ansehn. Im Oberkiefer haben die beiden vorderen Zähne außen zwei, innen eine Falte, die beiden hintern dagegen außen drei, innen ebenfalls nur eine Falte; doch ist die hinterste der 3 Falten viel kleiner, kürzer und von vorn herein eine nur in der Mitte klaffende Insel*). Im Unterkiefer besitzt jeder Zahn auf der Außenseite eine Falte, aber nur der vorderste auf der Innenseite drei, die drei folgenden haben daselbst nur zwei. Von diesen zwei Falten entspricht die hinterste der äußeren Falte und trifft mit ihr in frühester Jugend zusammen, so daß um diese Zeit jeder Zahn aus 2 Platten zu bestehen scheint, von denen die vordere ein nach innen offenes V darstellt, die hintere einfach ist. Nur der vorderste Zahn ist daneben aus 1 W-Platte gebildet, indem an ihm die äußere Falte erst mit der dritten von den 3 inneren zusammentrifft. Bei alten Thieren werden diese Falten zu anfangs ovalen, später kreisrunden Inseln. — Ganze Länge 15¾″, Schwanz allein 7″, Ohr 9‴ hoch, Schnautzenspitze vom Ohr 2″ entfernt, Hinterpfote 1″ 10‴ lang. —

Man findet diese Ratte in den Höhlen der Kalksteinformation von Minas geraes; sie besucht auch die benachbarten Campos und frißt neben Vegetabilien noch Insecten. Natterer erhielt sie in einem Hause von Cujaba (Mato grosso); es war ein Weibchen, bei dem er die Stellung der Zitzen wie bei Myopotamus an den Rumpfseiten oberhalb der Mittellinie wahrnahm, ein Paar hinter der Achselgrube, das zweite Paar vor den Hinterschenkeln.

Anm. 1. Ich habe den Gattungsnamen von Dr. Lund beibehalten, weil es mir nicht wahrscheinlich ist, daß die 3 äußerlich so verschiedenen Thiere, welche A. Wagner zu seiner Gattung Isothrix bringt, einer und derselben Gattung angehören, wenigstens weicht der Schädel des Is. bistriatus (Wagn. a. a. O. Taf. XIV, Fig. 4 u. 5) erheblich von dem der N. antricola ab, und nähert sich mehr dem von Capromys oder Loncheres. Auch ist der Name Nelomys, den Jourdan für Loncheres vorschlug, durch Identität jener beiden Formen jetzt vacant und deshalb anderweitig verwendbar. Das Gebiß von Nelomys *Jourd.* hat freilich Nelomys *Lund* nicht, wie schon A. Wagner (Wiegm. Arch. 1843. II. S. 47) andeutete.

2. Loncheres unicolor *Rüpp.* (Wiegm. Arch. 1842. I. 361.), welchen Wagner früher mit Nelomys *Lund* vereinen wollte, ist nach der späteren Beschreibung (Münch Acad. Abh. V. 298. 3.) keineswegs damit identisch, sondern wahrscheinlich die jugendliche Form eines ächten Loncheres. —

3. Waterhouse stellt Nelomys antricola gradezu unter Echinomys, da aber das Thier keine wirklichen Stacheln hat, auch das Gebiß etwas abweicht, so scheint mir diese Verbindung nicht zulässig. Die von ihm angenommene Gattung Isothrix ist auf den N. pictus *Pict.* (Not. s. l. Anim. nouv. du Mus. de Genèv

---

*) Bei Echinomys myosurus ist der erste und vierte obere Zahn mit einer solchen kleinen Falte oder Insel versehen.

livr. 2. 29. pl. 7 u. 8) ausgedehnt, dessen Gebiß vollständig mit Loncheres (Nelomys *Jourd.*), aber nicht mit Echinomys, also auch nicht mit der Beschreibung von Wagner's Isothrix bistriata und Is. pachyurus übereinstimmt. Ich kenne dies Thier, das bei Bahia gefunden wird, nur aus der Beschreibung a. a. O., auf welche ich verweise. Es scheint ein Loncheres ohne Stacheln zu sein, wie Echinomys inermis ***Pict.*** eine stachellose Echinomys. —

32. Gatt. Mesomys *Wagn.*

Abh. d. Kön. Bayer. Acad. z. Münch. phys. math. Cl. V. S. 293.

Mesomys spinosus *Desm.*

Echimys spinosus ***Geoffr. Desm.*** Mamm. 291. — ***Rengg.*** Säug. v. Parag. 234. ***Isid. Geoffr.*** in Guer. Mag. 1840. 17 et 54.
Echimys brachyurus Wagn. Schreb. Suppl. III. 346. 4. — ***Waterh.*** Mamm. II. 345. —
Loncheres laticeps ***Lund*** Bl. p. Bras. Dyr. IV. 63.
El Espinoso, ***Azar.*** Quadr. del Parag. II. 76. No. 43. — Abbild. in der Voy. d. l'Am. mer. Atl. Pl. 13. — Trad. franc. II. 82. Rat a grosse tête.

Individuen ohne Schwanz.

Mesomys ecaudatus ***Wagn.*** a. a. O. — ***Waterh.*** Mamm. II. 331. — Darüber ***Reinhardt*** in Vedensk. Meddel. I. 7. pag. 111.

Von dem gedrungenen Körperbau des Hamsters, einem großen Hypudaeus amphibius in der Gestalt ähnlich, mit breitem dickem Kopfe, aber größeren mehr hervorragenden Ohren, scharfen spitzen Krallen zum Graben, und kurzem Schwanz mit dichter kurzer, anliegender Behaarung. —

Der dicke Kopf hat eine kurze breite Schnautze, welche überall bis an die Nasenlöcher heran behaart ist; die fleischigen Lippen tragen wenige feine und kurze Schnurren, welche nicht weit über die Backen hinaus reichen. Das Auge ist ziemlich klein, das Ohr aber im Verhältniß groß, abgerundet, am Hinterrande ausgeschweift, fein behaart, mit deutlichem Antitragus und Antihelix, wie bei den vorigen Gattungen. Den Kopf und den Rumpf bedeckt im reifen Lebensalter ein derbes, stechendes, aber nicht sehr langes Borstenkleid, das seine Steife den eingemischten Stacheln verdankt, womit nicht bloß der Rücken, sondern auch alle anderen Körpertheile ziemlich gleichmäßig besetzt sind; indeß erreichen die Stacheln ihre größte Stärke auf dem Rücken, daher der sich rauher anfühlt. Jeder Stachel dieser Gegend ist 9—10‴ lang, am Grunde haarfein, dann schnell in eine breite flache lineare Strecke von $^1/_2$‴ Breite ausgedehnt und am Ende allmälig zugespitzt, in eine 2‴ lange haarförmige Spitze ausgehend; der flache Theil des Stachels ist auf der Ober- oder Außenseite der Länge nach gefurcht, und mit verdickten erhabenen Rändern versehen. Zwischen diesen Stacheln stehen feinere, aber noch ziemlich derbe steife Borsten, die allmälig gegen die Seiten hin abnehmen und wie die Stacheln schwächer werden, so immer mehr in einfache, weichere Haare übergehen; sie sind aber selbst noch auf dem Bauche vorhanden und fehlen nur der Kehle, dem Vorderhalse und den Weichen ganz. So weich, wie bei den Capromyiden, ist aber auch an diesen Stellen das Haarkleid nicht. Offenbar steht damit die ganz auffallend dicke, derbe, getrocknet pappartig harte Haut des Thieres in innigem Zusammenhange. — Die Farbe ist auf dem Rücken ein schönes dunkles Rothbraun, das aus helleren und dunkleren Sprengpunkten besteht; an den Seiten wird sie heller, röthlicher, am Bauch ganz hell rothgelbbraun; besonders dunkel an der Schnautze, den Backen, der Innenseite der Beine, den Pfoten, den Weichen und der Unterfläche des Schwanzes, welcher oben wie unten so dicht mit kurzen, anliegenden, aber doch derben Haaren besetzt ist, daß man von einem Schuppenkleide nichts gewahr wird. Uebrigens sind die Haare und Stacheln am Grunde weiß, dann graulich, später schwarzbraun, darüber mit einem schönen rothgelben Ringe geziert und zuletzt wieder braun; an den heller gefärbten Körpertheilen fehlen die dunklen Stellen, ihre Farbe wird von einer weißen vertreten; daher der stellenweis weißliche Ton. — Die jüngeren Individuen sind unklarer röthlich braungrau, am Bauch weißlich gelbgrau gefärbt, weil ihre Haare nicht bloß eine schwächere Färbung, sondern auch am Grunde ein entschieden schiefergraues Kolorit haben. —

Die ganze Länge meines größten Exemplares beträgt 10″, die des kleinsten 8″; der Schwanz mißt dort 2½, hier 2″; der Kopf bis zum Ohr 1″ 9‴ oder 1″ 5‴, das Ohr 6—7‴; die Länge der Hinterpfote ist 1″—1″ 2‴. —

Zu den Hauptgattungsmerkmalen gehört außer dem dicken Kopf und dem kurzen, dicht behaarten Schwanz die Bildung der Pfoten, welche eine ziemlich gedrungene und kräftige ist. Die Vorderpfoten haben einen sehr kleinen Daumen mit kurzem gebogenen Nagel; die 4 anderen Zehen sind stark, ziemlich fleischig und mit langen, gebogenen, aber schmalen spitzen Krallen besetzt, die ein sichelförmiges Ansehn zeigen; die mittelste (dritte) Zehe ist die längste, die zweite etwas länger als die vierte. Die Hinterpfoten sind nicht breiter, eher schmäler als die Vorderpfoten und haben eine nicht ganz bis zum Hacken nackte Sohle; ihre Krallen sind etwas schlanker, weniger gebogen, aber nicht kürzer, und wie vorn oberhalb von langen Borsten am Grunde bedeckt; der Daumen hat einen schlanken Nagel und von den anderen ragt die dritte mittlere Zehe ein wenig über die 2 benachbarten hervor. —

Das Skelet, welches ich in 2 Exemplaren vor mir habe, entspricht nicht grade durch eine besondere Stärke dem gedrungenen Körperbau; nur die Knochen der Gliedmaßen sind viel kräftiger, als bei Loncheres und Echinomys. Der Schädel ist auffallend dick und kurz, mit breitem kurzem Schnautzentheile, der die sehr kräftigen, breiten, verhältnißmäßig flacheren Schneidezähne trägt; sie sind auf der Vorderfläche stark gebräunt. Eigenthümlich verhält sich die Stirn, insofern ihr die wagrecht vortretenden Ränder am arcus superciliaris fehlen, vielmehr deren nach innen gebogener Rand mit einer feinen erhabenen Leiste eingefaßt ist. Die vier nicht ganz gleichgroßen Backzähne haben einen kreisförmigen Umriß und stimmen in ihrem Bau völlig mit denen von Echinomys myosurus überein, d. h. jeder Zahn hat auf der einen (oben inneren, unten äußeren) Seite eine Falte, auf der anderen zwei; in frühester Jugend stoßen die Falten auf einander und theilen den Zahn in 2 ungleiche Platten, eine Vförmige und eine einfache, ab; später verschwinden die je 2 Falten zu Schmelzinseln, und nur die einfache breitere Falte bleibt als solche übrig. Der vorderste Zahn des Unterkiefers ist etwas länger und hat eine kleine Falte neben der Spitze, die sich sehr bald zur Insel abkaut; im noch höheren Alter wird auch die einfache Falte zur Insel und dann sind oft nur zwei, in der Regel drei kleine Schmelzflecke auf der Kaufläche sichtbar. Im Allgemeinen ist das früher bei den Oberkieferzähnen der Fall, als bei denen des Unterkiefers. Der hinterste vierte Zahn ist in beiden Kiefern viel kleiner, besonders aber oben; die zwei mittleren Zähne sind dagegen etwas größer, als der vorderste. Wurzeln haben die Zähne um so deutlicher, je älter sie sind; die des Oberkiefers 2 nach außen, 1 nach innen, die des Unterkiefers 2 nach vorn, 1 nach hinten. —

Vom übrigen Skelet will ich erwähnen, daß der hohe proc. spinosus am zweiten Rückenwirbel um so deutlicher wird, als der erste Rückenwirbel, wie immer bei dieser Anlage, noch gar keinen Dorn hat; das kleine selbstständige pyramidale Knöchelchen ist auf seiner breiten verdickten, queren Endfläche vorhanden. Rippen sind 13 Paare da, worunter 7 wahre; die vier hintersten Paare bleiben ganz frei. Das Brustbein besteht aus 5 Platten, die von vorn nach hinten an Länge abnehmen; das Manubrium ist sehr groß, eine regelmäßig sechsseitige lang gestielte Platte, die vorn und hinten 1 Rippenpaar trägt. Hinter dem fünften Stück des Brustbeins folgt ein langer, flacher, stumpfer proc. xiphoideus. Der Dorn des zwölften Rückenwirbels steht senkrecht, ihm fallen die übrigen Wirbeldornen von beiden Seiten zu; die der Lendenwirbel sind nur klein und schwach. Lendenwirbel sind 7 vorhanden, anchylotische Kreuzwirbel 4 und freie Schwanzwirbel 23, aber die 3 letzten sind innig zu einer Spitze vereinigt. Der sehr kurze Oberarmknochen hat einen auffallend hohen Kamm und ist über dem Condylus weit durchbrochen; der Oberschenkel ist auch sehr kurz, grade, dick, aber ohne Kamm; Tibia und Fibula bleiben völlig getrennt. —

Meine 5 Individuen sind alle Weibchen, leicht kenntlich an dem stumpfen Kegel der Clitoris, welche nicht weit vom After rückwärts vorragt und behaart ist. Natterer fand neben derselben, wo der ganze Bauch bis über den After hinaus nackt bleibt, in den Weichen 2 Zitzen und 2 andere an den Seiten des Körpers zwischen den Vorder- und Hintergliedmaßen. Herr Dr. Reinhardt machte dagegen die weitere interessante Beobachtung, daß die Vulva außerhalb der Brunstzeit durch eine Art Schmiere z. Th. verschlossen, und namentlich die unteren Ränder der Clitoris zu einem förmlichen Kanal vereinigt werden. Das scheint bei allen Loncheriden der Fall zu sein.

Dies Thier lebt, wie Rengger a. a. O. berichtet, in unterirdischen, schlangenförmig gewundenen, 5—6 Fuß langen Gängen, die zu einem kleinen Kessel führen, kaum $1/2$ Fuß unter der Oberfläche, und hält sich bei Tage im Bau versteckt, den es gesellig auf hohen lichten Campos-flächen sich gräbt. Obgleich man viel häufiger Gelegenheit hat, dasselbe frisch zu erhalten, als Carterodon, denn ich erwarb bei Lagoa santa nach und nach fünf Individuen, so werden doch Theile seines Knochengerüstes seltener in den Höhlen von Minas geraes gefunden, als die des Letzteren. Ich sammelte nur einige Unterkieferhälften und Bruchstücke davon ein; woraus hervorzugehen scheint, daß das Thier zu einer anderen Zeit (nach Rengger schon bei einbrechender Dämmerung) thätig ist, als Carterodon und die Eule. Natterer erhielt das einzige Exemplar, welches er bekam, indem er einen Falken vom Baum schoß, der es eben gejagt hatte. Hieraus scheint zu folgen, daß Mesomys spinosus mehr bei Tage sich sehen läßt. Rengger erzählt dagegen, daß man seinen Ruf Cu-tu bei Nacht unter dem Boden höre, weshalb ihn die Landbewohner darnach benennen; das ist wahrscheinlich eine Verwechselung, der Name Tucutuco wird von Azara der Ctenomys brasiliensis beigelegt und von ihr dasselbe berichtet. —

Anm. 1. Ich stimme Herrn Dr. Reinhardt vollkommen bei, wenn er a. a. O. durch eine scharfsinnige Combination zu zeigen sucht, daß der längst bekannte Espinoso Azara's einerlei ist mit Hrn. A. Wagner's Mesomys ecaudatus. Die Nager verlieren leicht ihre Schwänze, freilich nicht so leicht wie die Eidechsen, und darum findet man von vielen Arten einzelne schwanzlose Individuen. Auf ein solches Individuum des Espinoso gründete Hr. Wagner seine Gattung. Dr. Reinhardt ist geneigt, den Verlust auf Rechnung der Sandflöhe zu schieben, welche sich gern neben After- und Genitalienöffnung am Schwanzgrunde ansetzen; überhaupt nur nackte Hautstellen zum Einbohren wählen. Er zeigte mir in Lagoa santa eine Hausmaus, die 13 solcher Flöhe an dem einen und 12 am andern Ohr hatte. —

2. Hypudaeus Guira *Langsd.*, den Brandt ausführlich beschreibt (Mém d. l'Ac. Imp. d. sc. de St. Petersb. VI. Ser. II. Part. Hist. nat. I. 432. Taf. 14), aber nicht auf den Bau der Backzähne untersucht zu haben scheint, gehört wahrscheinlich in diese Gattung, weil ihm nach Brandt's Schilderung steife, stechende, flache gefurchte Stacheln, die nur an der Kehle, dem Unterhalse, den Weichen und der Aftergegend völlig fehlen, zukommen und der Schwanz viel kürzer als der halbe Rumpf ist. Aechte Hypudaei giebt es bekanntlich in Süd-Amerika nicht; alle dort einheimischen rattenförmigen Thiere mit platten Stacheln sind Loncheriden, also wird auch der Hyp Guira dahin gehören. Ich würde ihn sogar mit Mesomys spinosus für einerlei halten, wenn nicht das Thier größer zu sein schiene, einen relativ kürzeren Schwanz und eine rein weiße Bauchmitte hätte. Die Schneidezähne sind ungefurcht, vorn rothgelb gefärbt; die Haare und Stacheln des Rückens am Grunde weißlich, dann schwarzbraun, zuletzt rothbraun; an den Seiten nimmt die hellere, röthlichgelbe Farbe allmälig überhand. Die Länge ist bis zur Schwanzspitze 8½", der Schwanz allein 1" 8'"; der Kopf bis zum Ohr 1½"; die Höhe des Ohrs 8'". — Hr. v. Langsdorff sandte ein einziges Exemplar von Ypanema in St. Paulo mit der Angabe nach Petersburg, daß das Thier an Flußufern lebe und deshalb Guira do Rio von den Einwohnern genannt werde. —

33. Gatt. Carterodon *Waterh.*

Natur. History of Mammalia. II. Echimys, Nelomys et Aulacodes *Lund*

Carterodon sulcidens *Lund.*

Reinhardt, Videnskab. Meddel. etc. 1851. 22. — *Wiegm.* Arch. 1852. I. 277.
Waterh., l. l. II. 351—53. Pl. 16, Fig 7.
Echimys sulcidens *Lund* Blik p. Bras Dyrev. I 52. II. 99.
Nelomys sulcidens *Lund* ibid. III. 246.
Aulacodes Temminckii *Lund* Forts. Bemärk. etc. 16. IV. 63.

Vom Ansehn der grauen Wasserratte (Hypudaeus amphibius), mit etwas höheren Ohren, ebenso kurzem Schwanz, aber breiten im Oberkiefer gefurchten Schneidezähnen.

Schon dieser eine Umstand sondert die Gattung von allen anderen amerikanischen Muriformen ab und stellt sie als eine höchst eigenthümliche Thierform hin. Der Kopf ist dick und plump, die Nase ziemlich breit, völlig behaart, nur um die Nasenlöcher herum nackt; Lippen dick aufgeworfen, mit mäßig langen Schnurren; Augen nicht sehr groß; Ohren fast so breit wie hoch, ziemlich dicht behaart, aus dem Pelze vorragend; der Rumpf ohne Eigenheiten, nur ziemlich gedrungen gebaut Die Pfoten kurz, besonders die hinteren; die vorderen etwas breiter als gewöhnlich, die Zehen mit schwach gekrümmten, ziemlich langen Krallen, der Daumen mit kleiner Hornkuppe, alle am Grunde durch eine deutliche Spannhaut verbunden. Schwanz kürzer als der halbe Körper, abstehend und ziemlich lang behaart, die Rübe mit deutlich erkennbaren Schuppen bekleidet. Im Gebiß zeigt sich außer der schon erwähnten Furche nicht viel Eigenthümliches; die Schneidezähne sind breit und auf der Vorderseite schön gebräunt; die Furche liegt dem Außenrande viel näher und ist nach innen von einer erhabenen Wulst begrenzt; die etwas schmäleren unteren Schneidezähne zeigen längs der Mitte eine schwache Kante. Die vier Backzähne sind ziemlich genau gleich groß, die 2 mittleren vierseitig, der erste nach vorn bemerklich verschmälert. Bei ganz jungen Thieren zeigen sie, wenn sie noch gar nicht abgekaut sind, zwei ganze und eine halbe schiefe Querwulst, welche oben an der vorderen Außenecke des Zahnes sitzt, unten an der vorderen Innenecke. Durch Abkauen werden aus den Wülsten Mahlflächen und aus den Lücken zwischen ihnen die Falten. Dann hat jeder obere Backzahn innen eine tiefe und außen zwei etwas kürzere Falten, von denen die letzteren allmälig durch Abkauen in Inseln übergehen; im Unterkiefer ist die Zahl und Richtung der Falten, wie bei allen Gattungen, die entgegengesetzte. Sehr junge Thiere haben nur 2 Backzähne, zur Zeit der Geschlechtsreife ist der dritte vollendet, viel später folgt der vierte nach. —

Die Farbe des Thieres ist ebenso eigenthümlich, wie sein übriger Bau. Zuvörderst besteht der Pelz aus dem gewöhnlichen weichen Haarkleide, zwischen dem auf dem Rücken längere, flache, sehr fein zugespitzte und darum nicht stechende, lanzettförmige Grannenhaare von etwa $1/4$ Linie Breite eingemengt sind. Die Hauptfarbe der Haare am Grunde ist ein dunkeles Grau, gegen die Spitze werden sie braun und zuletzt schwarz; die weicheren Haare haben in dieser dunkleren Partie einen breiten rothgelben Ring, den steiferen Grannenhaaren fehlt er ganz, wenigstens dem größten Theile von ihnen. Gegen die Seiten hin wird der aus jener Mischung gebildete gelbgraubraune Ton etwas heller und geht hier in einen schönen dottergelben Streif über, der von der Achsel zur Schenkelfuge sich erstreckt. Dieser Streif ist von dem weiß gefärbten Bauch scharf abgesetzt; die Brust dagegen hat, wie der Unterhals, eine gelbe Farbe, indem sich der Seitenstreif in der Achsel forterstreckt und so mit seinem Gegner auf der Brust zusammentrifft. Die Beine sind heller graugelblich, innen wenig behaart, die Pfoten weißgrau und die Zehenspitzen über der Kralle, wie gewöhnlich, mit langen Haaren besetzt. Der Schwanz hat oben eine schwarze Farbe, besonders nach hinten zu; unten ist er weißlich, zumal an der Grundhälfte. Die jungen Thiere sind matter gefärbt, haben weniger zahlreiche steife Grannenhaare und etwas getrübte, gelbgraue Seitenstreifen. An einem trächtigen Weibchen waren 6 Zitzen vorhanden;

2 in der Leistengegend, die anderen 4 an den Seiten des Körpers, nicht am Bauch, ähnlich wie bei dem vorigen Thier. — Ganze Länge 10⅓″, des Schwanzes 3″ 2‴, Abstand der Nasenspitze vom Ohr 1⅓″, Höhe des Ohres 8½‴, Länge der Hinterpfote 1″ 2‴. —

Carterodon sulcidens bewohnt die lichten Campos des Inneren von Minas geraes und verbreitet sich wahrscheinlich über alle ähnlichen Gegenden des mittleren Brasiliens; er ist ein lichtscheues Thier, welches bei Tage in seinem Bau, einer kleinen mit Gras und Blättern ausgefütterten, wenig über einen Fuß tief gelegenen Höhle, zu der ein 2—3 Zoll weiter, ziemlich langer Gang schief hinabführt, sich versteckt hält, und nur während der Dämmerung oder bei Nacht seinen Schlupfwinkel verläßt. Dann wird er eine Lieblingsspeise der brasilianischen Schleiereule (Strix perlata *Licht.*) und deshalb findet man seine Gebeine am Eingange der Höhlen, wo die Eulen ihre Beute verzehren, ziemlich häufig. Lange Zeit und selbst Herrn Dr. Lund war das Thier nur aus solchen Trümmern seines Knochengerüstes, besonders des Schädels, bekannt, und auf ebensolche Knochenreste gründete Waterhouse seine Gattung; erst im Juli 1851, grade als ich mich in Lagoa santa aufhielt, gelang es einem dortigen Jäger, zwei Exemplare für Hrn. Dr. Reinhardt aufzutreiben. Ich habe dieselben genau betrachtet und mir dann im Allgemeinen skizzirt; während Hr. Dr. Reinhardt die vollständige Beschreibung davon entwarf, welche a. a. O. niedergelegt ist. Ich selbst erhielt nur Knochentheile aus der Lappa vermelha, womit nicht bloß eine vollständige Ansicht des Schädels gewonnen, sondern auch jede Altersstufe des Thieres im Gebiß klar veranschaulicht werden kann. —

Anm. Der Schädel weicht von dem der typischen Loncheriden durch die schmale Stirn, deren Orbitalränder sehr bemerklich nach innen gebogen und von einer feinen erhabenen Leiste umgeben sind, auffallend ab; er stimmt in beiden Eigenschaften mit dem Bau der vorigen Gattung überein und nähert sich mehr dem Typus der Murinen. Weniger mit diesen, als mit Capromys ꝛc. harmonirt der besonders nach vorn ganz auffallend breite Jochbogen. Eigenthümlich ist es ferner, daß der proc. frontalis des Oberkiefers, welcher neben den Nasenbeinen liegt, tiefer in die Stirn eingreift, als die Nasenbeine; gewöhnlich ist das Verhältniß beider zu einander das umgekehrte, wenigstens bei den Loncheriden. Eben so sonderbar ist die Form des Gaumenlochs im Schnautzentheile des Schädels vor den Zahnreihen; es stellt eine weite, nach hinten breitere, herzförmige Oeffnung dar, während es sonst nur ein kleines ovales, selbst spaltenförmig schmales Loch zu sein pflegt; dagegen ist die Lücke im proc. zygomaticus des Oberkiefers entschieden kleiner, als bei den nächstverwandten Stachelratten. — Alle diese Eigenschaften verrathen ein höchst eigenthümliches Geschöpf.

c. Schrotmäuse. Psammoryctidae.

Die Mitglieder dieser Gruppe ähneln im Ansehn mehr den Erd- und Wühlmäusen, als den eigentlichen Ratten, und vertreten auch deren Stelle in Südamerika. Sie haben einen dickeren Kopf, kürzere Ohren, kürzere Pfoten mit relativ stärkeren Nägeln und vor allen einen kürzeren, wenig oder sperrig behaarten Schwanz. Obgleich es auch unter ihnen noch Gattungen mit hohen Ohren und ziemlich langen etwas buschigen Schwänzen giebt, wie Octodon (Dendrobius), so ist doch die Schwanzbildung nie so lang, wie etwa bei Loncheres und Cercomys. Andererseits nähern sich ihnen Carterodon und Mesomys schon sehr im Habitus. Wichtiger ist darum, als dieser habituelle Unterschied, neben dem Mangel steifer, stechender Stacheln im Haarkleide, die Zahnbildung, weil sie sowohl in der Form, als auch im Bau der Backzähne Eigenthümlichkeiten zeigt. In ersterer Beziehung wird die mehr oder minder deutliche Größenabnahme der einzelnen Zähne nach hinten von Bedeutung; gewöhnlich hat der hinterste Zahn nicht bloß einen viel geringeren Umfang, sondern auch einen einfacheren Bau. Selbigen im Allgemeinen betreffend, so sind die Zähne der Schrotmäuse entweder nur mit ganz kurzen, weiten, einander gegenüberstehenden Randfalten von gleicher Zahl auf beiden Seiten, oder mit völlig durchgehenden queren Schmelzschichten versehen, die den Zahn in gewisse Abtheilungen sondern. Zur ersteren Bildung mit schwachen Falten gehören Octodon und Psammoryctes, zur anderen mit durchgehenden Platten Schizodon; zwischen beiden steht die Form der scharfen Winkelung von Ctenomys. Das ist die einzige brasilianische Gattung; alle anderen leben in den südlichern Pampas-Gegenden, oder auf den Hochflächen der Cordilleren.

34. Gatt. Ctenomys *Blainv.*

Annal. des Sc. natur. X. 97.

Unbekannt mit dieser eigenthümlichen, den westlichen und südlichen Theilen Brasiliens angehörigen, Nagerform, kann ich dieselbe nicht aus eigener Anschauung schildern, sondern nur das wiedergeben, was andere Beobachter über sie gesagt haben. —

Der Kopf und besonders die Schnautze ist sehr breit und flach, die Nasenkuppe fast nackt, nur mit einem höchst feinen Anflug von Haaren bedeckt; die Augen sind klein, die Ohren ebenfalls, aber doch außerhalb des Pelzes noch sichtbar; die Muschel hat einen deutlichen Antitragus und Antihelix, wie bei den vorigen Gattungen. Der übrige Körper ähnelt dem von Hypudaeus; der Schwanz mißt höchstens ein Drittel der Körperlänge, ist an der Wurzel sehr dick, gegen die Spitze hin zusammengedrückt, von Schuppen bedeckt, spärlich behaart, doch reichlicher auf der oberen Kante. Die kurzen Beine haben vorn, wie hinten, fünf Zehen, und einen langen, gebogenen, steifen Borstenbesatz an ihrer Spitze über den Krallen; auch die Sohlenränder sind mit ähnlichen steifen Borsten besetzt, die Sohlen selbst aber nackt; die äußere oder fünfte Zehe ist auffallend kurz, nur wenig länger als der Daumen; die 3 mittleren sind dagegen fast von gleicher Länge. Die Krallen der Vorderzehen sind weit größer als die der hinteren, jene am Grunde verbunden, diese ganz frei; jede vordere Kralle hat eine langgestreckte, wenig sichelförmige Gestalt, ist ziemlich stumpf, stark und zum Graben geschickt; auch die Daumenkralle der Vorderpfoten hat dieselbe Form. Die hinteren Krallen sind von gewöhnlicher Größe. Die Behaarung ist weich, auf dem Kopfe sehr kurz, auf dem übrigen Körper etwas länger, überall glatt anliegend, mit sparsamen feinen Grannen. — Das Gebiß zeigt breite, platte, braune Schneidezähne und je vier Backzähne, die von vorn nach hinten an Größe abnehmen, doch so, daß der letzte allein sehr klein ist. Wurzeln fehlen ihnen. Jeder Zahn hat eine winkelförmig gebogene Kaufläche, welche von einem Schmelzsaume umfaßt wird; im Oberkiefer ist der Winkel nach außen offen und der abstehende Schenkel vorn am Zahn; im Unterkiefer dagegen nach innen offen, der abstehende Schenkel hinten am Zahn angebracht und etwas kürzer. Das Verhältniß beider Zahnreihen zu einander kehrt sich dadurch völlig um; oben sind die Zähne vorn viel breiter als hinten, unten hinten breiter als vorn. —

Die Arten bewohnen in Brasilien nur den südlichen und westlichen Theil im Gebiet des Uruguay-Flusses, verbreiten sich aber südlich bis nach Patagonien und westlich bis an die Cordillerenkette. Von ihrer Lebensweise hat neuerdings Darwin (naturw. Reis. I. 56.)

ausführlich berichtet; es sind unterirdische Thiere, die selten ans Tageslicht kommen und sich schnell bei jeder Gefahr in ihre Löcher, Gänge und Höhlen zurückziehn; man bekommt sie darum selten zu Gesicht und noch seltener in seine Gewalt, hört aber in Gegenden, wo sie häufig sind, selbst bei Tage, besonders aber bei Nacht, ihre Stimme unter der Erde. Sie gelten bei den Eingebornen für Maulwürfe (Topo), weil sie ähnliche Erdhaufen aufwerfen, wie auch Azara bei seinem Tucutuco anführt (Quadrup. II. 69. No. 42), der nichts anderes als der Ctenomys brasiliensis *Bl.* ist. Rengger hat ihn in Paraguay nicht gefunden. —

Ctenomys brasiliensis *Bl.*

Blainv. Bull d. l. societé philom. Avr. 1826.
Eydoux, Voyage d. la Favorite, Zool. II. 21. pl. 8, f. 2. (cran.).
Darwin, Zool. of the Beagl. II Mamm. 80. — Dess. naturw. Reis. übers. von Dieffenbach. I. 56. —
D'Orbigny, Voyag. d l'Amér. méridion. IV. 2. 25. pl. 17.
A. Wagn. Schreb. Suppl. III. 376. 1. — Ders. in Wiegm. Arch. 1848. I. 72. — ***Waterh.*** Mamm. II. 273. tb. 8, fig 6 (cran.).
El Tucutuco, ***Azar.*** Quadr. II. 69. No. 42. — Trad. franc. II. 73. (Mit Unrecht Rat epineux genannt) *).

Es ist sonderbar, daß ein Thier von der Größe des Hamsters, welches in seiner Heimath so gemein ist, wie bei uns der Maulwurf, und ausführlich schon von Azara beschrieben wurde (1802), noch heute zu den Seltenheiten der Sammlungen gehört und erst vor 25 Jahren die Aufmerksamkeit europäischer Naturforscher erregte, ja selbst jetzt noch nicht völlig genügend gekannt wird. Man streitet nicht bloß darüber, ob die brasilianische Kammratte von der argentinischen Form verschieden ist, sondern auch über die Zahl der Arten im Ganzen, und da ich mich außer Stande sehe, eine Entscheidung zu fällen, weil der Tucutuco in den von mir bereisten Districten nicht mehr gefunden wird, so muß ich mich darauf beschränken, authentische Angaben anderer Beobachter zusammenzustellen. —

Azara sagt von seinem Thier, es sei $10\frac{1}{2}''$ lang, der Schwanz nur $3'''$, an der Wurzel $6'''$ breit dicht behaart, übrigens sparsam mit weißlichen Haaren bekleidet; sein Umfang betrage am Grunde $1''$, dann laufe er aber schnell in eine Spitze zu. Der Pelz sei ausnehmend weich und auf

---

*) Ich muß Hrn. G. R. Lichtenstein beistimmen, wenn er in seiner Darst. u. Säugeth. ꝛc. bei Gelegenheit der Hirsche sagt, daß die französische Uebers. von Azara's Apuntamientos para la Hist. nat. de los Quadrup. etc völlig corrumpirt sei; man sollte sie gar nicht citiren.

den Lenden etwa 8‴ lang; am ganzen Rücken haben die Haare unten eine bleigraue Farbe, ihre Spitze ist braun, mit rothgelben, goldfarbigen Punkten geziert; die Unterfläche ist ähnlich, aber heller weißlicher gefärbt, die Innenseite der Schenkel ist rein weiß, die Kehle und das Innere der Arme nur weißlich. Die Schnurren sind länger als einen Zoll, stark aufgerichtet und weißlich gefärbt. —

Hiermit finde ich die Beschreibung, welche A. Wagner von 2 Exemplaren giebt, die Natterer bei Caixara in Mato grosso erhielt, ganz gut in Harmonie; er sagt, die Farbe sei auf der Oberseite bräunlich rostfalb, längs der Mitte vom Oberkopf bis zum Kreuz ins Schwärzliche fallend; die ganze Unterseite habe eine licht rostfalbe Farbe, die nur durch etliche weiße unbestimmte Flecke hinter den Vorder- und vor den Hinterbeinen unterbrochen wird. Die einzelnen Haare der Oberseite sind am Grunde schiefergrau, was an den Seiten abnimmt und sich nach unten ganz verliert. Die Schnurren sind weiß; die Krallen hell hornfarben, die Zehenborsten schmutzig weiß. Länge 9″ 6‴, Schwanz 2″ 9‴, Hinterpfote 1″ 9‴, Ohr 4½‴ hoch, 3⅔‴ breit. —

Das von Blainville a. a. O. beschriebene Exemplar stammt aus Minas geraes, es hat eine geringere Größe (6″ im Rumpf) und einen heller farbigen Bauch; Unterschiede, die um so eher für Altersverschiedenheiten zu nehmen sind, als auch Azara's Beschreibung ähnliche Differenzen der Größe und Färbung andeutet. — D'Orbigny's schönes Bild scheint mehr zu Azara's, als zu Wagner's Angaben zu passen.

Anm. Hr. G. R. Lichtenstein hat in seiner Darst. neuer rc. Säugeth. Taf. 31, Fig. 1, einen Ctenomys torquatus vom Ufer des Uruguay beschrieben, den ich, so wie er dort geschildert ist, nicht von Ct. brasiliensis für verschieden halten würde. Indeß hat der verstorbene Erichson in einer Nachschrift zu A. Wagner's Angaben in Wiegmann's Archiv bemerkt, daß Ct. torquatus eine viel reichlichere lockere Behaarung habe, auch die Haare der Bauchseite am Grunde schiefergrau seien, und dem Schwanz die Verdickung am Grunde fehle. Die Farbe des Ct. torquatus erscheint längs der Mitte des Rückens heller und die weißliche Kehle erstreckt sich beiderseits zum Nacken hinauf. Das könnten aber füglich Unterschiede des Winterkleides sein und Wagner's Beschreibung bezöge sich auf Sommerkleider. Die Größenangaben Lichtenstein's, von einem etwas kleineren Individuum genommen, treffen ziemlich mit denen Wagner's zusammen. — Ich bemerke bei dieser Gelegenheit, daß die Sommer- und Winterkleider der Säugethiere Süd-Brasiliens sehr gute und augenfällige Unterschiede erkennen lassen und daß die letzteren nicht bloß reichlicher im Haar, sondern auch meist trüber und matter in der Farbe sind. —

Eine gewiß verschiedene, mir kürzlich zugegangene Art ist: Ct. magellanicus ***Benn.*** Tr. zool. Soc. II. 84. pl. 17. — Wagn. Schreb. Suppl. III. 377. 3. Pelz oberhalb gelblich braungrau, unten blasser, überall reichlich mit längeren Grannen gemischt; der Schwanz am Grunde nicht verdickt, obenauf schwärzlich. Länge 10″, Kopf bis zum Ohr 1½″, der Schwanz 2¼″, Hinterpfote 1″ 4‴. —

4. Aculeati.

Ueber die ganze Erdoberfläche, die kälteren, gemäßigten und ganz kalten Districte ausgenommen, ist eine Gruppe von Nagern vertheilt, deren Körper stellenweis, oder ganz ausschließlich, mit dreh-runden, spitzen, lang pfriemenförmigen Stacheln besetzt ist. Diese Stacheln sind sehr feste, von einer hornigen Rinde bekleidete, schwammig markige Gebilde, welche übrigens mit dem Bau steifer Grannenhaare in ihrer Bildung übereinstimmen, und namentlich auch den Schmierbeutel in der Haut neben sich haben, welcher den Hauptgrannenhaaren an vielen Stellen des thierischen wie menschlichen Körpers zukommt *). Diese Thiere, gewöhnlich Stachelschweine genannt, sind indessen nirgends zahlreich vertreten; Süd-Europa und Nord-Amerika haben nur je eine Art, und die Anzahl aller bekannten übersteigt kaum ein Dutzend. Süd-Amerika zeigt seine Eigenthümlichkeit auch in dieser Gruppe wieder; es ist die einzige Gegend der Erde, wo Stachelschweine mit langem Greif- oder Wickelschwanz auftreten, dessen Spitze nackt bleibt, sich einrollt und beim Klettern auf Bäume, namentlich beim Herabsteigen von denselben, als Haltorgan benutzt wird. Man hat diese eigenthümliche Gruppe mit dem besonderen Namen: Cercolabes belegt, und darunter werden wir die brasilianischen Arten weiter in Betracht ziehen.

35. Gatt. Cercolabes *Brandt.*

Mém de l'Acad. Imp. de St. Petersb.
Scienc. math. et phys. Tm. III. Scienc. nat. Tm. I. 391. 1835.

Wie bereits angegeben wurde, unterscheidet sich diese Gattung durch einen langen, zum Theil nackten Greifschwanz von allen anderen Stachelschweinen. —

Ihr Kopf ist im Vergleich mit dem der übrigen Gruppengenossen eher klein als groß, die Stirn minder gewölbt, die Nase zwar relativ

---

*) Den anatomischen Bau der Stacheln haben Fr. Cuvier in den Nouv. Ann. d. Mus. d'hist. nat. Tom. I. — Dr. Böckh in seiner Inauguraldissertation, Berl. 1834, und Dr. Erdl in den Münch. Abh. III. 440. lehrreich geschildert.

schmal, aber an sich doch sehr dick, hoch, aufgeworfen und fein behaart; die Oberlippe ist mit langen, steifen Schnurren besetzt, längs der Mitte nicht gespalten, wie die Nase behaart; die Ohren sind kurz abgerundet und ragen nur wenig hervor; die Augen haben eine mäßige Größe und einen nackten Saum. Der Körper ist nebst den Beinen und der Schwanzwurzel entweder vorzugsweise von Stacheln, denen die Haare untergeordnet sind, bekleidet, oder vorzugsweise von Haaren, zwischen denen die Stacheln mehr oder weniger sich verstecken; im ersteren Falle hat auch die Unterseite, wenigstens an der Kehle und Brust, Stacheln, im letzteren bloß Haare. Jene Arten mit totalem Stachelkleide trennte Fr. Cuvier, als Gattung Synetheres, von den mehr behaarten, welche er Sphiggurus nannte; in Süd-Brasilien kommen nur die letzteren vor. —

Die Stacheln sind drehrunde Horncylinder, 1—4″ lang, $\frac{1}{3}$—1‴ dick, die aus einem festen, derben Epitelium bestehn, das ein lockeres schwammiges Markgewebe umschließt; ihre Oberfläche ist größtentheils glatt, nur die allmälig verjüngte Spitze zeigt Rauhigkeiten, wie eine Feile, und dazwischen kurze, rückwärts gewendete, spitze Dörnchen, die als Wiederhaken dienen und den eingedrungenen Stachel zurückhalten. Daher lösen sich die Stacheln ungemein leicht von der Haut ab und bleiben in den Gegenständen stecken, welche das Thier berühren; sie machen eingedrungen heftige Schmerzen und können nur gewaltsam herausgerissen werden. Daß sie aber vom Thiere dem Gegner entgegengeschnellt würden, wie man in Brasilien allgemein sagen hört, ist ein Irrthum; es scheint aber wirklich so, weil das Thier im Moment, wo man es anrühren will, seine Stacheln sträubt und sie dadurch plötzlich der Hand näher bringt, sie gleichsam mit Gewalt dem Feinde eintreibt. Das kann ich aus eigener Erfahrung bestätigen. — Das Haarkleid zwischen den Stacheln ist sehr weich, leicht gekräuselt, seidenartig glänzend und zart anzufühlen; es bedeckt bei den Sphinguren den größten Theil der Stacheln, die man darum erst erkennt, wenn man das Thier berührt. —

Die Beine sind kurz, aber ziemlich kräftig, mit vier Zehen vorn wie hinten; ihre Sohle ist nackt, sehr fleischig, am Rande nach innen erweitert und dadurch im Leben breit; die Zehen sind kurz und mit starken, aber stumpfen, sanft gebogenen Krallen besetzt; an den Vorderpfoten ist die zweite Zehe von den vieren die längste, an der hinteren übertrifft sie die erste und dritte nur wenig; dagegen hat diese Pfote einen sehr breiten, stumpfen Ballen am Innenrande, der im Leben senkrecht absteht, und den Daumen vorstellt. Besonders mit Hülfe dieses Ballens klettern die Thiere selbst an schmalen glatten, scharfkantigen Gegenständen, wie Tischfüßen, leicht hinauf. Auch trägt die chagrinirte, papillöse Sohlenoberfläche zur Sicherheit der Bewegung wesentlich bei. — Der nackte Theil des Schwanzes ist mit dichten Querrunzeln versehen, welche durch Längsfurchen in unregelmäßige Abtheilungen zerfallen; eigentliche Schuppen, wie die Ratten, hat er nicht; auch stehen noch einzelne Haare darauf, wenigstens an der oberen Fläche; besonders bei jungen Thieren, deren Schwanz anfangs noch sehr kurz, dick und wenig von Haaren entblößt ist. —

Vom inneren Bau kann ich nur das Knochengerüst kurz besprechen; die Untersuchung der Eingeweide ist mir durch Verlust meines lebenden Exemplares entgangen. —

Der Schädel hat eine mehr platte, als gewölbte Form, und unterscheidet sich dadurch sogleich vom Schädel der altweltlichen Stachelschweine; namentlich sind auch die Nasenbeine weder so breit, noch so stark gewölbt, wie bei diesen, obwohl nicht gleich flach bei allen Arten; besonders hat C. prehensilis eine mehr gewölbte, breitere, hohe Nasengegend. Im proc. zygomaticus des Oberkiefers ist ein sehr weites, eirundes, nach oben schmäleres Loch vorhanden. Die Stirn ist breit und mit scharfen Orbitalrändern versehen; über den Scheitel verlaufen zwei schwache, nach hinten convergirende Kanten, welche den Ansatz der Schläfenmuskeln bezeichnen. Der Jochbogen ist ziemlich schmal und fein gebaut; die Paukenblasen sind hoch, oval und divergiren nach hinten; der Gaumen ist schmal und erinnert an den Typus der Stachelratten; die Backzahnreihen divergiren etwas nach hinten und bestehen aus je vier gleich großen, sehr soliden Zähnen von ziemlich kreisrundem Umriß, die einzeln mit kräftigen geschlossenen Wurzelzacken im Kieferknochen stecken. Oben hat jeder Zahn eine große Wurzel nach innen, zwei kleinere nach außen; unten ist vorn an jedem Zahn eine einfache Wurzel vorhanden, hinter der zwei kleinere neben einander stehen; später pflegt auch die große Wurzel am Ende in zwei Zacken sich zu theilen. Die Zahnkrone bildet in frühester Jugend vier quere Lappen oder Querwülste, welche im Oberkiefer an der Innenseite, im Unterkiefer an der Außenseite mit einander verbunden sind; die verbindende Längswulst hat in der Mitte einen schwachen Einschnitt. Wenn die äußerste Oberfläche abgekaut ist, so werden die vordere und hintere der drei Lücken, welche die vier Querwülste trennen, bald zu Inseln und nur die mittlere bleibt als offene Falte sichtbar. Dann zeigt die Kaufläche zwei ungleiche, einander gegenüberstehende Schmelzfalten in der Mitte, und daneben in jeder Abtheilung des Zahnes eine ovale, stark vertiefte Schmelzinsel; oben ist die äußere, unten die innere Mittelfalte größer, als die gegenüberstehende. Die vier Schneidezähne sind mäßig breit, vorn stark gewölbt, übrigens glatt und gebräunt; ihr Endrand ist etwas gerundet. —

Das übrige Knochengerüst erinnert durch seine Feinheit ebenfalls sehr an den Typus der Stachelratten, unterscheidet sich aber sogleich durch den Mangel des erhöheten proc. spinosus am zweiten Rückenwirbel; vielmehr ist der erste der höchste, viel höher als der Dorn am letzten Halswirbel, und von ihm an erniedrigen sich die Rückendornen allmälig nach hinten. Ausgezeichnet sind der zweite, dritte und vierte Halswirbel durch ihre Kleinheit und die Vereinigung ihrer Dornen in einer hohen abgerundeten Kamm. An den Lendenwirbeln ist der Dorn zwar breit von vorn nach hinten, aber weder sehr hoch noch sehr geneigt, und dem Typus der Loncheriden wenig ähnlich. Ich zähle bei C. villosus s. insidiosus 15 Rückenwirbel mit ebensovielen Rippenpaaren, worunter 8 oder gar 9 wahre; 6 Lenden-, 4 Kreuz- und 27—29 Schwanzwirbel, je nach der verschiedenen Länge des Schwanzes *). Das Schlüsselbein ist nicht bloß vorhanden, sondern sogar recht stark, wegen der kletternden Bewegung. Die Extremitäten sind übrigens nicht grade besonders kräftig im Knochenbau, der Oberarm hat nur einen schwachen Muskelkamm oben neben dem Gelenkkopf, dem Oberschenkel fehlt er, wie bei den Stachelratten; Schienbein und Wadenbein sind völlig ge-

*) Cüvier giebt bei Synetheres prehensilis 16 Rücken-, 5 Lenden-, 3 Kreuz- und 30 Schwanzwirbel an.

trennt, bis zum Grunde. Die Pfoten zeichnen sich durch ein sehr starkes Krallenglied aus und haben vorn wie hinten einen bloß eingliedrigen Daumen, dem also das Krallenglied ganz fehlt; — dagegen ist das innere Keilbein mit einem starken beilförmigen Anhange versehen, der wagrecht von der Außenfläche absteht und die Sohle so breit macht.

Ueber die Lebensweise berichten alle Beobachter, daß die südamerikanischen Stachelschweine langsame Thiere seien, welche gemächlich die Bäume besteigen und von ihren Früchten sich ernähren; sie vertheidigen sich nicht activ, sondern nur passiv durch ihre Stacheln, indem sie sich zusammenkauern, und dem Feinde das Stachelkleid entgegensträuben; berührt geben sie einen winselnden Ton von sich. Daß sie bloß nächtliche Thiere seien, wird von Rengger bestritten; indeß verhielt sich das Individuum, welches ich 3 Wochen lebend besaß, am Tage stets ruhig, während es bei Nacht seine Kiste verließ und wenn es eingesperrt wurde, mit großer Anstrengung sich einen Ausgang bahnte, im Zimmer umherkletterte, selbst auf den Tisch sich begab und dort aus dem Waschgeschirr Wasser trank. Seine Lieblings-Nahrung bestand in Bananen, die es ebenfalls nur bei Nacht verzehrte.

Die bekannten Arten scheinen zwar alle in Brasilien vorzukommen, aber verschiedene Bezirke zu bewohnen; deshalb werde ich sie kurz definiren und mich länger nur bei der Spezies aufhalten, die ich selbst beobachtete.

A. Stachelschweine mit vollständigem Stachelbesatz, der das Haarkleid überwiegt und selbst auf die Kehle, die Brust und den Bauch sich erstreckt. Synetheres *Fr. Cuv.*

1. Cercolabes prehensilis *Linn.*

Brandt a. a. O. 396. 1. Taf. IX, Fig. 5—7, cran. — A. Wagn. Schreb. Suppl. IV. 30. 1. — ***Waterh.*** Mamm. II. 410. —
Hystrix prehensilis ***Linn.*** S. Nat. I. 76. 2.
Syneth. prehens. ***Fr. Cuv.*** Mém. d. Mus. IX. 433. pl. 20, Fig. 3, 4. cran. — ***Ej.*** et ***Geoffr.*** hist. nat. d. Mammif. III. livr. 46. Le Coendou.
Coandu ***Marcgr.*** hist. nat. Bras. 233.

Fast vollständig von Stacheln bekleidet; die Stacheln alle drehrund, unten weißlich, dann schwarzbraun mit weißer Spitze oder weißer Binde. —

Unter den südamerikanischen Stachelschweinen ist diese Art die ausgebildetste Form; sie hat die dickste, breiteste, hoch aufgeworfene Nase, eine gewölbtere Stirn, ein vollständiges Stachelkleid, unter dem die Haare verloren gehen, und den stärksten, an der Spitze breit nackten Schwanz; die Stacheln sind auf dem Rücken am längsten und verkürzen sich nach den Seiten, bis sie an der Innenfläche der Beine und am Bauch allmälig in steife, straffe Borstenhaare übergehen; die längsten Stacheln messen über 4 Zoll, sind unten dünn, dann drehrund, gleich dick und endlich fein zugespitzt; an der unteren versteckten Hälfte findet man sie öfters etwas abgeplattet, wie seicht gefurcht; ihre Farbe ist unten weißlich oder etwas gelblich, in der Mitte heller oder dunkler braun, zuletzt weiß. Die langen Schnurren sind schwarz. Die Borsten der Beine und Bauchfläche gleichen den Stacheln in Farbe und Zeichnung, und ähnliche Haare stehen zerstreut zwischen den Stacheln; der Schwanz ist nur zur Hälfte mit Stacheln besetzt, dann steifborstig, zuletzt nackt und hier sehr regelmäßig getäfelt geringelt. Die Krallen sind ungemein groß und stark. — Ganze Länge 3′ 1″, der Schwanz davon 1′ 8½″; Kopf von der Schnautze bis zum Ohr 2½″. — Die Art scheint vorzugsweise den nördlichen Gegenden Brasiliens, nahe am Aequator, anzugehören; sie verbreitet sich durch Columbien bis Mexico, und geht südlich bis Minas geraes hinab. Ich habe sie freilich dort nicht beobachtet, aber Herr Dr. Lund führt sie in seinem Verzeichniß der Thiere im Flußthal des Rio das Velhas (l. l. IV. 63.) mit auf.

Anm. Hr. Af. Brandt hat ein Individuum, bei welchem die Stacheln auf der ganzen oberen oder vorderen Seite bis fast zur Spitze hin gefurcht, d. h. der Länge nach vertieft sind, als C. platycentrotus unterschieden (a. a. O. 399. 2. Taf. II.). Es ist lediglich Folge der noch unvollendeten Stachelbildung; ein Thier mit sehr jungen Stacheln, wie das mir vorliegende Exemplar deutlich zeigt. —

B. Stachelschweine mit vorwiegendem Haarkleide, über welches die Stacheln nur stellenweis hervorragen; Kehle, Brust und Bauch bloß behaart. Sphingurus *Fr. Cuv.*

2. Cercolabes villosus *Cuv.*

Waterh. Mamm. I. 427.
Cerc. insidiosus ***Brandt,*** a. a. O. 407. 4. Taf. IV. u. Taf. X. Fig. 5—7, cran.
A. Wagn. Schreb. Suppl. IV. 31. 3.
Hystrix insidiosa ***Licht. Kuhl.*** Beitr. 71. — ***Pr. Max z. Wied*** Beitr. II., 434. 1. — Dess. Abbild. Fig. 28. — ***Pand.*** et ***D'Alt.*** Scel. d. Nageth. II Taf. 11.
Sphiggurus villosus, ***Fr. Cuv.*** Mém. d. Mus. IX. 434. — Sph. spinosus ***Rengg.*** Säug. v. Parag. 242.
El Cuiy, ***Azara,*** Quadr. II. 55. No. 41. — Trad. franc. II. 105.

Hell gelbgrau (alt) oder röthlich gelb (jung), mit langem, weichem Haarkleide; die Stacheln am Grunde schwefelgelb, dann weiß, am Ende schwarzbraun mit rothgelber Spitze; Schwanz beträchtlich kürzer als der Rumpf. —

Pelz in der Jugend auf dem Rücken schön rothgelb, gegen den Bauch hin blasser, isabellfarbener, an der Innenseite der Beine graulicher; allmälig mit zunehmendem Alter immer trüber gelbgrau gefärbt, endlich im höheren Alter fast greis; das Haar ungemein weich anzufühlen, seidenartig fein, leicht gewellt, in der Tiefe allmälig braungrau. Zwischen diesem dichten, weichen Haarkleide stehen steife Stacheln von 1—2½ Zoll Länge, welche nur auf dem Scheitel, an den Backen, am Halse, den Rumpfseiten und dem Schwanzgrunde deutlich aus dem Haarkleide hervorragen, aber überall vorhanden sind, nur nicht an der Kehle, der Brust, dem Bauch und den Beinen; diese Theile haben nur einen weichen, wollig seidenartigen, z. Th. mit Borsten gemischten Pelz. Jeder Stachel ist am Grunde haardünn, dann verdickt er sich ebenso schnell, wie ein Federkiel, behält seine Dicke bei und spitzt sich erst am Ende langsam zu. Bis dahin sind die meisten Stacheln hell gefärbt, am Grunde gewöhnlich schwefelgelb, dann weiß; oben, wo er anfängt, sich zu verjüngen, wird er braun, das bald in schwarz übergeht; die äußerste Spitze ist orangeroth, rauh anzufühlen; unter dem Schwanz stehen meistens solche rothgefärbte Stacheln, gegen den Kopf hin werden die rothgelben Spitzen immer kürzer; manchen Stacheln fehlen sie ganz. An den Seiten und am Hinterrücken nehmen sie in der Länge zu, werden bis gegen 2½ Zoll lang, die braune Farbe breitet sich mehr gegen die Mitte aus und die orange Spitze wird ½ Zoll breit. Diese längeren Stacheln scheinen besonders im Winterkleide oder im höheren Lebensalter aufzutreten. Die jungen schön rothgelben Thiere haben auch hellere Stacheln, indem die braune Stelle sich verkürzt oder ganz fehlt; wo sie recht deutlich ist, pflegt sie bis zur Spitze zu reichen. — Die fast nackte fleischfarbene Nase ist ungemein dick, hoch kantig; der kahle Augenring fleischfarben; das Ohr trägt innen einen langen Haarbusch; die Beine sind von ziemlich weichen Haaren bedeckt, ihre Sohlen fleischfarben, die Krallen braun; das nackte Ende des Schwanzes ist auch fleischfarben, undeutlich und schwach geringelt. Ganze Länge 26″, der Schwanz allein 11″, der Kopf 3″; — ein sehr junges Thier von 13″ Gesammtlänge hat nur einen Schwanz von 5″ und einen Kopf von kaum 1⅓″ bis zum Ohr.

Dies Stachelschwein, von den Brasilianern Ouriço-cocheiro oder Ouriço-caixeiro genannt, ist in dem ganzen von mir bereisten Strich Brasiliens ein allbekanntes, wenn auch nicht grade gemeines Thier, das sich in den Wäldern aufhält, die Bäume besteigt und besonders von mehlhaltigen Früchten sich nährt. Ich erhielt bald nach meiner Ankunft in Rio de Janeiro ein lebendes Exemplar, das nach dortiger Gewohnheit der Länge nach an einen Knüppel gebunden und jämmerlich zerschlagen war, so daß das arme Geschöpf die erste Zeit nach dem Ablösen kaum gehen konnte, sich aber doch in einigen Tagen ganz wieder erholte. Es saß bei Tage ruhig in seinem Kasten, völlig zusammengekauert, und gab, wenn es berührt wurde, einen winselnden Ton als deutliches Zeichen des Unbehagens von sich; unsanfter behandelt sträubte es sein Stachelkleid und ließ sofort bei jedem Angriff mindestens ein Dutzend Stacheln fahren. Nichts konnte es am Tage zur Bewegung veranlassen, sowie es aber Nacht und alles still geworden war, setzte es sich in Marsch; ich hörte es nun deutlich mit vernehmbarem Schmatzen seine Bananen verzehren und wenn es sich gesättigt hatte, im Zimmer herumwandeln. Jetzt kletterte es mit großer Sicherheit, aber stets langsam, an den Gegenständen herum, stieg auf den Tisch am Bein in die Höhe, bog sicher über die vorragende Tischplatte und setzte sich auf den oberen Rand der Waschkanne, um zu trinken. Im Sitzen hatte es stets beide Beine dicht neben einander, aber die Füße sehr auswärts gestellt, so daß die Zehen fast senkrecht abstanden; so kletterte es auch, wobei es die breite, fleischige Sohle fest an die scharfen Kanten der Gegenstände andrückte und sie mit dem breiten aber dicken, fleischigen Ballenrande umklammerte. Es hielt sich auf diese Weise sehr fest und konnte nur mit Gewalt herunter gerissen werden. Dabei machte es nie einen Versuch zur Flucht, sondern ließ den Feind ruhig herankommen, wo es auch war; duckte sich nieder, sträubte die Stacheln und winselte wie es berührt wurde. Wenn ich seinen Kasten zur Nacht mit einem Deckel verschloß, so arbeitete das Thier an der Stelle der Fuge, wo sie am breitesten war, schnell und heftig sich eine Oeffnung, indem es die Ränder in großen Fetzen abnagte und durch Einklemmen des Körpers das Loch erweiterte, bis es hindurch konnte. Es scheint eine große Kraft in seiner gesammten Muskulatur zu besitzen. Ich hatte das Thier 3 Wochen bei mir im Zimmer und überließ es, als ich abreiste, einem Freunde zur Aufbewahrung, um es wo möglich lebend nach Europa zu nehmen; allein dem entwischte es schon in den ersten Tagen. Ein zweites ganz ähnliches, gelblichgrau gefärbtes Individuum sah ich dicht vor **Barbacena** todt am Wege liegen, aber schon ziemlich zerfetzt; das dritte ganz junge, von schön morgenrother Farbe, erhielt ich in Lagoa santa. Es hat außer der Farbe noch mancherlei kleine Abweichungen; namentlich ein viel dichteres Haarkleid, einen sehr kurzen Schwanz ohne alle Stacheln und lange steife Schnurrborsten an den Schultern und Schenkeln, die ebenso weit abstehen wie die der Lippe. Alle diese steifen Haare sind nicht schwarz, sondern gelb, mit einem schwarzbraunen Ton in ihrer Mitte; auf dem Oberarm stehen sie in einfacher Reihe etwa 4—5, auf dem Oberschenkel in doppelter; auch auf der Brust stehen einige ebensolche, etwa 3″ lange Borsten; das Haarkleid der Bauchmitte ist stark gekräuselt und die Pfoten sind obenauf viel länger behaart, als bei alten Thieren. Einen sehr unangenehmen Geruch konnte ich an meinem lebenden Exemplar nicht bemerken, es roch zwar eigenthümlich, aber nicht grade sehr widerlich; ich schiebe das mehr auf Rechnung der faulenden Nahrung in der Kiste und des Unraths, als auf eine besondere Absonderung des Thieres. Ich besaß es vom 26. Nov. bis zum 16. Dec.

Anm. 1. Die ausgewachsenen Individuen, welche ich beobachtete, waren weder so dunkel bräunlich, wie das vom Prinzen zu Wied gegebene Bild, noch so schön röthlich am Rücken, wie die Abbildung bei Brandt; der Ton, den dieses Bild an den Seiten hat, war auch am Rücken der herrschende bei meinen Thieren. Ich vermuthe, daß das Original der Brandt'schen Abbildung noch sehr jung ist. Am Kopf ist die Nase total verfehlt, sie gleicht ganz der des Coendou von Fr. Cuvier in der Form, bleibt aber hinter ihr in der Größe etwas zurück (siehe *Waterh.* Mamm. II. Taf. 6, Fig. 6). Das Bild in der hist. nat. des Mammifères von Werner ist überhaupt vortrefflich und das einzige naturgetreue, welches ich kenne. Denkt man sich einen etwas kleineren Kopf und statt der Stacheln ein vorwiegendes Haarkleid, so hat man in diesem Bilde das Coendou auch das des Ouriço Caixeiro, den Azara unter dem Namen Coiy beschreibt; — wenig gelungen ist die viel zu dicke Zeichnung in *Waterh.* Mamm. II Taf. 21, Fig. 2. —

2. Cercol. affinis *Brandt*, a. a. O. 412. 5. Taf. V, stimmt so sehr mit der Abbildung, welche der Prinz zu Wied a. a. O. von C insidiosus gegeben hat, daß man dieselbe dahin rechnen muß. Dieser dunklere braune Farbenton eines Theils, dann der unterhalb am Grunde nicht gelbe, sondern bräunliche Schwanz und die breiten schwarzbraunen, an der Spitze selten orangegelben Stacheln dürften diese Art von C. villosus gut unterscheiden. Mehr Gewicht würde ich übrigens darauf legen, daß der Schädel nach Brandt's Figur (a. a. O. Taf. X, Fig. 8—9) entschieden flacher, im Schnautzentheil kürzer und im Hinterkopf länger erscheint, als der von C. villosus. Darnach halte ich die Selbstständigkeit der Art nicht für zweifelhaft. Die Heimath des einen von Hrn. v. Langsdorff gesammelten Exempl. ist nicht näher bekannt; wenn aber das des Prinzen zu Wied auch dahin gehört, so würde sie in das Küstengebiet nördlich vom Rio Espirito Santo zu setzen sein. Ich habe kein so braunes Stachelschwein auf meiner Reise angetroffen.

3. D'Orbigny's Angabe nach Berichten der Indianer, daß die Stachelschweine im Sommer ihr langes Haarkleid verlören und bloß von Stacheln bekleidet seien, ist wenigstens für diese brasilianische Art nicht gegründet; ich habe meine Exemplare im Sommer (November u. December) völlig mit Haaren überdeckt gefunden. —

Anhang.

Außer den vorstehend beschriebenen oder charakterisirten Arten werden noch folgende Spezies aus Brasilien erwähnt.

1. C. nigricans *Brandt* a. a. O. 403. 3. Taf. VII. u. Taf. X. Fig. 2 u. 3. Schwärzlich von Farbe; auf dem Kopfe, Rücken und den Seiten mit bräunlich rothgelbem Anflug, der Bauch und die Beine weißlich; die Stacheln kurz, 1—1¼" lang, ziemlich vorwiegend, am Grunde weiß, am Ende schwarz, z. Th. mit rothgelber Spitze; der Schwanz schwarz, die untere Seite am Grunde gelblich gefärbt. Ganze Länge 23¼", der Schwanz 9", der Kopf 2". — Hierher gehört wahrscheinlich C. Sphigg. spinosus *Fr. Cuv.* Mém. d. Mus. IX. 433 u. Dict. d. sc nat. XI. 11. 534.
2. C. melanurus *Natt.* Wagn. Schreb. Suppl. III. 34. 5. Zottig behaart; die Haare lang, am Grunde schwarz, am Ende schwefelgelb; die Stacheln nicht sehr lang, schwefelgelb, am Ende eine kurze Strecke braun; Schwanz sehr lang, fast ganz schwarz, nur der Grund auf der Oberseite wie der Rücken gefärbt. — Ganze Länge 30—33", der Schwanz 15—16". — Vom Amazonenfluß.
3. C. nycthemerus *Kuhl* Beitr. 71. — *Waterh.* Mamm. II. 417. Ist nach Waterhouse einerlei mit v. Tschudi's Sph. bicolor (Fn. per. 186. tb.15) und gehört den nordwestlichen Theilen Brasiliens an. Die Art hat bloß ein Stachelkleid, ohne überwiegende Haare und steht dem C. prehensilis nahe.
4. C. subspinosus *Licht.* — Wagn. Schreb. Suppl. IV. 35. — *Pr. Max.* Beitr. II. 440. — Ist gar kein Cercolabes, sondern nach dem Bau des Schädels eine durchaus eigene, schon an ihren langen, dünneren, mehrmals wellig geschlängelten Stacheln leicht kenntliche Gattung, welche sich theils an die Loncheriden, theils an die Cölogenyiden anschließt. Gray hat sie unter dem Namen Chaetomys aufgestellt und Waterhouse sie weiter begründet (Mammal. II. 329.); sie ist mit Pictet's Plectrochoerus (Rev. Zool. 1844. 225.) identisch. Ihr Gebiet, das nördliche Brasilien neben und oberhalb Bahia, liegt außerhalb der von mir berührten Gegenden, weshalb ich die Form nicht weiter bespreche. —

5. Subungulati.

Wieder eine besondere Gruppe der Nager, welche für Süd-Amerika charakteristisch ist und diesen Erdstrich noch ausschließlicher bewohnt, als die früher betrachtete Abtheilung der Muriformes; kein einziges Mitglied verbreitet sich bis Nord-Amerika hinauf, ja nicht einmal bis nach Mexico und den großen westindischen Inseln dehnen sie sich aus; dagegen streifen sie vom nördlichen columbischen Küstenrand bis an die Magelhaens-Straße nach Süden.

Sie haben weder sehr große, lang hervorragende Ohren, noch einen äußerlich vorspringenden haarigen Schwanz; dadurch allein schon unterscheiden sie sich von allen anderen Nagethiergruppen gleichen Ranges; ihre Ohren sind zwar breit, aber, mit Ausschluß von Dolichotis, nicht hoch, dünn und fein behaart oder fast nackt; ihr Pelz ist kurz und eher straffhaarig als weich; ihre Pfoten haben in den meisten Fällen ungleiche Zehen, vorn in der Regel vier, oft nur drei, hinten gewöhnlich drei; nur ein Mitglied hat vorn und hinten fünf, indem der sonst fehlende Daumen und die kleinste Außenzehe ihm geblieben sind, aber der Daumen ist unkenntlich klein, obgleich selbst der Nagel nicht an ihm fehlt. Trotzdem sind die Pfoten lang, besonders die hinteren, und ihre Zehen stets mit starken, aber stumpfen Nägeln besetzt, die mitunter das Ansehn kleiner Hufe haben. —

Am Skelet spricht sich im Schädel eine gewisse Aehnlichkeit mit dem der Muriformen aus; namentlich in allgemeiner Streckung desselben, der breiten Stirn, den scharfen, mitunter sogar zackigen Orbitalrändern; dem großen, mehr ovalen, als runden Loch im proc. zygomaticus des Oberkiefers; der Zahl von vier gleichgroßen, aber wurzellosen Backzähnen und der starken Entwickelung des proc. stylomastoideus, der selbst die beträchtliche Größe desselben bei Loncheres und Capromys noch sehr übertrifft; dagegen haben die Subungulati weder den erhöhten proc. spinosus am zweiten Rückenwirbel, noch das vollständige Schlüsselbein; letzteres ist bei ihnen ebenso dünn und schwach, wie der sonst starke Muskelkamm am Oberarm niedrig und leistenartig. Schienbein und Wadenbein bleiben zwar getrennt, liegen aber unten schon sehr nahe neben einander, was mit der viel schwächeren Bildung des Wadenbeins harmonirt. Eine eigenthümliche Annäherung an den Typus der Haasen spricht sich besonders in der starken Entwickelung der Lendenwirbel aus; nicht bloß sehr hohe Dornfortsätze, sondern auch sehr lange abstehende, schiefe Querfortsätze sind für diese beiden Familien gemeinsame Charaktere.

In der Lebensweise stimmen die Mitglieder nicht sehr überein; keins von ihnen klettert oder besteigt die Bäume, dagegen finden sich mehrere Erdgräber und selbst ein großer Freund des Wassers unter ihren ziemlich zahlreichen Repräsentanten. —

Nach dem Gebiß zerfallen sie in 2 natürliche Unterabtheilungen, nämlich in die Coelogenyiden mit abgerundeten elliptischen Falten in den Backzähnen, und in Caviinen mit scharfkantig winkeligen

Falten; jene nähern sich im Zahnbau mehr den Stachelschweinen, diese den Haasen.

a. Coelogenyidae.

Vier gleichgroße Backzähne von fast kreisförmigem Umriß mit nach innen weiteren elliptischen Falten, die sich schon sehr früh z. Th. zu Inseln abkauen, bilden den gemeinsamen Charakter. Jeder fertige abgekaute Backzahn hat im Oberkiefer innen, im Unterkiefer außen eine kurze starke Schmelzfalte, und wird an der gegenüberstehenden Seite von einem in der Jugend 3mal gefalteten, im Alter faltenlosen Schmelzsaume eingefaßt; alsdann treten auf der Kaufläche 3—4 langgezogene, quergestellte, schmale Inseln auf, die allmälig immer kürzer und kleiner werden. Die Schneidezähne sind stark nach vorn gewölbt, schön gebräunt, die unteren am Endrande leicht gerundet. Der Schnautzentheil des Schädels ist länger, die Stirn breiter als in der folgenden Gruppe, und hinter dem oberen Augenrande mit einem kurzen Orbitalfortsatz versehen *); das Haarkleid straff, kurz, anliegend; der kurze Schwanzstummel unbehaart. Die Pfoten haben lange, schmale, stumpfe, wenig gewölbte Krallen.

36. Gatt. Coelogenys *Fr. Cuv.*

Fünf Zehen an allen Füßen, die vier äußeren stark, mit großen scharfkantigen Nägeln; der Daumen an beiden sehr klein, rudimentär, doch nicht ohne Kralle; an der Innenseite der Wangen große Taschen, welche von dem schildförmig nach unten erweiterten Jochbogen bedeckt werden, gleichsam im Jochbogen stecken. —

Nur eine durch den ganzen mittleren Theil Südamerika's verbreitete Art ist bekannt.

Coelogenys Paca *aut.*

Cuv. Rgn. anim. I. 222. — *Rengger*, Säug. v. Parag. 251. — Wagn. Schreb. Suppl. IV. 52. 1. — *Waterh.* Mamm. II. 364.

---

*) Dieser kleine proc orbitalis posterior erinnert an den Bau der Sciurinen und weist auf die Verwandtschaft mit den Leporinen hin. In geringerer Andeutung, als scharfe, spitze Ecke, haben ihn schon Capromys, Habrocoma, Octodon und Ctenomys, aber nicht die Loncheriden.

Mus Paca *Linn.* S. Nat. I. 81. 6. — Cavia Paca Schreb. Säugeth. IV. 609. tb. 171. —
Le Paca *Buff.* X. 269. tb. 43 u. Suppl. III. 203. tb. 35.
El Pai *Azara* Quadr. II. 14. No. 35. Tr. fr. II. 20.
Coelogenys fulvus et subniger, *Fr. Cuv.* Mém. d. Mus. X. 203. tb. 9. f. 14. — *Desm.* Mamm. 361 u. 362. — *Pr. Max z. Wied* Beitr. II. 454.
Paca *Marcgr.* hist. nat Bras. pag. 224. —

Röthlich braun oder graulich braun; an jeder Seite des Rumpfes 4—5 Reihen weißlicher Tüpfel; die Bauchfläche weißlich, die Nägel horngraugelb. —

Der ganze Körperbau des Paca hat etwas gedrungenes, der Kopf ist dick und breit, die Schnautze ebenfalls, wenig vorgezogen, bis zum Rande der Nasenlöcher behaart; die dicken Lippen tragen einige steife, 4—5 Zoll lange, weißliche Schnurren; auf der Backe und über dem Auge steht eine andere Gruppe ähnlicher aber schwarzer Haare; die Oberlippe ist gespalten, das Auge nicht grade groß, etwas mehr nach oben gewendet als gewöhnlich, die Iris ist braun; das Ohr kurz, oben abgerundet, am vordern Rande umgestülpt, wenig und schwach behaart; der Hals dick, grade, mit Kopf und Rücken in gleicher Flucht; der Rumpf lang, ziemlich dick, mehr drehrund als seitlich comprimirt; der Bauch ziemlich hängend, die Beine eher kurz als lang zu nennen, ziemlich kräftig, die Zehen etwas gesperrt, die Nägel gerundet, die 3 äußeren nach außen, der innere nach innen scharfrandig; der Schwanz bildet einen kurzen am Ende nackten Höcker. Die Hoden liegen in der Bauchhaut und bilden eine bloße Auftreibung, die Ruthe enthält einen kleinen Knochen und die Eichel ist mit steifen knorpeligen Stacheln besetzt; das Weibchen hat 4 Zitzen, 2 am Bauch, 2 vorn an der Brust. —

Das Haarkleid des Paca ist straff und derbe, enge anliegend, kurz; die untere Hälfte der Haare ist gelblich weiß, die obere röthlich, gelblich oder graulich braun. An den Seiten des Rumpfes laufen vom Halse her 5 Reihen weißliche Tüpfel, wie mit der Fingerspitze gemacht, herab, die bald mehr rund, bald mehr oval sind; in den 2 oberen Reihen bleiben die Flecken mehr getrennt, an den 3 unteren sind sie länglicher, berühren sich z. Th. oder fließen gar in ganze Streifen zusammen; die unterste Reihe nähert sich schon sehr dem Bauch, der allmälig anfängt heller zu werden und zuletzt, d. h. auf der Mitte, wie die Innenseite der Beine, eine ganz weißliche Farbe annimmt. Die Grundfarbe spielt nicht bloß in verschiedenen Tönen, sondern auch in verschiedener Intensität; die Individuen, welche ich zunächst bei Rio de Janeiro sah, waren röthlicher braun, andere in nördlicheren Gegenden am Rio da Pomba mehr graubraun; sie werden aber noch dunkler und am Rücken sogar schwärzlich braun. —

Ganze Länge 23—26″, des Kopfes 5—5½″, des Rumpfes 16—19″, des Schwanzes 3—4‴; mittlere Höhe 11—13″. —

Vom inneren Bau gedenke ich nur des Skelets, weil ich die Eingeweide nicht selbst untersuchen konnte; auch hat schon Rengger davon eine ausreichende Schilderung gegeben (a. a. O. S. 254). Am Schädel fällt die enorme Entwickelung des Jochbogens sogleich auf; sie rührt besonders von der auffallenden Größe des proc. zygomaticus am Oberkiefer her, der über die Hälfte des ganzen Jochbogens einnimmt. Derselbe bildet eine breite, scharfe, nach außen gewölbte, runzelig unebene, nach innen hohle und glatte Platte, deren Ausdehnung einer Tasche wegen an der Innenseite der Wangen da ist, welche die ganze Höhle im proc. zygomaticus ausfüllt, das eigentliche os zygomaticum aber nicht mehr erreicht. Die Höhle wird von einer Duplicatur der inneren Backenhaut gebildet, ist beinahe 2″ tief, 1″ breit und hat eine so enge Mündung, daß nur die Fingerspitze hineindringen kann. Der Paca beherbergt darin Nahrungsreste, gewöhnlich aber findet man sie leer. Die Außenfläche des Knochengerüstes, welche diese Höhle bedeckt, ist bald mehr, bald weniger runzelig uneben; ganz besonders rauh bei alten kräftigen Männchen, ziemlich glatt dagegen bei den Weibchen, bei denen die Knochenplatte überhaupt weniger in die Breite geht. Durch diese Auftreibung des Jochbogens wird übrigens das Loch im proc. zygomaticus etwas verengt, so daß es einen relativ kleineren Umfang hat, als bei den übrigen Familiengliedern, auch an seinem untern Rande in eine Längsfurche übergeht, die den anderen Gattungen fehlt. Eine zweite vom Orbitalrande her über das Loch hin am Nasenrande verlaufende runde Furche ist ebenfalls dieser Gattung eigenthümlich, sie sondert die Stirn und den Nasenrücken scharf von den benachbarten Gegenden ab. — Am Schädel des jungen noch saugenden Paca ist der Jochbogen ganz ähnlich gestaltet, aber der Antheil des proc. zygomaticus daran relativ geringer; erst allmälig nimmt derselbe immer mehr Ueberhand und in seiner Größe ist das Alter des Thieres angedeutet. Auch die beiden Furchen fehlen dem jungen halbwüchsigen Paca.

Das Gebiß, wovon ich alle Stadien der Entwickelung kenne, tritt sehr allmälig auf. Das junge noch saugende Thier erhält zuerst die Schneidezähne, allein so lange dasselbe saugt, sind sie stumpf zugerundet und mit einem knorpeligen Aufsatz versehen, der später abfällt. Die Backzähne brechen gegen Ende der Säuglingsperiode durch, d. h. einzeln, einer nach dem anderen, und bestehen in frühester Zeit aus isolirten Schmelzplatten, die einzeln auf der späteren Kaufläche zugerundet und mit warzenförmigen Höckern besetzt sind. Jede Platte hat 2 solcher Warzenquerreihen neben einander, d. h. mit andern Worten: die Schmelzplatte ist einmal Uförmig so umgeschlagen, daß die Mündung nach innen gegen die Zunge zu liegt. Allmälig verwachsen nun diese Platten innig mit einander in ihrem untern Theile und es bildet sich daraus die gemeinsame Wurzel des Zahnes. Merkwürdig ist, daß diese frühesten Zähne relativ viel länglicher sind, als die späteren bleibenden, obgleich sie nur aus ebensovielen Platten bestehen. Aber dafür hat der junge Paca überhaupt nur zwei Zähne an jeder Seite, während der alte vier besitzt. Da der zweite hintere von diesen beiden Milchzähnen ganz den Bau zeigt, welchen der hinterste Zahn des ausgewachsenen Thieres besitzt, der erste aber viel größer ist, so ergiebt sich daraus, daß diese beiden Zähne mit dem reiferen Alter verschwinden, d. h. geschichtet werden, und zwar in der Art, daß hinter dem zweiten der vierte bleibende Zahn auftritt, an die Stelle der zwei vorderen aber drei frische Zähne treten. Aus mehreren Verhältnissen des zweiten dieser drei späteren Zähne geht hervor, daß er der älteste von ihnen ist; es wird also zunächst zwischen dem ersten und zweiten Zahn sich ein bleibender Zahn einschieben und dann an die Stelle der beiden ihm benachbarten Zähne später je ein bleibender Zahn treten müssen, oder nach Owen's Auffassung, der vorderste Zahn wird nicht geschichtet, sondern als sogenannter prämolarer Backzahn den dreien folgenden Molaren hinzugefügt. Von diesen ist der zweite und dritte geschichtet worden, der vierte wird wie der erste, nur einmal gebildet *). Ein Hauptcharakter, das höhere Alter des zweiten Zahnes nachzuweisen, bietet sich in der Länge seiner Furchen an den Seiten dar; man wird bei aufmerksamer Betrachtung finden, daß dieselben, sowohl außen, als auch innen, kürzer sind, als an den benachbarten Zähnen, weil seine Krone schon weiter abgekauet ist. Auch hat er einen etwas geringeren Umfang. An den vor mir liegenden Schädeln vom Paca, wie vom Aguti, ist das deutlich zu sehen. Eben diese Schädel beweisen auch, daß nach dem zweiten Zahn erst der dritte folgt, und später als dieser der erste, welcher sogar jünger ist, als der vierte. Ihn, den ersten, finde ich von allen am wenigsten abgenutzt. —

Was übrigens den Bau der Zähne im Einzelnen betrifft, so hat jeder fertige Zahn auf der einen Seite eine, auf der anderen Seite drei schmale Falten; oben liegt die einzelne Falte nach innen, unten nach außen. Durch fortschreitendes Abkauen nutzen sich zuvörderst die je drei Falten ab und werden zu schmalen queren Schmelzinseln, von denen oben eine vor,

*) Vergleiche die Odontographie ꝛc. S. 410.

zwei hinter der Hauptfalte von der anderen Seite liegen; unten ist es umgekehrt. Der hinterste Zahn ist größer als alle anderen und hat eine oder gar zwei Falten mehr, die dann von derselben Seite mit der einzelnen Falte ausgehen; auch am ersten, demnächst größten Zahne, pflegt eine solche accessorische Falte neben der Hauptfalte aufzutreten. Die Zahnreihen stehen völlig parallel und die unteren weiter von einander, als die oberen; wie das der gewöhnliche Fall bei allen Nagern ist. Darum sind die oberen auch nach außen, die unteren nach innen geneigt.

Das Rumpfskelet verräth die gestreckte Form des Paca sehr deutlich; schon die Halswirbel sind groß, stark, kräftig, aber nur der zweite allein mit einem sehr hohen, breiten Kamm versehen. Rippen tragende Rückenwirbel sind 14 (vierzehn) vorhanden; die letzte Rippe ist sehr dünn und schwach, wenn auch nicht kurz; 7 Rippen stoßen unmittelbar an das aus 5 Wirbeln und dem langen proc. xiphoideus gebildete Brustbein, die anderen 7 Paare sind falsche. Die Dornen der beiden letzten Rückenwirbel stehen senkrecht, die vor ihnen sind nach hinten, die Dornen der Lendenwirbel nach vorn geneigt. Unser Skelet hat fünf von vorn nach hinten größere Lendenwirbel mit auffallend starken Dorn- und Querfortsätzen. Das Kreuzbein besteht anscheinend aus vier Wirbeln, von denen der letzte ohne Unterschied in den Schwanz übergeht, aber nur einer, der erste, sich mit dem Becken verbindet; ihre Dornen sind hoch, breit und senkrecht gestellt. Der kurze Schwanz enthält 9, oder höchstens 10 Wirbel. Die Schlüsselbeine sind vorhanden, aber dünn und schwach; das Schulterblatt hat einen ziemlich elliptischen Umriß, eine scharfe obere Hinterecke und einen nach vorn ganz freien, am Ende Tförmig erweiterten Kamm; das Becken ist sehr schlank, und der Kamm des Darmbeines stark abgebogen. Der Daumen besteht aus 3 Gliedern, das Metacarpus- und Metatarsusglied mit eingerechnet, das Endglied ist nur ein kleines Knötchen; an den übrigen Zehen hat es eine schlanke, spitze, fast gerade Form. Hinten ist auch die Außenzehe sehr klein, nur so lang, wie das Metatarsusglied der vierten Zehe; vorn relativ viel größer.

Der Paca findet sich in ganz Brasilien in lichten feuchten Gebüschen, weniger im dichten Urwalde, hält sich in einer selbst gegrabenen Höhle unter Gestrüpp oder Baumwurzeln auf und bringt den Tag meist schlafend in seinem angeblich 4—5 Fuß tiefen Baue zu. Mit einbrechender Dämmerung geht er seiner Nahrung nach, die aus Blättern, Blüthen und Früchten verschiedener Pflanzen besteht; zur Brunstzeit hält er sich paarweis zusammen, sonst mehr einzeln. Er ist ein stumpfsinniges, gleichgültiges Thier, das wenig vorsichtig leicht vom Jäger beschlichen und darum vielfältig erlegt, gewöhnlich aber in Schlagfallen gefangen wird. Man ißt sein Fleisch und rühmt es als sehr wohlschmeckend; ich fand es zu weichlich und dem unserer Haasen nicht gleichkommend. Dennoch ist es, neben dem Aguti, das beste kleine Wildpret Brasiliens. —

Das Weibchen soll zweimal im Jahre werfen, zuerst im Frühling (September), dann im Spätsommer (Februar), und wenigstens das zweite Mal nie mehr als ein Junges; ich habe Mitte Decembers ein halbwüchsiges junges Thier bei Rio de Janeiro erhalten und später mehrere alte ausgewachsene Individuen gesehen. Jenes junge Thier war kleiner als ein Kaninchen und höchstens 4 Monat alt, es wird also wohl dem ersten oder Frühjahrswurfe entstammt sein. —

37. Gatt. Dasyprocta *Illig.*

Zierlicher gebaute Thiere mit höheren Beinen, woran vorn vier Zehen und ein kleines Daumenrudiment, hinten überhaupt nur drei Zehen mit ziemlich langen, scharfrandigen Nägeln vorhanden sind; eine Backentasche ist nicht da. —

Süd-Brasilien besitzt 2 Arten dieser Gattung, andere gehören dem nördlichen Theile im Gebiet des Amazonenflusses an.

1. Dasyprocta Azarae *Licht.*

Lichtenstein, Verz. d. Doubl. d. zool. Mus. z. Berlin. 13. — Wagn. Schreb. Suppl. IV. 39. 1. — *Waterh.* Mamm. II. 387.
Das. punctata *Gray*, Ann. Nat. Hist. X. 264.
— caudata *Lund*, Blik paa Bras. Dyr. III. 287.
— Acuti *Rengg.* Säug. v. Parag. 259.
El Acuti, *Azar.* Quadr. II. 21. No. 36. — Trad. franc. II. 26. —

Gelbbraun, heller und dunkler gesprengt, der Rücken reiner braun, nach hinten zu vom Nacken an allmälig dunkler, das Gesäß und die Oberschenkel rothgelb. —

Länglicher, und wie es mir scheint, auch etwas hochbeiniger gestaltet, die Außenzehe der Vorderpfoten viel kürzer, das Daumenrudiment deutlicher. Haarkleid straff und borstig, von vorn nach hinten allmälig länger, die Nasenränder nackt, die Lippen sparsam mit kurzen weißlichen Härchen besetzt, die langen, aber nicht sehr zahlreichen Schnurren braun; 2—3 über dem Auge stehen aufrecht, eine Gruppe im Bogen auf der Backe ist nach hinten gerichtet. Jedes Haar hat unten eine graugelbe Farbe, die nach oben düsterer wird; dann folgen 1—2 abwechselnd dunklere und hellere, schönfarbige rothgelbe Ringe, und zuletzt eine gelbe, öfter eine braune Spitze. Wo der dunklere Ton vorherrscht, ist diese braune Spitze sehr lang und deutlich; wo der gelbliche Ton dominirt, fehlt sie ganz oder ist kurz und schwach. Schon auf der Stirn wird die Farbe mehr braun als gelblich, und dieser Ton breitet sich längs der Mitte des Rückens bis zum Schwanz hin aus, allmälig an Stärke zunehmend. Das Kreuz ist fast schwarzbraun, aber seine Haare haben in der Tiefe eine klare, fast schwefelgelbe Farbe. Neben diesem dunkleren Ton läuft ein mehr röthlicher her, der im Nacken und am Rücken einen rostbraunen, auf den Schenkeln und dem Gefäß einen schön orangerothen Uebergang bildet; nach unten werden die Schenkel wieder rostbraun und vom Hacken an reiner braun. Die Vorderbeine sind gelbbraun, aber vom Handgelenk an dunkler. Kinn und Kehle sind fast weiß, sehr kurz behaart; Vorderhals, Brust und Bauch matt gelbgrau, die Weichen und Innenseite der Schenkel sehr sparsam behaart, der kurze Schwanz ist völlig nackt, ebenso die ganze Fußsohle bis zum Hacken und die Hand bis zur Wurzel. Die Nägel sind schlanker, spitzer und feiner als bei der folgenden Art, und die Außenzehe der Vorderbeine ragt nur mit der Länge ihres Nagels über die deutliche Daumenwarze hervor. Das Gebiß muß, nach den Schneidezähnen zu urtheilen, etwas feiner sein; letztere sind vorn gebräunt, aber die oberen nicht viel stärker, als die unteren. — Länge 20″, Kopf bis zum Ohr 4″, das Ohr $1\frac{1}{4}$″, breit, 1″ hoch, übrigens mit so feinen Haaren besetzt, daß es nackt und fleischfarben erscheint, auch der Augenrand ist nackt; Vorderbeine 6″ lang, Hinterbeine $7\frac{1}{2}$″, Schwanz 7″, — Das beschriebene Exemplar ist ein Männchen. —

Diese Art bewohnt das südliche Brasilien und die inneren Gegenden westlich von der Serra do Mar; Natterer fand sie in St. Paulo, Dr. Lund in Minas geraes, Azara und Rengger in Paraguay bis an den Rio de la Plata; südlicher scheint sie nicht zu gehen. —

Anm. D. caudata *Lund.* hält Waterhouse (Mamm. II. 189.) noch aufrecht; die Art soll etwas größer sein, als D. Azarae, relativ kleinere Ohren, einen längeren Schwanz (1″) und eine grauere Farbe besitzen, die selbst auf dem Kreuz vorwiegt, indem dessen Haare ebenso hell und dunkel geringelt sind, wie die Seitenhaare. Diese Unterschiede würden aber sehr wohl auf jüngere, 1—2jährige Thiere, wie sie Rengger beschreibt, sich zurückführen lassen.

2. Dasyprocta Aguti *Erxl.*

Desm. Mamm. 357. — *Pr. Max. z. Wied*, Beitr. II. S. 458. 1. — Wagn. Schreb. Suppl. IV. 42. 2. — *Waterh.* Mamm. II. 376.
Mus Aguti *Linn.* S. Nat. I. 80.

Cuniculus americanus *Seb.* Thes. I. 67. tb. 41. f. 2.
Cavia Aguti Schreb Säugeth. IV 613. Taf. 172 A
Aguti s. Acuti, *Marcgr.* h. n. Bras. 224. —
Agouti *Buff.* h. n. VIII. 375. pl. 50—54.
Cuiti der Brasilianer.

Etwas plumper gebaut, die Färbung bestimmter schwarz und gelb gesprengt, die ganze Kreuzgegend rothgelb; das Haarkleid länger, etwas weicher. —

Der Kopf ist etwas größer, die Nase entschieden breiter und die Kuppe weniger behaart, d. h. die Haare feiner und kürzer; Lippen, Kinn und Gurgel weiß, die langen Schnurrhaare schwarzbraun, ebenso gestellt wie bei der vorigen Art. Die Haare schon von der Stirn an länger und darum weicher anzufühlen, obgleich nicht grade dünner; die längsten auf dem Kreuz $3^1/_2$—4″ lang, bei D. Azarae höchstens 2—$2^1/_2$″. Jedes Haar des Kopfes und Rumpfes bis zum Kreuz ist unten nur sehr wenig hell, es wird bald braun und an der Spitze schwarz; in der Mitte des braunen Theiles zeigen sich je nach Befinden eine, zwei oder drei gelbe Binden, die sich besonders in der oberen Hälfte scharf absetzen und einen deutlich gesprengten schwarz und gelben Farbenton bewirken. Längs der Körpermitte ist er dunkler und die hellen Ringe spielen ins Rothgelbe, an den Seiten heller, gegen den Bauch nimmt die Helligkeit zu, doch ist nur der Oberhals und die Weichengegend ganz einfarbig gelb. Von der Mitte des Rückens an werden die rothgelben Ringe der Haare breiter und bald so breit, daß nunmehr die Haare rothgelb gefärbt erscheinen, mit schwachen braunen Ringen, woraus dann ein schöner dunkel orangener Sattel entsteht, der die ganze Kreuzgegend und den Steiß nebst dem Gesäß überkleidet, aber nicht so weit auf die Schenkel übergeht, wie der rothgelbe Ton des Gesäßes der vorigen Art. Schon darin unterscheiden sie sich leicht von einander, besonders aber auch in der bei D. Aguti viel dunkleren Färbung des ganzen übrigen Körpers, dem der röthliche Ton abgeht, während der schwärzliche durchdringt. Auch die Beine werden nach unten immer dunkler, aber nur die Zehen sind einfarbig braun. Ihre Nägel haben eine breitere Form, sind vorn mehr zugerundet, und die Außenzehe der Vorderbeine ist beträchtlich länger als der wenig bemerkbare Daumen. Die Ohren finde ich kleiner, namentlich schmäler und noch viel weniger behaart; die Schneidezähne breiter und ungleicher gebräunt; die oberen sehr viel dunkler als die unteren. Der Schwanz ist etwas dicker, aber nicht grade länger, ebenfalls völlig nackt, gleichwie die Sohlen der Vorder- und Hinterpfoten. — Ganze Länge des Kopfes und Rumpfes 20″, der Kopf bis zum Ohr $4^1/_2$″, mittlere Höhe 10″; Breite des Ohres 1″, Höhe außen 1″, innen $1^1/_3$″; Schwanz 10‴ lang. —

Diese Art, das ächte Aguti, bewohnt das Küstengebiet Brasiliens in den Walddistricten östlich von der Serra do Mar, von Rio de Janeiro bis über Bahia hinaus; es hält sich in lichten Gebüschen, wie im Urwalde, aber nicht grade in der Nähe des Wassers auf, bleibt bei Tage in seinem Schlupfwinkel, streift in der Dämmerung umher, ist nirgends selten und überall ein geschätztes Wildpret. Ich habe sein Fleisch nicht gekostet, es soll dem des Pacas nachstehen; das Individuum, welches ich eine Zeit lang lebend in Neu-Freibung beobachtete, entschlüpfte nach 14 Tagen, wo wir es schon für angewöhnt hielten, dennoch bei Nacht. Am Tage hielt es sich, sobald Menschen in seine Nähe kamen, scheu zurückgezogen, und wenn man sich ihm näherte, suchte es, wie die eingefangenen Haasen, auf jede Art zu entkommen; allein gelassen, ging es im Zimmer umher, schnoberte beständig mit seiner breiten Nase und suchte Nahrung. Es fraß Kohl, allerhand Früchte, Brod und andere Nahrungsmittel, am liebsten aber Maniocknollen. Ueber die Paar- und Satzzeit habe ich nichts in Erfahrung gebracht, es wird darin mit dem Paca übereinkommen und soll nach Rengger 2, höchstens 3 Junge gleichzeitig werfen. Man bekommt dieselben noch viel seltener, als die der Pacas, denn das Aguti ist viel scheuer und behender; es entzieht sich den Nachstellungen mehr, als jenes. Das von mir beschriebene Exemplar ist ein Weibchen, dessen Skelet ich ebenfalls besitze.

Am Knochengerüst ist eine in allen Theilen größere Zierlichkeit, im Vergleich mit dem des Pacas, nicht zu verkennen; namentlich der Schädel hat eine sehr gestreckte Form und ähnelt darin dem Typus der Loncheriden mehr; doch ist die Nase relativ viel länger, breiter und höher, der Orbitalrand stärker gebogen, etwas aufgeworfener und vorn über dem Thränenbein mit dem Anfange einer ähnlichen, aber seichteren Furche versehen, wie ich sie beim Pacaschädel erwähnt habe; das foramen zygomaticum des Oberkiefers ist weit, und nach oben von einem minder scharfen Rande, als beim Paca, begrenzt. Derselbe zieht sich am Zwischenkiefer fort und bezeichnet hier den Verlauf des darin steckenden oberen Schneidezahnes. Statt der Furche am unteren Ende des großen Lochs ist beim Aguti eine tiefe, ovale Grube, welche nach vorn durch ein kleines Loch in die Gaumenfläche übergeht. Der hintere Orbitaldorn ist stärker als beim Paca, der Jochbogen aber sehr viel schwächer und überhaupt nur zart; der Unterkiefer hat eine spitzere mehr aufgebogene Hinterecke, und der Gelenkkopf ist nach hinten viel stärker ausgezogen. Die Schneidezähne sind nicht so stark gewölbt und die Backzähne relativ etwas kleiner. In der Form und Zahl ihrer Schmelzfalten stimmen sie dagegen völlig mit einander überein; weniger in der relativen Größe; ich finde beim Aguti den vordersten Backzahn jeder Reihe etwas breiter und stärker als beim Paca, obgleich die ganze Reihe entschieden kürzer ist. Damit harmonirt eine relativ größere Breite der Gaumendecke beim Aguti und eine viel längere Choanenspalte, deren Vorderende mehr zugerundet, beim Paca mehr zugespitzt erscheint. Auch der Hinterkopf ist beim Aguti etwas länger und die Paukenblase in Folge davon größer. —

Das übrige Skelet zeigt einen etwas längeren Hals beim Aguti und einen breiteren Kamm am zweiten Wirbel. Rippen tragende Rückenwirbel sind 13 (dreizehn) vorhanden; von den Rippen stoßen 8 direct an das Brustbein, das aus 8 Wirbeln und einem langen knöchernen proc. xiphoideus besteht. Lendenwirbel zähle ich 6; sie nehmen von vorn nach hinten an Größe zu, doch ist nicht der letzte, sondern der vierte von ihnen der längste; ihre Fortsätze sind auffallend lang und sehr stark vornüber geneigt; von den Rückenwirbeln trägt der zweite den höchsten Fortsatz, der dritte ist aber nicht viel niedriger; alle folgenden nehmen an Höhe ab, bis zum 12ten, welcher der antiklinische ist, d. h. einen senkrecht stehenden proc. spinosus hat; vor ihm fallen die Dornen nach hinten, hinter ihm nach vorn. Das Kreuzbein, dessen erster Wirbel allein an das Becken stößt, ist innig mit dem Schwanze verbunden, so daß eine Grenze nur willkürlich gezogen werden kann; mit ihm besteht der Schwanz aus 13 Wirbeln, deren Dornen von Anfang an senkrecht stehen, breit sind und allmälig nach hinten niedriger werden; den 3—4 letzten Wirbeln fehlen sie. — Besonders zierlich sind die Gliedmaßenknochen; ein kleines griffelförmiges Schlüsselbein ist vorhanden, das Schulterblatt hat dieselbe Form wie beim Paca; aber das Tförmige Acromion ist breiter und besonders nach unten mehr verlängert; die Zehenknochen der Vorderglieder sind ganz vollzählig. Die Hinterglieder haben einen höheren Trochanter und ein sehr viel dünneres, grätenförmiges Wadenbein; der Fußtheil ist entschieden länger als beim Paca und der Hackenvorsprung spitzer; vom Daumen und der Außenzehe ist keine Spur vorhanden, die drei anderen Zehen zeichnen sich durch sehr lange, am unteren Ende etwas divergirende Plattfußknochen aus. —

Die weichen Theile habe ich nicht untersucht; sie sind schon früher von Daubenton im Anhange zu Buffon (a. a. O.) beschrieben und z. Th. auch vom Prinzen zu Wied berührt worden. —

Anm. Die übrigen bekannten Arten der Gatt. Dasyprocta leben außerhalb des von mir bereisten Gebietes, und mehrere ganz außerhalb der Grenzen Brasiliens. Eine derselben: Das. croconota *Wagl.* (Isis, 1831. 18. — Schreb. Suppl. IV. 44. 3.) steht dem ächten Aguti so nahe, daß ich sie nur für eine

Varietät mit weißen Schneidezähnen halten kann, denn darin liegt der allein wesentliche Unterschied zwischen beiden.

Drei andere Spezies: Das. cristata *Geoffr.* (Wagn. Schreb. Suppl. IV. 44. 4. — *Waterh.* Mamm. II. 383.) D. Acuchy *aut.* (Schreb. Suppl IV. 48. 7. — *Waterh.* Mamm. II. 391.) und D. prymnolopha *Wagl.* (Isis, 1831. 619. — Wagn. Schreb. IV. 46. Taf. 172. c. — *Waterh.* Mamm. II. 380.) gehören den nördlichsten Gegenden Südamerika's, nebst einem Theile der westindischen Inseln (St. Luzia, Granada) an und eben daher (von St. Vincent) stammt D. albida *Gray* (Ann. et Mag. n. hist. X. 264. 1842 — *Waterh.* Mamm. II. 396.), welche nur sehr ungenügend nach einem mangelhaften Balge bekannt ist. — Das. variegata *v. Tschudi's* (Faun. peruan. 190. 2 Taf. 16) aus Peru verbindet Waterhouse mit D. cristata, dagegen ist derselbe geneigt, D. caudata *Lund*, aus Minas geraes, als eigene Art anzuerkenen. — Das nördliche Brasilien, im Gebiet des Amazonenstromes, scheint auch von mehreren selbstständigen Arten bewohnt zu werden; am meisten sondert sich darunter die D. fuliginosa *Wagl.* (Isis, 1832. 1220. — *Waterh.* Mamm. II. 385. — D. nigricans *Natt.* Wagn. Schreb. IV. 46. 6. — D. nigra *Gray*) durch ihren ganz schwarzen Rücken ab; weniger sicher sind D. leptura *Natt.* (Wagn. Schreb. IV. 49. 7. a), welche dem Acuchy durch den längeren Schwanz nahe kommt, und D. exilis *Wagl.* (Isis 1831. 621.), welche auf ein junges Individuum einer noch unbekannten Art gegründet zu sein scheint (Wagn. Schreb. IV. 45. Not. 23).

b. Caviini.

Die vier Backzähne haben nicht immer eine ganz gleiche Größe, sie bestehen aus zwei oder mehreren mitunter völlig getrennten Platten, die einzeln eine dreiseitig prismatische Form zu haben pflegen, und mindestens eine (im Oberkiefer nach innen, im Unterkiefer nach außen gewendete) sehr scharfe Kante zeigen, aber niemals gesonderte Wurzelzacken bekommen. Die Schneidezähne sind minder stark gewölbt, gewöhnlich nur weiß gefärbt. Der Schnautzentheil des Schädels ist relativ kürzer, flacher und die Stirn schmäler, indem die Orbitalränder einen nach außen hohlen Bogen beschreiben; ein hinterer processus orbitalis fehlt ganz.

A. Haarkleid straff, sperrig; Schneidezähne gefurcht.

38. Gatt. Hydrochoerus *Briss.*

Schneidezähne breit, flach, mit seichter, halbhohler Längsfurche auf der Mitte; Backzähne ungleich, der hinterste aus einfachen, die drei vorderen aus einmal V förmig gefalteten Platten gebildet; Haarkleid steif, sperrig borstenartig; vorn vier, hinten drei Zehen mit breiten, scharfkantigen, hufartig gerundeten Nägeln; zwischen den Zehen eine kurze Schwimmhaut.

Hydrochoerus Capybara *Erxl.*

Erxleb. Syst. Regn. anim. 193. — *Desmar.* Mamm. 355. — *Pr. Max* Beitr. z. Nat. Bras. II. 475. — *Rengg.* Säug. v. Parag. 268. — Wagn. Schreb. Suppl. IV. 56. — *Waterh.* Mamm. II. 201.
Sus hydrochoerus *Linn.* S. Nat. I. 103.
Le Cabiai *Buff.* h. nat. XII. 348. pl. 49, 50.
La Capibára ó Capiguára *Azar.* Quadr. II. 8. No. 34. — Le Capigyoua. Trad. franc. II. 12. — Capy-bara, *Marcgr.* h. n. Bras. 230.
Brasil. Capyvári oder Capibári.

Das Capyvari, von seiner äußeren flüchtigen Aehnlichkeit mit dem Schwein auch Wasserschwein genannt, ist nicht bloß eins der größeren Thiere Brasiliens, sondern das größte Nagethier der Erdoberfläche und schon deshalb eine höchst merkwürdige, den Zoologen besonders überraschende Gestalt. — Sein starker, dicker Kopf zeichnet sich durch eine sehr breite, auf dem Rücken ziemlich flache Schnautze aus, welche bis an den Rand der Nasenlöcher behaart ist; die Oberlippe hat eine seichte besonders nach unten tiefere Längsfurche; das Auge ist für die Größe des Thieres nur klein; die Ohren sind mehr oval, als kreisrund gestaltet, fleischig, fein behaart und von mäßiger Größe. Der ganze Rumpf ist plump und kräftig gebaut, ziemlich rund, lange nicht so scharfkantig wie beim Schwein, sonst aber durch die Wölbung des Rückens und den etwas tiefer gestellten Kopf ihm nicht unähnlich; ein hervorragender Schwanz wird äußerlich nicht bemerkt, es ist aber ein kleiner horniger Höcker an seiner Stelle vorhanden. Die Beine sind ziemlich niedrig, wenigstens niedriger als die der Aguti's, und denen des Paca ähnlich, kräftig und stark bis zu den Pfoten, deren ziemlich dicke, aber nicht sehr lange Zehen eine etwas strahlig auseinanderweichende Stellung zeigen; bis zum vorletzten Gliede, das sehr kurz ist, verbindet die Zehen eine starke Hautfalte, ihre Spitze mit dem breiten, länglich parabolischen, scharfkantigen Nagel bleibt frei. Das Haarkleid besteht aus steifen, straffen, graden Borsten von 1—3 Zoll Länge; auf dem Kopf und an den Beinen sind sie kurz, besonders auf der Schnautze und den Zehen, gegen den Rumpf und den Rücken werden sie länger, die längsten bedecken die Gegend des Kreuzes. Sie fehlen nur am Rande der Nasenlöcher, auf dem Rücken des Ohres, an den Sohlenballen und den Schwimmhäuten ganz; die etwa 3 Zoll langen Schnurrhaare sind nicht zahlreich. Die Haarstellung ist übrigens so spärlich, daß man die Haut am Rumpfe zwischen ihnen bemerkt; sie bilden in ihr Gruppen kurzer, schiefer Linien, ähnlich wie beim Schwein, und geben dem aus dem Fell gearbeiteten Leder eine täuschende Aehnlichkeit mit dem Schweineleder unserer Sättel. Die Farbe der Haare ist braungraugelb, unten heller, matter, am Rücken dunkler, voller, selbst etwas röthlich; hier läßt sich ein hellerer, gelbrother Ring vor der schwärzlichen Spitze des Haares ziemlich gut unterscheiden. —

Das Capivari ist ein durch ganz Brasilien in der Nähe von Flüssen und Bächen verbreitetes, allgemein bekanntes Thier, das weniger seines Fleisches, als seines Felles wegen geschätzt und darum vielfältig gejagt und erlegt wird. Man bearbeitet nämlich seine dicke aber lockere Haut zu einem guten Leder, das besonders für die gewöhnlichen Leute zum Schuhzeug brauchbar wird, weil es, ungefärbt wie es ist, dem allgemeinen rothgelben Straßenkoth ähnlich sieht, nicht geputzt zu werden braucht und selbst im Wasser seine natürliche Dehnbarkeit nicht verliert, ohne jemals brüchig zu werden. Hauptsächlich dient es zu den Schäften der großen Reitstiefeln der Mineiros. Ich besitze ein Paar solcher in Sabara angefertigter Stiefeln, welche sich, trotz ihrer Größe, durch Leichtigkeit und ungemeine Weichheit empfehlen, aber freilich auch nicht wasserdicht sind; im Gegentheil, das Leder saugt das Wasser wie ein Schwamm ein, und läßt selbst sehr kleine Quantitäten von Wasser hindurch. —

Die Größe des Thieres, von dem ich mehrere Exemplare im frisch erlegten Zustande untersucht habe, ist beträchtlich; das größte Individuum, ein altes Männchen, maß 11″ im Kopfe und 3′ 2″ im Rumpf; seine mittlere Höhe war 1′ 8″, die Länge des Ohres 2½″, die Breite der Schnautze etwas über 2″; die gewöhnlichen Exemplare mittlerer Größe überschreiten 3′ Gesammtlänge nicht, wovon etwa 9″ auf den Kopf kommen.

Von der Lebensweise des Capyvari hat Rengger (a. a. O.) die ausführlichsten und besten Nachrichten gegeben; man trifft es nicht bloß einzeln, sondern auch in kleinen Rudeln, in der Nachbarschaft aller größeren Bäche und Flüsse Brasiliens, denen es auf- und abwärts folgt und sie sehr gewöhnlich schwimmend passirt; es sind stumpfsinnige, phlegmatische Geschöpfe, die wenig natürliche Vorsicht verrathen, und am liebsten im Wasser ihre Zuflucht suchen. Ihre Nahrung besteht in Sumpf- und Wasserpflanzen, aber auch in mehlhaltigen Früchten und Knollen, die sie besonders lieben. Das Weibchen wirft nur einmal des Jahres, im Frühling (September), je nach seinem Alter 1—4 Jungen, nie mehr, bringt gewöhnlich aber nur 2, höchstens 3 auf; sie sind bald beweglich, folgen der Mutter, bleiben sich aber ziemlich selbst überlassen. Das etwas größere Männchen geht meist allein umher; es hat keine äußerlich sichtbare Ruthe oder Hodensack, vielmehr befindet sich After und Harnöffnung mit der Ruthenscheide innerhalb einer spaltenförmigen Hautfalte, welche der weiblichen Vulva völlig ähnlich steht. Die Eichel hat keine Stacheln; die Ruthe ist von der Mitte an nach hinten zurückgekrümmt und in diesem Theile mit einem Knochen versehen. Das Weibchen hat 12 Zitzen; davon 2 an der Brust, 6 an den Seiten, und 4 am Unterbauch bis zu den Weichen hin.

Das Skelet zeichnet sich durch eine bedeutende Solidität von dem aller anderen Nager merklich aus. Besonders der dicke kräftige Schädel überrascht durch die plumpen Formen, und die ganz flache Stirn scheint das stumpfsinnige Naturell des Thieres sofort zu verrathen. Zu den merkwürdigsten Eigenheiten desselben gehören: die breiten Nasenbeine mit parallelen Rändern, deren Umriß fast ein Parallelogramm ist; der merkwürdig schmale, nach hinten gegen die Stirn zu sogar verschmälerte Stirnast des Zwischenkiefers; der starke Höcker des Thränenbeines und die höckerige Kante des Orbitalrandes; das sehr weite, schief nach unten gezogene Loch im proc. zygomaticus des Oberkiefers, neben dem am Oberkiefer eine Furche, die mit der Augenhöhle communicirt, den eigentlichen canalis infraorbitalis darstellt. Ganz sonderbar ist das kleine kurze aber hohe Jochbein, das wie ein Zwickelbeinchen mitten im Jochbogen liegt, und nicht bloß vom processus zygomaticus des Oberkiefers, wie beim Paca, sondern auch äußerlich von dem des Schläfenbeines an Größe übertroffen wird. Indessen zieht sich ein Fortsatz desselben hinter dem proc. zygomaticus des Schläfenbeines bis zur Gelenkgrube für den Unterkiefer hin, und bildet daselbst, wie gewöhnlich bei den Nagern, die äußere Kante dieser Grube. Kein anderer Nager hat endlich einen relativ so kleinen Hinterkopf mit so enorm großem und langem proc. stylomastoideus, neben so kleinen, nur einer großen Haselnuß an Umfange gleichen Paukenblasen. Auch der Unterkiefer ist durch die Kürze des vorderen Endes mit den Schneidezähnen ebenso sonderbar, wie durch die Breite der Gegend, welche die Backzähne enthält, und die auffallende Größe des hinteren unteren Theiles neben so geringen Kronen- und Gelenkfortsätzen.

Das Gebiß hat fast an jedem Zahn seine besonderen Eigenheiten. Die oberen Schneidezähne sind ziemlich breit und flach, an den Kanten abgerundet, in der Mitte der Länge nach seicht gefurcht; ihre Farbe ist weiß und ihre meißelförmige Schnittfläche sehr kurz, tief zweigrubig ausgehöhlt. Die unteren Schneidezähne sind etwas schmäler, aber relativ kürzer; ihre Längsfurche ist tiefer, ihre Schnittfläche viel gestreckter und eben. — Unter den Backzähnen des Oberkiefers bestehen die drei ersten aus je 2 V förmigen Platten, deren Falte nach außen offen und so gestellt ist, daß der vordere Ast schmäler und schärfer bleibt, als der hintere. Nur an der ersten Platte des ersten Zahnes haben beide Aeste ziemlich gleiche Stärke. Der vierte Backzahn des Oberkiefers besteht aus 12 oder 13 Platten, von denen nur die erste noch eine V förmige Gestalt hat, alle anderen sind einfach und nach beiden Seiten ziemlich gleichmäßig zugeschärft. Die vier Backzähne des Unterkiefers haben unter sich ziemlich gleiche Länge, aber jeder einzelne ist um die Hälfte länger als einer der drei vorderen oberen Backzähne. Die zwei vordersten bestehen aus je 3 V förmigen Platten, deren Falte nach innen liegt. Gewöhnlich sind die Platten nicht ganz getrennt, sondern durch eine enge Brücke verschmolzen; der letzten Platte des zweiten Zahnes fehlt der hintere Ast des V, sie ist einfach. Der dritte Zahn hat zumeist nach vorn eine, wie gewöhnlich einwärts offene, V förmige Platte, dann 2 am Außenrande verbundene einfache Platten, und hinter diesen eine sehr schmale V förmige Platte, deren Falte nach außen geöffnet ist. Der letzte vierte Zahn besteht ganz aus denselben Elementen, aber jede Platte nicht bloß, sondern auch jeder einzelne Ast derselben, ist breiter und dicker, daher dieser Zahn etwas größer ausfällt. Ueberhaupt nimmt in beiden Kiefern die Breite der ganzen Zahnreihe von vorn nach hinten etwas zu. Ihre Richtung ist stark nach hinten divergirend und ihre Neigung im Oberkiefer auswärts, im Unterkiefer einwärts. Der knöcherne Gaumen zwischen den Oberkieferzahnreihen ist ganz geschlossen, aber sehr stark gewölbt, von untenher ausgehöhlt.

Das Rumpfskelet des Capybari besteht aus 7 kurzen Halswirbeln, von denen der zweite einen sehr hohen zurückgebogenen Kamm trägt; Rückenwirbel sind 13 (dreizehn) mit ebenso vielen Rippenpaaren vorhanden: der zweite Rückenwirbel trägt den höchsten Dorn, der erste ist viel kürzer, die folgenden nehmen an Höhe ab, und stehen ziemlich stark rückwärts geneigt; der zwölfte ist fast senkrecht, der dreizehnte schon etwas vorwärts gebogen. Von den Rippen setzen sich 7 direct an das Brustbein, 6 bleiben frei; die letzte ist sehr klein und sonderbar hakenförmig gekrümmt. Lendenwirbel zähle ich 5; sie sind minder groß, als die des Aguti und Paca, namentlich kürzer und mit viel kürzern Fortsätzen begabt. Die Kreuz- und Schwanzwirbel bilden einen gemeinsamen Abschnitt, der nur aus 11 Wirbeln besteht, von denen der erste sehr starke mit dem Becken sich verbindet, der letzte ein ganz kleines rundes Knötchen ist. Das Becken ist kürzer als das des Paca und Aguti, relativ stärker, sonst ähnlich gestaltet. Oberarm und Oberschenkel sind kräftige, aber durch nichts besonders ausgezeichnete Knochen; ein Muskelkamm fehlt beiden. Schienbein und Wadenbein berühren sich bloß an ihren Enden und das letztere steht durch seine Feinheit mit dem besonders oben sehr starken Wadenbein in auffallendem Gegensatz. An den Vorderpfoten ist der Daumen spurlos verschwunden, an den hinteren auch die kleinste, äußere Zehe. —

Anm. Man kennt nur diese eine Art der Gattung schon seit Marcgraf's Zeiten, der sie zuerst unter dem noch jetzt geltenden Namen Capybara beschrieb (Hist nat. Brasil. 230.). Außer Rengger's auf eigene Anschauung gegründeten Mittheilungen ist die kurze Schilderung besonders anziehend, welche Darwin entwirft (naturw. Reisen, übers. v. Dieffenbach. I. S. 58). Das größte von ihm erlegte Individuum wog 98 Pfund. Den eigenthümlichen Bau des Schlundes, der nach Morgan's Beobachtung so eng ist, daß nur eine Rabenfeder hindurchgeht, haben verschiedene englische Beobachter geschildert, zuletzt noch Martin in seiner Gener. Introd of the nat. history of Man et Monkeys. Lond. 1841. 8. S. 133. —

Der Capyvari ist die Hauptnahrung der Jaguare und wird ihre gewöhnlichste Beute. —

B. Haarkleid dicht gedrängt und weich; Schneidezähne glatt, schmal, stärker gewölbt.

39. Gatt. Cavia *Klein.*

Kleine Thiere von dem Ansehn des Hamsters, aber ohne Schwanz und im Ganzen noch etwas gedrungener gebaut, bilden den Inhalt dieser Gattung; man kennt eine gezähmte Abart ziemlich allgemein unter dem Namen Meerschweinchen. — Ihr Haarkleid ist weich, ziemlich lang, mehr seidenartig als wollig anzufühlen, sehr dicht und gesprenkelt gefärbt; die Nase bis an die Nasenlöcher behaart, die Oberlippe nach unten ausgeschnitten; die Schnurren fein und schwach, länger auf der Nase, als an den Lippen; die Ohren breit, aber nicht hoch, abgerundet, innen behaart, außen zumal am Rande nackt; der ganze Rumpf gleichmäßig von Haaren bedeckt, im Leben stark gewölbt, kurz, ohne Spur eines Schwanzes; die Beine kurz, die Pfoten zierlich, vorn mit vier, hinten mit drei Zehen und nackter Sohle, deren Ballen stark hervorragen; die Krallen ziemlich schlank, wenig gebogen, zugespitzt. —

Zu diesen äußeren Merkmalen gesellen sich die Eigenheiten des Gebisses, zuvörderst schmale, ziemlich gewölbte, weiße oder hellgelbe Schneidezähne und vier gleichgroße Backzähne, die einzeln aus zwei vereinigten, dreiseitig prismatischen Schmelzröhren bestehen; an den oberen Zähnen steht die schärfste Kante des Prismas nach innen, an den unteren nach außen. Die zwei Prismen jedes Zahns sind bald von völlig gleicher Gestalt und Größe, bald ungleich, und in diesem Falle ist das hintere Prisma jedes Zahnes das größere und einmal auf der schmälsten Seite Vförmig gefaltet. Oben liegt diese Falte nach außen, unten nach innen.

Diese Verschiedenheiten hat man, in Verbindung mit gewissen Unterschieden der Krallenform, zur Aufstellung besonderer Gattungen benutzt, und namentlich eine Art, deren Zahnprismen gleich gross und deren Krallen viel kürzer sind, zur Gattung Cerodon erhoben. Ich stimme jedoch Waterhouse bei, der es für zweckmäßiger hält, alle auch sonst im Zahnbau etwas von einander abweichenden Arten in derselben Gattung zu lassen, und diese Unterschiede nur bei der Artschilderung gehörig zu berücksichtigen. Wenn das, so finden sich in Südamerika überhaupt 10 Cavien, von denen 6 auch in Brasilien vorkommen. —

1. Die Backzähne bestehen aus zwei ungleichen Hälften; die vordere ist eine schmale Platte, die hintere ein breites Prisma mit Vförmig gefalteter schmälerer Seite. Krallen lang, spitz, sanft gebogen. Schneidezähne weiß gefärbt. Untergatt. Cavia *aut.*

1. Cavia Aperea *Erxl.*

Linn. S. Nat. I. 122. — Mus porcellus (domestic) ibid. 79. — *Pr. Max* Beitr. II. 462 Dessen Abbild. Fig. 24. — *Rengg.* Säugeth. v Parag. 274. — Wagn. Schreb. Suppl. IV. 58. 1. — *Waterh.* Mamm II 185.
Aperea *Marcgr.* h. nat. Bras. 223. et Cobaya ibid. 224. — *Azar.* Quadr. II. 37. No. 38. — Trad. franc II. 65.
Cavia Cobaya *Desm.* Mamm. 356. — Schreber Säugeth. IV. 617. Taf. 173. — Wagn. Schreb. Suppl. IV. 65. 9.
Cochon d'Inde *Buff.* VIII. 1 pl 1. — *Fr. Cuv.* Mammif. livr. 22 u. livr 48.
Bras. Preya.

Schneidezähne weiß; Pelz mäßig lang, weich, braun, fein gelb gesprengt; Bauch röthlich grau. —

Das wilde Meerschweinchen heißt in ganz Brasilien Preya und ist ein überall bekanntes Thier; es hat die Gestalt des zahmen, aber eine braune, fein gelb gesprenkelte Farbe, die auf dem Hinterrücken am schönsten erscheint, gegen die Seiten hinab heller wird, und am Bauch bis zur Brust hinauf einen röthlich grauen Ton annimmt. Jedes Haar ist an seinem Grunde weißlich, wird mehr nach oben graulich, von der Mitte an braun, und hat auf diesem braunen Theil, kurz vor der Spitze, einen 1 Linie breiten rothgelben Ring. Die Schnautze vorn, die Lippen, das Kinn und die Kehle sind heller röthlich graugelb, welcher Ton am Vorderhalse wieder mehr ins Braune; an der Brust, dem Bauch und der Innenseite der Beine ins röthlich Graue übergeht, indem diesen Gegenden die braune Farbe der Haare fehlt, aber die rothgelbe und der graue Grund bleiben. Die Pfoten sind dunkelbraun, die Sohlen, Ohren und Krallen schwarzbraun; die Schnurren größtentheils ganz schwarz. — Ganze Länge 10″, Kopf bis zum Ohr 2″, Hinterpfote 1½″.

Das Preya findet sich in lichten Gebüschen, zumal in der Nähe der Flüsse, aber auch in den mit hohem Grase und Gebüsch bestandenen Feldern, oder am Saum der Wälder; es ist ein scheues, ungemein behendes Thier, das, wie unser wildes Kaninchen, in Zickzackwegen rasch entflieht und am sichersten in der Morgendämmerung auf dem Anstande erlegt wird. Die Brasilianer essen sein Fleisch sehr gern, ja man findet das Thier selbst in Rio de Janeiro auf dem Markt feil geboten, wie bei uns die Haasen. Sehr häufig war es in Minas geraes bei Congonhas, viel seltener am Orgelgebirge bei Neu-Freiburg. Seine Haut ist sehr brüchig und sein Haarkleid lose.

Vom Skelet des Thieres kann ich nicht reden, da ich es versäumt habe, ein solches anzufertigen; ein so gemeines Thier zu präpariren schien mir immer noch Zeit, und darüber ist es ganz unterblieben. Man hält aber mit Recht unser gezähmtes Meerschweinchen für die domestizirte Form des Preya, und darum können dessen Verhältnisse auch für letzteres gelten. — Der Schädel hat eine mäßig gewölbte Schnautze und einen etwas stärker gewölbten Scheitel; der etwas verdickte, aufgeworfene Orbitalrand ist in der Mitte eingeschnitten, das Thränenbein am Rande höckerig und der Oberkieferknochen mit einer gebogenen Leiste versehen, die vom Rande des großen, quer ovalen Lochs im proc. zygomaticus ausgeht, mit einem Höcker endet und die Grenze des musc. masseter bezeichnet. Der Jochbogen ist vorn breit, nach hinten verschmälert, das eigentliche Jochbein aber nur an seinem unteren Rande äußerlich bis an die Gelenkgrube für den Unterkiefer verlängert, und übrigens auf die Mitte beschränkt, wie beim Capybari. Das Gebiß wird in gleicher Weise von vorn nach hitnen etwas breiter, aber die Bildung der Zähne ist davon verschieden. Jeder Zahn besteht aus zwei Abtheilungen, die durch eine enge, bloß aus Schmelz gebildete Brücke zusammenhängen; die vordere ist eine mehr länglich rautenförmige Platte, die hintere ein V förmiges Prisma, dessen Falte im Oberkiefer nicht sehr tief ist, im Unterkiefer bis über die Mitte des Zahnes hineindringt *); dafür haben die Oberkieferzähne eine etwas breitere vordere Platte, die Unterkieferzähne eine schmälere, dichter an die

*) Mit zunehmendem Alter des Thieres werden beide Falten in Folge der Abkauung kürzer, daher es nicht zulässig ist, die Tiefe und Schärfe derselben als Artunterschied zwischen dem zahmen Meerschweinchen und wilden Preya zu benutzen. —

V förmige herangerückte. Der ganze Unterkiefer ist niedrig, die Gegend der Backzähne aber breit, mit hohem Kamm für den musc. temporalis und einem sehr langausgezogenen hinteren Ast für die Spitze des masseter. Die Ohrblasen sind groß und die Divergenz der Zahnreihen wird so beträchtlich, daß die des Oberkiefers in der Mittellinie vorn zusammenstoßen.

Vom übrigen Skelet ist bemerkenswerth, daß der zweite Halswirbel einen ebenso hohen, nach hinten verlängerten, spitzen Kamm hat, wie beim Capybari, und die Dornen der Rückenwirbel minder verschieden in der Höhe, überhaupt niedriger sind. Ich finde 13 (dreizehn) Rippenpaare, worunter 7 wahre; die erste sehr starke Rippe hat an ihrem Innenrande einen feinen aber scharfen Dorn Lendenwirbel sind 6, Kreuz- und Schwanzwirbel nur 10 vorhanden. An jenen sind die Dornen sehr auffallend nach vorn geneigt und deshalb nicht hoch; am Kreuzbein stehen sie senkrecht und bilden einen gemeinsamen Kamm. Die Schlüsselbeine fehlen ganz. Das Brustbein besteht aus fünf Knochen, unter denen sich der letzte als proc. xiphoideus durch seine Länge und seine breite Knorpelplatte auszeichnet. Die Knochen der Gliedmaßen sind fein gebaut, das Becken kurz, das Schulterblatt mit einem zur Hälfte freien, langen zarten Kamm, der einen Haken von der Spitze nach hinten absendet. Schienbein und Wadenbein liegen dichter an einander, als sonst in dieser Familie, und berühren sich von der Mitte an direct, doch ohne zu verwachsen.

Die weichen Theile habe ich nicht untersucht; es ist bekannt, daß das Meerschweinchen nur 2 Zitzen zwischen und neben den Schenkeln hat, und demgemäß auch nur zwei gleich sehende, behaarte Junge wirft *); dasselbe wird vom Preya berichtet, wobei Rengger hervorhebt, daß die Jungen völlig geschickt seien, der Mutter gleich nach der Geburt zu folgen. Die Hoden liegen im Bauch und die Ruthe hat eine unbewaffnete Eichel. Weitläuftiger behandelt Daubenton bei Büffon (a. a. O. S. 5, Taf. 2—5) die innere Organisation des Meerschweinchen.

Anm. Das gezähmte Meerschweinchen wurde schon in diesem Zustande bei den Ureingebornen Südamerika's angetroffen; es existirt nirgends wild in derselben Färbung und Zeichnung, wie es gezähmt vorkommt, und ist um so eher von dem Preya herzuleiten, als dessen Farben eigentlich dieselben des Meerschweinchens sind, nur anders angeordnet. Beim Preya hat jedes Haar die drei Töne (weiß unten, rothgelb oben, schwarz an der Spitze) zugleich, welche beim Meerschweinchen über einzelne Stellen des Körpers so vertheilt sind, daß den dort stehenden Haaren nur eine der drei Farben zufällt. Das ist der Charakter aller Farbenverschiedenheiten unserer gezähmten Hausthiere überhaupt. In Be-

*) Rengger behauptet zwar, das zahme Meerschweinchen werfe mehrere Junge; dem ist aber nicht so; sehr ausnahmsweise wirft es drei, gewöhnlich zwei, anfangs nur eins.

zug auf die von Rengger hervorgehobenen Unterschiede im Bau des Schädels verweise ich auf Waterhouse's Prüfung dieses Gegenstandes (Nat. Hist. of Mamm. II 188. seq.), der ich in ihren Resultaten mich anschließe; unsere lange gezähmten Hausthiere zeigen viel größere Abweichungen, als die sind, worauf Rengger Gewicht legt. —

2. Cavia fulgida *Wagl.*

Isis 1831. 512. — Wagn. Schreb. Suppl. IV. 59. 2. — *Waterh.* nat. Hist. Mamm II. 193
Cav rufescens *Lund*, Blik. p. Bras. Dyrev. III. 282. Taf. 25, Fig. 15.

Schneidezähne weiß, Pelz lang und weich, rothbraun, die Spitzen der Haare breiter schwarz; Bauch rothgelb. —

Nach den Beschreibungen, welche die angeführten Schriftsteller von dieser mir unbekannten Art entwerfen, ist sie etwas kleiner als die vorige, und hat ein viel längeres, besonders am Steiß langes Haarkleid, das einen lebhafteren spiegelnden Glanz zeigt. Die Oberseite ist schön rostrothbraun, schwarz gesprenkelt, was an den Seiten allmälig ins einfarbig Rostrothe und gegen den Bauch in eine röthliche Ockerfarbe übergeht. Die einzelnen Haare sind unten grau, dann rostroth, dann schwarz; unten fehlt die schwarze Spitze. Die Schnurren der oberen Region sind schwarz, die unteren rostgelb; die schwarzgesäumten Ohren haben innen rostrothe Haare. — Länge 9¼″.

Am Schädel, der etwas breiter zu sein scheint, finden sich ein minder stark gekrümmter Jochbogen und hinterwärts mehr gerundete Nasenbeine; die Zähne sind etwas kleiner, ihre Ecken stumpfer, und die äußere Falte der hinteren Portion der Oberkieferzähne ist beträchtlich tiefer. In der Figur, welche Dr. Lund vom Zahn seiner C. rufescens gegeben hat, ist außerdem eine viel breitere, nicht bloß aus dem Schmelzsaume bestehende Brücke zwischen der vorderen und hinteren Platte, dargestellt.

Die Art wird von Dr. Lund als im Flußthal des Rio das Velhas heimisch aufgeführt. — Auch Aug. de St. Hilaire gedenkt ihrer in Minas (Prem. Voyag. II. 337). — Das von Wagler und Wagner beschriebene Exemplar soll im Gebiet des Amazonenstromes von Spix gesammelt sein. Waterhouse giebt ebenfalls Minas geraes als Heimath der Spezies an. —

3. Cavia leucopyga *Brandt.*

Mém. d. l'Acad. Imp. d. St. Petersb. Sc. nat. III. 2. 436. tb. 16. 1835. — Wagn. Schreb. Suppl. IV. 63. 6. — *Waterh.* Mamm. II. 197.
Cav Azarae *Licht.* Msc.

Schneidezähne weiß; Oberseite fein gelb und schwarzbraun gesprengt, Bauch weiß; Krallen hornfarben.

Die Art ist etwas größer als das Preya; der Kopf hat eine schlankere Form, aber die Ohren sind im Gegentheil etwas kleiner. Der Pelz fühlt sich rauher an; die Oberseite hat eine ziemlich lebhafte gelbbraune Farbe, die näher untersucht viele gelbliche Pünktchen enthält, indem jedes Haar am Grunde grau, in der Mitte blaß schwarzbraun, dann gelblich und zuletzt schwarz gefärbt ist; die Unterseite ist weiß, mit leichtem Anflug von Gelb, die Weichengegend reiner weiß; die Ohren haben einen Einschnitt am Rande und innen einen sperrigen Haarbesatz, dessen Farbe weißlich ist mit bräunlichen Spitzen; die obern Schnurren sind schwarz, die untern blaßgelb; die Nägel horngrau, nicht braun, wie beim Preya. Länge 11″. — Den Bau des Schädels und der Zähne kennt man noch nicht; keiner der erwähnten Schriftsteller weiß etwas davon zu sagen. —

Die Art bewohnt die Provinz St. Paulo und wurde von Natterer bei Ypanema gesammelt.

2. Die Backzähne bestehen aus zwei in der Größe minder verschiedenen, dreiseitig prismatischen Platten, deren schmälste Seite etwas bogig abgerundet, aber nicht mit einer einspringenden Falte versehen ist. —

a. Krallen schlank, sanft gebogen, spitz, wie in der vorherigen Gruppe; die Schneidezähne außen gelb gefärbt. — Untergatt. Anoema *Nob.*

4. Cavia Spixii *Wagl.*

Wagl. Isis 1831. 512. — *Brandt* Mém. d. l'Acad. Imp. d. St. Petersb. I. l. 442. — Wagn. Schreb. Suppl. IV. 62. 5. Tab. 173 A. Fig. 2. — *Waterh.* Mamm. II 173. pl 6. Fig 11, cran.

Schneidezähne gelb; Pelz oberhalb gelblich grau, unten weißlich: vor und hinter dem Ohr ein weißer Fleck; Krallen schwärzlich. —

Etwas größer, als das Preya, sein Pelz kürzer und noch weicher; die einzelnen Haare am Grunde grau, auf dem Rücken mit schwarzbrauner Spitze, vor der sich ein gelblich weißer Ring absetzt; an den Seiten der Ring breiter und heller weißlich, die dunkle Spitze kürzer, am Bauch fehlt letztere ganz; die Kehle, Lippen und Innenseite der Beine ist ebenfalls weiß. Vom Auge zieht sich ein verloschener, weißlicher, dunkler gesprengter Fleck zum Ohr hin, der sich jenseits des Ohres bis zum Hinterkopf fortsetzt; die Innenseite des Ohres ist weißlich behaart. Die Schnurren sind weißlich, mit braunen Spitzen; die Pfoten spielen ins Weißliche, die Krallen sind schwärzlich; die der vorderen Zehen kürzer als gewöhnlich. — Ganze Länge 11½"; Kopf bis zum Ohr 2" 3"', Hinterpfote 2" 1"'. —

Das Gebiß mit dem Schädel hat Waterhouse a. a. O. ausführlich geschildert. Er ist kleiner, besonders schlanker als der des Preya, hat nicht die flache Stirn des letzteren, sondern beschreibt eine mehr gleichmäßige Krümmung; die Nasenbeine sind entschieden länger und die Paukenblasen beträchtlich größer, daher sie auch weiter am Hinterkopf hinaufreichen. Das Thränenbein durchbricht vollkommen den oberen Jochbeinast des Oberkiefers: eine Eigenheit, die auch dem wilden Meerschweinchen, aber nicht der Cavia fulgida und einigen anderen Arten, zukommt *); dem Oberkieferknochen fehlt der scharfe Höcker zum Ansatz des musc. masseter und der knöcherne Gaumen ist sehr viel breiter und nicht so tief ausgebuchtet, wie beim Meerschweinchen. —

Das Gebiß ist entschieden feiner und kürzer, die oberen Schneidezähne sind stärker zurückgebogen und die Backzahnreihen reichen nicht über den hinteren Gaumenrand hinaus. Jeder Zahn hat zwei durch eine feine Schmelzbrücke verbundene Platten, deren Umriß auf der Kaufläche einem Apfelkern völlig ähnlich sieht; die vordere Platte ist etwas schmäler, als die hintere und letztere, besonders am vierten Zahn des Oberkiefers breit gezogen. Die Schmelzbrücke liegt schief gegen die beiden Abtheilungen des Zahnes und ist ein wenig gebogen. —

Die Art wird sowohl bei Rio de Janeiro, als auch bei Bahia gefunden; Spix soll sie im Innern am Amazonenfluß gesammelt haben; mir ist sie nicht vorgekommen. —

5. Cavia flavidens *Brandt.*

Brandt, Mém. de l'Acad. Imp. d. St. Petersb. l. l. 439. tb. 17. — ***Wagl.*** Schreb. Suppl. IV. 61. 4. — ***Waterh.*** Mamm. II. 168.
Cav. nigricans **Wagn.** Schreb. Suppl. IV. 64. 7.
— obscurus ***Licht.*** Doubl. etc. 4. — Cerodon obscurus ***Rüpp.*** Mus Senkenb. 33.

Schneidezähne gelb; Pelz heller oder dunkler röthlichbraun, Bauchseite blaß lehmgelb; Krallen dunkelbraun. —

Etwas größer als das Meerschweinchen, besonders der beträchtlich längere schlankere Kopf. Der rothbraune Farbenton rührt hauptsächlich von den breiten rothgelben Ringen her, womit die Haare vor ihrer dunkelbraunen Spitze versehen sind; die tieferen Theile des Haares sind bräunlich

*) Ich finde diesen Charakter nicht beständig; bei einem Exemplar des zahmen Meerschweinchens hat die eine Seite jenen, die andere den gewöhnlichen Bau.

grau. Am dunkelsten ist die Farbe auf dem Kopf bis hinter die Ohren; an den Seiten des Rumpfes ändert sich die schwarzbraune Haarspitze in eine einfach braune, wodurch der Ton immer mehr sich hebt; an der Brust und dem Bauch geht sie in eine blaß goldgelbe Farbe über, die jedoch durch den grauen Grund der Haare verdüstert wird; die Beine sind wie die Rumpfseiten gefärbt, die Pfoten graulicher. Hinter dem Ohr erscheint ein hellerer, röthlicher Fleck; die Ohren selbst sind schwärzlich, mit rothbraunen Haaren besetzt; von ihnen aus erstreckt sich unter dem Auge fort ein mehr dunkelbrauner Streif. — Ganze Länge 10½″, Hinterpfote 2″ 2‴, Kopf bis zum Ohr 2″. —

Der Schädel zeichnet sich besonders durch den langen Schnautzentheil aus; auch ist das Loch im proc. zygomaticus viel größer und das vordere Ende des Jochbogens mehr zurückgesetzt. Das Thränenbein liegt dem oberen Ast des proc. zygomaticus nur an, und durchbricht ihn nicht völlig, wie bei der vorigen Art. Das Gebiß ist schmäler, als beim Meerschweinchen, und die Gaumenfläche in Folge dessen breiter. Die Zähne stimmen mit denen des Moko vollkommen überein.

Diese Spezies findet sich mehr im nördlichen Brasilien, als im südlichen; Waterhouse giebt die Gegend von Bahia an.

Anm. Daß Wagner's Cav. nigricans wirklich hierher gehöre, wie Waterhouse des Gebisses wegen vermuthet, scheint wegen der dunklern, schwarzbraunen Färbung kaum zulässig zu sein; obgleich es richtig ist, daß Weibchen und jüngere Thiere nicht die klaren Töne der Männchen und besonders der alten Individuen besitzen und darum die Cavia nigricans wohl zu C. flavidens gehören könnte. Der herausgenommene Schädel des frankfurter Exemplar mit dem Mokogebiß ist sicher dieser Art zuzuschreiben. —

b. Krallen kürzer, dicker, mehr senkrecht gestellt; die breite gerundete Spitze der Zehe wenig oder gar nicht überragend; die Schneidezähne außen weiß. — Untergatt. Cerodon *Fr. Cuv.*

6. Cavia rupestris *Pr. Max.*

Pr. Max z. Wied Beitr. z. Nat. Bras. II. 466. 2. Taf. II. Fig. 1, 2. cran. — Dessen Abbild. etc. Fig. 25, das Thier — Ebend. Isis 1820. 43. — *Waterh.* Mamm. II 164. Taf. 6, Fig. 1 u. 16, Fig. 10. cran.
Cerodon Moco *Fr. Cuv.* Dent. d. Mammif. 151.
— sciureus *Is. Geoffr.* Dict. class. IX. 120.
— rupestris Wagn. Schreb. Suppl. IV. 69.
Bras. Moco. —

Graugelbbraun, heller und dunkler gesprengt; unten blaß gelb, die Weichen und Innenseite der Schenkel röthlicher, die Pfoten ockerfarben. —

Größer als das Meerschweinchen und alle anderen Cavien-Arten, die Beine etwas höher, der Pelz ungemein weich und seidenartig zart.

Die Hauptfarbe der Oberseite ist graugelbbraun, indem jedes einzelne Haar am Grunde grau ist, dann bräunlich wird, nun einen gelblich weißen Ring bekommt und an der Spitze fast schwarz gefärbt ist; die Schnautze, Backen, Augenränder und Ohren sind röthlicher, und ein Streif desselben Tones zieht sich vom Ohr zum Nacken hin; der Scheitel ist fast ganz schwarz; der Unterhals, die Brust nnd die Pfoten erscheinen lichter gelblich; der Bauch, die Weichen und Schenkel innen rostroth, die Kehle und das Kinn weiß. An den Beinen sind die Zehen fast ganz nackt und durch ihren etwas gedrungenen Bau kenntlich; jede Zehe endet mit einem breiteren runden Ballen, auf dem der Nagel sitzt, ohne ihn eigentlich zu überragen; er hat eine breite, ziemlich gewölbte Form, ist der Länge nach gekielt, und endet mit einer scharfen, etwas aufrecht stehenden Spitze; nur der Daumennagel der Hinterfüße ist etwas größer und ragt entschieden über den fleischigen Endballen hervor. Hinter den großen runden Endballen der Zehen liegt ein breiter dreilappiger Sohlenballen, welcher an den Hinterpfoten länger rückwärts zugespitzt ist und von einer nackten Schwiele längs der Sohle begleitet wird. Die Schnurren sind ziemlich lang und schwarz gefärbt. — Ganze Länge 14″, Kopf bis zum Ohr 2″ 7‴, Hinterpfote 2″ 5‴. —

Der Schädel ist schlanker als der irgend einer andern Cavia; er hat eine relativ breitere Stirn, aber einen kürzeren Jochbogen, der viel schmäler als gewöhnlich ist, und hinten einen eigenthümlichen tiefen Ausschnitt besitzt. Das Thränenbein durchschneidet den oberen Ast des proc. zygomaticus am Oberkiefer nicht völlig und ist überhaupt kleiner, als bei den anderen Arten, obgleich es einen recht starken Höcker hat. Die Paukenblasen sind nur von relativ geringerem Umfange und der lange Schnautzentheil hat nicht den kleinen Höcker am Ende der Leiste für den Ansatz des musculus masseter. Die Zähne sind etwas kleiner als bei den typischen Cavien, und bestehen aus zwei enge an einander gerückten dreikantigen Schmelzplatten, welche eine sehr kurze Brücke zwischen den schmälsten Seitenecken verbindet; im Unterkiefer liegt dieselbe nach innen, im Oberkiefer nach außen. Die ganze Zahnreihe wird nach hinten kaum etwas breiter, doch ist die vorderste Platte des ersten Zahnes kleiner als die hintere, und der hinterste Zahn des Oberkiefers mehr ausgezogen, als alle anderen. Die Zahnreihen sind nicht so kurz, wie bei der vorigen Art, so daß der Einschnitt des harten Gaumens über ihr Hinterende nach vorn hinausreicht. — Der Gaumen vor den Backzähnen zeichnet sich durch eine schmale, scharfkantige Form aus. Am Unterkiefer finde ich den unteren hinteren Fortsatz viel kürzer, als beim

Meerschweinchen, und in Folge dessen diese Gegend der breiten Form des Capybari ähnlicher. —

Der Prinz zu Wied, welcher dies interessante Thier zuerst näher bekannt machte, fand es besonders im Sertong der Provinz von Bahia, an der Barra da Verada und nördlicher am Rio Pardo. Es hält sich in felsigen Gebirgsgegenden auf und verbreitet sich über den ganzen nordöstlichen District, bis Pernambuco und Ciara; dort hat es Köster beobachtet und unter seinem Nationalnamen Moco beschrieben. Auch Pennant gedenkt seiner als Rock-Cavy. In Minas geraes scheint es nicht mehr vorzukommen, denn Herr Dr. Lund führt es nicht unter den Thieren aus dem Flußthal des Rio das Velhas auf, bemerkt aber, daß es bis 18° S. Br. hinab gehe; damit stimmt des Prinzen zu Wied Angabe, daß es in Minas novas im Gebiet des Rio Belmonte schon sich zeige.

Anm. 1. Herr Dr. Lund bezeichnet in seinen Schriften eine Cavia saxatilis (Blik p. Bras. Dyrev. III. 285. Taf. 25, Fig. 5 u. 18), welche dem Gebiß nach in diese Abtheilung zu stellen wäre; da er sich nur über den Schädel ausspricht, so bleibt es fraglich, ob sie zur Untergatt. Cerodon oder zur Untergatt. Anoema *Nob.* gehört. Die Abbildung des Unterkiefers zeigt eine größere Verwandtschaft mit Cavia s. str. als mit Cerodon an indem die hintere untere Ecke sehr lang ausgezogen ist; dagegen fehlt die winkelförmige Biegung im oberen Orbitalrande, welche sowohl bei C. Aperea, als auch bei C. rupestris gefunden wird, bei C. saxatilis. Auch sind die Lappen der Backzähne mehr senkrecht gegen die Längenrichtung des Unterkiefers gestellt, als bei C. rupestris, wo diese Richtung schief nach vorn geneigt ist. Endlich ist der ganze Unterkiefer sehr viel kürzer als bei den übrigen Cavien-Arten; im Verhältniß von 38 : 55 gegen C. Aperea, wie 38 : 46 gegen C. rupestris. —

2. Im äußersten Süden Süd-Amerika's findet sich eine eigenthümliche Form der Caviinen: Dolichotis patagonica genannt, welche in der Gestalt durch die hohen schlanken Beine an die Agutis erinnert, übrigens aber das Gebiß der Cavien besitzt. Ihre länglichen erhöhten Ohren und ihr kurzer, behaarter, gekrümmter Schwanz nähern sie den Haasen, zu denen sie von Cavia eine Art Uebergangsform bildet. Sie bewohnt die Steppen südlich von Buenos Ayres und heißt dort Mara. — Vgl. *Waterh.* Mammal. II. 160.

6. Duplicidentati.

Eine Gruppe von Nagern, die sich durch doppelte Schneidezähne im Oberkiefer und mindestens fünf aus parallelen Platten gebildete wurzellose Backzähne sehr auszeichnet. Die Arten gehören vorzugsweise der nördlichen Erdhälfte an und kommen ziemlich allgemein unter der Form des Haasen (Lepus) vor; nur Mittel-Asien hat eine andere, ihm eigenthümliche Gestalt mit kürzeren Ohren, den Pfeifhaasen (Lagomys), dessen Ansehn zunächst an die Meerschweinchen streift. Wir haben in Brasilien nur eine einzige Art der Gattung Lepus zu schildern.

40. Gatt. Lepus *Linn.*

Obere, äußere Schneidezähne gefurcht, das viel kleinere hintere Paar völlig verbergend; untere Schneidezähne glatt, beide weiß gefärbt; im Oberkiefer 6, im Unterkiefer 5 aus je 2 Platten gebildete Backzähne, nur der erste des Unterkiefers ist dreiplattig und der letzte sehr kleine des Oberkiefers ein einfaches Stiftchen. Ohren lang, hoch, löffelförmig, dicht behaart; Schwanz kurz, dicht behaart, aufwärts gekrümmt; Pfoten vorn fünfzehig mit scharfen versteckten Krallen, hinten vierzehig, mit langer Sohle, welche gleich der vorderen dicht mit buschigen Haaren bekleidet ist.

Lepus brasiliensis *Linn.*.

Linn. S. Nat. I. 78 — *Schreb.* Säugeth. IV. 902. — *Wagn.* Schreb. Suppl. IV. 116. 30. — *Desmar.* Mamm. 351. — *Pr. Max* Beitr. etc II. 450. — *Rengg.* Säugeth. v. Parag. 247. — *Waterh.* Mamm. II. 141.
Lepus Tapeti *Pall.* Glir. 30.
Tapeti, *Buff.* XV. 162. — *Marcgr.* h. n. Bras. 223.
Tapiti, *Azar.* Quadr. II. 32. No 38 — Trad. franc. II. 57.
Cuelho der Brasilianer.

Der brasilianische Haase ist beträchtlich kleiner als der unsrige, und hat mehr das Ansehn eines Kaninchens, wozu die kurzen Ohren nicht wenig beitragen. Sein Pelz ist ziemlich lang, dicht und zart; die Hauptfarbe desselben an allen oberen Körpertheilen gelbbraun, an der Kehle, am Bauch und der Innenseite der Beine rein weiß. Auf dem Kopf spielt vom Schnautzenrande über die Stirn, dem Scheitel bis zum Nacken hin der gelbe Farbenton mehr ins Röthliche, d. h. Rostrothe, und dehnt sich als spitzer Streif bis zwischen die Schultern aus; hier sind die Haare am Grunde braun, in der Mitte breit rostroth, an der Spitze schwarz. Die Oberlippe ist weißlich, besonders neben den Nasenlöchern und tief gespalten; von der Nase nur die Scheidewand nackt; die langen Schnurren sind schwarz. Neben dem Auge liegt ein heller, weißgelber Streif, der sich zum Ohr hinzieht; Kinn, Kehle und eine Bogenbinde von ihr gegen den Nacken hin rein weiß. Das Auge ist groß, rund, am Rande mit langen schwarzen Wimpern besetzt, die Iris gelbbraun. Die Ohren sind beträchtlich kürzer als der Kopf, ziemlich breit, nach oben zugerundet, vorn braun, das unterhalb mehr ins Gelbe, oberhalb mehr ins Schwarze spielt; innen weißgrau (alt) oder gelbgrau (jung), hinten braungrau, spärlicher behaart. Auf der oberen und seitlichen Fläche des Rumpfes ist jedes Haar in der Tiefe hellgrau, dann wird es weißgelb, das allmälig in braun übergeht, aber sehr matt bleibt; darauf folgt ein breiter, klar und stark gefärbter gelber Ring, und zuletzt eine schwarze Spitze; dazwischen stehen aber überall minder zahlreiche längere Grannenhaare, an denen die Spitze so breit weißgelb ist, daß nur am äußersten Ende ein schmaler schwarzer, viel feinerer Aufsatz bemerkt wird, und sie besonders bewirken den scheckigen Ton der Rückenfarbe; doch pflegt auf dem Kreuz die schwarze Farbe die Oberhand zu behalten. An den Beinen wird der Ton allmälig heller, d. h. röthlichgelber und gegen die Sohle zu verliert sich die schwarzbraune Spitze ganz; die Haare der Sohle sind graugelb oder graubraun, sehr dicht, etwas gekräuselt und verdecken die Zehen bis zu den Nägeln völlig; obenauf ist die Pfote weiß. Am Bauch sind alle Haare in der Tiefe bleigrau, an der Spitze weiß, letzteres um so mehr, je älter das Thier ist. Ueber den Hals setzt sich vor der Brust die gelbe Rückenfarbe von einer Seite zur andern 2 Zoll breit fort, und bildet eine besonders an der Schulter röthlich gelbbraune Binde. Der Nacken hat, wie gewöhnlich, so auch bei dieser Art, eine mattere Farbe und ein weicheres, mehr homogen gefärbtes Haarkleid, was besonders durch den Mangel der stärkeren, längeren Grannenhaare entsteht. Eigenthümlich ist der Schwanz, ein ganz kurzer, wenig vom Rumpfkleide abgesetzter Büschel, unten mit gelbgrauen, oben mit braungelben Haaren besetzt, der sich mehr durch das Gefühl, als durch das Gesicht als selbstständiger Theil unterscheiden läßt. Man bemerkt nur eine kurze Vorragung des Pelzes an seiner Stelle. — Ganze Länge 15″; des Kopfes bis zum Ohr 3¼″, des Ohres 2¾″, des Rumpfes vom Nacken bis zum Schwanz 11″, der Hinterpfote 3″. Das sind die Maaße meines größten Individuums, aber es ist noch kein ganz altes Thier. —

Der Schädel hat alle charakteristischen Eigenthümlichkeiten der Haasengattung, ist aber feiner und zierlicher als der des gemeinen Haasen, und ähnelt mehr dem des Kaninchens. Von letzterem entfernt er sich jedoch sehr augenfällig durch die viel kürzere, nach vorn schmälere Schnautze, was am deutlichsten an den Nasenbeinen zu erkennen ist, indem dieselben viel weiter vom vorderen Augenwinkel abstehen, als bei anderen mir bekannten Haasenarten. Daneben ist die Stirn relativ etwas breiter, und das vordere Ende der Stirnbeine schiebt sich viel weiter zwischen die Nasenbeine vor, als sonst bei Haasen. Die hinteren Orbitalfortsätze, welche einigen südafrikanischen Haasen, wie L. ochropus, L. crassicaudatus, zu fehlen scheinen, sind vorhanden, aber kurz, dichter an die Schädelkapsel angelehnt und wenigstens bei alten Thieren fest mit ihrem erweiterten Ende an die benachbarte vortretende Ecke der Schläfenbeine angewachsen. Auffallend viel kleiner, als zumal beim Kaninchen, sind die Paukenblasen; dagegen erscheinen die Backzahnreihen relativ beträchtlich größer, besonders auch breiter. Ganz eigenthümlich ist die quer elliptische Form des Hinterhauptloches; unser Haase und Kaninchen haben darin nach oben einen tiefen Ausschnitt und die meisten Arten eine fast kreisrunde oder länglich elliptische Form. — Alle anderen Bildungsverhältnisse sind minder abweichend. Das Skelet habe ich nicht mitgebracht, die mir gelieferten Exemplare waren stets in einigen Hauptknochen zerschossen; auch die weichen Theile nicht untersucht.

Der brasilianische Haase lebt sowohl im Waldgebiet, als auch in den Campos, und ist ein überall bekanntes, aber relativ nicht so zahlreiches Thier, wie unser Haase. Den dichten Urwald und ganz kahle Flächen vermeidet er. Er ist kein Kaninchen, denn er lebt weder in Erdlöchern, noch wirft er blinde Junge; die kleinen 4 Zoll langen Häschen, welche ich Anfangs September, wo die Satzzeit ist, erhielt, waren völlig behaart, sehend, höchst behende, vermißten die Mutter nicht, und ganz wie die unsrigen im offenen Kessel eines Maysfeldes gefunden. Sie unterschieden sich von den alten Haasen nur durch eine mehr düstere Färbung, dichter behaarte kürzere Ohren, kürzere Pfoten. Das eine Individuum hatte einen weißen Stirnfleck, der dem anderen fehlte; aber bei beiden war die helle Zeichnung neben den Nasenlöchern stärker abgesetzt, als bei den alten. Ich hatte die kleinen niedlichen Thiere 14 Tage lebend im Zimmer und ernährte sie mit Kohl und Milch, wobei sie sehr schnell an Größe zunahmen. Als sie während der Nacht ihre Kiste verließen und unter der Thüre durch ins Haus gewandert waren, wurden sie eine Beute der Katze; wir fanden beide mit abgenagten Köpfen todt. Ein drittes etwa 4 Wochen altes Exemplar, was ich mitgebracht habe, mißt 6 Zoll in grader Linie ausgestreckt von der Schnautze bis zum Schwanz; sein Kopf bis zum Ohr ist 2″, das Ohr 1½″, die Hinterpfote 2″ lang, der Schwanz kaum unterscheidbar. —

Anm. Die von mir beschriebenen Haasen befinden sich im Winterkleide, während der Monate Juni und Juli, woselbst der Pelz am dichtesten und die Farbe am dunkelsten ist. Individuen im Sommerkleide habe ich nicht gesehen; nach Rengger sind dieselben viel kürzer behaart, indem die meisten langen Grannenhaare um diese Jahreszeit ausfallen und damit auch der dunkele Ton, welcher an ihnen vorherrscht, verloren geht. Das Sommerkleid der Haasen zeigt die braunen Theile des Pelzes graulich braun, die rostbräunlichen aber röthlich gelb.

Sechste Familie.

Zahnlose. Edentata *Cuv.*

Bruta *Linn.*

Wir kommen hier wieder an eine Gruppe von Säugethieren, welche, gleich den Beutelratten, für Süd-Amerika so recht bezeichnend ist, ja noch bestimmter, als jene, eine rein brasilianische Thiergestalt genannt werden kann; denn Faulthiere, Gürtelthiere und Ameisenfresser giebt es nur auf der großen Continentalfläche, wovon Brasilien die Hauptmasse einnimmt. Diese drei sonderbaren Gestalten bilden die Haupttypen der sogenannten zahnlosen Säugethiere; sie sind außerhalb Süd-Amerika's nirgends zu finden; doch haben die 2 letzteren in Süd-Afrika und Süd-Asien einige durch analoge Bildungsverhältnisse ihnen verwandte Correspondenten. —

Wirklich zahnlos sind freilich nicht alle die hierher gehörigen Thiere; ja nicht einmal zahnarm könnte man viele von ihnen nennen, weil einige in der That eine sehr große Zahl von Zähnen besitzen; aber auf die Zahl der Zähne ist der Name auch gar nicht zu beziehen, sondern auf ihre Beschaffenheit. Das Gebiß der Edentaten erscheint mangelhaft, weil ihre Zähne ein sehr lockeres Gefüge besitzen und weder in der Härte, noch in der Größe mit den Zähnen gleichgroßer Säugethiere aus anderen Gruppen sich messen können. Owen hat in seiner Odontographie *) die vollständige Auseinandersetzung ihres Zahnbaues gegeben, und daraus habe ich die nachfolgenden Data entnommen.

Die wichtigste allgemeine Eigenschaft an den Zähnen der Edentaten ist der Mangel des Schmelzes auf ihrer Oberfläche; der Zahn besteht hauptsächlich aus der eigentlichen Zahnsubstanz oder Dentina, welche äußerlich von einer dünnen, oft nur hautartigen Schicht des Zahnkittes (cementum) überzogen ist, im Innern

*) A treatise of the compar Anatomy of the teeth etc. Lond. 1840—45. 8. S. 317 seq.

aber keinen andern Unterschied zeigt, als daß der centrale Achsenkanal des Zahnes, von dem nach allen Seiten hin die Kalk führenden feinen Röhrchen ausstrahlen, von einer mehr oder minder starken gefäßreichen Schicht ausgekleidet wird, welche den Ueberzug der Wände des Pulparraumes bildet, worin die zahnbildende, lebendige Grundlage des Zahnes, die Matrix, sich befunden hat. Diese beiden Schichten der Zahnsubstanz, die gefäßlose und die gefäßreiche, stehen mit einander in Wechselbeziehung, so daß bald die eine, bald die andere den größeren Umfang hat; immer aber nimmt jene den peripherischen, diese den centralen Theil des Zahnkörpers ein. — Neben dieser Uebereinstimmung im Gefüge des Zahnes zeigt sich ein zweiter, der Gruppe der Edentaten minder eigenthümlicher Form-Charakter in dem Mangel eines Unterschiedes zwischen Krone und Wurzel; die Zähne der Edentaten sind gleichförmige Zylinder oder Prismen, welche mit einem ebenso gestalteten untern Theile im Kiefer stecken, und mit dem oberen frei hervorragen. Letzterer erhält nur dadurch eine etwas größere Solidität, daß die centrale Pulparhöhle sich nach oben verengt und durch Ausfüllung mit Kalksubstanz allmälig ganz schließt, während sie nach unten sich erweitert und als offener Trichter vom Grunde aus in den Zahn eindringt. Die so gestalteten Zähne werden durch den Gebrauch fortdauernd abgenutzt, ganz wie die Zähne der Nager; aber ihre Kaufläche ändert ihr Ansehn nicht, sie bleibt sich gleich durch das ganze Leben. Nur die dünne Kittschicht fehlt ihr, womit sie in frühester Jugend ebenso gut, wie die äußere Peripherie des Zahnes, umgeben gewesen ist.

Der Mangel des Schmelzes ist die Hauptursache der weichen, zum Zermalmen harter Nahrungsmittel ungeeigneten Beschaffenheit des Zahnes der Edentaten; die Thiere leben von Blättern oder von Insecten, und klettern zu dem Ende auf die Bäume, oder graben im Boden nach Nahrung; sie bedürfen für beide Zwecke großer Nägel oder Krallen, die allen hierher gehörigen Formen zukommen und bald eine mehr hakenförmige Gestalt haben zum Klettern, bald eine mehr scharfe Spitze zum Kratzen oder Graben. Das sind aber auch fast alle Uebereinstimmungen; sowohl im äußeren Ansehn, als auch im Bau der Bedeckungen, zeigen die Edentaten so große Verschiedenheiten, wie keine andere Gruppe gleichen Ranges unter den Säugethieren. Zwar sind die meisten stark und lang behaart, länger und dichter fast als irgend ein anderes Thier der Tropenzone; aber viele haben einen kräftigen, aus Kalkplatten in der Haut gebildeten Panzer, den dünne Hornschilder bedecken. Doch pflegen auch sie nicht ganz haarlos zu sein.

Am besten theilt man die Edentaten nach der Form des Kopfes ein, welcher entweder kurz und fast kugelrund, oder lang und kegelförmig gestaltet ist; damit harmonirt der Schwanz, insofern er jenen fehlt, diesen in großer Ausbildung zukommt. Letztere besitzen theils ein Haarkleid aber keine Zähne, theils Zähne, aber kein allgemeines Haarkleid. So ergeben sich für Süd-Amerika drei natürliche Gruppen:

1. Faulthiere (Tardigrada), schwanzlose Edentaten mit kugeligem Kopf, wenigen Zähnen und dichtem zottigen Haarkleide. —
2. Gürtelthiere (Effodientia), geschwänzte Edentaten mit spitzem Kopf, zahlreichen Zähnen und geschildetem, festem Panzer. —
3. Ameisenfresser (Vermilingnia), geschwänzte Edentaten mit langem, spitzen Kopf, ohne Zähne aber mit dichtem Haarpelze. —

I. Tardigrada *Illig.*

Phyllophaga *Owen* *).

Edentaten mit kleinem, mehr kugeligem Kopf, wenigen (4—5) dicken, cylindrischen Zähnen, langem, dichtem, zottigem Haarkleide und sehr langen Vorderbeinen, deren sie sich, wie ihrer großen Krallen, zum Klettern bedienen; ein äußerlicher langer Schwanz fehlt ihnen. Sie leben auf Bäumen und ernähren sich von deren Blättern. —

41. Gatt. Bradypus *Linn.*

Preguiça der Brasilianer.

Die Faulthiere, welche den Inhalt dieser Gattung bilden, sind offenbar die eigenthümlichsten und sonderbarsten Geschöpfe Süd-

*) R. Owen hat diese Benennung nicht bloß für die lebenden Faulthiere angewendet, sondern aus Illiger's Tardigraden und den vorhistorischen Riesenfaulthieren oder Gravigraden eine größere Abtheilung der Edentaten gebildet, welche den obigen Namen führt. —

Amerika's; sie überschreiten dessen Continentalfläche nicht, und scheinen sogar auf das eigentliche Flachland ostwärts von der Cordillerenkette beschränkt zu sein; wenigstens kommen sie in Peru, nach v. Tschudi, nur am Ostabhange des Gebirges bis 2800′ über dem Meere hinauf vor. Südwärts geht ihre Verbreitung nur wenig über den Wendekreis der eigentlichen Tropenzone hinaus; weder Azara, noch Rengger haben Faulthiere in Paraguay beabachtet; nordwärts erreichen sie Mexico nicht mehr und ebensowenig werden sie auf den westindischen Inseln angetroffen. —

Ihr Körper ist von einem dichten, zottigen Haarkleide bedeckt, das in großen, durcheinander gewundenen Bogen gekrümmt überall den hageren Leib umhängt, und ihm sogar das Ansehn der Fülle giebt; die Haare sind einzeln nicht grade sehr steif, sie fühlen sich vielmehr wie matt und brüchig an, glänzen auch nicht und zeigen unter der Lupe eine flachgedrückte Form nebst einer feinen Längsfurche, fast wie der Kiel einer Feder auf der Unterseite. Es sind gröbere und feinere unter einander gemischt, der Pelz besteht also wirklich aus Grannen- und Wollhaar; erstere werden äußerlich allein gesehen, sie haben den angegebenen Bau, letzteres steckt in der Tiefe, ist sehr fein, aber auch ziemlich trocken, wenig elastisch und nicht eigentlich gekräuselt, gewöhnlich einfarbig braun. An einzelnen Stellen, namentlich im Gesicht, wird das Haar kurz, liegt dichter an einander ohne eigentlich an den Leib gedrückt zu sein, und fühlt sich wie grober Sammet an; nackt ist nur der Rand der Nasenlöcher, oder die ganze Schnautze, wenigstens im reifen Lebensalter. Den Lippen fehlen Schnurrborsten durchaus; die Nasenlöcher liegen nach vorn, sind kreisrund und auswärts verstrichen; das Ohr ist im dichten Pelze des Kopfes versteckt und die Ohrmuschel eine sehr kleine, niedrige Hautfalte hinter der Oeffnung. Hals, Nacken, Brust, Bauch und Beine werden von dem langen Haarpelze bekleidet; selbst die Hand- und Fußsohlen sind behaart, mit Ausnahme des Hackens, der eine nackte Schwiele besitzt; die Haare auf ihnen werden aber viel kürzer. Der Schwanz ist in der Form eines dicken, stumpfen Höckers vorhanden, bleibt aber unter den benachbarten überhängenden Haaren versteckt. Der Hals und die Arme zeichnen sich durch eine für die Größe des Thieres bedeutende Länge aus; die Beine dagegen erscheinen kurz, ohne grade eine besondere Kraft oder Stärke zu verrathen. Die Zehen sind an beiden Gliedmaßen völlig versteckt und einzeln nicht zu unterscheiden; erst die langen, sichelförmig gekrümmten, unten schmalen, aber nicht ganz scharfen Krallen geben über ihre Zahl Aufschluß. Es sind deren vorn wie hinten drei von ziemlich gleicher Größe, welche dem Zeige-, Mittel- und Ringfinger entsprechen; vom Daumen ist ein Rudiment an der Handwurzel erkennbar, vom Kleinfinger keine Spur. —

Vom inneren Bau berühre ich nur das Knochengerüst etwas weiter. Es ist im Ganzen zwar nicht schwach, aber auch nicht grade kräftig gebaut; namentlich fehlen den Knochen starke Kanten, Leisten Höcker, Fortsätze, welche sonst bei kräftiger Muskulatur an ihnen vorhanden zu sein pflegen. Auch hat die Knochensubstanz lange ein weiches, lockeres, poröses Gefüge, und bekommt erst spät die glatte, feste Oberfläche, welche mit einer soliden Knochenbildung verbunden ist. Der Schädel ist zwar nicht eigentlich kugelig, aber doch sehr kurz gestaltet, oval mit flachem Scheitel, ebener oder gewölbter Stirn, ganz kurzer Schnautze und kleinen, von einem schwachen Jochbogen umspannten, kreisrunden, aber nach hinten offenen Augenhöhlen, deren Grenze hier von einem aufsteigenden Aste des Jochbogens gebildet wird. Ein anderer, senkrechter, aber kürzerer, spitzerer Ast befindet sich unter der Augenhöhle am entsprechenden Rande des Jochbogens und ragt vor dem Unterkiefer senkrecht herab. Dagegen reicht das Jochbein nicht bis an das Schläfenbein, es bleibt durch eine beträchtliche Lücke von ihm getrennt und endet mit der Spitze des Fortsatzes, welcher hinter der Augenhöhle hinaufsteigt, frei, hoch über dem kurzen, breiten proc. zygomaticus des Schläfenbeins. Das Thränenbein ist zwar vorhanden, aber sehr klein, namentlich kurz, und nimmt bloß die vorderste Ecke des Augenhöhlenrandes ein. Oben bildet ihn, wie immer, das Stirnbein, das sich grade an dieser Stelle etwas in die Breite ausdehnt und einen kleinen spitzen oder stumpfen proc. orbitalis entwickelt. Die Scheitelbeine neigen sich schon stark nach hinten und das Hinterhauptsbein hat eine sehr niedrige Schuppe, was auf eine schwache Nackenmuskulatur hinweist; dagegen sind die Gelenkköpfe groß und stark vorgezogen. Kurz und schmal ist der Gaumen, besonders nach hinten zu; breiter wird die Partie des weichen Gaumens, dessen Seiten die hohen, aber abgerundeten, mitunter sehr dicken, blasig aufgetriebenen, innen hohlen Flügelbeine tragen. Sehr klein ist wieder das Felsenbein. Der Unterkiefer hat eine ganz wagrechte Richtung, ein kurzes breites Kinn, dessen Vorderrand zugeschärft oder zugespitzt ist, einen hohen processus coronoideus, keinen sehr starken, etwas flachen condylus, aber eine ziemlich lange, bald mehr breite, bald spitzere untere Ecke, die bis unter das Felsenbein vorragt. Der kleinste aller Schädelknochen ist der Zwischenkiefer, nur ein flaches Knochenplättchen vorn zwischen den Ecken der beiden Oberkieferknochen, welches lediglich zum Abschluß des doppelten foramen incisivum bestimmt zu sein scheint; sein vorderer Rand ragt nur ganz wenig über das erste Paar der Zähne nach außen hervor. —

Das Gebiß besteht im Oberkiefer aus fünf, im Unterkiefer nur aus vier zylindrischen, wurzellosen Backzähnen, deren Kaufläche theils zugeschärft, theils ausgehöhlt ist. Jeder Zahn hat einen ziemlich starken rindenartigen Saum, welcher härter ist, als die von ihm umschlossene innere Zahnsubstanz, darum etwas länger sich erhält und einen erhabenen Rand darstellt, welcher beim Kauen von außen nach innen zugeschärft wird. Bei näherer Untersuchung zeigt sich, daß dieser festere Saum selbst zwei verschiedene Schichten hat, eine äußere sehr dünne, stark gebräunte Cementschicht und eine dickere Lage härterer Zahnsubstanz. Die Centralschicht ist viel weicher und lebhaft graubraun gefärbt. Die Form der Zähne ist nicht ganz gleich. Im Oberkiefer ist der erste Zahn der kleinste und ganz an die äußerste Ecke des Knochens gerückt; der auf ihn folgende zweite Zahn ist der größte, d. h. sowohl der dickste, als auch der höchste; die beiden folgenden sind einzeln kleiner und niedriger, der fünfte ist wieder etwas stärker und höher. Dessen Kaufläche ist nach vorn gewendet, die aller Zähne vor ihm nach hinten. Im Unterkiefer beginnt die Zahnreihe mit einem breiten meißelförmigen quergestellten Zahn, auf den zwei gleich große, niedrige, zylindrische Zähne folgen; der vierte Zahn ist etwas größer und verschoben rautenförmig mit stumpfen Kanten gestaltet. Er hat eine äußere und innere hohe Ecke an der Kaufläche, während an den beiden vorhergehenden nur die innere recht deutlich ist. —

Die Wirbelsäule von Bradypus ist besonders im Halstheile

durch die Zahl von neun Halswirbeln merkwürdig. Es hat zwar Th. Bell (Trans. zool. Soc. of London. I. 113) nachgewiesen, daß am achten und neunten Wirbel ein beweglicher Knochenfortsatz hafte, der erst später mit dem Querfortsatz der entsprechenden Wirbel sich verbinde und offenbar für ein Rippenrudiment zu nehmen sei; allein diese an sich richtige Beobachtung nutzt der Deutung nicht viel, da bekanntlich auch die übrigen Halswirbel in frühester Jugend einen der Rippe analogen selbstständigen Knochenkern besitzen, welcher mit dem Querfortsatz den canalis vertebralis bildet. Freilich verwachsen diese Knochenkerne viel früher mit dem Querfortsatz und überragen dessen Spitze nach der Seite nicht, was jene von Bell beobachteten, längere Zeit isolirten Knochen thun. Auf jeden Fall sind sie also Rippenrudimente und der längere Hals des Faulthieres ist daraus zu erklären, daß die 2 ersten Rückenwirbel an den Hals übergehen und deshalb nur rudimentäre Rippen behalten. Hierbei schiebt sich die vordere Extremität ebenfalls mehr zurück, und darum treten auch die für sie bestimmten Nerven nicht schon vor jenen 2 Wirbeln, sondern zwischen ihnen und dem ersten Dorsalwirbel mit vollständiger Rippe, also ganz wie bei den anderen Säugethieren, aus dem Rückenmark hervor. Man hat übrigens der Bell'schen Beobachtung mit Grund entgegen gehalten, daß der selbstständige Knochenfortsatz am achten Wirbel öfter fehle, als vorhanden sei, und das zeigen auch beide Skelete (von Br. cuculliger und Br. tridactylus), welche ich vor mir habe; nur der neunte Wirbel hat einen Rippenanhang, der bei dem jüngeren Br. cuculliger noch völlig isolirt, aber größer, bei dem etwas älteren Br. tridactylus kleiner und mit dem proc. transversus verwachsen ist. Indeß kann Bell sich wieder auf die auch an meinen Skeleten sehr deutliche Thatsache stützen, daß das Loch im proc. transv. des achten Wirbels sehr viel größer ist, als in den vorhergehenden, und der Theil des Querfortsatzes vor dem Loch nach innen zu einen besonderen höckerförmigen Ansatz, als Rest der Rippe, besitzt, welcher den übrigen Querfortsätzen fehlt. Bei Br. cuculliger ist zwischen dem Rippenrudiment, das deutlich 2 Verbindungspunkte hat, noch eine große Lücke am neunten Wirbel; bei Br. tridactylus fehlt sie, wegen des höheren Alters.

Zählt man diese beiden Wirbel mit zum Halse, so hat also

Bradypus neun Halswirbel und vierzehn bis sechszehn Rückenwirbel *), während die nahverwandte, in Brasilien nur nördlich vom Amazonenstrom vertretene Gattung Choloepus wirklich 7 Hals- und 23, mitunter gar 24 Brustwirbel besitzt. Beide Wirbelkategorien haben einen kurzen, ziemlich dicken Dornfortsatz, welcher an den Halswirbeln senkrecht absteht, von den Rückenwirbeln aber anfängt, sich nach hinten zu neigen, und diese Stellung bis zu den Lendenwirbeln beibehält. Sowohl ihnen, als auch den Kreuzwirbeln, fehlt der Dorn. Die Rippen sind verhältnißmäßig breit, flach, scharfkantig, und werden das um so mehr, je weiter sie nach hinten stehen. Die 8 vorderen Paare stoßen direct an das Brustbein und zwar die hinteren 7 ebenfalls, wie bei Dasypus, mittelst eines wirklichen Sternocostalknochens; die 3 auf das achte Paar folgenden verbinden sich durch ihre Sternocostalbeine mit der achten Rippe, die 4 letzten sind frei. — Lendenwirbel finden sich drei, mitunter vier; man erkennt sie leicht an ihren breiten, am Ende verflachten, allmälig nach hinten etwas längeren Querfortsätzen. — Das Kreuzbein besteht aus 6 Wirbeln; es ist breit und flach gebaut, und an 2 verschiedenen Stellen mit dem Becken verbunden; die 3 ersten Wirbel stoßen an das Darmbein, die 2 letzten an das Sitzbein. — Die Zahl der Schwanzwirbel ist 9 oder 10, doch der letzte in diesem Fall ein sehr kleines Knötchen, kleiner als ein mittleres Schrotkorn. —

Vom Becken ist die breite, flache, abstehende Form der Darmbeine, die schon erwähnte Verbindung des Sitzbeines mit dem Endrande des Kreuzbeines und die weite Spannung der Schambeinfuge, die durch ein später verknöcherndes Band zusammengehalten wird, bemerkenswerth. Am Schultergürtel ist dem entsprechend ein kurzes, dünnes Schlüsselbein vorhanden, dessen Enden knorpelig bleiben, und das sich mit seinem kleinen äußeren Kopfe nicht an das Acromion, sondern an die erweiterte Ecke des Schulterblatts heftet, welche

*) Die Verschiedenheit der Zahlen beruhet nicht auf falschen Zählungen, sondern auf Alters- oder Artunterschieden. Br. cuculliger hat nur 14 Rückenwirbel, Br. tridactylus dagegen 15. Man muß die Lendenwirbel zählen, um sicher zu sein, und deren Anzahl ist 4 (vier) bei beiden; alte sorgfältig präparirte Exemplare haben eine Rippe mehr (dort 15, hier 16), dann aber einen Lendenwirbel weniger (also nur 3), d. h. die Summe ist bei Br. cuculliger 18, bei Br. tridactylus 19.

dem proc. coracoideus entspricht. In Folge dieser Bildung hat sich das Schulterblatt sehr in die Länge gezogen und fast vollkommen halbkreisförmig gestaltet, ist indessen über der Ecke des Acromion von einem Loch durchbrochen, das bei Br. cuculliger ganz abgeschlossen im Schulterblatt sich befindet, bei Br. tridactylus dagegen den Rand durchbricht. Der Kamm des Schulterblatts ist klein, kurz, am Ende als Fortsatz bis zur Gelenkgrube verlängert. — Der Oberarm ist etwas länger, als der Vorderarm und ziemlich genau zwei Drittel so lang, wie der Oberschenkel; letzterem fehlt das ligamentum teres. Tibia und Fibula bleiben getrennt, legen sich aber oben und unten mit ihren Köpfen aneinander. Die Handwurzel besteht aus sechs, die Fußwurzel aus sieben Beinchen, d. h. hinten ist die Normalzahl vorhanden, vorn um 2 verringert, aber sie sind auch hinten nur in der Jugend getrennt; später verwachsen die 3 Keilbeine sowohl unter sich, wie mit dem Kahnbein, und nur das Würfelbein bleibt übrig. Die 3 Metacarpus- und Metatarsusknochen sind am Grunde nicht bloß unter sich, sondern auch mit dem benachbarten Fußwurzelknochen verwachsen, in früherer Zeit aber völlig getrennt gewesen. Sowohl das innere, als auch das äußere Metatarsusbein trägt am Grunde einen anfangs selbstständigen, später mit ihm verwachsenen Höcker, als Rudiment der großen und kleinen Zehe; an der Hand sind zwei ähnliche Knöchelchen für Daumen und Kleinfinger vorhanden, und besonders das des Daumens ist von ansehnlicher Größe. Wirkliche Glieder hat jede Zehe, vorn wie hinten, nur zwei *), von denen das zweite sich durch seine lange sichelförmige Gestalt und weite Knochenscheide am Grunde zur Stütze der Hornkralle auszeichnet.

Die weichen Theile des Faulthieres habe ich nicht untersucht; ich verweise vielmehr auf Rapp's lehrreiche Schrift: Anat. Unters. üb. d. Edentaten. (Tüb. 1843. 1. Ed. u. 1851. 2. Ed.), wo namentlich der interessanten Armschlagadernvertheilung zu einem Wundernetz, welche den starken Tonus ihrer übrigens nur schwachen

*) Man hält gewöhnlich die Epiphyse der Mittelhand- und Mittelfußknochen für das Grundglied des Fingers und giebt deshalb drei Fingerglieder an, aber die Untersuchung selbst ganz junger Thiere zeigt, daß hier nie ein Gelenk war, sondern von vornherein nur eine Synchondrosis bestand.

Muskulatur erklärt, ausführlich gedacht wird (S. 67). Als ein zoologisches Moment ist die Anwesenheit zweier Zitzen und Milchdrüsen an der Brust, gleich wie der kurze, eigentlich nicht durchbohrte, sondern nur längs der unteren Seite gespaltene Penis erwähnenswerth.

Die Faulthiere leben nur in Wäldern und ernähren sich von den weichen Blättern verschiedener hoher Waldbäume, im südlichen Brasilien vorzugsweise von den Bombax und Cecropien. Sie verlassen ungern ihren hohen luftigen Aufenthalt zwischen den Laubkronen, und kommen nur von Zeit zu Zeit auf den Boden, hauptsächlich um zu trinken. Daß sie Nässe scheuen, ist nur insofern richtig, als sie die damit verbundene Kälte fürchten; man will sogar behaupten, daß sie gut schwimmen können *), wogegen indeß ihre Langsamkeit wohl gerechte Einwendungen zuläßt. Bekanntlich sind ihre Bewegungen die langsamsten aller Thiere, aber was man früher davon erzählt hat, ist vielfach übertrieben worden. Das Thier scheut allerdings die Bewegung, es sitzt lieber ruhig und liebt es, stundenlang, ja wohl Tage lang seinen Ort nicht zu wechseln; wenn es aber sich bewegen muß, so thut es das mit Sicherheit, obgleich nicht grade mit Schnelligkeit; es streckt seine langen Arme vor, hakt die fest und zieht nun den Leib nach sich, wobei es die Beine zum Weiterschieben benutzt. Seine eigentliche Bewegung ist indessen das Klettern und das vollbringt die allerdings klägliche Gestalt immer sehr viel langsamer, als alle anderen Kletterer; indem es auch dann die langen Arme mit ihren großen Sichelkrallen um Aeste, Knorren und irgendwelche Haftpunkte legt und sich daran haltend den Leib theils durch Biegung der Arme, theils durch Streckung der Beine langsam nachschiebt. Es gehört übrigens in der Nähe bevölkerter Orte schon sehr zu den Seltenheiten; ich konnte nur einmal bei Neu-Freiburg ein Individuum beobachten, aber nicht erhalten; im Urwalde selbst habe ich es auf meinem Wege nirgends getroffen. —

Das Weibchen wirft im Frühjahr (September, October) ein

---

*) Vgl. R. Schomburgk Reise in brit. Guyana. I 258. — Zeitung für Zool. u. Zoot. I. 87. — Auch Gaimard berichtet, daß sie schwimmen. *Pr. Max* Beitr II. 487 d. Note.

Junges und trägt dasselbe, bis es erwachsen ist, auf seinem Rücken, wo sich das junge Thier fest anklammert, mit sich herum. Man findet das Geschöpf stets einsam im Walde, nie in Gesellschaft, und trifft gewöhnlich auch da, wo sie noch leben, auf weiten Strecken nur einzelne Exemplare. Eine Stimme vernimmt man in Brasilien nur höchst selten vom Faulthier; der Prinz zu Wied giebt an, daß er bisweilen einen kurzen, schneidenden, grade ausgehaltenen Ton, welcher dem Wort Ai keineswegs ähnelte, von ihm gehört habe. Dagegen behauptet v. Tschudi, daß man das Geschrei der Faulthiere bei einbrechender Nacht weit vernehme; er sagt, es bestehe aus einem hohlen, langgedehnten A, dem ein kurz ausgehauchtes I folge; es klinge schauerlich in den öden Wäldern, und werde nach 10 Uhr nicht mehr vernommen, bis Morgens um 2 und 3 Uhr, wo das Thier wieder seinen Ruf beginne.

In dem von mir bereisten Gebiete leben 2 Arten von Faulthieren; 2 andere kennt man aus den nördlichen Gegenden am Amazonenstrom.

1. Bradypus torquatus *Ill.*

v. Olf. Neue Bibl. d. Reisebr. XV. 218. — *Pr. Max* Beitr. II. 489. 2. u. Abbild. Taf. 20. — *Wagl.* Isis 1831. S. 611. — Wagn. Schreb. Suppl. IV. 152. 4. — *Rapp,* Edent. 5. 3. — *v. Tschudi,* Fn. peruan. 201. 2. Choloepus torquatus *Illig.* Prod. Syst. Mamm. et Av. 109.

Gelbgrau, Gesicht und Kehle braun; um den Nacken ein großer, zum Rücken hinabsteigender, schwarzer, zweilappiger Fleck. —

Etwas größer als die folgende Art, im Ganzen 2′ lang, der Arm ausgestreckt 16″, das Bein gestreckt 12″. Haarkleid dicht und voll, die langen gebogenen glatten Grannen am freien Theil hellgelb; die Wollhaare sind braun, gleich wie der Grund der Grannen. Im Gesicht, bis zur Stirn hinauf, an den Backen und an der Kehle haben selbst die Grannen diese Farbe, doch einen lebhafteren, rostfarbenen Ton; nur die Spitzen der meisten, namentlich der längeren Grannen sind gelblich, und die Nase mit dem Mundrande von kurzen grisen Haaren bekleidet. Am Vorderhalse liegt ein rein kohlschwarzer Fleck, welcher sich kragenförmig etwas auf die Brust ausbreitet und sich über die Schultern zum Nacken hinzieht, mitten auf dem Rücken sich in 2 breiten Lappen über die Schulterblätter hinab ausdehnend. Der Fleck fehlt aber dem jungen halbwüchsigen Thier noch ganz; er tritt zuerst am Vorderhalse auf, und verbreitet sich von da weiter zum Nacken fort. Auch der ganze Körperton ist bei den jüngeren Individuen dunkler, bräunlicher, besonders am Oberkopf, an der Hand und auf dem Rücken; Beine und Hinterrücken sind heller gefärbt. Die Krallen haben einen grünlich grauen Hornton. —

Ich habe von dieser Art kein Exemplar in Brasilien erhalten, sondern nur einen jungen Balg unserer Sammlung vor Augen gehabt; in des Prinzen zu Wied Beiträgen wird auch der Schädel (Taf. V) von Oken beschrieben, aber irrthümlich als der des Br. tridactylus bezeichnet (Wagner, Wiegm. Arch. 1850. I. S. 380). Gray hat zuerst (Ann. nat. Hist. 2. Ser. V. 226. 1850) darauf hingewiesen, daß die Flügelbeine bei Br. torquatus in ähnlicher Art, wie beim Unau, blasig aufgetrieben oder hohl sind, und A. Wagner (a. a. O. S. 381) hinzugefügt, daß der innere Condylus des Oberarms von einem Loch durchbohrt werde, welches den anderen Arten abgeht. Durch beide Merkmale sowohl, als auch durch die flache, niedrige Stirn, die breitere Schnautze, den relativ größeren Zwischenkiefer, den schmäleren proc zygomaticus am Schläfenbein und die flache Spitze am Kinn rechtfertigt sich einigermaßen die von Gray vorgeschlagene generische Trennung der Art von der folgenden. Er nennt ihre Gruppe Bradypus, die der folgenden mit gewölbter Stirn, kleinerem Zwischenkiefer, hohem proc. zygomaticus, dünnen, plattenförmigen Flügelbeinen und undurchbohrtem, inneren Condylus am Oberarm: Arctopithecus. Dahin gehören, außer Br. tridactylus, auch Br. cuculliger und Br. infuscatus. —

Man findet das Kragenfaulthier in den Wäldern der Provinz von Rio de Janeiro und weiter nördlich, bis etwa zum 16° S. Br.; vielleicht auch noch südlicher, als Rio de Janeiro; der Prinz zu Wied beobachtete es am Parahyba.

2. Bradypus tridactylus *Cuv.*

Le Regn. anim. I. 225. — ***Pr. Max z. Wied*** Beitr. II. 482. 1. — Dessen Abb etc. Taf. 24. — ***Desm.*** Mamm. 364. D. — ***Rapp***, Edent. 5. 2.
Brad. Ai, ***Wagl.*** Isis. 1831. 610.
— pallidus Wagn. Schreb. Suppl. IV. 143. 1.
— flaccidus ***Gray***, Ann. nat. Hist. 2. Ser. V. 225 (1850).

Hell gelbgrau, das Gesicht dunkler, bräunlich; an den Schläfen vom Auge zum Halse hinab ein schwärzlicher Streif; der Rücken lichter gescheckt, längs der Mitte dunkler.

Kleiner und schlanker als die vorige Art, im Körper 18—20″ lang; die Arme relativ länger, 16″, die Beine kürzer 11″ lang. Der Pelz hat dieselbe Beschaffenheit, aber die langen Grannen sind etwas feiner, licht gelbgrau gefärbt, in der Tiefe nicht ganz so dunkel, die Wollhaare ebenfalls braun. Gesicht mit kurzen, anliegenden, greisen Haaren bekleidet, der Unterkiefer braun, die Augen von einem dunkelbraunen Saume umgeben, der sich als schwärzlicher Streif über die Schläfen vor dem Ohr zum Hinterkopf und Halse hinabzieht; die Stirn ist heller weißlich gefärbt. Kopf, Nacken, Rücken, Arme und Beine haben einen blaß graugelben Ton, indem die einzelnen Grannenhgare bald ganz weiß, bald düster gelbgrau gefärbt sind, was dem Thier ein fleckiges, greisenhaftes Ansehn giebt; die Bauchseite ist etwas kurzhaariger und dunkler; der Nacken und Oberrücken am lebhaftesten gefärbt, und hier nicht selten in einen etwas düsteren Längsstreif längs der Mitte fortgesetzt, neben dem sich zu beiden Seiten die helleren Wische gut bemerklich machen. Die Hornkrallen weißlich grau. —

Das Skelet, welches ich von dieser Art aus **Neu-Freiburg** mitgebracht habe, gehört einem noch ziemlich jungen Thiere an und paßt völlig zu der Abbildung des Schädels in den Beitr. des Pr. z. **Wied** II. Taf. IV, woselbst er irrthümlich Br. torquatus genannt wird. Der Schädel ist dem des Br. cuculliger ähnlich, aber etwas größer, hat eine noch höher gewölbte Stirn, stumpfere Orbitalecken, und eine breitere, mehr nach hinten ausgedehnte Schläfengrube, deren Scheitelränder dichter aneinander gerückt sind. Höchst auffallend unterscheiden sich beide Arten am Hinterkopf, welcher bei Br. tridactylus senkrecht steht, bei Br. cuculliger rückwärts vorgezogen ist, so daß die condyli bei jener Art unter, bei dieser hinter dem Hinterhauptsloch sitzen. Ganz verschieden ist auch das Jochbein; bei Br. tridactylus ragt der obere Fortsatz lang und weit empor, bleibt sich aber ziemlich gleich in der Breite; bei Br. cuculliger ist er kürzer und gegen das Ende feiner zugespitzt. Auf dieselbe Weise unterscheidet der proc. zygom. des Schläfenbeines beide Arten: bei Br. tridactylus ist er breit, stumpf, abwärts gebogen; bei Br. cuculliger schmal, spitz, aufwärts gebogen. Endlich hat Br. tridactylus einen stumpfen, Br. cuculliger einen fein zugespitzten, oberen Kinnwinkel; auch ist die hintere, untere Ecke des Unterkiefers bei jenem kurz, breit, weniger abgesetzt, bei diesem lang, schmal und durch einen tieferen Bogen vom Condylus getrennt. Vom übrigen Knochengerüst läßt sich eine allgemein etwas größere Solidität hervorheben. Außer den schon früher vom Bau des Halses bemerkten Unterschieden ist die Anwesenheit eines Wirbels mehr im Rücken beachtenswerth; Br. tridactylus hat 15 Rücken- und 4 Lendenwirbel, Br. cuculliger nur 14 Rücken- und 4 Lendenwirbel; es ist aber wahrscheinlich, daß bei beiden eine Rippe fehlt und die alten

Thiere 16 und 15 Rippenpaaren, nebst 3 Lendenwirbel, besitzen, obgleich ich an den Skeleten keine deutlichen Ansatzstellen am ersten Lendenwirbel wahrnehmen kann. Die größere Solidität von Br. tridactylus zeigt sich besonders am Becken, das etwas länger ist, und an den Arm- und Schenkelknochen, die etwas dicker sind. Br. tridactylus hat längere Beine, Br. cuculliger längere Arme; bei jenem ist die Lücke zwischen processus coracoideus und scapula nach vorn offen, bei diesem ringsum geschlossen. —

Die Art scheint das ganze tropische Küstengebiet Brasiliens südlich vom Aequator zu bewohnen; ich habe sie bei Neu-Freiburg gefunden und der Prinz zu Wied sie besonders nördlich vom Rio St. Matthäus beobachtet. —

Anm. Die beiden anderen Faulthier-Arten leben nördlicher. Am längsten bekannt ist: 3. Br. cuculliger, an seiner nackten Schnautze und dem gelben, abstehend behaarten Gesichtsumfange kenntlich; Scheitel und Nacken sind schwarz, der Leib ist braungrau, heller weißlich gefleckt. Das Männchen hat einen orangefarbenen Halskragen. Es wurde schon von Marcgraf Hist. nat. Bras. 221 beschrieben, aber erst von Wagler (Isis, 1831. S. 605) unter obigem Namen abgesondert. Linné und Schreber zogen es zu Br. tridactylus. Die Art findet sich nur in dem Küstenstrich nördlich von Bahia bis nach Guyana hin. — 4. Br. infuscatus *Wagl.* (a. a. O. 611.) ist noch dunkler braun gefärbt, mit Reihen heller Flecken in ähnlicher Weise geziert, und im Nacken beim Männchen auch mit einem gelben, schwarz gerandeten Fleck versehen; selbst der helle steifhaarige Gesichtskreis ist vorhanden, aber statt des schwarzen Nackens ist nur ein schwarzer Backenstreif, breiter als bei D. tridactylus, sichtbar. Es lebt in den inneren nordwestlichen Gegenden am oberen Amazonenstrom.

II. Effodientia *Cuv.*

(Cingulata *Illig.* Loricata *Vicq. d'Azyr.*)

Edentaten mit langem Kopf und spitzer Schnautze, hohen Ohrmuscheln, zahlreichen gleichförmigen Zähnen in beiden Kiefern, und starken, kräftigen Krallen, welche in selbst gegrabenen Löchern wohnen und sich von Insekten nähren. Die amerikanischen Mitglieder zeichnen sich durch eine kräftige Panzerbildung auf dem Rücken des Kopfes, Rumpfes und selbst des langen Schwanzes aus *). —

*) Bekanntlich giebt es eine nah verwandte, aber behaarte Gattung (Orycteropus) in Afrika, welche man den Capschen Ameisenfresser zu nennen pflegt. Mit den amerikanischen Ameisenfressern hat das Thier nur die Nahrung gemein, keineswegs aber den Bau.

42. Gatt. Dasypus *Linn.*

Tatú der Brasilianer.

Die Arten dieser Gattung sind ausgezeichnete, an ihrem kräftigen, aus aneinanderstoßenden Schildern gebildeten Panzer leicht kenntliche Thiere, welche zwar sehr häufig in Brasilien vorkommen, aber doch nicht grade sehr zahlreich in Hinsicht auf ihre Artunterschiede werden. Sie zeigen nämlich einen laxeren Artbegriff, als die meisten übrigen Thiergruppen gleichen Ranges, und das ist der Grund, warum man je nach den Verschiedenheiten der Ansichten bald mehr, bald weniger Arten unterscheidet, ja selbst mehrere Gattungen aufgestellt hat. Wir lassen hier alle in einer vereint und betrachten nur die durchgreifend verschiedenen Formen als wirkliche Arten. —

Der Kopf der Tatus ist kegelförmig gestaltet, bald schlanker gestreckter, bald kürzer und fast herzförmig; seine Stirn und Scheitelfläche sind gepanzert, die Nase, Lippen, Kehle, Wangen und Backen bis zum Nacken hinauf nackt, von einer derben, elastischen Haut bedeckt, worin reihenweis geordnete, kleine knöcherne oder schwielige Warzen stecken, an deren Rande steife Borstengruppen sitzen. Steife Schnurrhaare sind nicht vorhanden, überhaupt die Lippen ganz nackt. Die Nasenspitze ist ziemlich breit, ihr oberer Rand etwas aufgeworfen, und ihre vordere Fläche abschüssig nach hinten geneigt; darin stehen die mondförmig gestalteten, nach innen gebogenen Nasenlöcher, in deren Mitte sich eine häufig mit kurzen, steifen Borsten besetzte Warze zeigt, welche von einem eigenen kleinen Knöchelchen, das in der Nase auf dem Zwischenkiefer sitzt, unterstützt wird. Die Augen sind sehr klein, wenig vorragend, die Augenwimpern kurz aber steif. Das Ohr ist eine hohe, nackte, chagrinirte, ziemlich breite Tute, welche seitwärts hinter dem Kopfpanzer hervortritt, und von einem kurzen, völlig geschlossenen Stiele getragen wird. Die Kiefer haben eine zahlreiche Zahnreihe, deren Krone im Einzelnen oval cylindrisch ist. Jeder Zahn besitzt in frühester Jugend eine doppelte, stumpfe Spitze, von denen die innere etwas niedriger ist; kaut sich aber bald ab und zeigt dann eine ebene, oder dachförmig zugeschärfte Mahlfläche; eine geschlossene Wurzel fehlt. Die Anzahl der Zähne ist je nach den Arten verschieden, und ebenso ihre Größe; es sind aber mindestens 6 und höchstens 27 in jeder Reihe vorhanden.

Der Rumpf des Tatu ist, wie der Kopf, auf der Oberseite gepanzert, auf der untern nackt und mit reihenweis geordneten, am Rande Borsten tragenden Warzen besetzt. Der Panzer besteht aus zwei verschiedenen Schichten, einer äußeren hornigen und einer inneren knöchernen; beide zerfallen in isolirte Platten oder Schilder, welche zwar in der Regel, aber nicht immer, gleiche Größe und Form haben und an ihren Berührungsgränzen in kleinen, runden Löchern Borsten tragen, für welche eine den Haarbalg enthaltende Lücke zwischen den knöchernen Panzerschildern frei bleibt.

Bei den Arten, deren Knochen- und Hornschilder gleiche Größe und Form haben (Das. Gigas, D. 12-cinctus, D. 6-cinctus), liegt das Hornschild auf dem Knochenschilde und bedeckt dasselbe nach seinem ganzen Umfange. Jenes ist ein Product der Epidermis, eine verhornte Epidermis; dieses ein selbstständiger Hautknochen, welcher in der Cutis gebildet wird. Anfangs sind die Schilder beider Kategorien isolirt und nur durch weiches Bindegewebe aneinander gefügt; wenn aber der Tatu ganz ausgewachsen ist, so verknöchert auch das Bindegewebe zwischen den Panzerschildern an den meisten Stellen, und dann ist der Panzer ein förmlich geschlossenes Schild, das nur in der Mitte des Rückens einige Beweglichkeit dadurch behält, daß hier die Schilder bloß in der Querrichtung verwachsen, in der Längenrichtung beweglich bleiben, sich schienenartig übereinander schieben und zu Gürteln umbilden. Wo der Knochenpanzer diese Beweglichkeit beibehält, da folgt ihm der Hornüberzug nach; seine Schilder stoßen daselbst nur durch dicke schwielenförmige Hautfalten aneinander; an den übrigen Stellen geht die weiche Bindehaut allmälig verloren. —

Die Arten mit ungleichen Panzerstücken (Das. 9-cinctus) haben einzeln kleinere und unter sich viel ungleichere Platten. Auch bei ihnen sind sowohl die Knochen-, als auch die Hornschilder ursprünglich getrennt, und vereinigen sich erst nach dem reifen Lebensalter zu geschlossenen Platten oder Gürteln; aber die Platten des Knochenpanzers sehen ganz anders aus, als die des Hornpanzers. Erstere sind größer und stellen in den Gürteln lang gezogene Parallelogramme, in dem geschlossenen Schulter- und Kreuzpanzer regelmäßige Sechsecke dar, während die Hornschilder beider Gegenden kleiner sind, als die Knochenschider, nur einen Theil, gewöhnlich die Mitte, derselben bedecken und andere kleinere Hornschilder neben sich haben, welche über die Ränder der sich berührenden Knochenschilder wegsetzen und deren Nähte verdecken. In diesem Fall liegen die Löcher für die Haarbälge nicht zwischen den Knochenschildern in ihren Nähten, sondern in den Knochenschildern selbst, zwischen den Nähten der Hornschilder. Das ist also leicht an jedem einzelnen Knochenschilde zu erkennen.

Weiter rede ich hier vom Panzer im Allgemeinen nicht, weil bei jeder einzelnen Art eine ausführliche Beschreibung ihres Panzers gegeben ist, und füge nur noch hinzu, daß der Kopfpanzer zwar nicht mit den Schädelknochen verwächst, aber doch so innig an den Schädel sich anheftet, daß ihm keine besondere Beweglichkeit mehr übrig bleibt. Auch der Rumpfpanzer steht in seiner vorderen Hälfte nicht mit dem Skelet in Berührung, er ruht bloß auf der Muskulatur; aber die hintere Hälfte stützt sich direct auf das Knochengerüst, indem die Dornfortsätze der Lendenwirbel, die sehr hohen Verlängerungen der vorderen schiefen Fortsätze eben dieser Wirbel und der hinteren Rückenwirbel, endlich die Rückenecke des Kammes am Darmbein und Sitzbein sich zu breiten Trageflächen für die darauf ruhenden Panzertheile ausbilden. Mit anderen Theilen des Skelets tritt der Panzer zwar nicht direct in Verbindung, allein die hohen Fortsätze gewisser Extremitätenknochen dienen doch dazu, das Drücken des Panzers auf die benachbarte Muskulatur zu verhindern. Daraus erklärt sich z. B. die Höhe des Kamms am Schulterblatt, des Trochanters am Oberschenkel, und der ganz auffallend starke Muskularkamm am Oberarm- und Oberschenkelknochen; auch steht die ganze kräftige Bildung des Skelets dazu in Beziehung. —

Die Beine der Tatus sind eigentlich nicht gepanzert, sondern wie die Bauchfläche des Rumpfes, mit Reihen verknöcherter Warzen besetzt, welche, jemehr nach außen und unten, um so größer werden und endlich auf der Hand und dem Fußrücken zu einem förmlichen, getäfelten Panzer sich aneinander schließen. Dadurch werden die einzelnen Zehen, die übrigens auch ihre Schilderreihen haben, wenig kenntlich; erst die meist sehr großen kräftigen Nägel, welche von ihrer Spitze ausgehen, machen die Zehen deutlicher. In ihrer Bildung zeigt sich an den Vorderpfoten ein ähnlicher Unterschied, wie in der Anlage des Panzers; die Einen haben hier fünf sehr ungleiche Zehen, 2 innere schwächere, 3 äußere viel kräftigere; die Andern nur vier Zehen mit ziemlich gleichförmiger Krallen-Bildung. Hinten sind bei allen Arten fünf Zehen mit mehr breiten als spitzen, flacheren Nägeln vorhanden. —

Das hintere Ende des Rumpfes geht bei allen Tatus in einen kräftigen steifen Schwanz aus, welcher indessen eine sehr verschiedene Länge zeigt; bei einer Art (Das. 3-cinctus) ist er nicht länger als der Kopf; bei andern (Das. 6-cinctus, Das. 12-cinctus) mindestens von halber Rumpflänge; bei einigen (Das. Gigas, Das. 9-cinctus) wohl so lang wie der ganze Rumpf, oder noch länger. Bei den meisten Arten ist seine Oberfläche dicht von einem scheidenförmigen Panzer umhüllt, der entweder aus homogener Täfelung, oder aus isolirten Gürteln wenigstens am Anfange besteht. Nie ist dieser Panzer mit dem Panzer des Rumpfes direct verbunden, sondern stets durch eine bloß von Haut bekleidete Lücke von ihm gesondert; bei einer Art (Das. 12-cinctus) erstreckt sich diese weiche Haut über den ganzen Schwanz, enthält aber warzige Erhabenheiten, die mindestens aus derben Schwielen, öfters auch aus harten Knochenschuppen bestehen. Indessen treten dieselben nicht zu einem förmlichen Panzer an einander.

In der weichen Haut unter und vor dem Schwanz liegt die Afteröffnung und eine Strecke davor die Geschlechtsöffnung. Bei den Weibchen ist die Scheide ziemlich lang und vorn in einen starken Zapfen verlängert, der 1—1½ Zoll weit vom Anus hervorragt; die Männchen haben eine starke drehrunde Ruthenscheide, deren Mündung noch weiter vor, selbst 3 Zoll weit vom After sich befindet. Zitzen findet man zwei oder vier; sie liegen im ersteren Falle vorn an der Brust eine Strecke hinter der Achselgrube; im zweiten Falle findet sich das eine Paar an derselben Stelle, das andere ganz hinten neben der Schenkelfuge am Bauch.

Von den inneren Organen werde ich das Skelet, welches sich durch seinen höchst soliden Bau im Ganzen auszeichnet, bei den einzelnen Arten näher besprechen; hier sollen nur einige wichtige allgemeine Eigenschaften berührt werden. Dahin gehört die langgezogene

Kegelform des Schädels, der geschlossene Jochbogen, der vierfache Condylus am Hinterhaupt, wovon die 2 größeren den Gelenktheilen, die 2 kleineren mittleren dem Körper des Hinterhauptsbeines angehören, und der schmale, schwache Bau des Unterkiefers; ferner die innige Verwachsung der 3—4 vorderen Halswirbel hinter dem Atlas und die hohe Entwickelung ihrer Dornen zu einem gemeinsamen Kamm; die Neigung sämmtlicher Dornfortsätze aller Rücken-, Lenden- und Kreuzwirbel bloß nach hinten, ohne Antiklinie; die starke zu hohen vortretenden Dornen führende Entwickelung der vorderen processus obliqui an den Lenden- und hintersten Rückenwirbeln, so wie die große Kürze eben dieser Wirbel im Vergleich mit ihrer auffallenden Breite. Am Schultergürtel ist zwar ein Schlüsselbein vorhanden, aber es ist gegen die übrigen Knochen gehalten sehr dünn und schwach; dagegen hat das Schulterblatt ein sehr starkes, weit vortretendes Acromion. Das Brustbein ist nur kurz, aber sehr dick, und das besonders große kreuzförmige Manubrium mit einem förmlichen Kamm versehen. An den Knochen der Gliedmaßen sind die Gelenkflächen sehr groß, die Leisten daneben sehr stark kammartig entwickelt und überhaupt alle Fortsätze, Ecken und Knorren sehr weit hervorgezogen; weiter als jemals bei anderen Säugethieren. Einen sehr soliden Bau erfahren auch die Handwurzelknochen; es gesellen sich zu ihnen auf der Sohlenseite eigenthümliche starke Knochengebilde, welche den kräftigen Sehnen der Zehen als Rollen und Stütze dienen, vermöge welcher den Thieren das Graben erleichtert wird. Am Bein ist die Kniescheibe zwar nicht groß, aber merkwürdig langgezogen kegelförmig gestaltet. Schienbein und Wadenbein sind oben und unten verwachsen, in der Mitte völlig getrennt. Die Fußwurzel hat einen kräftigen Hacken, sonst aber keine Eigenheiten; sie enthält allgemein nur die gewöhnlich 7 Beinchen. Die Anzahl der Rippen beläuft sich auf 12—14, wovon 6—8 direct an das Brustbein stoßen; die erste ohne Zwischenglied, die 5—7 folgenden mittelst eines starken Intercostalknochens. Jene erste Rippe ist stets von einer ganz ungewöhnlichen Breite; die folgenden haben zwar auch einen sehr kräftigen Bau, stehen aber jener bei weitem nach. Die Anzahl der Lendenwirbel ist vier, wenn 14 Rippen da sind; fünf, wenn 12. Eine sehr große Wirbelzahl (9—12) enthält das Kreuzbein; sie verwachsen später vollkommen mit einander, und ihre Querfortsätze bilden eine gemeinsame Platte; vorn stoßen 2—3 an das Darmbein, hinten 3—4 an die innere Fläche des Sitzbeines, und bilden damit eine ebenso solide Verbindung, wie jene mit dem Darmbein. Die Schwanzwirbel sind kurz, kräftig und ziemlich zahlreich.

Ueber den Bau der Weichtheile der Tatus zu reden, unterlasse ich, da ich kein Individuum selbst untersucht habe; ich will nur bemerken, daß ihre Mundöffnung nicht eben eng ist, sondern ein förmliches zweilippiges Maul bildet, das etwa so weit nach hinten reicht, wie der halbe Abstand des Schnauzenrandes vom Auge, oder noch etwas darüber hinaus. Die im Munde enthaltene Zunge ist flach, mit scharfen Rändern versehen, ziemlich schmal, und je nach der Größe 1—2 Zoll weit ausstreckbar; der Gaumenboden ist mit schiefen, nach vorn gewendeten, in der Mitte durchbrochenen Schwielen belegt, deren Zahl sich nach der Anzahl der Zähne richtet. Im Uebrigen verweise ich auf Rapp's anatomische Untersuchungen über die Edentaten (Tübing. 1852. 8. 2. Aufl.), worin vom inneren Bau der Tatus weitläuftig gehandelt wird. —

Die Tatus gehören in Brasilien zu den häufigsten Thieren, denen der Reisende begegnet; man sieht sie aber nicht leicht am hellen Tage, sondern gewöhnlich in der Abenddämmerung, wo sie aus ihren Löchern hervorkommen und gern in den tief eingefahrenen Gleisen der Wege laufen, um daselbst Insecten zu fangen. So habe ich mehrmals ganz nahe an den Orten meines Aufenthaltes Tatus eine lange Strecke vor mir herlaufen sehen; doch ist es auch in diesem Falle nicht leicht, sie ohne Hund zu erhaschen, da sie schnell seitwärts ins Dickigt abgehen, wenn man ihnen nahe kommt. Nur auf ganz offenen Flächen erreicht man sie leicht, da keine Art es mit einem schnell laufenden Manne an Geschwindigkeit aufnehmen kann, und der trockne Boden außerhalb des Waldes auch dem Tatu zu hart ist, um rasch darin eine Höhle zum Versteck ausgraben zu können. Indessen besitzen die Tatus eine ganz ungemeine Gewandtheit im Graben, und man erstaunt über die Schnelligkeit, mit welcher ein anderthalb Fuß langes Thier sich in den Boden einwühlt. Ich hielt einige Zeit ein Exemplar des Das. 12-cinctus lebendig und ließ es ab und zu im Garten graben. So wie man es auf den Boden setzte, begann es sofort mit Kopf und Vorderpfoten seine Arbeit und im Nu war das Thier unter der hervorgewühlten Erde verschwunden. Vergeblich bemüheten wir uns, es jetzt wieder am Schwanze hervorzuziehen; selbst mein Neger vermochte es nicht, mit aller Anstrengung seiner Kräfte; das einzige Mittel, das Thier wieder hervorzuholen, war der Spaten, den wir ihm schief unter den Leib schoben und es darauf heraushoben. Im Freien hat jeder Tatu seinen eignen Bau, einen schief abwärts gehenden Gang, der sich allmälig erweitert, und am Ende so breit ist, daß sich das Thier darin umdrehen kann; 4—5 Fuß pflegt er nicht leicht an Länge zu überschreiten. Der Tatu steckt darin bei Tage, und kommt erst mit der Dämmerung hervor, um seiner Nahrung nachzugehen. Hauptgegenstände derselben sind Insecten, namentlich Ameisen, Termiten, Käferlarven, überhaupt alle in der Erde lebenden Formen; das Thier sucht Orte auf, wo solche Geschöpfe häufig sind, und scharrt sie hervor. Nur deshalb besuchen die Tatus die Maysfelder, weil diese einen lockeren Boden und viel Zuspruch an Insecten haben; den Mays selbst rühren sie nicht an, am wenigsten die harten Saamen der Kolben, welche weit über die Kraft ihrer schwachen Zähne gehen. Dagegen fressen sie allerdings mehlreiche Wurzelknollen, wie Bataten, Mandiocca, aber besonders die recht weichen. Aas gehen sie auch wohl an und selbst Koth, wenn er noch viele unverdaute, vegetabilische Stoffe enthält; aber harte, feste, hartschaalige Substanzen können sie nicht verarbeiten. In der Gefangenschaft verzehren sie ohne Unterschied jedes menschliche Nahrungsmittel, besonders gekochte Kartoffeln, Mandioccaknollen, Bataten, die sie sehr lieben; von grünen Blättern fressen sie nur weiche, saftreiche, aber erst wenn sie welk und faul geworden sind, finden sie sie recht mundgerecht. Ihre Hauptnahrung sind aber trotzdem im freien Zustande Insecten und deren Larven. Ich habe schon in meiner Reise (S. 485) angegeben, wie sie zur Schwärmzeit den befruchteten Weibchen der großen Ameise (Atta cephalotes) nachstellen und dieselben einzeln hervorscharren, wenn sie sich in die abschüssigen Ränder der Wege eingegraben haben. Tatus sind darum in der Nähe von Ameisen und Termiten besonders häufig, obgleich ich nicht behaupten kann, daß sie, wie einige Reisende angeben, in deren Wohnungen eindrängen und dort, von ihrem Panzer geschützt, den Angriffen der Insecten Stand hielten. Das habe ich in Brasilien von Niemanden erzählen hören. Jedermann kennt sie hier unter ihrem Volksnamen und dem gemeinen Mann, besonders dem Farbigen, ist ihr weiches, zartes Fleisch eine beliebte Speise; daher sie überall gejagt und aufgesucht werden, obgleich der unangenehme Geruch, den sie an sich haben, höchst abstoßend ist. Es sind übrigens die Tatus einsame, harmlose Thiere welche sich nur passiv vertheidigen, höchstens durch Schlagen mit den Vorderbeinen ihre Angreifer abhalten, und nie in Gesellschaft angetroffen werden; bisweilen findet man die Mutter mit den Jungen, so lange sie saugen. Zweimal wurden mir solche junge Thiere gebracht; das eine Mal Ende October 2 Individuen von Das. 9-cinctus, jedes im Rumpfe 5″ lang, das andere Mal eine Mutter mit 4 beträchtlich kleineren Jungen derselben Art im Januar. Von Das. 12-cinctus sah ich nur einmal ein junges 4″ langes Individuum ebenfalls im Januar. Hiernach scheinen die Tatus zweimal des Jahres zu werfen, das erste Mal im Frühling (August oder September), das zweite Mal im Januar. Die Anzahl der Jungen ist nicht groß, die Arten mit 2 Zitzen scheinen 2—4, die mit 4 Zitzen 4—6 Junge zur Welt bringen zu können, doch gelingt es ihnen selten, mehr als die Hälfte, oder noch weniger, groß zu ziehen. —

1. Dasypus *Nob.*

Tatus, deren Panzer aus lauter gleich großen, theils sechseckigen, theils mehr quadratischen Schildern besteht, von denen jedem Knochenschilde auch ein ebenso geformtes Hornschild entspricht. Zwischen den Schildern, in den Nähten der Knochenplatten, liegen die Löcher für die Borsten- oder Haarbälge. Ueberall, vorn wie hinten, fünf Zehen. —

Es würde sich vollkommen rechtfertigen lassen, wenn man diese erste Gruppe der Tatus für eine besondere Gattung nehmen wollte, denn nicht bloß ihre Panzerbildung, sondern die ganze Organisation ist durchgreifend vom Bau der folgenden Gruppe verschieden. Sie haben einen viel plumperen Bau, einen kürzeren, dickeren Kopf, ein viel solideres Skelet, einen kürzeren Schwanz, eine ganz abweichende, schon erörterte Panzerbildung, die Männchen eine sehr große, starke, lange Ruthe, die Weibchen nur zwei Zitzen vorn am Bauch hinter der Achselgrube, nebst sehr kräftigen Vorderbeinen, deren fünf sehr ungleiche Zehen mit ebenso ungleichen Krallen bewehrt sind. Von denselben ist die dritte die stärkste, und sie trägt auch die größte Kralle; die beiden inneren sind klein und schwach, besonders deutlich im Knochengerüst; die 2 äußeren stehen zwar hinter der dritten zurück, ähneln ihr aber sonst in der Anlage und Stärke des Knochengerüstes, wie in der Form und Größe der Krallen. Hinten haben die Pfoten viel kürzere, breitere, fast hufförmige Nägel, unter denen eine entsprechende Verschiedenheit der Anlage nicht obwaltet; die Pfote ist breit, flach und augenscheinlich nur als kräftige Stütze beim Geschäft des Grabens von Werth. Uebrigens findet weder im Bau der vorderen, noch der hinteren Füße eine totale Uebereinstimmung statt; fast jede Art hat wieder eine besondere Abweichung von der allgemeinen Anlage.

Man hat die hierher gehörigen Spezies in vier Genera theilen wollen; ich finde aber nicht, daß sie sich als solche rechtfertigen lassen; indessen werde ich sie erwähnen, da allerdings gewisse spezifische Unterschiede mit ihnen zusammen fallen.

a. Mit zahlreichen (21—23) feinen, dünnen Zähnen an jeder Kieferseite; größte Differenz der Vorderzehen. — Priodontes *Fr. Cuv.* — Cheloniscus *Wagl.*

1. Dasypus Gigas *Cuv.*

Cuvier, Rech. s. Ossem. fossil. V. 1. 120. Tb. 11, Fig. 1—3 u. 10.
Pr. Max z. Wied, Beitr. etc. II 516. 1. — *Lund*, Blik p. Bras Dyrev. I. 56. — Wagn. Schreb. Suppl. IV. 169. 1.
Das. giganteus *Geoffr.* — *Desm.* Mamm. 368. — *Griff.* An. Kings. III. 290. c. fg.
Second Cabassou *Buff.* X tb 41.
El Maximo. *Azara* Quadr etc. II. 110 No. 53.
Tatu Canastra der Brasilianer.

Das Thier, dessen Definition schon im Gruppencharakter liegt, hat eine überraschende Größe und ähnelt, wenn man von dem langen, starken Schwanz und viel kleineren Kopf absieht, einem halbwüchsigen Hausschwein im Ansehn einigermaßen. Sein Kopf ist verhältnißmäßig schmäler und gestreckter, aber doch nicht spitzer, als bei den folgenden Arten; größtentheils von einer dicken, schwieligen, nackten Haut bekleidet, in der sich auch, ohne Panzerstücke zu sein, besondere Täfelungen durch Furchung absondern.

Der eigentliche knöcherne Panzer beginnt erst hinten auf der Nase, etwas vor den Augen, reicht bis dicht an das Auge hinan, und erstreckt sich rückwärts bis zum Nacken über die Ohren hinaus; er besteht aus verschieden geformten Knochentafeln, deren Ränder steil abfallen und die ebensolche Hornschilder tragen; am vordersten Ende zersplittern sich die Tafeln, erst später schließen sie dicht aneinander, und bilden etwa 10, aber sehr unregelmäßige Reihen; in der hintersten Reihe liegen 6 Schilder, und ebenso viele in der vorletzten, die beide zwei sehr große Schilder neben der Mittellinie zeigen; die drittletzte Reihe hat ein langes unpares Mittelschild, und daran reihen sich vorwärts andere, kürzere, unpare Schilder; zwischen den Augen liegen 7 Schilder, und dicht hinter den Augen, wo der Panzer am breitesten ist, 11 Schilder. Unter dem Auge sind nur ein Paar kleine Knochenwarzen sichtbar. — Das Ohr hat die gewöhnliche Tutenform, ist warzig chagrinirt, $1\frac{3}{4}''$ hoch, und ähnelt dem von D. 6-cinctus am meisten. — **Der Rückenpanzer** besteht aus den gewöhnlichen 3 Abtheilungen. Im Schulterpanzer, der vorn mit 4 bogenförmigen, in der Jugend völlig isolirten, beweglichen Nackengürteln beginnt, zähle ich außerdem längs der Mittellinie 7 Plattenreihen, von denen jede Platte eine ziemlich regelmäßige, sechseckige Form hat, und durchschnittlich 8 Linien lang ist. Bei dem sehr alten Individuum, das ich vor mir habe, hängen die Knochenplatten durch totale Verknöcherung ihrer Fugen aneinander; doch sieht man darin Löcher für die Haarbälge, gewöhnlich 2, selten 3 am Hinterrande jedes Schildes. Der erste Nackenbogen enthält 6 Schilder, der zweite 8, der dritte 11, der vierte 13, doch schließt sich auf beiden Enden noch ein loses, rundliches Schildchen an ihn an; die letzte Plattenreihe des Schulterpanzers ist mehr abgesetzt, in der Mitte gürtelförmig aufgeworfen, aber doch nicht für sich beweglich. Die auf den Knochenplatten liegenden Hornschilder sind kleiner, als jede zugehörige Platte, in der Mitte mit einer, dem dickeren Umfange concentrischen Vertiefung versehen, und ringsum von einem schwieligen Saume eingefaßt, der sie mit den Nachbarschildern verbindet. Daraus erheben sich, dicht am Rande der Schilder, die steifen Borstenhaare. — Der mittlere Theil des Panzers besteht aus elf Gürteln, ohne jenen zwölften halbfreien Gürtel am Rande des Schulterpanzers. Die Platten der Gürtel sind Parallelogramme, deren vordere, dünnere, verflachte Hälfte sich unter die vorhergehende Plattenreihe schiebt. Sie liegen in den aufeinander folgenden Gürteln alternirend und sind, so weit sie frei hervorragen, von einem quadratischen Hornschilde bedeckt, das ein ähnlicher schwieliger Saum umfaßt, wie am Schulterpanzer. Die Borsten, welche auch aus diesem Theile des Panzers sich erheben, entsprechen theils den Nähten, theils der Mitte der Gürtelschilder, und stehen nur an ihrem hinteren Rande, gewöhnlich dort je eine, hier je 2. In jedem Gürtel sind 38 bis 39 Platten vorhanden. Der Kreuzpanzer hat genau denselben Bau, wie der Schulterpanzer, doch sind die einzelnen Schilder im Allgemeinen etwas größer, namentlich die mittleren. Ich zähle in der Mittellinie 17 Schilderreihen hinter einander; die letzten 3 Reihen bilden starke Bogen vor dem Schwanze, dessen Panzer durch eine breite Lücke von ihnen getrennt bleibt. Der Schwanzpanzer besteht aus rautenförmigen, an der hinteren Ecke abgerundeten, allmälig kleineren Schildern, die in schiefen Querreihen über die ganze Oberfläche nach quincunxialer Anordnung vertheilt sind; jedes einzelne Knochenschild ist für sich gewölbt und von einem Hornschilde bedeckt; ihre Verbindung unter einander ist locker und leicht verknöchert. —

Die Bedeckung der Unterseite und der Beine kann ich nicht genau angeben, da mir nur das vollständige Skelet und der ganze Panzer vorliegt; sie wird aber, bei der sonstigen allgemeinen Aehnlichkeit beider Arten, wohl wie bei der nachfolgenden sich verhalten. Das gilt wenigstens genau von den Pfoten und Krallen, an denen bloß die noch viel bedeutendere Größe der mittleren vorderen Zehe mit ihrer Kralle einen in die Augen fallenden Unterschied abgiebt. Hinten sind die Nägel breit und flach, wahrhaft hufförmig; vorn hoch sichelförmig, stark zugeschärft nach unten, senkrecht gestellt und von enormer Größe. — Das Exemplar ist aus Surinam und hat folgende Maaße: Kopf vom Panzerrande bis zur Schnautzenspitze 7½″, Rückenpanzer mit der Krümmung 2′ 4″, Schwanzpanzer 1′ 8″; vorderes größtes Krallenglied 3″ 8‴, die Kralle also gewiß über 4½″ lang; Hinterpfote vom Hacken bis zum Ende der längsten (dritten) Zehe 7½″. Azara giebt von seinem Exemplar fast ganz dieselben Verhältnisse an. —

Das Skelet ist das robusteste aller Arten, und noch etwas massiver, als das der folgenden; Rapp hat davon eine sehr verkleinerte Abbildung gegeben (Edent. Taf. IV.). — Der Schädel hat zwar ganz denselben Bau, die langgezogene Kegelform, aber er ist etwas schmäler, die Nasengegend länger, und die Strictur hinter den Augenhöhlen nicht so tief. Die Nasenbeine sind vorn etwas breiter, dann sanft verengt, hinten leicht erweitert und einzeln gerundet, so daß die Stirnbeine mit einer Spitze zwischen sie hineintreten. Der Jochbogen hat einen sehr dicken, höckerartigen Orbitalfortsatz; der knöcherne Gaumen ist sehr lang, und seine freien Ecken bilden lange Leisten, viel längere als bei den anderen Arten, wo sie bloße Fortsätze darstellen. Das Gebiß besteht aus zahlreichen, kleinen, dünnen, mehr blattförmigen als cylindrischen Zähnen, die unter sich eine unregelmäßige Größe und Form haben; bald 2''' breit sind, bald nur ½'''; in der Regel fehlen einige ohne Ordnung in der Reihe. Ich zähle an unserm Exemplar 17—18 auf jeder Seite im Oberkiefer, und 21—23 im Unterkiefer; doch scheinen vorn wie hinten früher noch ein Paar Zähne gewesen zu sein; im Zwischenkiefer sitzt keiner von ihnen, wohl aber der erste schon dicht hinter der Naht. — Besonders merkwürdig ist die Kleinheit des Trommelfells bei dieser Art, und die ganz geringe Größe der Paukenblase; obgleich der Schädel fast noch mal so lang ist, wie der des Das. 12-cinctus, so hat letzterer doch eine entschieden größere, weitere, mehr gewölbte Paukenhöhle. — Ebenso auszeichnend ist die Größe des accessorischen, doppelten Condylus unter dem Hinterhauptsloch, welcher dem Körper des Hinterhauptbeines angehört, und zwar allen anderen Arten auch zukommt, aber bei keiner anderen so groß so scharf abgesetzt und so deutlich wird, als bei dieser. — Von den Halswirbeln sind nur die 3 ersten hinter dem Atlas verwachsen und ihre Dornen zu einem hohen nach hinten übergebogenen Kamm entwickelt; die 3 folgenden haben gar keinen Dornfortsatz. Rückenwirbel zähle ich 13, mit ebensovielen Rippenpaaren; das erste derselben setzt sich direct, die 7 hinteren mittelst eines kräftigen Knochens an das lange, aber nicht grade breite, vierkantige Brustbein; 5 Paare bleiben frei, das letzte ist nur ein Rudiment. Lendenwirbel giebt es zwar vier, aber die hohen, schiefen Dornen der beiden letzten verwachsen mit dem Darmbeinkamm des Beckens; im Ganzen sind 7 solcher schiefen Dornen vorhanden. Das ungemein kräftige Kreuzbein besteht aus 10 Wirbeln, deren Verwachsung so innig ist, daß man ihre Grenzen nur aus den seitlichen Löchern zwischen den Querfortsätzen, welche zum Austritt der Nerven dienen, erkennen kann. Endlich der Schwanz enthält 25 Wirbel, vielleicht noch 1—2 mehr, indem die äußersten sichtbar fehlen; dieselben können aber nicht größer als mäßige Schrotkugeln gewesen sein. — Von ganz auffallender Solidität ist das Becken, namentlich der Rand des Sitzbeines, welcher sich aufwärts zu einem hohen Kamm erhöht, der den Panzer tragen hilft; seine innere Fläche ist mit den vier letzten Kreuzwirbeln verwachsen, an die Innenseite des Darmbeines stoßen nur die drei vordersten Kreuzwirbel zusammen. Vom Schulterblatt ist die langgezogene schmale Form hervorzuheben; es ist am oberen Rande nicht so breit, wie bei den anderen Arten; sein Kamm tritt zwar stark vor und bildet ein langes, abwärts nach innen gebogenes Acromion, allein dasselbe ist kürzer als bei Das. 12-cinctus. Ebendas gilt von dem übrigens sehr kräftigen Olecranon. An der Hand zeichnet sich die Mittelzehe durch eine ganz eminente Größe des Krallengliedes aus, während dieselben Glieder der beiden äußeren Zehen nicht ganz so groß sind, wie die der folgenden Art. Die Volarseite dieses mittelsten großen Krallengliedes trägt am Grunde, mitten auf der Scheide, einen eigenthümlichen großen, nach hinten in 3 kleine Köpfe getheilten Knochen, der mitten in der Handfläche liegt, und theils als Rolle, theils als Scheide der Sehne des musc. flexor: digitorum communis profundus dient. Der Fuß ist in allen Theilen etwas plumper *) als das entsprechende Glied von Das. 12-cinctus, namentlich der Fersenknochen, dessen Größe nicht minder überraschend ist, wie die des Krallenknochens mit seiner Scheide am Vorderfuß.

Von den Weichtheilen des Riesentatus weiß ich nichts zu sagen. Das Thier lebt in allen wärmeren, rein tropischen Gegenden Brasiliens, und geht im Inneren südwärts über diese Grenze hinaus bis nach Paraguay, wo Azara es, doch nur 2mal, und beide Male in bereits getödteten, verstümmelten Exemplaren, beobachtete. Nach den Angaben des Prinzen zu Wied ist es im Waldgebiet der Küstenregion oberhalb des Rio Doce heimisch; er sah öfters die großen Löcher seines Baues, erhielt aber kein Exemplar; die Wilden der dortigen Gegend bereiten aus seinem Schwanzpanzer Sprachröhre; ein solches findet sich im Atlas zur Reise des Prinzen, und früher bei Clusius (Exotic. pag. 109, fig. sup.) abgebildet, das vollständige Thier konnte er nicht in seine Gewalt bringen. Ebenso wenig erfolgreich waren die Bemühungen des Dr. Lund im Inneren von Minas, er kennt das Thier nur aus den Beschreibungen der Einwohner (a. a. O. S. 56), und hat es selbst nicht gesehen. Wundern darf ich mich also wohl nicht, wenn auch beklagen, daß ich nicht glücklicher gewesen bin, als meine Vorgänger; das Exemplar, welches ich beschrieben habe, stammt aus Surinam, und ist dem hiesigen anatomischen Museum vom verstorbenen Dr. Deutschbein, einem thätigen und talentvollen Zöglinge unserer Universität, der das Opfer seines rastlosen Strebens geworden ist, käuflich überlassen. —

b. Mit wenigen (7—10) kräftigen, cylindrischen Backzähnen in beiden Kiefern, und schwächerem, kürzerem Schwanz.

α. Die Thiere können sich nicht zusammenrollen, oder ihre Körpertheile unter dem Panzer verstecken, sie ducken sich nur nieder und

*) Man kann diese Verhältnisse sehr klar an den Abbildungen sehen, welche Cuvier auf Taf. XI. der Rech. s. Oss. foss. V. 1. gegeben hat. Fig. 10 u. 19 stellen die Gliedmaßen von Das. Gigas vor; Fig. 11 u. 17 von Das. 12-cinctus; Fig. 14 u. 18 von Das. 6-cinctus.

ziehen die Ohren ein, wenn sie angegriffen werden, oder vertheidigen sich durch heftige Schläge mit den starken Vorderbeinen. —

aa. Keine Zähne im Zwischenkiefer; Schwanz nackt, oder mit zerstreuten Warzen besetzt; mittlere und äußere Vorderkrallen enorm groß. Xenurus *Wagl.* Cabassu *Cuv.*

2. Dasypus 12-cinctus *Schreb.*

Schreb. Säugeth. II. 225. tb. 75, 76. Fig. 11, 12.
D. gymnurus *Illig.* Berl. Ac. Abh. 1815. — *Pr. Max z. Wied* Beitr. II. 529. 3. 309. — *Rengg.* Säugeth v. Parag. 290. — *Lund* Bl. p. Bras. Dyr. I. 55.
D. Tatuay *Desm.* Mamm. 369. — *v. Tschudi*, Fn. per. 206. 1.
El Tatuay *Azar.* Quadr. II 131. No. 55. — Trad. franc. II. 155.
Cabassu Buff X. 218. Taf. 40. — *Cuv.* Oss. foss. V. 1. 120 u. 123. tb. 11 Fig. 7, 8, 9. cr.
Tatu rabo molle der Brasilianer.

Körper dick walzenförmig, hellgelb gefärbt, der Panzer aus ziemlich gleichgroßen, 4—6eckigen Schildern gebildet, welche sich in der Mitte des Rumpfes zu (11—13) beweglichen Gürteln absondern; Schwanz überall, oder nur unten gegen die Spitze hin, mit zerstreuten warzenförmigen Knochenplatten besetzt.

Dieser Tatu ist in den von mir bereisten Gegenden eine der gemeinsten Arten und allen Brasilianern unter dem Namen des weichschwänzigen Tatu's bekannt; er hat von allen den gedrungensten Körperbau, die plumpeste Fußbildung, und ist in Folge dieser Eigenschaften zwar langsamer im Gehen, als die anderen Arten, aber ungemein schnell und stark im Graben. Seine Hauptfarbe ist gelblich grau, an den nackten Theilen fleischröthlich durchscheinend; die Nase, Ohren, Backen und Kehle sind dunkler, mitunter sogar schwarzbraun. — Der Kopf ist kegelförmig, ziemlich dick und stumpf; an den Backen, Lippen, der Nase und den Schläfen größtentheils nackt, indem nur kleine, aber doch reihenweis angeordnete, queroblonge, warzenförmige Schilder diese Gegenden lückenhaft bekleiden. Das große, nackte, warzig chagrinirte, wie Mosaik getäfelte Ohr hat eine Trichterform, und erweitert sich nicht bloß nach oben, sondern auch nach hinten, in einen besonderen unteren Lappen. An der Kehle und den Halsseiten gehen von dem Rande dieser warzenförmigen Schilder lange vorwärts gerichtete Borsten aus; auf der Brust und dem Bauch, wo ganz ähnliche Warzenreihen sich befinden, sind die Haare nach hinten gerichtet; an den Beinen nach unten. Hier gehen diese warzenförmigen Schilder auf der Außenseite in förmliche Schilder über, die je mehr nach unten um so dichter aneinander rücken, so daß die Außenseite des Vorderarms, der Hand, des Unterschenkels und Fußrückens förmlich von ihnen in reihenweiser, dichtgedrängter Anordnung bedeckt wird. Daselbst umgiebt jedes Schild am unteren und hinteren Rande ein Kranz langer Borsten. — Der Oberkopf ist etwas hinter der Nasenspitze bis zum Nacken gepanzert, indem eine aus ungleichförmigen, 3—6eckigen Schildern zusammengesetzte ovale Platte ihn bedeckt. Ueber jedem Auge hat sie eine Ausbiegung, im Nacken tritt sie unter einen Bogen über den Schädelrand hinaus. Daneben sitzt das große, breite, ovale, überall mit kleinen Warzenschildern bekleidete Ohr. Der Kopfpanzer hat etwa 8 Querreihen von Schildern, aber dieselben greifen so in einander, daß ihre Sonderung nicht recht klar wird. Bald sind diese Schilder hoch gewölbt, scharfkantig erhaben, bald platt und niedrig. Am Hinterrande zwischen den Ohren stehen in der Regel vier Schilder, mitunter nur 3, indem die 2 mittleren zusammenwachsen; bisweilen gar 5, wenn ein unpaares, schmäleres Schild sich dazwischen schiebt. In der Mitte vor dieser Reihe pflegt ein sehr großes, herzförmiges Schild sich auszuzeichnen; zwischen den anderen Reihen drängen sich bei einigen Individuen kleine accessorische Schildchen hervor, bei anderen fehlen sie.

Auf den Kopfpanzer folgen 3—4 von vorn nach hinten breitere, unter sich bewegliche, bogenförmige Querreihen von Schildern, die sich seitwärts zuspitzen; in der ersten Reihe pflegen 5, in der zweiten 6, in der dritten 8, in der vierten 10 Schilder aufzutreten. Der vordere Theil des Rückenpanzers bildet einen geschlossenen Schulterpanzer, welcher aus 7 Querreihen flacher, ziemlich gleichgroßer, fünfseitiger Schilder besteht; auf jedem ist eine mehr oder weniger V förmige Furche in der Mitte sichtbar. Aus den Fugen am Hinterrande der Schilder erheben sich steife Borsten, gewöhnlich aus dem Winkel, welchen die Längsfugen mit der Querfuge bilden; doch bei jungen Thieren auch aus der Querfuge selbst. Der gewöhnlich aus 12, bisweilen nur aus 11 oder gar aus 13 beweglichen Gürteln gebildete mittlere Theil des Rückenpanzers hat ganz ähnliche, nur etwas kürzere Schilder, deren vorderer in zusammengezogenem Zustande untergeschobener Rand zweimal eingekerbt ist. Von den Kerben gehen 2 nach hinten divergirende Furchen über das Schild. Hinter jedem Schilde liegt eine kleine, schmale, hornige Querplatte, welche beim Zusammenziehen sich senkrecht herabbiegt, und vor dieser kleinen Querplatte stehen am Hinterrande der Schilder die Borsten, gewöhnlich nur in oder neben der Längsfuge. Der Kreuzpanzer hat den Bau des Schulterpanzers, er bildet ein nach hinten zugerundetes, gemeinsames Schild, das in der Mitte aus 12 Reihen mehr quadratischer Schilder besteht; die erste Reihe enthält, gleich den Rückengürteln, 30 Platten, aber schon in der zweiten verringert sich die Zahl derselben, und so geht es fort, bis zur letzten, die nur aus 10 Platten besteht. Jede Platte ist ebenfalls am Vorderrande zweimal gekerbt, aber die davon ausgehenden Furchen divergiren bis zur Mitte der Platte und haben hier eine sie verbindende Querfurche; von da gehen sie wieder divergirend aus einander. Oft ist das kleine Hornstück vorn zwischen den 3 Furchen eine ganz isolirte Platte. — Der Schwanz ist etwa ein Drittel der Länge von Kopf und Rumpf, mäßig stark, nicht sehr spitz, und größtentheils nackt; doch liegen in der nackten Haut kleine, von Hornschuppen bedeckte Knochenschilder, die bald dichter und größer, bald kleiner und sperriger erscheinen. Darnach hat man 2 Varietäten zu unterscheiden, die nach meinen Wahrnehmungen vielleicht Altersverschiedenheiten sind. Die Exemplare aus dem Küstengebiet, von Rio de Janeiro und Neu-Freiburg, haben z. Th. einen dicht und gleichmäßig, d. h. auch auf der ganzen Oberseite, mit größeren Knochenschildern besetzten Schwanz; die 3 Individuen, welche ich von Lagoa santa aus dem Inneren des Camposgebietes mitgebracht habe, sind auf der Oberseite des Schwanzes ganz nackt, und nur auf der unteren Seite gegen die Spitze hin mit kleinen Schildern sparsamer besetzt; dagegen zeigen diese 3 eine stärkere Behaarung des Schwanzes. —

Die sehr kurzen kräftigen Beine tragen fünf Zehen an beiden Pfoten; vorn stehen die erste und zweite lange, gebogene spitze Kralle hinter der dritten, welche von allen die größte und sehr viel größer ist, als die beiden äußeren, ebenfalls sehr breiten, d. h. hohen Krallen. Hinten hat jede Zehe eine kurze, breite, flachere, seitwärts erweiterte, abgerundete Kralle, unter denen übrigens auch die dritte am größten ist, und am weitesten vortritt. Nur die Kralle des kleinen Fingers ist spitzer, schmäler, und die Zehe mehr verkürzt, kürzer als der Daumen. Eine eigentliche Sohle mit isolirten Ballen haben nur die Hinterpfoten. —

Das Skelet dieser Art steht dem der vorigen nur wenig an Solidität nach, und namentlich zeichnen sich wieder die Gliedmaßen durch eine besondere Stärke aus. Der Schädel ist nicht ganz so breit, wie der der folgenden Art, und daher erscheint die Nase etwas dicker. Hinter der gewölbten Stirn ist er stark eingeschnürt, aber nicht völlig so stark, wie bei D. 6-cinctus; im Bau des Hinterkopfes ähneln beide Arten einander sehr. Die Zähne sind bei D. 12-cinctus viel schwächer, als bei D. 6-cinctus, und das vorderste Paar steht nicht im Zwischenkiefer; ihr Verhältniß ist umgekehrt, d. h. oben findet sich ein Zahn mehr als unten. Die Individuen von Lagoa santa mit fast ganz nacktem Schwanz, haben $\frac{9-9}{8-8}$ Zähne, die mit mehr oder ganz beschupptem, aus dem Küstengebiet, nur $\frac{8-8}{7-7}$; Cuvier's Abbildung giebt das erst genannte Verhältniß an, Azara hat auch nur $\frac{8-8}{7-7}$, während Rengger 8 in beiden Kiefern zählt. Die Anzahl der Rückenwirbel ist

14, die der Lendenwirbel 3, der Kreuzwirbel 9, der Schwanzwirbel 22, an einem Skelet aus dem Küstengebiet mit dicht beschupptem Schwanze. Die Verwachsung der mittleren Halswirbel hat begonnen, indem die 3 hinter dem ersten verschmolzen sind, später schließen sich auch der 5te und 6te an; der erste bleibt frei, gewöhnlich auch der 7te. Von den 14 Rippen stoßen 6 unmittelbar an das Brustbein, die 3 letzten sind ganz frei; von jenen 6 haben nur die 5 hinteren ein besonderes, aber ganz knöchernes Sternocostalbein, die erste ganz auffallend breite Rippe setzt sich direct an das ebenso breite, kreuzförmige Manubrium. Das sehr kräftige Kreuzbein erreicht seine größte Breite nach hinten, und verbindet sich daselbst zum zweiten Mal mit den aufsteigenden Aesten des Sitzbeines. — Die unteren Schwanzdornen beginnen schon hinter dem ersten Schwanzwirbel, aber dieser berührt mit seinen langen Querfortsätzen noch das Becken; an den drei folgenden nehmen die Querfortsätze schnell an Länge ab, vom 5ten Schwanzwirbel an fehlen sie fast ganz; der Rückenmarkskanal scheint am 9ten zu enden. Das Schlüsselbein ist dünn, aber lang; das dreiseitige Schulterblatt hat einen hohen Kamm, dessen Acromion sich über die Gelenkgrube bogenförmig herabbiegt und fast die Mitte des Oberarms erreicht. Oberarm und Oberschenkel sind mit einem hohen Muscularkamm versehen, und mehr breit, als rund zu nennen. Eine auffallende Größe zeigt wieder der Ellenbogenhöcker, dagegen ist die Kniescheibe nicht sehr groß, von kegelförmiger Gestalt. Tibia und Fibula sind oben, wie unten, innig verwachsen, doch mitten in der ganzen Länge getrennt. Die Knochen der beiden vorderen inneren Zehen sind schlank und dünn, die der drei äußeren sehr dick, besonders der dritten; das Krallenglied hat eine scheidenförmige Basis, worauf sich die Hornkralle stützt. Hinten ist die Fußbildung weniger plump, selbst das Hackenbein hat keine sehr überraschende Stärke. Von den Handwurzelknochen zeichnet sich das Erbsenbein durch eine zapfenförmige Verlängerung aus, die vorgeschoben neben der fünften Zehe liegt, und bis an die Kralle reicht. —

Vorstehende Beschreibung weist nun einen doppelten Unterschied des Schwanzes und Gebisses bei den Individuen dieser Art nach, welchen man auch schon zur Bildung zweier Arten hat benutzen wollen. Ich bin indessen durch Vergleichung der Schädelformen zu der Ueberzeugung gelangt, daß die anderweitigen Unterschiede des Schwanzes nicht von stichhaltiger Bedeutung sind, sondern vielmehr Alters-, als Artverschiedenheiten angeben, welche nach dem Schädelbau sich nicht so hoch anschlagen lassen, wie der zuerst von Cuvier hervorgehobene Unterschied in der Form der Nasenbeine, womit eine allseitig andere Bildung des Thieres in Harmonie tritt.

Die hier beschriebene Art, deren Schädel im ausgewachsenen Zustande vollständig 4″ lang ist, hat eine ziemlich lange, namentlich längere Schnautze, als die folgende Spezies, worin die Nasenbeine vorn sich unter einem flachen Bogen etwas seitlich ausdehnen, dann sich zusammenziehen und nun mit parallelen Seitenrändern zur Stirn begeben, wo sie sich einzeln zurunden, so daß die Spitze der Stirnbeine etwas zwischen sie tritt. Diese Schädel haben ferner schmälere, an den Seiten nicht bauchig aufgetriebene Oberkieferbeine, eine etwas stärkere Strictur über die Mitte hinter den Augenhöhlen, eine mehr vertiefte vordere Stirngrube, einen schmäleren Jochbogen, dessen hintere Hälfte keinen so deutlichen und hohen Höcker bildet, und einen breiteren, harten Gaumen, dessen Ecken wie ein Paar isolirte, conische Spitzen scharf vortreten, selbst etwas divergiren. Dabei sind die Zähne einzeln größer, elliptischer, und die Zuspitzung des Unterkiefers ist am Ende schmäler, nicht so flach; das Felsenbein relativ sehr klein, die Oeffnung für das Paukenfell äußerst schmal. Bei älteren, besonders männlichen Individuen, ist die Nasenmündung des Schädels grade vorgezogen, ihre Ränder sind aber nicht auswärts gekrümmt; bei jüngeren, zumal weiblichen Exemplaren biegen sich die Ränder sichtbar etwas zusammen und verengern den Eingang. Damit harmonirt die relativ geringere Ausdehnung des harten Gaumens nach hinten, die kürzeren Endecken derselben, und ihre nicht divergirende Richtung. Ebenso ist das Felsenbein mit der Paukenöffnung von noch geringerem Umfange. Vergleiche ich nun mit diesen Unterschieden des Schädels, die z. Th. entschiedene Altersverschiedenheiten sind, denn jener Schädel hat sehr feine, dieser sehr weite Nähte, so finde ich an den Panzern der Thiere ganz analoge Verhältnisse. Ersterer, der ältere Typus, hat den derberen Panzer, viel dickere Hornplatten, mehr abfallende Ränder, weniger Haare, größere Krallen, und dabei einen überall gleichmäßig mit knöchernen Warzen bekleideten Schwanz. Das jüngere Thier zeigt eine dünnere Hornbildung, weniger hohe, vielmehr ganz flache Ränder der Schilder, ein stärkeres Haarkleid und bloß unten vor der Spitze Knochenplatten am Schwanz. Auch treten bei ihr zwischen den größeren Knochenschildern des Kopfpanzers noch kleine Nebenschilder auf, die jener Form fehlen. Ich muß also die weniger mit Knochenwarzen am Schwanz versehenen Exemplare für die jüngeren, die ganz damit besetzten, für die älteren halten. Von Neu-Freiburg habe ich beide Formen in beiden Geschlechtern mitgebracht. Das ältere Männchen hat den überall knochenwarzigen Schwanz, dem jüngeren Weibchen fehlen die Knochenwarzen auf der oberen Seite noch völlig. Die von Lagoa santa bezogenen Exemplare gehören sämmtlich dieser zweiten, jüngeren Form an. Indessen scheinen die ganz mit Knochenwarzen am Schwanz bekleideten Individuen mehr dem Küstengebiet, als den Campos anzugehören, weil Dr. Lund nur der ersteren, als D. gymnurus oder nudicaudus (a. a. O. 55 u. 227) Erwähnung thut.

Anm. In wie weit mit diesen beiden Formen die Beschreibungen früherer Schriftsteller zusammenfallen, ist nicht ganz leicht zu ermitteln, ich glaube aber, daß:

a. Das. verrucosus, wie Hr. A. Wagner die ältere Form zu nennen vorschlägt, Gegenstand der Beschreibungen von Linné, Buffon, Schreber und derjenigen Schriftsteller, die nur aus ihnen geschöpft haben, gewesen ist. Cuvier bringt auch (Ossem. fossil. V. 1. 120.) die Fig. 4, Taf. 30 in *Seba's* Thesaur. etc. hierher.

b. Das. gymnurus *Pr. z. Wied*, *Wagn.* etc. fällt mit Azara's Tatuay (a. a. O. 131. Nr. 55) zusammen, wie dessen Beschreibung des Schwanzes zeigt. Gmelin gründete darauf seinen Das. unicinctus. Lund und Rengger beschreiben deutlich nur diese Form mit nackterem Schwanz, was dafür zu sprechen scheint, daß sie im Innern allein auftritt. Sie scheint nordwärts zu fehlen, da Marcgraf ihrer mit keiner Sylbe Erwähnung thut. Im Waldgebiet kommen, wie ich nachgewiesen habe, beide Formen neben einander vor. —

3. Dasypus hispidus *Nob.*

Seba Thes. I. Taf. 30, Fig. 3. ? —
Cuv. Rech. s. l. Ossem. foss. V. 1. 120 u. 123.

Kleiner gedrungener gebaut, die äußere Hornschicht des Panzers schwächer, der Kreuzpanzer viel kürzer, die Behaarung überall stärker; Kopf kurz und dick, die Schilder seines Panzers gleichförmiger, kleiner; der Schwanz ohne alle Knochenwarzen.

Es ist keinem Zweifel unterworfen, daß diese zuerst von Cuvier a. a. O. kurz und besonders S. 123 durch die Schädelbildung scharf bezeichnete Art von der vorigen, der sie im Allgemeinen ganz ähnlich sieht, spezifisch getrennt werden muß; wer ihre Schädel in mehreren Exemplaren mit einander zu vergleichen Gelegenheit gehabt hat, konnte keinen Augenblick darüber in Zweifel bleiben.

Ich habe von Lagoa santa 2 Exemplare dieses viel kleineren weichschwänzigen Tatus mitgebracht, die beide weiblichen Geschlechtes sind, und sich schon äußerlich, neben der geringeren Größe, durch einen viel kürzeren, dickeren Kopf und ein viel längeres, dichteres Borstenkleid auszeichnen; dabei ist ihr Schwanz etwas dünner, vielleicht auch ein wenig kürzer, vollkommen weich und nicht einmal unter der Spitze mit Knochenwarzen besetzt, wohl aber mit dünnen, flachen, sperrig aber regelmäßig gestellten Hornplättchen, von deren hinterem Rande steife Borsten ausgehen, die mit dem Alter abnehmen. Anfangs hielt ich diese Charaktere für Zeichen jugendlichen Alters, als aber die Schädel aus den Bälgen genommen waren, gab sich das größere der beiden Exemplare für ein ganz altes Thier, älter als alle meine anderen, zu erkennen, indem von den Nähten an seinem Schädel nur noch sehr wenige Spuren bemerkbar waren, während die um mehr als $1/3$ größeren Schädel der vorigen Art alle Nähte sehr deutlich erkennen ließen. Bei weiterer Vergleichung finden sich dann auch, sowohl am Schädel, wie am Balge, noch andere Unterschiede, die ich hier zusammenstelle:

Das ganze Thier ist viel kürzer gebaut, relativ breiter und, wie es scheint, fleischiger; der kurze, dicke Kopf hat vom Schnautzenrande bis zum hinteren Rande des Kopfpanzers nur $3\,1/3$ Zoll Länge, und ist von relativ viel kleineren, daher auch zahlreicheren Schildern bedeckt; der hintere Rand zwischen den Ohrmuscheln besteht aus 6 ziemlich gleichgroßen, viereckigen Schildern. Kleinere Nebenschilder zwischen den Hauptschildern fehlen. Im Nacken liegen vier sehr schmale, bogenförmige Schilderreihen, von denen die erste Reihe aus 3, die letzte aus 10 Schildern besteht. Der Schulterpanzer besteht in der Mittellinie aus 7 Schilderreihen; bewegliche, auffallend kurze Gürtel sind nur 11 vorhanden, doch ist die erste Reihe des Kreuzpanzers wenigstens an den Seiten noch gürtelförmig abgesetzt; in der Mitte des Kreuzpanzers sind, ohne diesen Ring, nur 8 Schilderreihen vorhanden, während die vorige Art 10—11 hat, jenachdem ihrer Gürtel 13 oder 12 vorhanden sind. Auch sind die Schilder alle sehr flach, am Rande etwas leistenartig erhöht, und die Fläche erscheint uneben, weil die Hornplatte sehr viel dünner und schwächer ist. Dagegen zeichnen sich die am Hinterrande der Schilder hervorbrechenden Haare durch Länge und Zahl aus, das ganze Thier erscheint wie mit Borsten bekleidet. Die Bedeckung der Unterfläche, Beine und des Schwanzes bietet, außer den schon erwähnten Abweichungen, keine wesentliche Verschiedenheiten dar. Der Schädel ist in allen Theilen kleiner, aber durchaus nicht schwächer, im Gegentheil eher solider gebildet; er mißt in der Längenachse 3″ 2‴, und an der breitesten Stelle der Stirn 1″ 6‴. Die Schnautze ist kürzer, als bei der vorigen größeren Art, und die Mündung der Nase sehr deutlich trompetenförmig erweitert, während sie bei letzterer, wie es Cuvier gut in den Ossem. fossil. V. 1. Taf. 11, Fig. 8 dargestellt hat, an der Mündung beim Weibchen zusammengezogen erscheint, und erst beim alten Männchen eine mehr grade offene Mündung vorzukommen pflegt. Auch hinter der erweiterten Mündung zieht sich die Schnautze etwas zusammen, und dehnt sich dann wieder bauchig aus; Eigenheiten, die beiden Geschlechtern der vorigen Art ganz abgehen. Sehr wichtig ist die von Cuvier (a. a. O. S. 123) schon hervorgehobene Bildung der Nasenbeine, deren Umrisse man besonders bei dem jüngeren Individuum sehr klar erkennen kann; sie dehnen sich nämlich stark nach hinten aus, während sie bei der vorigen Art hier parallele Seiten haben, und erreichen die Grube vorn auf der Stirn mit einer breiten, seitwärts spitzwinkeligen Endfläche, wogegen sie grade in ihr bei der vorigen Art sich mehr zusammenziehen. Ihr hinterer Rand ist also breiter, als der vordere, und etwas nach hinten eingebogen, nicht abgerundet, wie bei jener. Sehr eigenthümlich ist der Jochbogen gestaltet, mehr abstehend gekrümmt, viel dicker, breiter, hinter dem Orbitalausschnitt höher und im Schläfentheil kürzer; dagegen zeigen Scheitel und Hinterhaupt keine besonderen Unterschiede. Ganz charakteristisch ist die Gaumenfläche hinter den Backzähnen durch ihre auffallende Kürze, die breite Lücke für das weiche Gaumensegel und die langen, sehr dicken, parallelen, hinteren Fortsätze. Am Unterkiefer zeichnet sich die zahnlose Spitze durch ihre breite, löffelförmige Gestalt aus. Das Gebiß besteht mehr aus kreisrunden, als aus elliptischen Zähnen, deren im Oberkiefer an jeder Seite 10 stehen, doch ist der zweite davon ausgefallen und der erste und letzte bei dem alten Thier schon verbraucht, was nicht bloß eine sehr deutliche, bereits ausgefüllte Alveole hinter dem achten Zahn, sondern auch die Spur einer solchen vor dem ersten Zahn erkennbar macht; die vollständige Zahnreihe wäre also oben aus zehn Zähnen gebildet gewesen, und ebensoviele hat auch das junge Thier. Unten sind nur noch 6 Zähne an jeder Seite vorhanden, aber hinter den 4 vorderen ist eine weite Lücke mit den Spuren zweier Alveolen; die Normalzahl war also hier nur acht, völlig übereinstimmend mit dem Bau des jungen Individuums. Die ganze vollständige Zahnformel ist demnach $\frac{10-10}{8-8}$ gewesen

Das zweite viel jüngere Individuum zeigt dieselbe kurze, dicke Gestalt, aber eine viel weichere, schwächere Panzerbildung, nur 3 Nacken- und 11 Rückengürtel, etwas größere Kopfschilder, ein stärkeres Haarkleid, besonders unten und am Schwanz, und eine noch nicht so weit vorgeschrittene Verknöcherung. Sein Gebiß besteht, wie erwähnt, oben aus 10, unten aus 8 Zähnen an jeder Seite, von denen oben der erste und letzte sehr viel kleiner sind, als die übrigen; und obgleich sein Schädel noch nicht vollständig verknöchert ist, so hat er doch alle die charakteristischen Formen des vorhin beschriebenen alten Thieres. An ihm sieht man die Nähte sehr deutlich und besonders tritt die auffallende Breite der Nasenbeine nach hinten sehr klar in die Augen; auch die bauchige Gestalt der Seiten des

Schnautzentheiles und die erweiterte Mündung der Nase sind schon vö urg wie beim alten Thier geformt. —

Die Maaße meiner beiden Exemplare verhalten sich wie folgt: das größere: Kopf 3″, vom Nacken bis zum Schwanz 10″, Schwanz 5½″, Ohr 1′, größte Vorderkralle 1½″; — das kleinere: Kopf 2½″, vom Nacken bis zum Schwanz in grader Linie 8″, der Schwanz allein 4″, Ohr 10‴, größte Vorderkralle 15‴. —

Anm. Es ist mir nicht bekannt, ob außer Cuvier Jemand diese Art besprochen habe. Hrn. Dr. Lund's Angaben über Das. nudicaudus (a. a. O.) lassen es mir ungewiß, ob es diese oder die vorige Art ist, welche er bespricht. —

bb. Jederseits ein Zahn im Zwischenkiefer, Schwanz gepanzert, Vorderpfote schwächer gebaut. Euphractus *Wagl.* Encubert *Cuv.*

4. Dasypus 6-cinctus *Linn.*

Linn. S. Nat. I. 54. 3. — Schreb. Säugeth. II. 218. Taf. 71. B. — ***Rengg.*** Säugeth. v. Parag. 286. — ***Rapp,*** Edent. 6. Taf. 111. Fig. 4. 5.
D. setosus ***Pr. Max*** Beitr. II. 520. 2. — Wagn. Schreb. Suppl. IV. 173. 3.
D gilvipes ***Illig.*** Berl. Akad. Abh. 1815. — ***Lund,*** Bl. p. Bras. Dyr. I. 55.
D. Encoubert ***Buff.*** X. 209. Tb. 42. — ***Desm.*** Mamm 470. — ***Cuv.*** Oss. foss. V. 1. 122. Tb. 11. Fig. 4—6.
Tatu-peba ***Marcgr.*** h. n. Bras. 231.
El Tatu-payá ***Azar.*** Quadr. II. 118. n. 54.
Tatu-peba der Brasilianer.

Panzer dunkelbraun, die Schilder am Hinterrande steifborstig; Bauch und Beine gelblich fleischfarben, mit langen Borstenbüscheln dicht besetzt; Mitte des Panzers in 6—7 Gürtel getheilt, Schwanz gürtelförmig gepanzert.

Den vorigen Arten im Gesammtansehn ähnlich, aber viel dicker, breiter, plumper, und an dem dicht von Schildergürteln bekleideten Schwanz kenntlich. Der Kopf ist breit, oben ganz flach, von Schildern bedeckt, wie der ganze Rücken; die äußerste Schnautzenspitze einen halben Zoll weit nackt, stumpfkantig, die Nasenlöcher unter der Kante, vor dem Munde, mit einem nach innen vorspringenden Zapfen, den kurze, steife Borsten dicht bekleiden. Lippen, Kinn, Kehle und ganze Unterseite nebst den Beinen in der Hauptsache nackt, aber mit fast immer aus 4 ungleichen Haaren gebildeten Gruppen steifer langer Borsten in schiefen Reihen ziemlich dicht besetzt; vor jedem Borstenbüschel eine Gruppe kleiner, schwieliger Warzen. — Der Kopfpanzer besteht aus 12 unregelmäßigen Querreihen, größtentheils sechseckiger, mitunter auch fünfeckiger, ganz vorn sehr kleiner, rundlicher, übrigens 6—8‴ im Durchmesser haltender Schilder, von denen die hinterste Reihe zwischen den Ohrmuscheln sich zu einem förmlichen, aus 8 Platten gebildeten Bogen absondert. Jede dieser 8 Platten trägt am

Hinterrande 2 steife Borsten. In der Mitte des Seitenrandes ist der Kopfpanzer über jedem Auge tief ausgebuchtet. Das Auge ist klein, von einem breiten, nackten Saume umgeben, und unter demselben auf dem Jochbogen mit einer langgezogenen Reihe kleiner in der Mitte doppelter Schilder versehen. Hinter den Schildern steht auf der Backe ein Kranz sehr langer steifer Borsten. Auch die Gegend um das Ohr ist ganz nackt, die Ohrmuschel klein, aber dick, stumpf gerundet, etwas über 1" hoch, grob warzig chagrinirt. Hinter dem Kopfpanzer liegt ein aus 9 Schildern gebildeter Bogen im Nacken; die Schilder haben, wie die hinterste Reihe des Kopfpanzers, zwei tiefe, z. Th. verwischte Furchen, und 2 steife Borsten am Hinterrande. Der Rumpfpanzer zerfällt, wie gewöhnlich, in 3 Abschnitte. Der vorderste oder Schultertheil besteht in der Mitte aus 5 Plattenreihen, von denen die hinterste alle Eigenschaften einer Gürtelplattenreihe besitzt, aber nicht für sich beweglich ist; in den vorderen 4 Reihen sind die Schilder kleiner, und ziemlich regelmäßige etwas in die Länge gezogene Sechsecke, in der hintersten Parallelogramme mit vorderer stumpfer Spitze; nach den Seiten wird der Schulterpanzer sehr viel breiter, bedeckt hier den Oberarm und verlängert sich besonders vorwärts bis beinahe zur Backe hin; am äußersten untern Rande stehen 10 Schilder neben einander. Jedes Schild hat im ganzen Schulterpanzer 2 etwas verzogene Furchen und am Hinterrande zwei leichte Kerben, worin eine steife Borste sitzt; die Platten der hintersten Reihe auch wohl 3, welche einzeln durch Spaltung einen Pinsel bilden. —

Die sechs Gürtel des Rückenpanzers sind an den Seiten vollständig, in der Mitte nur durch eine Hautschwiele getrennt, und werden einzeln von vorn nach hinten etwas kürzer. Jeder Gürtel besteht aus 34 parallelogrammatischen Platten, die auf der Oberfläche 2 eingerissene Längsfurchen haben und am Hinterrande 2 steife Borsten tragen; die untersten jeder Seite gewöhnlich 3 Borsten. Am Kreuz- oder Beckenpanzer ist die vorderste Schilderreihe jeder Seite mehr oder weniger gürtelförmig abgesetzt, und scheint sich mit zunehmendem Alter ganz von ihm als siebenter Gürtel zu trennen; in der Mitte ist sie an meinem Exemplar innig mit den nachfolgenden Reihen verbunden. Letztere haben wieder ein länglich sechsseitiges Ansehn, sind aber etwas größer als die Schilder des Schulterpanzers, sonst ihnen völlig ähnlich; ich zähle in der Mittellinie 10 Reihen Schilder, von denen aber die letzte aus viel kleineren unregelmäßigen Platten besteht. Der Schwanz ist etwa so lang, wie die Hälfte von Kopf und Rumpf, anfangs sehr dick, aber bald zugespitzt; sein Ende hat die Stärke eines Federkiels. Die vier ersten Reihen seiner Schilder sind einfache, gürtelförmige, in denen die Platten einzeln etwas länger werden; doch treten an den Seiten der vierten Reihe schon vordere Nebenschilder ein. Dann lassen sich etwa noch 4 Gürtel unterscheiden, die einzeln aus einer doppelten Reihe alternirender Schilder bestehen. Diese 8 Gürtel nehmen etwa die erste Hälfte des Schwanzes ein, die zweite Hälfte ist ziemlich gleichmäßig von allmälig kleineren, fast herzförmigen Schildern bis zur Spitze bekleidet. — Die **Beine** sind am Anfange nackt, doch mit den schon erwähnten Borstenbüscheln besetzt; je mehr nach unten, um so dichter rücken dieselben an einander, um so härter und horniger werden die sie begleitenden Warzen, aber um so kürzer die einzelnen Haare. Auf dem Hand- und Fußrücken gestalten sich die Warzen allmälig zu Hornplatten um, rücken völlig an einander und bedecken nunmehr die Oberfläche als gedrängte Schilder bis zur Zehenspitze. Nur am Rande der Zehen bleibt eine dichte Borstenreihe übrig. Unten ist jede Pfote von einer schwieligen, nackten, fleischigen Sohle bekleidet, welche bis dicht an die langen, aber nicht grade sehr starken Krallen reicht. An den Vorderpfoten hat der Daumen die schmälste, schlankste Kralle, der Zeigefinger ist recht lang, fast ebenso lang wie der Mittelfinger; dieser trägt zwar eine viel größere Kralle, ist aber doch nicht eben länger; die beiden äußeren sind stark verkürzt, der Kleinfinger ist viel kürzer als der Daumen. An den Hinterpfoten sind alle 5 Krallen kleiner, schwächer, kürzer, aber scharfkantiger und mehr gerundet; hier hat der Mittelfinger entschieden die größte Länge und auch die stärkste Kralle. — Die Art hat von allen die stärksten Zähne, große elliptische Zylinder mit dachförmiger Spitze, von denen oben das vorderste Paar wirklich im Zwischenkiefer sitzt; im Ganzen sind $\frac{9-9}{10-10}$ Zähne vorhanden.

Das beschriebene Exemplar, ein Weibchen, ist von Lagoa santa; es hat eine deutliche vorgezogene Scheidenmündung 1½″ vor dem After, und 2 Zitzen an der Brust hinter der Achselgrube; zahlreiche Sandflöhe bedecken, wie gewöhnlich, seine nackte Bauchseite. Ich finde folgende Maaße: Kopf von der Schnautze bis zum Nacken 5″, Schulterpanzer 2½″, Rückengürtel 5″, Kreuzpanzer 5″, Schwanz 8½″, Sohle der Vorderpfote mit den Krallen 3¼″, der Hinterpfote 3″; von der Nasenspitze bis zum Auge 3″, vom Auge zum Ohr 1½″.

β. Die Thiere können sich zu einer geschlossenen Kugel zusammenrollen und alle unteren Körpertheile völlig darin verstecken; ihr kurzer Schwanz ist dicht gepanzert, ihre Krallenbildung aber noch etwas schwächer. Tolypeutes *Illig.*

5. Dasypus 3-cinctus *Linn.*

Linn. S. Nat I. 53. 2. — Schreb. Säugeth. II. 215. Taf. 71. — Wagn. Schreb. Suppl. IV. 178. 6. — *Lund,* Bl. p. Bras. Dyr I. 56.
Tolypeutes tricinctus *Ill.* Prod 111
Dasyp. Apar, *Desm.* Mamm. 367.
Apar. *Buff.* X. 206.
Tatu Apara *Marcgr.* h. n. Bras. 232. — *Cuv.* Rech. s. l. Oss. foss. V. 1. 118. — *Clusius,* Exot. 109. c. Fig infer. — *Seba,* Thes I. tb 38 f 2 u. 3.
El Matáco, *Azar.* Quadr II. 161. No 60.
Tatu bola der Brasilianer

Eine sehr eigenthümliche Art, die indessen nach ihrer gesammten Organisation zu dieser Gruppe gehört, da sie nicht bloß gleichförmige Panzerschilder, sondern auch wirklich 5 Zehen und Krallen an den Vorderpfoten besitzt, nicht 4, wie man bisher angegeben hat *). — Der Kopf ist auf seiner oberen Seite von genau aneinander gefügten, ziemlich gleichförmigen, sechsseitigen Schildern bedeckt, die in 8 Reihen hinter einander liegen; jedes Schild ist für sich auffallend gewölbt, auf der Höhe abgeplattet und, wie alle übrigen Panzerschilder, in der Hornsubstanz rissig getäfelt, so daß es eine Rosette bildet. Am Hinterrande bis zum Ohr liegen 5 Schilder und vor diesen ein mittleres Querschild; dann folgen nach vorn 2 Querreihen von je 4 Schildern, und darauf mehrere von je 3 Schildern. Schnautze, Backen, Schläfen, Nacken und Kehle sind nackt, aber mit langen, steifen Borsten besetzt. Die Ohrmuscheln sind von gewöhnlicher Bildung, warzig chagrinirt und wenn das Thier sich einrollt, ganz zwischen Kopf und Nackenpanzer versteckt. Im Nacken stehen keine beweglichen Bogen von Schildern, auf den Kopfpanzer folgt unmittelbar der Schulterpanzer, welcher ganz aus ähnlichen, sechsseitigen, gewölbten scheinbar rosettenförmig getäfelten Schildern besteht, zwischen denen, in ihren Berührungswinkeln, steife Borsten hervorragen. In der Mittellinie kann man 8 Schilderreihen zählen; an dem tiefen Bogen, worin der Kopf steckt, liegen 14 Schilder; am Seitenrande ebenfalls 8 Schilder. Die letzte Reihe besteht aus größeren, mehr parallelogrammatischen Schildern, welche

*) Schon Marcgraf giebt a. a. O. die Zehen-Zahl an den Vorderpfoten richtig zu 5 an; um so auffallender ist es, daß sie von den späteren Beobachtern immer falsch bestimmt ist. Selbst der genaue Azara hat eine Zehe übersehen, er erwähnt nur 4 an der Hand.

den Schildern der drei Gürtel ähneln. Jeder Gürtel enthält 23 Schilder, die einzeln in eine vordere, kürzere, glattere, und eine hintere, längere, stärker getäfelte Portion zerfallen; die vorderen Portionen sind inniger verwachsen, als die hinteren, und schieben sich in gestreckter Stellung des Thieres, unter die hintere Portion des vorhergehenden Gürtels. — Die erste Schilderreihe des Kreuzpanzers hat eine ähnliche vordere Portion, die sich gleichfalls unter den dritten Gürtel schiebt, wenn das Thier sich aufrollt, also nur im eingerollten Zustande gesehen wird. Sonst hat dieser Panzertheil den Bau des Schulterpanzers, nur etwas größere Schilder, deren Anzahl in der Mittellinie 13 Reihen hinter einander bildet; der ganze Panzer zeigt entsprechend dem Schulterpanzer, zwei stark nach unten erweiterte freie Ränder, und einen tiefen Ausschnitt zur Aufnahme des Schwanzes; am Seitenrande liegen 11 Schilder, rings um den Ausschnitt für den Schwanz 9 Schilder. Der Schwanz ist ein kurzer, dick gepanzerter Kegel, noch etwas kürzer als der Kopf, dessen Schilder dicke hohe Warzen darstellen, und überall genau an einander stoßen; nur am Anfange des Schwanzes bleibt eine nackte Gelenkhaut, damit der Schwanz sich einklappen kann. Er liegt im eingerollten Zustande auf der linken Seite neben dem Kopf, und reicht mit seiner stumpfen, etwas verflachten Spitze bis über das Auge hinaus; er schließt dadurch mit dem Kopfpanzer den Zugang zu der hohlen Bauchfläche, an welche die Beine so dicht angezogen sind, daß sie von den Rändern des Schulter- und Kreuzpanzers völlig verdeckt werden. Letztere schnappen übereinander, und zwar greifen die Ränder des Kreuzpanzers auswärts vor den Rändern des Schulterpanzers vorbei und verstecken sie, weshalb diese mehr zugeschärft und glatter sind als jene. Die ganze nicht gepanzerte Bauchseite des Thieres ist, bis auf die Beine hinab, mit langen, steifen Borsten besetzt, welche noch zahlreicher zu sein scheinen, als bei der vorigen Art; sie stehen ebenfalls hinter kleinen schwieligen Warzen, welche an den Beinen in flache Hornschilder sich verwandeln. Sie werden hier allmälig größer, rücken dichter aneinander, schließen sich aber nicht zu einem förmlichen Panzer; die langen Borsten begleiten sie bis auf die Zehen hinab. Beide Pfoten haben fünf Zehen, wenigstens ist an dem mir vorliegenden Exemplar auch vorn eine deutliche fünfte Kralle vorhanden. Vorn stehen die Krallen, wie bisher, senkrecht, haben scharfe Ränder und berühren nur damit den Boden; die erste innerste Zehe reicht kaum bis zum Nagel der zweiten, diese kommt der dritten an Länge fast gleich, aber ihre Kralle ist viel kleiner; die dritte Zehe hat auch hier die größte Kralle, denn ihre Länge beträgt über 1″, die vierte Zehe ist sehr viel kürzer, ihre Kralle aber doch lang und ziemlich stark, die fünfte äußerste Zehe hat eine sehr kleine, feine, kurze Kralle, welche fast ganz unter dem Vorstenkleide der Zehe steckt. Hinten sind die Zehen mit breiteren, kürzeren, flacheren Krallen versehen, wagrecht gestellt und von dem bisherigen Größenverhältniß. — Das Exemplar zeigt folgende Maaße: Kopf vom hinteren Panzerrande bis zur Schnautzenspitze 3″, Schulterpanzer in der Mittellinie genau 3″, jeder Ring unbedeckt $1\frac{1}{2}$″, bedeckt 1″ breit, Kreuzpanzer in der Mittellinie nach der Krümmung gemessen 6″, Schwanz $2\frac{1}{4}$″. —

Die Art findet sich nicht im Küstengebiet, sondern bloß im Binnenlande, sie scheint häufiger im Süden, als im Norden zu sein; ich konnte sowenig ein Exemplar erhalten, wie Dr. Lund, indessen gedenkt ihrer schon Marcgraf als eines wirklich brasilianischen Thieres. Mein Exemplar habe ich aus Genf bezogen, seine nähere Heimath ist mir nicht bekannt. —

2. Praopus *Nob.*

Dasypus *Wagl.* Tatusiae pars *Fr. Cuv.*

Tatus, deren Panzer aus sehr ungleichen Hornschildern auf der Oberfläche besteht, unter denen völlig abweichend geformte, einander ähnliche Knochenplatten so liegen, daß die kleineren Hornschilder den Nähten der Knochenplatten entsprechen. Nicht in deren Nähten, sondern in den Knochenplatten selbst befinden sich die Löcher der Haarbälge. Vorn nur vier Zehen. —

Eine sehr eigenthümliche Gruppe der Tatus, deren Gattungsrechte weit weniger beanstandet werden können, als die der vorigen, z. Th. dafür angesehenen Abtheilungen. Der ganze Körper ist leichter, zierlicher gebaut, namentlich der Kopf viel schlanker, die Schnautze spitzer und länger; die Ohrmuscheln sind höher, löffelförmiger, und sitzen weiter oben, d. h. hinten im Nacken; die Fußbildung sehr viel schwächer, ohne Unterschied, an beiden Pfoten mit schmalen, spitzen, niedrigen, wagrecht und nicht senkrecht gestellten oder gar sichelförmigen Krallen, und dabei die Zahl der Zehen an den Vorderpfoten um eine geringer; endlich der Schwanz im Allgemeinen länger, schwächer, und trotzdem sehr dicht gepanzert. Die Hauptverschiedenheit aber liegt äußerlich im Panzer selbst, dessen wesentliche Unterschiede der obige Gruppencharakter hervorhebt. Die Männchen haben eine viel kleinere, schwächere Ruthe, deren Scheidenmündung etwa 1 Zoll vom After entfernt ist; die weibliche Scheide liegt gleich vor dem After. Das Weibchen hat vier Zitzen, 2 vorn am Bauch hinter der Achselgrube, und 2 andere in den Weichen neben den Schenkeln; es wirft in der Regel 4, mitunter gar 5 oder 6 Junge. Die Behaarung der Bauchseite ist stets viel schwächer, feiner und kürzer. —

6. Dasypus longicaudus *Pr. Max.*

Beitr z. Naturg Brasil. II. 531. 4.
Das. 9-cinctus, *Linn.* S. Nat. I. 54. 6. — Schreb. Säugeth. II. 233. Taf. 74 u. 76, Fig. 7—10. — *Cuv.* Rech. s. Oss foss. V. 1. 118. Taf. 10. Scel. — *Rengg.* Säugeth. v. Parag 296. — *Lund*, Bl. p. Bras. Dyr. I. 55. 1. — Wagn. Schreb. Suppl. IV. 179. 7. — *v. Tschudi*, Fn. per. 207. 2.
Das. 8-cinctus *Linn.* l. l. 5. — Schreb. Säugeth. II. 222. Taf. 73 u. 75, Fig. 5—6. — *Cuv.* l. l.
Das peba *Desm.* Mamm. 368. — *Owen* Proc. I. 141. — *Schomb.* Ann. n. hist. V. 34.
Das. uroceras *Lund* l. l. II. 66. u. III. 225. — Wagn. Schreb. Suppl. IV. 180. 8.
Tatu-eté *Marcgr.* h. n. Bras. 231 c. Fig.
Tatu à longue queue *Buff.* Suppl. III. pl 58. — *Cuv.* l. l.
Cachicame *Buff.* X. 215. pl. 37—39.
El Negro, *Azar.* Quadr. II. 144. No. 57.
Tatu verdadeiro, Tatu gallinha und Tatu de folhas der Brasilianer.

Dieser Tatu ist der allgemeinste und heißt auch deshalb bei den Brasilianern der ächte oder wahrhaftige (verdadeiro) Tatu. Er zeigt eine sehr starke Verschiedenheit in der Größe, und damit eine Abweichung in der Farbe; die jüngern, kleineren Exemplare sind auf der Höhe des Rückens größtentheils schwarzbraun oder frisch blaugrau gefärbt, und bilden den Tatu mirina oder Tatu de folhas; noch kleinere, zierliche Individuen den Tatu gallinha (Hühner-Tatu), größere mit gröberem Fleisch den Tatu veado (Hirsch-Tatu); das sind alles nur Varietäten oder Altersstufen derselben Art. Unter ihnen kommen in jeder Größe Individuen vor, deren Schwanz mehr oder weniger verkürzt, und statt der Täfelung an der Spitze mit einer einfachen, langkegelförmigen Hornschwiele bedeckt ist; darauf gründete Dr. Lund seinen Das. uroceras, sah aber später selbst ein, daß das nur eine Mißbildung sei, welche dem Verluste der früheren schlanken Spitze ihren Ursprung verdanke. Die neuanwachsende Spitze täfelt sich nicht, sondern bekleidet sich mit einer homogenen Hülle und spitzt sich schneller zu; ähnlich wie das bei unseren Eidechsen häufig vorkommt. Ich habe 2mal solche Individuen auf meiner Reise gesehen, die Besitzer wollten sie aber nicht hergeben, weil sie sie für höchst merkwürdig hielten und deshalb einen sehr hohen Preis foderten. —

Das schlanke Gürtelthier, wie man diese Art am passendsten nennen könnte, hat auf dem Kopf eine ziemlich gleichförmige, aus kleinen, 4-, 5- oder 6seitigen Schildern gebildeten Panzer, der vorn allmälig schwächer werdend fast bis an den Nasenrand reicht, seitwärts über jedem Auge eingebogen ist, und hinten mit einer scharfen Schneppe bis zwischen die Ohren reicht. Die übrigen Theile des Kopfes sind mit Warzenreihen besetzt, deren Ränder nach vorn gerichtete, steife Borsten tragen, und worunter besonders zwei an den Seiten des Halses sich auszeichnen, deren größere Warzen später verknöchern. Bewegliche Nackengürtel sind nicht vorhanden. Der Rumpfpanzer besteht aus drei sehr deutlichen Abschnitten, von denen der mittlere in Gürtel getheilt ist. Im Schulter- und Kreuzpanzer sieht man oberflächlich dreierlei Arten von Hornschildern; größere sechsseitige, kleinere fast dreiseitige, welche so liegen, daß an ihren 3 Seiten 3 benachbarte Sechsecke stoßen, und ganz kleine vierseitige zwischen je 2 sechsseitigen und je 2 dreiseitigen Schildern gelegen. Letztere können aber auch fehlen, und dann verlängern sich die kleineren dreiseitigen Platten so weit, bis sie zwischen je 2 sechsseitigen aneinanderstoßen. Am Vorderrande der großen sechsseitigen Platten stehen die Borsten, bald 4, bald 6, selten mehr. Unter diesen Hornschildern liegen größere Knochenplatten, welche den großen sechsseitigen Hornschildern auf die Art entsprechen, daß jedes der letzteren genau die Mitte einer Knochenplatte nimmt. Man sieht auf ihr den Umriß des Hornschildes abgedrückt, und vor demselben in der Knochenplatte selbst, die Löcher für die Haarbälge. Die Ränder der Knochenplatten bilden Sechsecke, und stoßen genau unter der Mitte der kleineren Hornschilder aneinander, hier später innig verwachsend. Die hinterste Reihe des Schulterpanzers weicht hiervon ab, sie ähnelt den Gürteln, indem ihre großen sechsseitigen Hornschilder sich nach hinten verlängern und zu Parabeln, einem gothischen Kirchenfenster ähnlich, umformen; ebenso dehnen sich die kleinen Platten zwischen ihnen aus. Völlig denselben Bau haben die Gürtel; sie bestehen aus einer Anzahl wie langgezogene Dreiecke oder gothische Bogen geformter Hornschilder, zwischen denen schmälere, nach vorn erweiterte, andere Schilder liegen. Der Mitte dieser kleinen Schilder entsprechen die Nähte der parallelogrammatischen Knochenplatten unter den großen Hornschildern, auf denen man den Abdruck des parabolischen Hornschildes gewahrt und am Rande desselben nach vorn die Löcher für die Haarbälge in der Knochenplatte selbst. — Es ist bemerkenswerth, daß die Exemplare aus Minas, von Lagoa santa, keine entschiedene Parabelform haben, sondern ein sehr längliches, gleichschenkeliges Dreieck in ihren großen Hornschildern darstellen, während die von Rio de Janeiro schon etwas gebogene Seiten zeigen. Bei beiden reicht die Spitze des Dreiecks bis an den vordern Rand des Gürtels und trennt die kleinen Zwischenschilder völlig; bei zweien Exemplaren aus Gujana ist die Parabelform sehr deutlich und die viel stumpfere vordere Spitze so beträchtlich vom Rande des Gürtels entfernt, daß die schmäleren Zwischenschilder hier zusammenstoßen. Die Anzahl der Gürtel ist in der Regel bei den brasilianischen Thieren acht, nicht neun; unter 5 Exemplaren (2 von Rio, 3 von Lagoa santa), die ich besitze, ist nur 1 von Rio mit neun Gürteln, das kleinste ganz junge von 4″ Rumpfeslänge hat nur sieben Gürtel, die anderen alle, und darunter die größten von 14″ Rumpfeslänge acht. Von zweien Individuen aus Surinam hat das größere mit 18″ Rumpflänge acht, das etwas kleinere neun Gürtel. Die Gürtel werden von vorn nach hinten etwas schmäler, und die Ablösung neuer erfolgt stets am Vorderrande des Kreuzpanzers, nicht am hinteren des Schulterpanzers.

Der Kreuzpanzer ist von dem Schulterpanzer nur durch die etwas beträchtlichere Größe seiner Schilder verschieden, und darum im Einzelnen nicht weiter zu besprechen; er bildet, gleich jenem, einen förmlichen Sattel, dessen hinterer Rand nicht aufwärts, sondern abwärts gebogen ist, und dessen vordere untere Ecke scharf zugespitzt an den letzten Gürtel sich anlegt.

Der Schwanz ist anfangs nackt, wie bei allen Arten, dann aber sehr stark bis zur Spitze bepanzert. Die erste Hälfte besteht aus Gürteln, die zweite, bei alten Thieren etwas kürzere, aus einer homogenen Täfelung. Die Gürtel, deren Anzahl mit zunehmendem Alter von 8 auf 12 steigt, sind aus drei Reihen von Schildern gebildet, die nach hinten in jeder Reihe größer werden. Der erste und zweite Gürtel sind die kürzesten, und ihre Schilder die kleinsten; sie alterniren in jeder Reihe, wie Dachziegel oder Schuppen, und namentlich die der ersten Reihen sehen Schuppen ähnlicher, als Schildern. Am getäfelten Ende treten ziemlich regelmäßige, rautenförmige, oder länglich sechsseitige Schilder auf. Alle Schilder sind flach, gleichförmig eben, ohne Kiel oder Kante. —

Die Beine des schlanken Tatu sind oben neben dem Bauch nach innen ganz nackt; weiterhin am Unterschenkel und Vorderarm treten Querreihen kleiner platter Warzen oder Hornschilder auf, deren Rand mit langen Borsten besetzt ist. Je mehr nach unten, um so größer werden die Schilder, und von der Hand- oder Fußwurzel an treten sie zu einem förmlichen, getäfelten, mit Knochenplatten versehenen Panzer zusammen. Derselbe reicht bis an die Krallen und enthält unmittelbar vor ihnen auf jeder Zehe ein größeres, parabolisches Schild. Die Zehen tragen lange, schmale, spitze, wagrechte, sehr wenig gekrümmte Krallen; vorn vier, hinten fünf. Davon ist an beiden Pfoten die dritte die längste, die zweite vorn nur sehr wenig, hinten bemerklich kürzer; die vierte reicht vorn noch nicht bis an den Nagel der dritten, hinten bis etwa in die Mitte desselben; die fünfte ist hier die kleinste, noch etwas kürzer als die Daumzehe.

Im Generationssystem weicht dieser Tatu von den vorigen sehr stark ab; er hat vier Zitzen, 2 hinter den Vorderbeinen, 2 andere zwischen den Hinterbeinen, und das Männchen eine kurze, selbst bei sehr großen Individuen nur 1″ lange Ruthe, deren Scheide etwa $^3/_4$—1″ weit vom After am Bauch mündet. —

Die innere Organisation stimmt im Knochengerüst mit der größeren Zierlichkeit dieser Art durchaus überein. Der Schädel hat eine sehr dünne, feine, schnabelförmige Schnautze; viel gracilere Formen, dünnere Knochen, kaum eine seichte Einschnürung oder Vertiefung seiner Fläche hinter den Augenhöhlen, einen mehr blattförmigen, unten scharfkantigen Jochbogen und einen sehr hohen proc. coronoideus am Unterkiefer. Der harte Gaumen ist an seinen Seitenrändern schief abgeplattet, und an den Ecken nicht in Fortsätze verlängert; die unteren kleinen Condyli des Hinterhauptes sind sehr schwach. Das Gebiß besteht im Oberkiefer aus acht, im Unterkiefer aus neun Zähnen an jeder Seite, wenn es ganz vollständig ist; gewöhnlich fehlt aber der hinterste Zahn, wenigstens unten. Ganz junge Thiere, wie ich ein solches von 4″ Länge im Rumpfe besitze, haben nur 6 Zähne in jeder Reihe, deren Spitze, so lange sie noch nicht abgenutzt ist, in zwei Zacken, eine äußere größere, eine innere etwas kleinere zerfällt; bei alten Thieren ist die Kaufläche dachförmig zugeschärft. Das übrige Skelet ist aus Cuvier's Beschreibung und Abbildung in den Rech. s. l. Oss. foss. V. 1. 121. seq. Taf. 10 schon vollständig bekannt, daher ich bloß die Wirbelzahlen angebe. Es sind deren im Halse, wie gewöhnlich 7, wovon die 3 hinter dem ersten verwachsen und einen gemeinsamen hohen Kamm bilden; die 3 folgenden bleiben getrennt und haben jeder einen sehr niedrigen Dornfortsatz. Rückenwirbel mit Rippen finde ich, wie Cuvier, elf, und Lendenwirbel sechs; aber das Kreuzbein meines sehr jungen Thieres besteht deutlich aus neun Wirbeln, während Cuvier in seiner Fig. 22 nur 7 abbildet, wobei freilich hinten einer fehlt, aber der vorderste fast doppelt so groß ist, als an meinem Exemplar. Schwanzwirbel hat Cuvier 24 gezählt, ich finde entschieden 28 und sehe aus der Form des letzten, daß der allerletzte noch fehlt. Rechnet man, wie Cuvier, den letzten Kreuzwirbel zum Schwanz, so hat mein Exemplar darin 30 Wirbel; Rapp giebt sogar (a. a. O. S. 20) 31 an. Schiefe Fortsätze von bedeutender Größe tragen nur die 4 vorderen Lendenwirbel, doch sind an den 5 hintern Rückenwirbeln noch ziemlich starke, allmälig kleinere, vordere schiefe Dornen sichtbar. Das Brustbein besteht aus 6 Platten; die erste sehr breite stellt ein queres Sechseck dar, und trägt neben der schmalen Vorderseite die ungemein breiten ersten Rippen, in deren Verbindungsknorpel ein selbstständiger Knochenkern noch neben der Epiphyse sich unterscheiden läßt. Die folgenden fünf Rippen haben einen allmälig längeren, schlanken Sternokostalknochen, die hintersten fünf sind falsche. Ein sehr langer, knöcherner proc. xiphoideus bildet mit seinem breiten Knorpel das Ende des Brustbeins.

Die größere Zierlichkeit dieser Art ist besonders am Skelet der Gliedmaßen sichtbar; alle ihre Knochen sind feiner, weniger erweitert, und besonders fehlt dem Schulterblatt das lange hakenförmige Acromion der 2 ersten Arten. An der Hand ist der Daumen vorhanden, der Kleinfinger fehlt, aber der sehr verkleinerte Ringfinger besteht noch aus seinen drei Gliedern, von denen die erste Phalanx ungemein kurz ist. Unter der Handwurzel liegt das schon bei D. Gigas beschriebene accessorische Beinchen, welches hier einen mehr ovalen, als kolbigen Umriß hat. Am Fuß ist die normale Zahl der Zehen und ihrer Glieder vorhanden.

Von den weichen Theilen habe ich nichts anderes zu sagen, als daß die Zunge dieser Art länger und schmäler ist, auch weiter ausgestreckt werden kann. Ihrer Lebensweise nach scheint sie von den übrigen ziemlich verschieden zu sein; das Thier gräbt keinen Bau, sucht seine Nahrung mehr unter dem Pflanzengeröll, als im Boden selbst, ist schneller und läuft ganz geschickt, kann aber doch auf freiem Boden bald von Menschen eingeholt werden. Es ist die häufigste Art von Allen und wird nirgends in Brasilien vermißt. Ich finde an meinen Exemplaren folgende Dimensionen: das kleinste hat 8½″ Gesammtlänge, davon kommen 1⅔″ auf den Kopf, 4″ auf den Rumpf, 3″ auf den Schwanz. Das größte hat 30″ Gesammtlänge, wovon 4″ auf den Kopf, 12″ auf den Rumpfpanzer, und 11—12″ auf den Schwanz kommen. Die Ohren sind bei dem kleinsten 9‴, bei dem größten 15‴ hoch. —

Anm. In d'Alton's und meiner Zeitung für Zool. u. Zoot. habe ich S. 199 die Unterschiede zweier Formen oder Arten, die unter Das. 9-cinctus stecken, schärfer festzustellen gesucht, und darauf einen besonderen Werth gelegt, daß bei zweien Exemplaren aus Gujana in unserer Sammlung die Augen mehr nach hinten stehen, die größeren Hornschilder des Schulter- und Kreuzpanzers in Vergleich mit den benachbarten kleinen relativ kleiner, und für sich mehr gewölbt; die großen Schilder der Gürtel entschieden parabolisch und vorwärts kürzer, endlich die letzte Reihe der Schilder in den Schwanzgürteln gekielt und am Rande als Dorn oder Höcker vorgezogen seien. Ich finde von diesen Charakteren keinen bei den sämmtlichen von mir aus Brasilien mitgebrachten Individuen, und muß darum noch jetzt glauben, daß sie scharfe und sichere Unterschiede zweier Arten seien. Rechne ich nun hinzu, daß Cuvier ganz andere Zahlenwerthe im Kreuzbein und Schwanze angiebt, so wie daß bei meinen Schädeln aus Brasilien das Scheitelbein nicht vorwärts in die Naht zwischen die Stirnbeine sich drängt, sondern die Kranznaht hier ganz grade, oder selbst in der Mitte etwas nach hinten zurückgezogen erscheint, so kann ich dadurch nur in meiner Auffassung bestärkt werden. Ich würde, wie damals a. a. O., vorschlagen:

a. Das. Peba, die Form aus Gujana mit den obigen Charakteren, und viel kürzerem, relativ dickerem, stärkerem Schwanz, worin 7 Kreuz- und 24 Schwanzwirbel enthalten sind, zu nennen, und

b. Das. longicaudus, die von mir beschriebene Form aus Brasilien, weil der früher vorgeschlagene Name: Das. uroceras nur auf verstümmelte Individuen Anwendung findet. Sie hat 9 Kreuz- und 30—31 Schwanzwirbel, d. h. einen relativ längeren, dünneren, namentlich sanfter und feiner zugespitzten Schwanz. —

III. Vermilinguia *Illig.*

Edentata genuina *Cuv.* Lipodonta *Nitzsch.*

Edentaten mit schlankem, kegelförmigem, sanft gebogenem Kopf, kleinem Maul, und langer drehrunder Zunge, welche der Zähne ganz entbehren; sie haben starke gebogene Krallen zum Scharren oder Klettern, und nähren sich nur von Ameisen oder Termiten, die sie in ihren Nestern theils am Boden, theils auf Bäumen aufsuchen. —

Es ist eine bemerkenswerthe Erscheinung, daß in dieser Gruppe der Edentaten die brasilianischen Formen behaart, die asiatisch-afrikanischen Mitglieder (Gatt. Manis) mit einem kräftigen Schuppenpanzer bekleidet sind, während die correspondirenden Gattungen der vorigen Abtheilung sich umgekehrt zu einander verhalten, d. h. die gepanzerten bewohnen Süd-Amerika, die behaarten Afrika (Gatt. Orycteropus). Deshalb konnte weder der Illiger'sche, noch der ältere Vicq d'Azyr'sche Name für jene Gruppe gewählt werden, denn es giebt auch nicht mit Gürteln oder Panzern bekleidete Mitglieder; hier dagegen, wo die wurmförmige, allen Mitgliedern eigenthümliche Zunge den passenden Namen geliefert hat, tritt Illiger's Bezeichnung in ihr Recht. —

Süd-Amerika beherbergt von diesen wirklichen Edentaten mit wurmförmiger Zunge nur eine Gattung, die der Ameisenfresser.

43. Gatt. Myrmecophaga *Linn.*

Die allgemeine Form der Ameisenfresser ist eher schlank, als gedrungen zu nennen; sie haben nicht bloß einen sehr spitzen kegelförmigen Kopf, sondern auch einen langen, ziemlich dünnen Leib, einen sehr langen Schwanz und niedrige Beine; aber alle diese Körpertheile erscheinen voller, als sie sind, weil ein langes, theils straffes, theils zottiges Haarkleid sie bedeckt. Wirklich nackt sind bei diesen Thieren nur die Nasenspitze und die Fußsohlen; erstere von einer glatten, letztere von einer schwieligen, derben Haut bekleidet. Der Haarpelz ist stark und lang, besonders auf dem Hinterrücken, und bei einer Art auch am Schwanz; er bildet hier ein dichtes, zottiges Kleid, das aus längeren, derben, flachen und fein gefurchten Haaren besteht, zwischen denen z. Th. andere, feinere, kürzere Haare stehen, die man dem Wollhaar vergleichen könnte. Am Kopfe, Halse, den Beinen und der ganzen Bauchseite ist das Haar kürzer, und ohne Unterschied längerer, derberer Grannen; es steht hier spärlicher, läßt die Haut durchscheinen, und besteht aus einfachen, ziemlich derben, fein zugespitzten Haaren, die den Grannenhaaren gleichen. Mitten auf dem Kopf, im Nacken vorn zwischen den Schulterblättern, und jederseits am Unterhalse bildet der Pelz einen Wirbel, dem die Haare auf dem Kopf von allen Seiten zugewendet sind, während sie im Nacken und am Halse von den Wirbeln ausstrahlen; dadurch entsteht an der Kehle, dem Halse und auf der Brust ein feiner, aber deutlicher Haarkamm. Die Lippen haben keine eigentlichen Schnurren, nur einzelne steife, längere Haare bemerkt man an der Oberlippe. Im Uebrigen ist das Haarkleid nicht bei den Arten übereinstimmend gebaut, sondern jede hat ihren besonderen Charakter. Die Mundöffnung ist sehr klein, aber doch eine förmliche zweilippige Spalte; auch das Auge ist von geringer Größe. Am Ohr zeigt sich eine ziemlich hohe, behaarte, löffelförmige Muschel. Die Pfoten, deren Zehenzahl verschieden, hinten aber immer fünf ist, sind mit starken, gebogenen, spitzen Krallen bewehrt, sonst aber die Zehen wenig getrennt; vorn sind die Krallen an Größe sehr ungleich, hinten ziemlich gleichgroß. Der Schwanz hat eine drehrunde, kräftige Rübe, und bald ein buschiges, langes Haarkleid, bald eine kürzere, borstige

Bekleidung, die gegen das Ende immer sparsamer wird und deutliche nackte Schuppen hervortreten läßt. In diesem Fall ist er zum Wickeln geschickt. —

Das Knochengerüst ist keinesweges schwach, sondern im Gegentheil recht solide gebaut. Der lange kegelförmige Schädel hat eine sanft herabgebogene Krümmung, und besteht hauptsächlich aus dem langen, spitzen Schnautzentheil, der fast ganz vom Oberkieferknochen gebildet wird, zwischen dem oben die schmalen Nasenbeine liegen. Der Zwischenkiefer ist ein sehr kleiner, bogenförmiger Knochen, welcher nur die Nasenmündung unten und zur Seite umfaßt. Die Gaumenbeine nehmen keinen Antheil an der Verlängerung, erst dicht vor den Augenhöhlen treten sie zwischen die Kieferbeine. Da letztere gar keine Zähne tragen, so haben sie auch keinen besonders abgesetzten Alveolarrand. Die Stirnbeine sind groß, nicht bloß lang, sondern auch breit, besonders nach vorn, zwischen den kleinen aber deutlich vorhandenen Thränenbeinen. An letztere heftet sich größtentheils das kurze etwas gebogene Jochbein, doch stützt es sich auch nach unten auf einen ihm zugewendeten kurzen Fortsatz des Oberkieferknochens; dagegen erreicht es das Schläfenbein nicht, sondern endet hier mit einer stumpfen Spitze hinter der Augenhöhle. Dennoch ist am Schläfenbein ein kurzer Jochbogenfortsatz über der Gelenkgrube für den Unterkiefer bemerkbar. Höchst merkwürdig ist der knöcherne Gaumen durch die weite, bis über die Felsenbeine hinaus reichende Verlängerung nach hinten. Dieselbe besteht in ihren vorderen zwei Dritteln aus dem Gaumenbeine selbst, das hinterste Drittel, welches sich nach auswärts mit der Paukenblase verbindet, ist die ala sphenoidalis. Auf diese Weise gelangt die Choanenöffnung, wie beim Crocodil, bis dicht vor das foramen occipitale. Die Scheitelbeine sind zwar sehr breit, aber nicht lang, sie reichen nicht ganz bis an das abfallende Hinterhaupt, weil ein großes, mondförmiges Zwickelbein sich ihnen quer in den Weg legt. Das Hinterhaupt selbst ist niedrig und kurz, aber mit zwei recht großen, starken Gelenkköpfen versehen. — Vom übrigen Skelet sind nicht so merkwürdige Verhältnisse zu erwähnen; ich habe schon bemerkt, daß es im Ganzen recht solide gebaut ist; das sieht man auch an den sehr breiten, flachen, scharfkantigen Rippen. Die Dornfortsätze der Wirbel sind zwar nicht hoch, aber ebenfalls breit und alle nach hinten geneigt. Die Ameisenfresser haben nur 7 Halswirbel, wie die übrigen Säugethiere, 16 oder 18 Rückenwirbel, 3 Lendenwirbel und 5 Kreuzwirbel; die Zahl der Schwanzwirbel liegt zwischen 30 und 40. Am Schultergürtel fehlt das Schlüsselbein in der Regel, dagegen zeichnet sich der Oberarmknochen durch eine auffallende Breite des unteren Endes und einen hohen, obgleich schmalen Muskularkamm aus. Das Schulterblatt ist beinahe kreisrund und das Acromion, wie beim Faulthier, mit seiner Fläche verbunden. Weniger solide erscheint das Becken und die hintere Extremität überhaupt. Ersteres verbindet sich erst sehr spät am Sitzbein mit den 2 letzten Kreuzwirbeln. Dem Oberschenkelkopf fehlt das Ligamentum teres, auch hat er keinen Muskularkamm; Tibia und Fibula sind bis auf die Köpfe getrennt, das Hackenbein ist kurz und das Krallenglied der Länge nach auf der oberen Kante gefurcht, aber noch nicht gespalten, wie bei Manis. —

Unter den weichen Theilen ist die lange, drehrunde, dick fadenförmige Zunge, deren Oberfläche mit kleinen rückwärts gewendeten Stacheln dicht besetzt ist, das merkwürdigste Organ. Neben ihr bedarf für unsere Zwecke nur noch die Lage und Anzahl zweier Milchdrüsen und Zitzen an der Brust, das Verbleiben der Hoden in der Bauchhöhle, wo sie sogar hinter der Urinblase ihre Stelle nehmen, und die im Ganzen nicht große Ruthe einer Erwähnung. Der weibliche Fruchthälter ist einfach, aber mit zwei getrennten Mündungen in die Scheide versehen; eine Eigenschaft, welche auch den Faulthieren zukommt, hier aber ebenso unbegreiflich ist, wie dort; da die Ameisenfresser, gleich den Faulthieren, nur ein Junges werfen, das die Mutter in der ersten Zeit seines Lebens an ihrem Rumpfe hängend mit sich führt, indem das kleine Thierchen mit seinen anfangs viel kleineren Krallen sich festhält. —

Ueber die Lebensweise der Ameisenfresser ist wenig zu sagen; man trifft sie in ganz Brasilien, sowohl im Urwalde, als auf den Campos; sie leben einzeln, wie die Faulthiere, und lecken ihre Nahrung, die bloß in Ameisen und Termiten besteht, mit der Zunge auf, nachdem sie die Wohnungen der Insecten mit den großen Krallen ihrer Vorderpfoten sich geöffnet haben. Die Ameisen beißen sich dann an die weit ausgesteckte, in den zertrümmerten Bau gesteckte Zunge fest, und werden so in Massen von den Thieren verzehrt. Ihre Bewegungen sind nicht langsam, aber auch nicht sehr schnell; im Laufen sind sie wenig geschickt und ihre Hauptzuflucht ist für die kleinen kletternden Arten der hohe Baum. Active Vertheidigungsmittel haben sie nicht, nur mit den Krallen der Vorderpfoten setzen sie sich zu Wehr, besonders die große Art, welche nicht klettern kann. Da sie, gleich den Faulthieren, Wundernetze an den Armschlagadern besitzen, wodurch die Kraft und Ausdauer ihrer überhaupt starken Muskulatur unterstützt wird, so sind ihre Schläge von bedeutender Wirkung und dem Angreifer höchst gefährlich. In Brasilien ißt man ihr Fleisch und verwendet ihren Balg zu Decken, Regenkappen, selbst als Matratze um darauf zu schlafen. Auch für die großen Raubthiere des Waldes sind sie eine beliebte Speise. —

In dem von mir bereisten Gebiete kommen nur zwei Arten vor, eine dritte und wahrscheinlich eine bisher mit dem Tamadua verwechselte vierte Art lebt in Guyana und Nord-Brasilien.

1. Myrmecophaga jubata *Linn.*

Linn. S. Nat. I. 52. 3. — Schreb. Säugeth. II. 203. Taf. 67. — *Desm.* Mamm. 373. — *Pr. Max* Beitr. II. 537. 1. — *Rengg.* Säugeth. v. Parag. 300. — Wagn. Schreb. Suppl. IV. 204. 1.
Tamanoir *Buff.* X. 144. tb. 29.
Nurumi s. Yoqui *Azar.* Quadr. I. 66. No. 8.
Tamandua-guaçu *Marcgr.* h. nat. Bras. 225. c. fig.
Tamandua cavalho oder T. bandeira der Brasilianer.

Leib mit steifen, nach hinten allmälig längeren, straffen Haaren bekleidet, die am Kopf und Vorderleibe anliegen, am Hinterrücken und Schwanz eine lange, zottige Mähne bilden. Farbe vorn graubraun, hinten schwarzbraun; von der Brust herauf zum Rücken ein schiefer, schwarzer, hellgesäumter Streif.

Der große Ameisenfresser ist eins der größten, wenigstens längsten Thiere Brasiliens, sein Kopf mißt über 1', sein Rumpf mit dem Halse gegen 3', und der Schwanz über 2'. Ersterer bildet einen langen, sanft herabgebogenen Kegel, dessen Schnautze die Dicke eines Zolls hat, während der Scheitel gegen 3" stark ist; er wird von einem steifen, borstigen, kurzen, anliegenden Haarkleide von graugelblich brauner Farbe bedeckt; eine Mischung, die durch hellere und dunklere Ringe jedes einzelnen Haares entsteht. Gegen die Brust hin wird die Stellung der Haare sehr spärlich und man sieht hier, wie innen am Arm, die fleischfarbene Haut hindurchscheinen. Vom Nacken an hebt sich das Haar längs der Mittellinie zu einem steifen Kamm, der über den Vorderbeinen einen hohen deutlichen Wirbel bildet, und von da an nach hinten fällt; am Mittel- und Hinterrücken wird der Kamm breiter, und bildet grade in der Mitte eine flache Mähne, neben der die kürzesten Haare stehen. Gegen die Seiten zu werden diese Haare länger, doch besonders nach hinten, und hier bilden sie auf den Lenden, dem Kreuz und am Schwanz eine lange bis auf den Boden herabhängende buschige Mähne. Am Kopf, Vorderrücken und längs der Mitte sind die Haare graubraun, indem ihr Grund blaßgelb, ihre Mitte bräunlich ist, darüber ein oder mehrere helle, weißliche Ringe auftreten und die äußerste Spitze wieder schwarz wird. Im Kamm des Nackens herrscht letztere vor, an den Seiten werden die hellen Ringe kürzer. Von der Gegend unter dem Auge beginnt an der Kehle ein schwarzbrauner einfarbiger Streif, der oben von einem schmalen, unten von einem breiten weißgelben Saume eingefaßt wird. Wo der Streif an der Schulter auf die Brust tritt, da hat er die größte Breite; er zieht sich nun über die Seiten des Leibes nach oben, etwas schmäler werdend, und endet spitz am Kreuze. Die Vorderbeine sind blaßgelbgrau auf der Kante, werden aber nach hinten brauner. Um die Handwurzel legt sich eine schwarze Binde, die Zehen selbst sind auch schwarz. Hinten ist das ganze Bein mit sammt der Lende schwarz, doch oben am Becken tritt ein gelblicher Wisch auf; der Schwanz ist von dunkel schwarzbraunen Haaren bekleidet, die nur oben längs der Mitte einige hellere Stellen haben, besonders am Grunde, einige auch schmale Ringe in der Mitte. Auf dieselbe Art sind die langen Haare hinten am Gesäß geringelt. Innen ist das Bein vom Schenkel bis zur Sohle hinab fast nackt; auch die Brust und der Bauch haben nur wenige Haare. —

Der große Ameisenfresser besitzt vorn vier, hinten fünf Krallen; vorn trägt er die Zehen eingeschlagen, faustartig, und tritt deshalb mit dem äußeren Sohlenrande auf, hinten sind sie grade gestreckt und von einer breiten, flachen Sohle begleitet. Die innerste Vorderzehe hat eine kleinere sichelförmige Kralle, die zweite und die dritte tragen einzeln eine sehr große, welche beide genau übereinander liegen; die Kralle der vierten Zehe ist kurz, spitz, vorwärts gekrümmt und nicht sichelförmig, eine fünfte äußerste Zehe ist zwar vorhanden, aber nicht mit einer Kralle versehen. Hinten sind die fünf Krallen einzeln sehr viel kleiner, und von ziemlich gleicher Größe. Mein Exemplar zeigt folgende Maaße: Kopf bis zum Auge 10″, vom Auge zum Ohr 3″, Ohrmuschel 16‴ hoch, Hals vom Ohr zum Vorderbein 9″, Rumpf von da bis zum Schwanz 25″, Schwanzrübe allein 28″; längste Haare des Schwanzes 11—14″, Vorderbein 11″ hoch; längste Vorderkralle 2″, hintere Tatze 6″ lang. —

Der große Ameisenfresser lebt mehr im Innern Brasiliens auf den Campos, als im Urwalddistrict; er geht bei Tage seiner Nahrung, die bloß in Termiten und Ameisen besteht, nach, und ruht während der Nacht im hohen Grase oder in einem Gebüsche, daß er sich aufsucht. Ein festes Lager hat er nicht. Er ist ein ziemlich langsames, schwerfälliges Thier, das ein Mensch leicht einholen und ohne große Anstrengung durch Schlagen mit einem Knüppel auf den Kopf tödten kann. So lange das Thier nicht in dieser Weise angegriffen wird, setzt es sich nicht besonders zur Wehre; es schnauft und schüttelt sich, und läßt seinen Angreifer in Ruhe; geht man ihm aber längere Zeit zu Leibe, so wird es ungeduldig, setzt sich auf die Hinterbeine und schlägt mit den geöffneten Krallen der Vorderbeine um sich, wobei es eine große Kraft und Stärke entwickelt. Von größeren Raubthieren wird es leicht überwunden, seine heftigen Kämpfe mit Unzen und Cuguaren gehören in das Reich der Fabel. Jung soll er auch Bäume besteigen, alte Thiere leben nur auf dem Boden. —

Ich habe zwar während meiner Reise kein Exemplar lebend oder frisch erhalten; allein in Congonhas wurden mir mehrere Felle von Thieren verschiedenen Alters gezeigt, welche dort in der Umgegend erlegt worden waren. Das von mir beschriebene Exemplar unserer Sammlung stammt aus Cajenne. —

2. Myrmecophaga tetradactyla *Linn.*

Linn. S. Nat. I. 524. — Schreb. Säugeth. II. 205. Taf. 66. — *Pr. Max z. Wied*, Beitr. II. 539. 2. — *Rengg.* Säugeth. v. Parag. 307. — Wagn. Schreb. Suppl. IV. 206. 2. — *v. Tschudi*, Fn. peruan. 208. 1.
Myrm. Tamandua *Cuv.* R. An. I. 232. — *Desm.* Mamm. 374. — *Rapp*, Edent. 9. Taf. 2.
Tamandua *Buff.* X. 174.
Cagüaré, *Azar.* Quadr. I. 74. No. 9. — Dess. Voyag. etc. Atl. Taf. 7. var. nigra.
Tamandua-y *Marcgr.* h. n. Bras. 225. c. fig. 226.
Tamandua collete oder bloß Tamandua der Brasilianer *).

Leib stark behaart, die Haare kürzer, feiner, glänzender, auf dem Kreuz und Hinterrücken mit zarterem Wollhaare gemischt. Schwanz am Ende nackt, schuppig, wickelnd; vorn vier Krallen.

In allen Theilen etwas gedrungener gebaut, der Kopf kürzer, der Leib breiter, flacher, die Beine niedriger, der Schwanz zwar nicht grade

*) Es ist gewiß ein Irrthum von Azara, wenn er behauptet (a. a. O. S. 77), daß diese Art bei den Brasilianern nicht Tamandua heiße; beide Spezies werden so genannt, und der Zusatz wird selten gehört.

kürzer, aber wegen des kurzen Haarkleides und der nackten Spitze viel spärlicher erscheinend. Der ganze Körper von glattem, glänzendem, angelegtem, spitzem, der Länge nach gefurchtem Borstenhaar bekleidet, das hinten auf dem Kreuz und den Schenkeln eine Länge von mehr als 2″ erreicht, hier sehr dicht steht, und mit feinem, kurzem, gekräuseltem Wollhaar gemischt ist. Die Nasenkuppe wirklich und zwar breit nackt, wie bei der vorigen Art; der übrige Kopf behaart, doch an der Spitze und Kehle sparsamer. Der Rumpf gleichmäßiger behaart, wie die Brust; die Weichen und der Oberschenkel innen spärlicher. Der Schwanz von der Mitte an sehr kurzhaarig, mit deutlichen, breiten, nackten Schuppen zwischen den Haaren; gegen die Spitze hin allmälig ganz nackt. Beine mit breiter, nackter Sohle; die Zehen an beiden grade vorgestreckt, mit senkrecht gestellten, scharfen Krallen; an den Vorderpfoten vier sehr ungleiche Krallen, wovon die erste innerste die kleinste, die dritte die größte und längste ist; die vierte etwas länger als die zweite Zehe, aber ihre Kralle etwas kleiner; hinten fünf Krallen, die von beiden Seiten bis zur mittleren etwas an Länge und Größe zunehmen. —

Die Farbe des Thieres ist etwas variabel; gewöhnlich sind der Kopf bis zum Nacken, die Beine und der Schwanz blaß graugelb; am Halse beginnt neben der Schulter ein schwarzer Streif, der sich schief zum Rücken hinaufzieht und etwa in der Gegend der falschen Rippen endet. Dieser Streif fehlt den brasilianischen Exemplaren nie ganz, wohl aber fehlt ihnen oft die dunkele Farbe des Hinterrückens. Ich habe 3 Exemplare mitgebracht, wovon das älteste bloß auf den Schenkeln, dem Kreuz und Schwanzgrunde einen bräunlichen Anflug zeigt; die jungen Thiere dagegen haben in derselben Gegend bis an die Seiten gegen die Vorderbeine hinab, eine schwarzgraue Farbe, indem hier ihre Haare am Grunde breit schwarz, an der Spitze hellgelb sind. Ein sehr altes Individuum, das unsere Sammlung aus Berlin erhielt, ist ebenda ganz einfarbig schwarzbraun, indem die Haare am Grunde blaß, an der Endhälfte dunkel gefärbt sind. Ganz schwarzbraune Exemplare kommen auch vor; Azara hat ein solches abgebildet, ich habe indessen kein solches in Brasilien gesehen.

Mein kleinstes Exemplar, dessen Schädel sogar das knorpelige Primordialkranium stellenweis noch sehr deutlich erkennen läßt, ist von der Schnautzenspitze bis zur Schwanzspitze 16″ lang; davon kommen $2\frac{1}{2}$″ auf den Kopf bis zum Ohr, $6\frac{1}{2}$″ auf den Schwanz, 7″ auf den Rumpf; seine größte Vorderkralle mißt 9‴, seine Ohrmuschel 8‴. Das größte fast ganz gelbe und, wie es scheint, älteste Individuum ist 36″ lang, davon kommen $4\frac{1}{2}$″ auf den Kopf bis zum Ohr, und 14″ auf den Schwanz;

die größte Vorderkralle ist 21‴ lang, die beinahe nackte Schwanzspitze mißt 5″, die ganze Vorderpfote 4″, die ganze hintere $3^1/_3$″.

Der kleinere Ameisenfresser ist im Waldgebiet wie in den Campos gleich häufig anzutreffen; er nährt sich, wie der vorige, nur von Termiten und Ameisen, welche er aber vorzugsweise auf den Bäumen aufsucht, daher er ein geschickter Kletterer ist, welcher mittelst seiner spitzen Krallen an den Stämmen der Waldbäume in die Höhe steigt, und seines wickelnden Schwanzes sich dabei als Stütze bedient. Ich habe auch dieses Thier nie lebend gesehen, wohl aber frisch geschossene noch warme Exemplare untersucht, auch 3 Felle und das Skelet von Lagoa santa erhalten. Letzteres hat die früher angegebenen Zahlenwerthe; d. h. 7 Hals-, 18 Rücken-, 3 Lenden-, 5 Kreuz- und 35 Schwanzwirbel, es fehlen aber noch einige, die im Balge stecken geblieben sind. Der große Ameisenfresser hat nur 15 oder 16 Rückenwirbel nebst Rippen; 3 oder 2 Lendenwirbel, je nachdem die letzte Rippe fehlt oder vorhanden ist; 5 Kreuz- und 30 Schwanzwirbel. Wenn Rapp (Edent. S. 20) fünf Lendenwirbel bei Myrm. Tamandua angiebt, so ist das wohl nur ein Schreibfehler, die Normalzahl ist bei allen Ameisenfressern drei, respective zwei, wenn eine Rippe mehr auftritt. —

Anm. 1. Hr. A. Wagner hat zuerst darauf aufmerksam gemacht (Schreb. Suppl. IV. S. 210), daß die ganz einfarbigen, schlanker gebauten Exemplare des Tamandua wohl einer eignen Art angehören möchten, für welche er den Namen Myrm. longicaudata vorschlägt. Ich kann dem nur beistimmen und hinzufügen, daß dieses kleinere und schmächtiger gebaute Thier in Surinam zu Hause ist, von wo die Exemplare unserer Sammlung stammen. Seine Unterschiede lassen sich wie folgt zusammenfassen:

M longicauda *Wagn.*, kleiner als M. Tamandua, schlanker, hochbeiniger, der Schwanz relativ länger, die Ohrmuscheln höher, die Krallen der Vorderbeine beträchtlich ungleicher. Farbe gelb, ohne alle Spur der schiefen, schwarzen Schulterbinde, dagegen am Hinterrücken, an den Schenkeln und am Bauch die Grundfarbe der Haare mehr oder weniger stark rostrothbraun; der Pelz dieser Gegenden kürzer, nicht so dicht, aber der Anfang des Schwanzes sehr lang buschig behaart, die so behaarte Strecke aber viel kürzer. Ganze Länge eines nicht völlig ausgewachsenem Thieres 30″; davon kommen auf den Kopf bis zum Ohr 4″, auf den Rumpf mit dem Halse nur 12″, auf den Schwanz 14″, Vorderbein bis zur Pfote 4″, die Pfote allein 3″, die längste Kralle $1^1/_2$″, die Ohrmuschel 16‴. Das von Hrn. Wagner a. a. O. beschriebene Exemplar ist in allen Dimensionen etwas größer, aber die Verhältnisse sind dieselben.

2. M. didactyla, ebenfalls in Surinam und dem nördlichen Brasilien zu Hause, ist ein viel kleineres Thier, mit weichem, wolligem Pelze, dessen-Körper 7—8″, dessen Schwanz 8—9″ mißt, und das an den Vorderpfoten nur zwei ungleiche Krallen hat. Die Farbe ist gelbbräunlich, indem die Haarspitzen einen dunklen Ton haben, besonders längs der Mitte des Rückens, wo sich ein rostbrauner Streif zu bilden pflegt.

Siebente Familie.

Wiederkäuer. Ruminantia.

Pecora s. Bisulca.

Schon in der Einleitung wurde darauf hingewiesen, daß von dieser, dem Menschen so nützlichen, ja man darf es mit vollem Rechte behaupten, für ein gebildetes Dasein desselben unentbehrlichen Säugethiergruppe nur eine einzige Form, die der Hirsche, in Brasilien gefunden wird. Obwohl eine der zierlichsten und schönsten Gestalten unter den Wiederkäuern, ist sie doch für den Menschen die allernutzloseste, und wenn wir nicht die Bedeutung des Rennthieres für die hohen Nordländer anerkennen müßten, würden wir mit Recht sagen können, daß grade die Hirsche unter den Wiederkäuern die allerentbehrlichsten seien. Ohne Zweifel gründet sich die mangelhafte, auf die allerrohesten Anfänge beschränkte Kultur der brasilianischen Urvölker mit auf den Mangel nutzbarer Hausthiere in ihrer Heimath; die Bewohner auf den Hochebenen der Cordilleren, denen außer Hirschen noch die nutzbare Form der Llamas (Gatt. Auchenia) zuertheilt worden ist, haben schon deshalb zu einer höheren Kulturstufe mit größerer Leichtigkeit sich erheben können, weil sie ein Geschöpf in ihrem Vaterlande besaßen, das sich zur Viehzucht eignete, und ebenso sehr eine milde Nahrung, wie ein zu Kleidungsstoffen brauchbares Material ihnen gewährte. Diese beiden Gattungen sind die einzigen Wiederkäuerformen Süd-Amerika's; kein Rind, kein Schaaf, keine Ziege ist auf dieser weiten Continentalfläche ursprünglich ansäßig gewesen. —

Wir haben wohl nicht nöthig, die zoologischen Eigenschaften der Wiederkäuer im Allgemeinen zu besprechen; schon der Name giebt eine ihrer wichtigsten Eigenthümlichkeiten an; sie verschlucken ihre ausschließlich vegetabilische Nahrung ungekaut, sammeln sie in einem ersten großen Magen, dem Wanst oder Pansen, führen sie durch den zweiten oder Netzmagen zum Munde zurück, und zermalmen sie nun erst zwischen ihren sechs breiten, starken, schmelzfaltigen Backzähnen. Langsam zerkleinert schlingen sie den Bissen demnächst zum zweiten Mal direct in den dritten Magen oder Psalter hinab, von wo er alsbald in den vierten Labmagen gelangt, um dort zum Speisebrei verarbeitet zu werden. Merkwürdiger Weise haben diese Thiere keine Schneidezähne im Oberkiefer, wenigstens niemals eine vollständige Zahnreihe; dagegen 6 oder gewöhnlich 8 breite, meißelförmige, mit einer langen Wurzel versehene Schneidezähne im Unterkiefer. Die Eckzähne fehlen den meisten Mitgliedern in beiden Kiefern, bei den Männchen mehrerer Hirscharten sind sie im oberen vorhanden. Daß diese Thiere nur zwei vollständige Zehen mit schuhförmigen Nägeln oder Hufen besitzen, ist ebenso allgemein bekannt, wie die freilich nicht allgemeine Anwesenheit kleiner kegelförmiger Afterhufe hinter denselben am Zehengrunde, wo sie wenigstens bei den Hirschen stets vorkommen. Die Wiederkäuer werfen normal nur ein Junges und säugen es aus großen Milchdrüsen, die hinten zwischen den Schenkeln liegen und das Euter bilden. Die Männchen sind mit einer langen Ruthe und einem großen, frei hängenden Hodensack versehen. In diesem Punkte bleiben jedoch die Hirsche hinter den Rindern, Ziegen und Schaafen, welche die Gruppe der mit Hörnern versehenen Cavicornien bilden, etwas zurück.

44. Gatt. Cervus *Linn.*

Die Gattung der Hirsche ist an dem jährlich wechselnden, im ausgebildeten Zustande nackten, knöchernen Geweih, das bei den meisten Arten in Aeste oder Fortsätze getheilt, mitunter schaufelförmig erweitert ist, vor allen anderen Wiederkäuern am sichtbarsten ausgezeichnet. Bekanntlich fehlt dies Geweih, mit alleiniger Ausnahme des Rennthieres, dem weiblichen Geschlecht. Ich werde hier nicht weiter über den Bau, den Wechsel und die Entwickelung desselben reden, die brasilianischen Arten weichen, so weit bekannt, von den unsrigen darin nicht wesentlich ab; doch läßt sich als bemerkenswerth angeben, daß die Hirsche Brasiliens nie sehr große, vieläftige und starke Geweihe erhalten, und eben deshalb des stolzen Schmuckes unserer größeren Hirscharten entbehren. Im Uebrigen bieten sie wenig Auszeichnendes dar; sie haben die breite, nackte, ungetheilte Muffel, die langgezogene Thränengrube, dieselben hohen löffelförmigen, breiten Ohren, und den ganzen zierlichen Bau unseres Edelhirsches oder

Rehes, denen jedoch die größeren wie die kleineren Arten Brasiliens an Körperumfang nachstehen. Ihr Gebiß wird aus 8 von innen nach außen allmälig kleineren Schneidezähnen im Unterkiefer und je 6 Backzähnen gebildet. Im Oberkiefer hat jeder der drei vorderen Zähne eine stumpfdreieckige Form, und eine ähnliche von Schmelz umfaßte Grube auf der Kaufläche; die drei hinteren, oberen Backzähne umfassen zwei solche, einzeln etwas kleinere Abtheilungen. Aus der tiefen Furche, worin beide nach innen zusammenstoßen, erhebt sich ein kleiner, niedriger Nebenhöcker. Die Zähne des Unterkiefers sind schmäler, und werden von vorn nach hinten einzeln etwas größer; der erste und zweite haben bloß eine schneidende, fast W förmige Kante, keine Gruben; die 3 folgenden bestehen einzeln aus 2 Abtheilungen, wie die hinteren oberen Backzähne, der letzte sechste Zahn aber aus 3. Ihre tiefen Furchen liegen nach außen, und der aus ihnen sich erhebende Höcker ist viel kleiner. Eckzähne sind als kleine, kurze, dicke Kegel bei den Männchen mehrerer Arten vorhanden. Weiter zeichnen sich die Hirsche durch schlanke, zierliche Beine; feine, hübsch geformte Hufe mit sehr zierlichen Afterhufen, denen sogar eine besondere fingerförmige Knochenreihe zusteht, und einen kurzen, nur die Aftergrube so eben bedeckenden Schwanz aus. Die beträchtliche Größe des letztern ist für die brasilianischen Arten ein gewissermaßen bezeichnender Charakter. Ein gutes Kennzeichen der Hirsche ist endlich die sogenannte Bürste, einen Streif längerer, aufrecht stehender Haare, wie eine Art Kamm, welcher sich an der Innenseite und am Seitenrande des Hinterfußes, theils in der Nähe des Hackens, theils weiter abwärts außen am Lauf findet, und den manchen Hirschkühen so ähnlichen Antilopen stets fehlt.

Brasilien soll fünf oder gar sechs verschiedene Hirscharten besitzen, von denen zwei durch ein ästiges, die anderen durch ein einfaches, spießförmiges Geweih sich auszeichnen; ich habe von ersteren nur die eine kleinere Art, den Camposhirsch im Fell und Geweih zu sehen Gelegenheit gehabt, von den kleineren Arten traf ich die rothe im Urwalde selbst an, die braune lernte ich im Schädel kennen; die fünfte und sechste sind mir gänzlich unbekannt. —

A. Aechte Hirsche mit rundem, ästigem Geweih, dessen Enden alle in derselben Ebene sich befinden und der Richtung der Körperachse folgen; die meisten Individuen haben nur drei Zacken, selten kommen vier vor, höchst selten fünf an jeder Stange. Die Thränengrube und der Schwanz sind von beträchtlicher Länge, und letzterer ist besonders stark behaart; die Haarbürsten sind nur klein. Die Männchen haben Eckzähne im Oberkiefer, den Weibchen fehlen sie.

1. Cervus paludosus *Desm.*

Mamm. 443. — *Pr. Max zu Wied,* Beitr. etc. II. 580. 1. — *Rengg.* Säugeth. v. Parag. 344. — *Lichtenstein,* Darst. neuer etc. Säugeth. Taf. 17. — A. Wagn. Schreb. Suppl. IV 367. 16. — *Pucheran,* Monogr. d. Cerfs etc. im Archiv d. Mus etc. VI. 452. 1.
Güazú-pucú, *Azara,* Quadrup. I. 33. No. 4. — Trad. franc. l. 43.
Cerv dichotomus *Illig.* Msc. Berl. Acad. 1811. 108 u. 117.
Veado Galheiro der Brasilianer.

Fast so groß wie der Edelhirsch, hellfuchsroth, das Ohr innen, die Lippen, Kehle und Weichen weißlich; auf der Nase ein schwarzer Fleck, der sich etwas zur Stirn hinaufzieht; untere Seite des Schwanzes und die Beine vom Hand- und Fersengelenk herab schwarzbraun. —

Ich habe diesen Hirsch, der hauptsächlich die weiten, sumpfigen Waldungen in der Nähe der größeren Ströme des südlichen Brasiliens, im Gebiet des Rio Panama, bewohnt, aber auch in anderen größeren, namentlich höher gelegenen Urwäldern am Rio St. Francisco, Tocantins rc. vorkommt, nicht selbst kennen gelernt. Azara lieferte von ihm die erste ausführliche Beschreibung, und darnach benannte Desmarest die Art; später hat Rengger seiner am vollständigsten gedacht, und G. R. Lichtenstein eine gute Abbildung des Thieres gegeben. Illiger's Benennung ist zwar durch die Beziehung auf Azara's Schrift genügend bezeichnet, aber nicht motivirt, da dem Hirsch keineswegs bloß eine Gabelform seines Geweihes zukommt. Da hiernach das Thier im Ganzen gut bekannt ist, auch das von mir bereiste Gebiet nur an einzelnen Stellen berührt, und endlich nicht von mir selbst untersucht werden konnte, so enthalte ich mich weiterer Angaben, und setze zum Schluß nur seine Dimensionen nach Rengger her: Kopf 1' lang, Rumpf 4' 2½", Schwanz 4½"; Ohr 6" 1"' lang, 3" 4"' breit; mittlere Höhe 3' 2". Das Geweih ist im ersten Jahr einfach, im zweiten bildet es eine Gabel, mit zunehmendem Alter vermehrt sich die Zahl seiner Enden bis auf fünf, wird aber trotzdem nicht höher als etwa 1½'. Zehnender sind selten, die meisten Thiere haben 6 oder 8 Enden.

2. Cervus campestris *Fr. Cuv.*

Fr. Cuv. Dict. d. Sc. nat. VII. 484. — *Desm.* Mamm. 444. — *Pr. Max z. Wied* Beitr. etc. II. 583. 2. — *Rengg.* Säug. v. Parag. 350. — *Lichtenstein,* Darst. neuer etc. Säug. Taf. 19. — Wagn. Schreb. Suppl. IV. 369. 17. Taf. 251. B. — *Pucheran,* Mon. l. l. 459. 2.)
Cerv. leucogaster *Goldfufs, Schreb.* Säug. V. 1127.
Güazú-ú, *Azara,* Quadr. I. 41. No. 5. — Trad. franc. I. 77.
Cuguaçu-apara *Marcgr.* h. n. Bras. 235.
Veado campeiro der Brasilianer.

Etwas größer als ein Reh, rothgelbbraun: Augenring, Lippen, Kehle, Weichen und Steißrand weißlich; Schwanz oben dunkelbraun, unten weiß.

Dieser zierliche Hirsch ähnelt in der Gestalt unserm Edelhirsche sehr, ist aber beträchtlich kleiner und kaum größer, als unser Reh, das er aber sonst an gefälliger Form übertrifft. Die Farbe seines Haares erscheint lichtgelbbraun, mit leichtem Anflug von rothgelb, das besonders im Sommerkleide deutlicher wahrgenommen wird; in der Tiefe sind die Haare grau, ziemlich steif und harsch anzufühlen, kurz, nur an der Brust, den Bauchseiten und dem Steißrande von beträchtlicherer Länge. Die nackte Muffel ist schwärzlich braun, die Ränder beider Lippen sind eine kurze Strecke weißlich; um die Augen legt sich ein hellerer Ring, der nur von dem dunkleren oberen Augenliede unterbrochen wird; das Ohr ist innen weißlich behaart, und dieselbe Farbe zeigt hinter ihm am Grunde ein undeutlicher Bogenzug; die Kehle ist ebenfalls weiß, der Unterhals dagegen bis zur Brust und im Nacken hinauf röthlich gelb; an der Brust, dem Bauch, der Innenseite der Beine oben, besonders in den Weichen, am Steißrande und unter dem Schwanz wird die Farbe sehr hell, und namentlich an der zuletzt genannten Stelle völlig weiß; dagegen ist der Schwanz obenauf sehr dunkel bräunlich gefärbt, und ebenso dunkel erscheint die untere Hälfte der Beine. Die jungen Kälber sind blasser gefärbt, und an jeder Seite mit 2 Reihen weißlicher Flecke geziert, die ziemlich regelmäßig stehen, und von anderen unregelmäßigen neben der Bauchkante begleitet werden. —

Das Geweih besteht im zweiten Lebensjahre, wo es zuerst erscheint, nur aus einer einfachen, 3" langen Stange. Nach dem ersten Abwurf wird es gabelförmig, indem es sich etwa 3" über der Rose in zwei Aeste spaltet, von denen der hintere, mehr senkrechte, den vorderen mehr geneigten etwas an Länge übertrifft. Im nächsten Jahre kommt noch eine Sprosse hinzu und nun besteht das 10—12" lange Geweih aus drei von unten nach oben etwas kürzeren Enden, von denen die beiden unteren nach vorn gewendet und sanft aufwärts gebogen sind. Das erste Ende pflegt 2″ über der Rose zu stehen, das zweite 5—6″. In dieser Form erhält sich das Geweih bei den meisten Individuen, und so war auch das Exemplar mit dem Schädel beschaffen, welches mir Hr. Dr. Viart, Arzt der englischen Compagnie in Congonhas, zum Geschenk anbot. Bisweilen aber findet sich noch ein viertes Ende, indeß das ist eine Seltenheit; gewöhnlich unterscheiden sich die älteren Thiere von den jüngeren nur durch eine etwas beträchtlichere Stärke und größere Rauhigkeit der Stangen. —

Die gewöhnlichen Dimensionen sind folgende: Länge des Kopfes bis zum Ohr 9—10″, des Rumpfes 3′ 2—3″, des Schwanzes 4—5″, mittlere Höhe 2′ 4—5″, Länge des Ohres 5″, Breite $2\frac{1}{2}$″. —

Dieser Hirsch bewohnt die offeneren, lichten Camposgegenden des ganzen inneren Brasiliens, ist aber ein scheues Thier, das die Nähe menschlicher Ansiedelungen meidet und ebensowenig, selbst wenn er gejagt wird, in die Wälder sich zurückzieht. Er lebt paarig, oder in kleinen Rudeln; doch trifft man auch einzelne Männchen hie und da an. Bei Tage ruht er im hohen Grase während der stärksten Hitze, wobei er sich klug zu verstecken weiß, und erst ganz in Nähe des Jägers aufbricht; mit beginnender Dämmerung geht er auf Aesung aus und streift viel während der Nacht umher. Zur Brunstzeit entwickeln die Männchen einen sehr unangenehmen Geruch. — Man jagt diesen Hirsch theils seines Fleisches halber, theils wegen seiner Haut, die gegerbt und besonders zum Oberleder der Stiefel und Schuhe in Brasilien verarbeitet wird. Dasselbe ist sehr weich und wird zwar nie hart, läßt aber auch Wasser, wie ein Schwamm durch. Seine Jagd ist anstrengend, weil das Thier ungemein schnell läuft und gewandt im Springen sich zeigt, weshalb es nur mit guten Pferden gehetzt und mit dem Lasso gefangen werden kann; zum Schuß läßt es sich nicht leicht ankommen. —

B. Spießhirsche. Kleinere Thiere, welche noch nicht die Größe des Rehes erreichen, und ein einfaches, grades, unverästeltes Geweih haben, das mit seiner breiten Rose auf einem sehr kurzen Rosenstock sitzt; die Thränengrube ist auffallend kurz und sehr klein; die Bürste, ebenfalls sehr schwach, sitzt bloß an der Innenseite des Hackens, nicht mehr am Lauf. Der Schwanz hat nicht ganz die beträchtliche Länge, welche der vorigen Abtheilung zusteht. Den Männchen fehlen die Eckzähne.

3. Cervus rufus *Illig.*

Illig. Abh. d. Berl. Acad. ph. math. Cl. 1811. S. 108. — *Desm.* Mamm. 445. — *Goldf.* b. Schreb. Säugeth. V. 1130. — *Pr. Max z. Wied* Beitr. II. 517. 3. u. dessen Abb. 2c. Taf. 25. — *Rengg.* Säug. v. Parag. 356. — *Lichtenstein,* Darst. neuer etc. Säug. Taf. 20. — Wagn. Schreb. Suppl. IV. 388. 26. — *v. Tschudi,* Fn. per. 239. 1. — *Pucheran,* Mon. d. Cerf etc. l. l. 471. 1.
Cerv. simplicicornis *Ham. Smith. Geoffr.* An. Knyd. IV. 140. u. V. a. 800.
Cuguaçu-eté, *Marcgr.* h. n. Bras. 235.
Güazú-pita *Azara,* Quadr. I 51. No. 6. — Trad. franc. I. 82.
Veado mateiro der Brasilianer.

Beträchtlich kleiner als unser Reh, hell rothgelbbraun, fast wie das Reh im Sommerkleide; Lippen, Kehle, Innenseite der Beine, Weichen und Schwanz unten weiß; untere Hälfte der Beine brauner.

Dieser kleine Hirsch hat mehr Aehnlichkeit mit dem Reh, als der vorige, und wird darum auch allgemein Reh in Brasilien genannt; er ist ein häufiges, im Urwaldgebiet wie in den Campóswaldungen ansäßiges, allgemein bekanntes Thier, das aber schon in allen dichter bevölkerten Gegenden den Nachstellungen zu erliegen droht, denen es ausgesetzt ist. Ich habe ihn nur in den großen, wenig gelichteten Waldungen am Rio da Pomba getroffen, und namentlich mehrmals am Vormittage einzelne Exemplare vor mir Reißaus nehmen sehen, wenn ich sie in der Nähe der Straße grasend oder ruhend antraf; sie erhoben sich stets bei Zeiten, ehe ich ihnen nahe gekommen war, und zogen sich in die dicht bewaldeten Gehänge zur Seite des Weges zurück. —

Das Haar des Rothhirsches ist ziemlich lang, etwas rauh anzufühlen, und in seiner unteren Partie grau gefärbt; nach oben wird es gelblich und im letzten Drittel schön rothgelbbraun, fast wie die Farbe des Fuchses; es glänzt lebhaft und spiegelt in der Sonne, was dem Thiere ein hübsches Ansehn giebt; die Lippenränder und die Kehle sind weiß, die Nasenmitte ist braun, und von ihr erstreckt sich ein dunklerer, graubrauner Ton bis zur Stirn hinauf; der Unterhals ist vorn lebhafter gelbroth, auf der Brust, der Innenseite der Beine und in den Weichen sind die Haare weiß, die letzte Hälfte der Gliedmaßen ist brauner oder graulich gefärbt; der Schwanz hat oben eine hell rostrothe, unten eine weiße Farbe; die Ohren sind innen ebenfalls weiß. In der kalten Jahreszeit, vom Mai bis September, ist die Farbe etwas trüber, mehr graulich oder bräunlich; einzelne Exemplare erscheinen hellgelb oder fast ganz weiß, wie bei den Damhirschen. Die saugenden Kälber haben einen blasseren Grundton und 3 Reihen nicht ganz regelmäßiger weißer Flecken auf jeder Seite des Rumpfes, zu denen sich ein längerer Streif am Halse gesellt. —

Das Geweih erscheint im zweiten Jahr, und erreicht allmälig eine Länge von 3—4″; es ist eine einfache, sanft verjüngte grade Spitze, die auf einer mäßig breiten Rose dicht über der Stirnfläche sitzt, und zwar alljährlich erneuert wird, aber sich nicht wesentlich ändert. Die Zeit des Abstoßens ist nicht ganz constant, doch pflegt sie, wie bei unsern Hirschen, hauptsächlich in den Winter zu fallen; obgleich es auch von diesen, wie von allen brasilianischen Hirscharten Individuen giebt, die sich nicht an dieses Gesetz binden. —

Die gewöhnliche Größe zeigt folgende Maaße: Ganze Länge 4—4 $^1/_4$′, Kopf 8 $^1/_2$— 9″, Rumpf 2 $^3/_4$—3′, Schwanz 4 $^1/_2$″, Ohr 3 $^3/_4$—4″ lang, 2 $^1/_4$—2 $^1/_2$″ breit; mittlere Höhe 2 $^1/_3$—2 $^1/_2$′. —

4. Cervus simplicicornis *Illig.*

Illig. Abh. d. Berl. Acad. math. phys. Cl. 1811. S. 107. — ***Pr. Max z. Wied*** Beitr. etc. II. 596. 4. — ***Rengg.*** Säug. v. Parag. 359. — **Wagn.** Schreb. Suppl. IV. 390. 27. —

Cerv. nemorivagus ***Fr. Cuv.*** Dict d. Sc. nat. VII. 485. — ***Goldf.*** b. **Schreb.** Säugeth. V. 1132. — ***Desm.*** Mamm. 446. — ***Lichtenstein,*** Darst. neuer etc. Säugeth. Taf. 21. — ***v. Tschudi***, Fn. per. 240. 2. — ***Pucheran***, Mon. d. Cerf etc. 1 l. 478 2.

Güazú-birá, ***Azar.*** Quadr. I. 57. No 7. — Trad. franc. I. 86.

Veado catingeiro der Brasilianer.

Noch etwas kleiner, als die vorige Art, einfarbig graubraun, aber nicht grade dunkel, mehr mit grau gemischt, dem Reh im Winterkleide ähnlicher; Lippen, Kehle, Vorderhals, Weichen und Schwanz unten gelblich weiß. —

Das **Camposreh** bewohnt die lichteren Waldungen des Binnenlandes oder der Gebirge, und wird in dem dichten Urwalde der untersten Küstenregion nicht angetroffen; es ist ebenso fein und zierlich gebaut, wie die vorige Art, nur noch etwas kleiner, und übertrifft unser Reh an Gracilität in allen Theilen bedeutend. Seine Farbe ist ein trübes, grauliches, mattes Hellbraun, das indessen etwas mehr Frische hat, als das sehr graue Haarkleid unseres Rehes im Winter; die Innenseite der Ohren, die Kehle, der Vorderhals, die Brust, Innenseite der Beine, die Weichen, die Steißgegend und der Schwanz unten blaßgelblich weiß; die Nase schwärzlich, die Stirn bis zwischen das Geweih grauer, der Schwanzrücken röthlicher, die untere Hälfte der Beine düsterer, brauner. Jedes Haar in der Tiefe grau, dann bräunlich, aber vor der Spitze ein lebhafterer, rothgelber Ring; die weißgelben an der Endhälfte einfarbig. Die Behaarung der Ohren in der Mitte sehr spärlich. — Der Unterschied zwischen Sommer- und Winterkleid ist bei dieser Art weniger deutlich, dagegen zeigen sich mehr individuelle Verschiedenheiten in der Färbung, als bei der vorigen. So trifft man öfters Exemplare mit weißen Lippen und Nasenflügeln, während diese Theile bei den meisten Individuen der Grundfarbe folgen; bei Manchen ist der ganze Kopf und die untere Hälfte der Beine mehr grau, als braun; Andere zeigen eine lebhafte, rothgelbe Farbe an den Seiten des Halses; mitunter wird die Umgebung des Afters sehr hell, fast weiß und der Schwanzrücken dunkler. Alle diese Farben sind verschieden nüancirt. Das Geweih ist sehr klein, zart, spitz, wenig über 3″ lang, und die Rose nur als Verdickung am Grunde sichtbar; das Weibchen hat ein Paar Höcker an seiner Stelle, die dem kurzen Rosenstock entsprechen. Die säugenden Kälber haben eine entschieden graue Färbung, besonders am Kopf, den Ohren und längs dem Rücken; ihre Rumpfseiten sind mit 3 Reihen weißlicher Flecken geziert; die Seiten des Halses sind einfarbig, fast aschgrau. Die mittlere Größe bezeichnen folgende Maaße: Ganze Länge $3\frac{1}{2}-3\frac{3}{4}$′, Kopf 8—9″, Ohr $3\frac{1}{3}-3\frac{1}{2}$″ lang, $2\frac{1}{4}$″ breit; Rumpf $2\frac{1}{2}-2\frac{3}{4}$′, Schwanz in der Rübe 3″, mit dem langen Haarkleide fast 6″ lang; mittlere Höhe 1′ 10″. —

Anm. Ich habe von dieser Art kein vollständiges Exemplar gesehen, doch wurden mir der Schädel eines alten männlichen Thieres und mehrere Felle in Congonhas während meiner Anwesenheit daselbst gezeigt. Die Brasilianer jagen das Camposreh meist zu Pferde und fangen es mit dem Lasso, wobei mehrere Personen sich die Thiere zutreiben, da es schwer hält, sie einzeln zum Schuß zu bekommen. Man schätzt ihr Fleisch noch höher, als das der vorigen Art; die sehr dünne Haut hat keinen Werth. —

5. Cervus nanus *Lund.*

Blik p. Bras. Dyrev. I. 53. II. 133. III. 265. Till. 293 IV. 62. etc.

Unter vorstehendem Namen führt Hr. Dr. Lund an den angegebenen Stellen eine Hirschart aus dem Innern Brasiliens auf, von der ich keine nähere Bezeichnung angegeben finde, als die I. S. 53, wo es heißt, daß derselben die Größe eines Moschusthieres zukomme. Es ist mir nicht gelungen, bestimmtere Nachrichten über diese neue Art einzuziehen; sie scheint mehr auf Angaben der Brasilianer, als auf eigne Beobachtungen Dr. Lund's gegründet zu sein, weil der Verf. ihrer sonst nicht weiter gedenkt, und Aug. de St. Hilaire eine ähnliche Mittheilung in seiner ersten Reise (II. S. 336) über die im Innern Brasiliens ansäßigen Hirsche macht, deren Zahl er sogar auf 6 anschlägt. Drei nennt er bei ihren systematischen Namen; es sind das die drei zunächst vorher beschriebenen Arten; unter den drei anderen ist der Galheiro unser Cervus paludosus. Die zwei noch erwähnten, der Veado Suçuapara, und der Veado camocica, sollen bloß in den oberen inneren Gegenden, welche den Sertong (die Wüste) bilden, vorkommen; jener liebe die Wälder am Ufer des Rio St. Franzisco; dieser sei nicht länger als 2—2½′, komme höchst selten vor, und bedürfe in Bezug auf seine wirkliche Selbstständigkeit noch einer genauern Untersuchung und sicheren Begründung. Der Name Suçuapara erinnert übrigens sehr an Marcgraf's Cuguaçu-apara, der unser Cervus campestris sein wird, und wäre das, so könnte der Veado-camocica Herrn Dr. Lund's Cervus nanus vorstellen. Etwas weiteres weiß ich über ihn nicht zu sagen; vielleicht ist diese Art identisch mit dem zierlichen kleinen Hirsch, welchen Pucheran in seiner schönen Monographie als Cerv. rufinus geschildert hat (a. a. O. 491. Taf. 30); er ist dunkelrothbraun von Farbe, mit schwärzlichen Pfoten, Oberlippe und Wange, nur 2′ lang, kaum 1½′ hoch, und stammt aus Ecuador, wo am Westabhange des Pichinca 2 Exemplare von Bourcier erlegt wurden. —

Achte Familie.

Dickhäuter. Pachydermata.

Die Säugethiere, welche man mit obigem Namen bezeichnet, bieten keineswegs eine allgemeine Uebereinstimmung der Form dar; sie zeigen sich vielmehr höchst verschieden in ihren Gestalten und erinnern dadurch an die Edentaten; nur die bestimmenden Gruppencharaktere halten den Inhalt der Abtheilung sicher zusammen. Zu diesen Eigenthümlichkeiten gehört zuvörderst die Fußbildung. Es sind Hufthiere, deren Zehenspitze in einem mehr oder minder schuhförmigen Nagel, dem Huf, steckt, und der ist es, welcher den Boden beim Gange berührt. Darin stimmen sie also mit den Wiederkäuern überein; aber ihre Fuß- und Zehenbildung ist doch eine andere. Denn die Dickhäuter besitzen mehr als zwei, mindestens drei, gewöhnlich aber vier, oder bisweilen fünf vollständige Zehen mit allen dazu gehörigen Knochen. Deshalb nennt man sie auch Vielhufer (Multungula). Das ist offenbar ihre wichtigste allgemeine Eigenschaft; ein zweites, schon minder scharfes Merkmal bietet die Haut und das Haarkleid dar. Erstere ist sehr dick, oft schwielenartig verhärtet, und dann im reifen Lebensalter ohne Haarbedeckung;

wird aber auch ein Haarpelz gefunden, so pflegt er weniger dicht, mehr steifborstig abstehend, oder kurz und anliegend. zu sein. Nur die einzige, überhaupt anomale Gattung Hyrax hat einen förmlichen weichen, mit steifen Grannen versehenen Pelz. Noch weniger constante Merkmale bietet das Gebiß dar; es verfolgt hier alle möglichen Abweichungen, die wir bisher in verschiedenen Gruppen kennen gelernt haben, in einer und derselben Abtheilung. So besitzen einige, und namentlich sämmtliche brasilianische Mitglieder zwar alle drei Zahnarten, indessen sind die Backzähne von den Schneide- und Eckzähnen durch eine mehr oder minder weite Lücke getrennt. In den Schneidezähnen ist das Zahlenverhältniß $\frac{6}{6}$ das häufigste, indeß giebt es auch Formen mit $\frac{4}{4}$, selbst $\frac{2}{2}$ Zähnen, in welchem Falle ein Paar später ausfällt. Manche Mitglieder verlieren ihre sämmtlichen Schneidezähne mit dem reifen Lebensalter, und eins, der Elephant, hat sie bloß im Oberkiefer, woselbst sie die kräftigen Stoßzähne bilden. Allgemeiner und constanter werden die Eckzähne vermißt, doch kommen sie grade den Brasilianern stets zu. Die Backzähne fehlen zwar nie, aber ihre Anzahl ist ebenso verschieden, wie ihr Bau mannigfaltig. Bald sind sie mit Wurzeln versehen, bald wurzellos; im ersteren Falle haben sie verschiedenartige Höcker und Leisten, im letzteren bestehen sie mehr aus gleichförmigen Platten; dabei schwankt ihre Zahl von einem bis auf sieben. Alle diese Verschiedenheiten machen es fast unmöglich, die Pachydermen mit Schärfe im Allgemeinen zu schildern; wir stehen auch um so mehr davon ab, als grade in Brasilien, oder Amerika überhaupt, ihre Menge nicht sehr groß ist. Nord-Amerika hat sogar kein einziges, ursprünglich ihm eigenes Mitglied dieser Gruppe unter seinen thierischen Erzeugnissen; es verhält sich darin zu den Pachydermen völlig ebenso, wie zu den Edentaten, die ihm gegenwärtig ganz versagt sind, obgleich es von beiden Gruppen in der letzten Periode vor der Gegenwart Mitglieder besaß.

Alle Pachydermen sind übrigens auf vegetabilische Kost angewiesen, wählen aber nicht bloß Blattgebilde, wie die Wiederkäuer, sondern ebenso gern mehlreiche Früchte oder Wurzelknollen. —

Bei ihrer großen Verschiedenheit ist die untergeordnete Gruppirung der Arten um so leichter.

Zuerst scheiden sich die Schweine (Suina) dadurch von allen übrigen Pachydermen ab, daß die Zehen ihrer Füße ungleich sind, die kleineren hinter den größeren stehen, und nur letztere den Körper des Thieres beim Auftreten tragen. Das macht ihre Fußbildung ganz jener der Wiederkäuer ähnlich.

Alle anderen Pachydermen haben gleichförmige, nebeneinanderstehende, aber relativ auch kleinere Zehen nebst Hufen, und darum ist hinter den Hufen stets noch eine schwielige Sohle, gewöhnlich ein gemeinsamer Ballen, an dem die Hufe sitzen, vorhanden.

An der Spitze steht hier das afrikanische Flußpferd (Hippopotamus) mit je 4 Hufen und allen 3 Zahnarten, deren Bau sich dem der Schweine am meisten nähert.

Weiter entfernt sich schon die vorzugsweise südamerikanische Gattung Tapirus; sie hat vorn 4, hinten 3 Hufe und alle 3 Zahnarten.

Ihr schließt sich die Gatt. Rhinoceros durch den Bau der Backzähne einigermaßen an; sie besitzt nur 3 Hufe, nie Eckzähne, und nicht immer Schneidezähne.

Im Gebiß verhält sich der kleine Hyrax zwar ähnlich, aber das dichte Haarkleid und die fast pfotenförmige, vorn 4zehige, hinten 3zehige Fußbildung sondert ihn weiter ab.

Diese 4 Gattungen pflegt man als Pachydermata genuina zusammenzufassen, wenn nicht die letzte, Hyrax, zu einer eigenen Unterabtheilung. Lamnunguia erhoben wird.

Endlich bildet die Gattung Elephas mit je 5 Zehen und ebenso vielen, oder nur 4 Hufen, langer rüsselförmiger Nase und eigenthümlicher Zahnbildung die besondere Unterabtheilung der Proboscidea.

Süd-Amerika besitzt zwei Schweine-Arten und zwei Tapire; alle anderen Pachydermen gehen ihm ab; davon leben der eine Tapir und beide Schweine auch in Brasilien. Wir behandeln sie hier nur kurz, weil diese Thiere nach allen ihren Eigenschaften schon lange und sehr gut bekannt sind. —

I.

Schweine. Suina.

Setigera *Illig.* Zygodactyla *Wagn.*

Mit ungleichen Hufen, von denen 2 größere vor den kleineren hinteren stehen, und langem, steifem, borstigem, abstehendem Haarkleide; Nasenrand hoch aufgeworfen.

45. Gatt. Dicotyles *Cuv.*

Die Schweine Brasiliens haben äußerlich ganz das Ansehn unserer Schweine, sind aber beträchtlich kleiner, tragen längere, sehr steife Borsten, und unterscheiden sich außerdem im Gebiß, in der Fußbildung, im Schwanz und durch die Anwesenheit einer großen, offenen Schmier- oder Moschusdrüse hinten auf dem Rücken von ihnen sehr bestimmt. Diese Drüse besitzt den Umfang eines Doppelthalers, ist platt und mit einer Mündung versehen, deren Ränder hoch aufgeworfen sind; sie liegt über den mittleren Lendenwirbeln. Die Fußbildung weicht durch den Mangel der hinteren äußeren, kleinen Zehe ab, die Thiere haben hier nur 3 Zehen und ebenso viele Hufe; ebenso fehlt ihnen ein äußerer, hängender Schwanz. Das Gebiß endlich ist kleiner, zierlicher, und an Zahl der Schneidezähne im Oberkiefer um ein Paar geringer. Ich werde es allein ausführlicher beschreiben. —

Es besteht im Oberkiefer aus vier Schneidezähnen, im Unterkiefer aus sechs; davon sind die mittleren oberen viel größer als die seitlichen; sie haben eine kegelförmige, vorn mehr gewölbte, hinten abgeplattete Krone, deren Seiten eine scharfe, schneidende, in frühester Jugend granulirt gezackte Kante entwickeln. Auch an den viel kleineren, seitlichen Zähnen ist dieselbe vorhanden. Unten sind die Schneidezähne schmäler, wagrechter gestellt und mehr von gleicher Größe; die vier mittleren haben die Form dicker Meißel, sind am Ende ziemlich grade, auf der hinteren Fläche gefurcht, oder schwielig gestreift; die 2 äußeren kleineren haben mehr eine Kegelform und stehen etwas weiter ab. — Die Eckzähne sind von gewöhnlicher Schweineform, leicht gebogen, die unteren dreiseitig, mit schmaler, scharfkantiger Hinterfläche; die oberen nur zweiseitig mit vorn und hinten scharfer Kante. Beide stehen etwas abwärts und die oberen völlig grade nach unten, ohne sich zu krümmen, oder aufwärts zu biegen. Zwischen ihnen und den oberen Schneidezähnen ist eine weite Lücke, wohinein sich der untere Eckzahn bei geschlossenem Munde legt. Letzterer steht dicht neben den Schneidezähnen. Auf die Eckzähne folgt oben wie unten eine weite Lücke, und dann erst beginnen die je sechs allmälig von vorn nach hinten größeren Backzähne, deren Form im Unterkiefer beträchtlich schmäler ist, als im Oberkiefer. Sie haben isolirte selbstständige Wurzeln und eine stark höckerige, von Schmelz überzogene Krone. Der erste obere Backzahn hat 3 Höcker und Wurzeln, die folgenden 5 je 4 derselben; im Unterkiefer sind nur 2 Wurzeln und 4 minder getrennte Höcker am ersten und zweiten Zahn vorhanden. Die Höcker sind ziemlich spitz, anfangs stumpfkantig, werden aber durch Abkauen schärfer, und zeigen stets in der Mitte des Zahns, wo sie zusammentreffen, kleinere abgerundete, durch Falten getrennte Nebenhöcker. Am hintersten Zahn wird bei D. torquatus ein accessorischer fünfter Höcker, bei D. labiatus sogar ein kleinerer Doppelhöcker bemerkt, der namentlich unten sehr deutlich ist, und diesem Zahn dadurch eine etwas größere Länge verleiht, als dem oberen. —

Das Milchgebiß kann ich an dem einen der von mir mitgebrachten Schädel noch ziemlich gut verfolgen. Es hat nicht bloß sehr viel kleinere Zähne, sondern es treten auch die Nebenhöcker und Kerben an ihnen nirgends so deutlich auf. Die Schneidezähne sind im Oberkiefer schon gewechselt, im Unterkiefer erst die vier mittleren; die beiden sehr kleinen äußeren sind noch vom Milchgebiß vorhanden. Die Anzahl der Milch-Backzähne ist drei in jeder Kieferseite gewesen, es ist aber von ihnen nur noch der vorderste, welcher also zuletzt gewechselt wird, vorhanden. Der hinterste Milchzahn ist relativ sehr groß und mit drei Paar Höckern versehen; er ähnelt also dem hintersten des bleibenden Gebisses. Hinter demselben erscheint zunächst ein vierter Zahn, und der ist auch der vierte des bleibenden Gebisses; wenn er sich erhoben hat, folgt der fünfte nach, und jetzt erst beginnt die Schichtung der vorderen Zähne, indem zuerst der mittlere von ihnen ausfällt, dem dann bald auch der dritte folgt. Mit dem

Durchbruch dieser beiden tritt der hinterste sechste Zahn gleichzeitig hervor, und erst wenn diese 3 Zähne sich gehoben haben, fällt der erste vorderste Milchzahn aus. Zuerst von allen Zähnen erscheinen nach der Geburt die Spitzen der hohen Eckzähne, später die mittleren Milchbackzähne, und wenn die sich erhoben haben, folgen die 4 anderen Backzähne nach; zuletzt, doch gleichzeitig mit dem ersten Backzahn, erscheinen die 4 mittleren, und etwas später die äußeren Schneidezähne des Unterkiefers. —

Vom übrigen Skelet, das bis zu den Hinterfüßen keine besonderen Eigenheiten darbietet, setze ich nur die Zahlenverhältnisse her; denn auch der Schädel ist völlig mit dem unserer Schweine übereinstimmend gebildet. Die 7 Halswirbel sind ziemlich kurz; der zweite hat einen dicken Dorn, der dritte gar keinen; mit dem vierten bilden sich schlanke, spitze, allmälig höhere Dornen aus, von denen die des vierten bis sechsten vornüber geneigt sind. Ebendiese Wirbel haben an der unteren Kante des Querfortsatzes breite, herabhängende Lappen. Rückenwirbel sind 14 (vierzehn) vorhanden, und darunter trägt gleich der erste den höchsten, sehr langen, rückwärts geneigten Dorn; alle folgenden Dornfortsätze verkürzen sich bis zum elften, welcher der antiklinische ist, d. h. senkrecht steht. Von den 14 Rippenpaaren setzen sich 7 direkt an das Brustbein, die folgenden 6 verbinden sich mit einander, das letzte Paar bleibt frei. Lendenwirbel finde ich 5 (fünf), alle mit langem, breitem Querfortsatze, unter denen der des dritten der stärkste ist. Das Kreuzbein besteht zwar aus 3 Wirbeln, doch ist nur der erste mit dem Becken verbunden. Im Schwanz hat unser Skelet nur 8 Wirbel; auch scheint keiner zu fehlen. Die auffallende Kürze des Schwanzes wird dadurch auch am Knochengerüst bestätigt. —

Da vorn vier Zehen vollständig vorhanden sind, so ist auch die Zahl der Handwurzelknochen nicht viel verringert; im Gegentheil das Erbsenbein zeichnet sich durch Größe und seine breite, plattenförmige Gestalt aus. Hinten fehlt die Außenzehe, nur von ihrem Mittelfußknochen ist oben ein kleiner Rest vorhanden. In der Fußwurzel zähle ich fünf, an der Handwurzel sieben Beinchen. — Tibia und Fibula sind bis auf die verwachsenen Köpfe getrennt, Radius und Ulna dagegen in ihrem ganzen Verlauf vollständig miteinander verwachsen. —

1. Dicotyles labiatus *Cuv.*

Cuv. Regn. anim. I. 238. — *Fr. Cuv.* Dict. des Sc. nat. IX. 519. — *Desm.* Mamm. 394. 620. — *Pr. Max* Beitr. II. 564. 2. — *Rengg.* Säugeth. v. Parag. 322. — *v. Tschudi,* Faun. peruana. 217. 2.
Sus albirostris *Illig.* Berl. Acad. m. phys. Cl. 1811. S. 108.
Dicot. albirostris Wagn. Schreb. Säugeth. VI. 504. Taf. 325. B. — Desselb. Suppl. IV. 306. 2.
Tajaçu *Fr. Cuv. Geoffr.* h. n. d. Mammif. II. pl. 89.
Tañicati, *Azara,* Quadr. I. 19. No. 2.
Porco do mato der Brasilianer.

Schwarzbraun, die Borsten mit gelblichem Ringe vor der Spitze, die längsten des Rückens plattgedrückt, länglich lanzettförmig; Schnautze und Unterlippe neben der Kehle weiß. —

Diese Art ist etwas größer, als die folgende, minder hell gefärbt im Rumpfe, und an der im Alter blendend weißen Unterlippe leicht zu erkennen. Ihr Haarkleid besteht aus steifen Borsten, die auf der Schnautze kurz beginnen, allmälig etwas länger werden, und hinten auf dem Rücken die Länge von 4″ erreichen. Auf den Seiten des Rumpfes nehmen sie schnell an Länge ab und an den Beinen werden sie wieder ganz kurz und anliegend; die meisten, namentlich alle kürzeren, sind drehrund, grade, steif, fein zugespitzt; die längsten haben eine platte, linearlanzettförmige Gestalt mit seichter, mittlerer Längsfurche. Am Bauch, der Brust und der Innenseite der Beine bis zum Hand- und Fersengelenk stehen sie sehr spärlich, und lassen die Haut überall durchscheinen. Der breite, hoch aufgeworfene Nasenrand ist völlig nackt und auch das Ohr nur am Rande stark behaart. Es ist beträchtlich kleiner, als das unserer Schweine; das Auge aber ein wenig größer. Ueber dem Auge, an den Backen und in der Oberlippe sitzen einige über 6″ lange, sehr starke, schwarze Schnurren. Die Farbe der übrigen Haare ist mehr schwärzlich, als rein schwarz, besonders in ihrer unteren Hälfte; vor der Spitze legt sich um jedes Haar eine breite, rothgelbe Binde, die äußerste Spitze ist am entschiedensten schwarz. So entsteht eine düstere, braungraue Totalfarbe. Davon machen aber die einfarbigen, schwarzbraunen Beine eine Ausnahme. Die jungen Thiere sind heller, braungelber gefärbt, indem jedes Haar mehrere helle und dunkle Ringe zeigt; Gesicht und Wangen spielen lebhaft rothgelbbraun und die Seiten des Rumpfes fallen heller aus, als der Rücken; auch die Beine haben die hellere Farbe der Seiten. Mit zunehmendem Alter wird das Thier dunkeler, mehr schwarzbrauner, und es tritt nun zunächst am Mundwinkel der Unterlippe eine helle weißliche Stelle auf, die sich allmälig nach hinten ausbreitet und klarer wird. Bei recht alten Thieren wird endlich der ganze Unterkiefer bis zur Spitze, selbst die Oberlippe und ein Theil der Nase weiß.

Im allgemeinen Ansehn ähnelt diese Art mehr, als die folgende, unserm wilden Schweine; sie ist etwas gestreckter, hat nicht ganz so hohe und namentlich nicht so dünne Beine, einen etwas längeren Kopf, und eine breitere Nase. Auch die Farbe erinnert mehr an die Wildschweine. Alte Thiere sind im Ganzen $3\frac{1}{4}$—$3\frac{1}{2}$′ lang, der Kopf nimmt davon 11—12″ fort; ein äußerlicher Schwanz wird nicht bemerkt, der kurze, unten nackte Höcker, welcher ihn vorstellt, steckt ganz unter den langen Haaren des Kreuzes. Das Ohr ist kaum 3″ lang, die mittlere Höhe des Rumpfes beträgt $1\frac{1}{2}$—$1\frac{3}{4}$′.

Der Schädel unterscheidet sich theils durch seine bedeutende Größe, besonders aber durch die gewölbtere Stirn; Scheitelfläche, Stirn und Nasenbeine liegen in einer völlig gleichen Ebene. Dazu kommt die beträchtlichere Länge des freien Endes der Nasenbeine und das schmale, senkrechte, spaltenförmige Infraorbitalloch. Auch finde ich den Kamm des Hinterhauptes oben, wo er an den Scheitel stößt, breiter, hohler und höher. Die ganzen Skelete kann ich leider nicht vergleichen. —

Das weißlippige Nabelschwein lebt rudelweis in den Wäldern des Küstengebietes, und verbreitet sich von Rio de Janeiro bis Bahia. Der Prinz zu Wied traf es häufiger an, als die folgende Art. Ich habe in Neu-Freiburg Schädel von beiden Arten erhalten, aber häufiger schien mir daselbst die folgende Art vorzukommen. Südwärts geht sie bis an den Rio de la Plata, westwärts bis Peru. In der Nähe bevölkerter Ansiedelungen halten die Thiere nicht lange als Standwild aus, kommen aber von Zeit zu Zeit in Rudeln angestürmt, und verlieren sich bei der allgemeinen Jagd, welcher sie dann ausgesetzt sind, in einigen Tagen wieder, indem sie einsamere Gegenden aufsuchen. Jung eingefangen, werden sie sehr zahm und laufen mit ihrem Herrn, wie ein Hund. Sie sind dann auch sehr bald zur Vertraulichkeit geneigt. So konnte ich ein junges Thierchen von $1\frac{1}{2}$′ Länge nur mit Gewalt durch Schläge davon abhalten, mir zu folgen, wenn ich ausging, obgleich unsere Bekanntschaft erst 3 Tage alt war; es setzte sich gegen den Stock zur Wehre, womit ich es vertrieb und grunzte laut vor Aerger. Einen besonders unangenehmen Geruch hatte es nicht. Alte Thiere sind ebenfalls leicht in Wuth gesetzt, und namentlich sollen sie den Jäger heftig angreifen, der Angeschossenen in den Weg tritt. — Das Weibchen wirft im Sommer 2 Junge, selten mehr; auch nicht ganz um dieselbe Zeit; — ich sah zwei junge Thierchen, die nicht gut älter als 2 Monate sein konnten, im April. —

2. Dicotyles torquatus *Cuv.*

Cuv. Regn. anim. I. 237. — Dict. d. Sc. nat. IX. 518. — ***Desm.*** Mamm. 393. 619. — ***Pr. Max*** Beitr. II. 557. 1. — ***Rengg.*** Säug. v. Parag. 328. — ***v. Tschudi***, Faun. peruana. 216. 1. — **Wagn. Schreb. Suppl.** IV. 306. 1.
Sus Tajacu ***Linn.*** Syst. Nat. I. 103. 3. — ***Illig.*** Berl. Ac. m. ph. Class. 1811. 108.
Sus torquatus Schreb. Säugeth. VI. 498. Taf. 325. A.
Pecari, ***Buff.*** h. n. T. X. pl. 3. ***Fr. Cuv.*** et ***Geoffr.*** h. n. d. Mammif. I. pl. 87.
Taytetú, ***Azar.*** Quadr. I. 23 No. 3. — Trad. franc. I. 31.
Tajacu Caaigoara, ***Marcgr.*** h. n. Bras. 229.
Porco do mato pequeino der Brasilianer.

Kleiner, kürzer, gedrungener gebaut; die Haare schwarz, am Rumpf mit breitem, weißem Ringe: Nase, Lippen und Beine einfarbig; von der Brust zum Rücken steigt eine breite, hellere Binde hinauf.

Allgemeiner bekannt als die vorige Art, etwas kleiner, die Beine höher, der Kopf kürzer, die Schnautze feiner, der Steiß überhängender und dicker. Das Haarkleid ist nicht so dicht, und die einzelnen Haare sind fast noch derber; es fehlen aber die langen glatten Borsten auf dem Hinterrücken. An der Nase, Lippen, den Ohren und Beinen ist ihre Farbe einfach schwarz; aber schon im Gesicht, wo die Haare noch sehr kurz sind, bekommen sie einen hellen weißlichen Ring vor der Spitze, der weiter am Rumpf immer breiter und heller wird, so daß hier die Totalfarbe grau erscheint. Viele Haare haben mehrere helle Ringe. Die längsten stehen auch hier am Hinterrücken, in der Umgebung der Drüse, und diese verstecken den kurzen Schwanzhöcker völlig. Die Ohren sind fast noch kleiner als bei der vorigen Art, die Nase ist entschieden kürzer, feiner, und minder hoch umrandet.

Am Schädel fällt die tief ausgebogene Stirn und Nasengegend auf, so daß beide mit dem Scheitel eine muldenförmige Linie beschreiben; die Nasenbeine sind schmäler und ihre vordere Spitze ist viel kürzer. Hinten steht der Kamm nicht so steil, ist viel niedriger, enger, und der scharfe Rand vom Ansatz des Schläfenmuskels kürzer, so daß der Umriß, den er mit dem Jochbogen bildet, eine mehr ovale, bei der vorigen Art mehr eine elliptische Figur hat. Ganz charakteristisch ist für die vorstehende das weite, fast kreisrunde foramen infraorbitale, und seine tiefe Lage in einer besonderen Grube des Oberkiefers, die sich bis zum Eckzahn hinzieht. —

Die Jungen dieser Art sind noch viel kürzer, als die alten Thiere und haben eine röthlich gelbe, an den dunkleren Gegenden fast braune Farbe. Die Ringe ihrer Borsten sind weder so klar gefärbt, noch so breit; von der Schulterbinde ist keine Spur vorhanden. Sie fehlt auch im späteren Alter, bis die Zähne alle gewechselt sind, wenn gleich die Haare ihre volle Farbe haben, und tritt erst allmälig mehr hervor. Sie entsteht lediglich durch breitere weiße Binden der Haare.

Ausgewachsene Thiere sind in der Regel nicht völlig 3′ lang, der Kopf pflegt 9—10″, der Rumpf 2′ zu messen; das Ohr ist $2\frac{1}{2}$″ hoch, der Rumpf am Rücken $1\frac{1}{2}$—$1\frac{2}{3}$′. —

Die Männchen haben, wie unsere Schweine, eine versteckte Ruthe, deren Mündung fast mitten am Bauch liegt, und durch einen Busch längerer Haare angedeutet wird; auch der frei hängende Hodensack ähnelt dem unserer Schweine, zeigt aber geringere Größe. Die Anzahl der Zitzen ist viel kleiner, als bei unseren Schweinen, man findet nur vier am Unterbauch, doch nicht ganz nahe neben einander; denn auch diese Art wirft nur 2 Junge. —

Das Halsbandnabelschwein bewohnt dieselben Gegenden mit dem vorigen, hält sich aber von ihm isolirt und kommt, wie jenes, nur in Rudeln mit seines Gleichen vor. Obgleich scheueren, furchtsameren Naturells, läßt es sich doch ebenso leicht zähmen, und an den Menschen gewöhnen. Es scheint nördlich weiter verbreitet zu sein, da man es nicht bloß in Guyana und Columbien, sondern selbst noch in Panama und dem südlichen Mexico antrifft. Westwärts geht es bis nach Peru, fehlt aber auch dem südlichen Brasilien nicht. Azara und Rengger fanden es in Paraguay.

II.

Eigentliche Dickhäuter. Pachydermata genuina.

Obesa, Nasuta und Nasicornia *Ill.*

Pachydermen mit gleichförmig gestalteten, ziemlich gleich großen, neben einander stehenden Hufen in verschiedener Zahl, und 6 oder gar 7 getrennten, mit Wurzeln versehenen Backzähnen.

46. Gatt. Tapirus *Briss.*

Rhinochoerus *Wagl.*

Der Tapir ist das größte brasilianische Säugethier, und doch nicht viel größer, als ein recht großes, altes, zahmes Schwein. Sein Körper hat indessen ein plumperes Ansehn, er ist gewölbter, bauchiger, der Kopf dicker, die Beine sind voller, stärker, und die ganze Gestalt, wegen des kurzen, platt angedrückten, steifen Haarkleides, erscheint beweglicher und angenehmer im Ausdruck. Im Einzelnen bieten sich als bemerkenswerthe Eigenthümlichkeiten etwa folgende dar. Die Nase ist in einen dicken, kegelförmigen, runden Rüssel über den Mund hinaus verlängert; ihr Rand neben den vorderen Nasenlöchern aber nicht aufgeworfen, wie beim Schwein. Bis dahin ist der Rüssel behaart, am Ende nackt. Die Augen sind ziemlich klein, die Ohrmuscheln dagegen groß, weit, stumpf zugespitzt und hoch aufgerichtet, höchst beweglich, wie beim Pferd. Den ganzen Leib bekleidet ein gleichförmiges Haarkleid, dessen Beschaffenheit bei der brasilianischen Art viel mehr Aehnlichkeit mit dem der Pferde, als der Schweine hat. Im Nacken und auf dem Rücken des Halses bilden sie einen kurzen, steifen, noch nicht 1½′ langen Kamm. Der Schwanz tritt hervor, hängt aber nicht so stark wie beim Schwein, und ist wie der Rücken behaart. An den Vorderbeinen sind vier ziemlich breite, flache, scharf gerandete Hufe, die einzeln gegen 1″ Höhe und 1¼″ Breite haben; hinten finden sich nur drei etwas breitere Hufe. —

Das Gebiß des Tapirs besteht aus $\frac{6}{6}$ Schneidezähnen, kegelförmigen Eckzähnen und im Oberkiefer aus je 7, im Unterkiefer nur aus 6 Backzähnen. Bei alten Thieren mit gewechselten Zähnen sind die oberen vier mittleren Schneidezähne kleiner, niedriger, schneidender und mit einer mittleren Längsfurche versehen; die beiden äußeren bilden hohe, spitze, scharfkantige Kegel, welche den Eckzahn bedeutend an Größe übertreffen. Unten sind diese äußeren Schneidezähne sehr klein, niedrig und schwach; die vier mittleren paarig größer, etwas schlanker, als die oberen und wagrechter gestellt. Der Eckzahn des Unterkiefers ist hoch, spitz, scharfkantig, wie der obere äußere Schneidezahn, und dicht an die Schneidezähne herangerückt; im Oberkiefer bleibt zwischen ihm und dem hohen äußeren Schneidezahn eine Lücke, worin der untere Eckzahn paßt, und der Eckzahn selbst ist ein kleiner, zwar scharfkantiger, aber noch den mittleren Schneidezähnen an Größe nachstehender Kegel. Die Backzähne werden von vorn nach hinten allmälig größer. Der erste des Oberkiefers hat einen dreieckigen Umriß, eine äußere, dreikantige Zackenreihe und nach hinten inwendig daneben einen Höcker. Die folgenden 6 Zähne bestehen aus einer ähnlichen, nur größeren, äußeren Zackenreihe, wovon nach innen zwei dachförmige Querwülste ausgehen, deren Innenecke sich besonders stark erhebt. — Der letzte siebente Zahn des Oberkiefers folgt viel später nach, ist kleiner, nach hinten verschmälert, und dort mit einem viel schwächeren Querdach versehen. — Die Backzähne des Unterkiefers sind schmäler als die oberen, und es fehlt ihnen die äußere Zackenreihe; jeder einzelne besteht aus zwei queren dachförmigen Wülsten, nur der vorderste, welcher der längste ist, hat deren drei, die am Außenrande zusammenhängen. Auch am zweiten Zahn findet sich eine solche äußere Verbindungskante. Der letzte sechste erscheint viel später.

Das Milchgebiß steht sehr lange, und wird erst nach Jahren, wenn das junge Thier schon eine ansehnliche Größe erreicht hat, gewechselt. Nur die Schneidezähne und Eckzähne desselben sind viel kleiner, als die entsprechenden des bleibenden, und die des Oberkiefers haben unter sich gleiche Größe; auch der Eckzahn steht ihnen im Umfang viel näher. Unten ist der Unterschied zwischen dem äußeren Schneidezahn, dem mittleren und dem Eckzahn zwar deutlicher, aber doch lange nicht so stark, wie beim alten Thier. Die Zahl der Milchbackzähne ist drei in jedem Kiefer, und ihre Form ganz dieselbe mit den drei vordersten des bleibenden Gebisses, ihre Größe, besonders Länge, aber einzeln ein wenig beträchtlicher. Hinter ihnen erscheint zuerst von allen bleibenden Zähnen oben der fünfte, unten der vierte Backzahn des späteren Gebisses, und wenn diese beiden Zähne vollendet sind, folgt der Reihe nach oben der sechste und unten der fünfte. Haben sich die vier bleibenden Zähne vollständig gebildet, so beginnt erst die Schichtung, indem gleichzeitig die vier mittleren Schneidezähne jedes Kiefers und die vorderen Backzähne gewechselt werden. Statt der vorhandenen drei des Milchgebisses treten aber oben vier des bleibenden auf, und wenn sie schon lange gebraucht worden, folgen die Eckzähne und die äußeren Schneidezähne nach. Um diese Zeit, und bis die letztgenannten ihre volle Größe erreicht haben, besitzt der Tapir oben sechs, unten nur fünf Backzähne; sehr spät folgt darauf ein hinterster Zahn in jeder Reihe, welchen man dem menschlichen Weisheitszahn vergleichen könnte. So zeigen die vier Schädel jedes Alters, welche ich von

Neu-Freiburg mitgebracht habe, den Hergang deutlich; was Rengger S. 314 über die Schichtung sagt, ist nicht richtig; die von ihm gesehenen 3 vorderen Backzähne waren keine bleibenden, sondern Milchbackzähne, welche erst ausfallen, wenn der vierte, d. h. oben der eigentlich fünfte Zahn sich vollständig ausgebildet hat. Ihre ansehnliche Größe hat ihn getäuscht. Von den oben an ihre Stelle tretenden vier Backzähnen des bleibenden Gebisses erscheint übrigens zuerst der dritte, dann der erste, hierauf der vierte, und zuletzt der zweite; unten kommt zuerst der zweite, dann der erste und zuletzt der dritte heraus.

Das übrige Skelet bespreche ich nicht, man kennt es aus Cuvier's, d'Alton's und Blainville's Beschreibungen oder Abbildungen schon zur Genüge. Mein altes männliches Exemplar von Neu-Freiburg hat 17 Rückenwirbel und Rippenpaare, worunter sich 7 wahre befinden; 5 Lendenwirbel, deren lange, spitze Querfortsätze sich stark von vorn nach hinten verkürzen; 5 völlig verwachsene Kreuzwirbel und 13 Schwanzwirbel. —

Die Eingeweide habe ich nicht untersucht, da mir, trotz aller angewandten Mühe, kein frisches Exemplar zu Gebote gestanden hat; ich konnte nur aus den reichen Vorräthen Besckе's eine zweckmäßige Auswahl an Schädeln und Skeleten treffen. —

Das von mir bereiste Gebiet bewohnt nur eine Art. —

1. Tapirus Suillus *Blum.*

Blumenbach, Handb. d. Naturg. S. 120. 37. (Ed. 4. 1791.) — Wagn. Schreb. Säugeth. VI. 377. Taf. 319. — Dessen Suppl. IV. 294. 1.
Tapirus americanus *Briss.* R An. 119. 1. — *Gmel.* S. Nat. I. 1. 216. — *Desm.* Mamm 410. 645. — *Cuv.* Regn. anim. I. 250. — *Pr. Max* Beitr. II. 549. 1. — *Rengg.* Säug. v. Parag. 312. — *v. Tschudi*, Fn. per. 213. 1.
Hippopotamus terrestris, *Linn.* S. N. Ed. 10. I. 74. 2.
Tapiereté, *Marcgr.* h nat Bras. 229.
Tapir ou Anta *Buff.* h. nat XI. 444. pl, 43. et Suppl. VI. 1. pl. 1.
El Mborebi, *Azara* Quadr. I. 1 No. 1. — Trad. franc. I. 1. 1.
Anta der Brasilianer.

Dunkelgraubraun gefärbt, die Backen grauer, die Kehle und der Vorderhals weißgrau; das Haarkleid kurz, straff, knapp anliegend, glänzend. —

Nach dem, was über den brasilianischen Tapir schon im Allgemeinen gesagt worden, bleibt außer der Farbe kaum etwas anderes, als die Größe näher zu bezeichnen. Ausgewachsene Thiere sind von der Schnautzenspitze bis ans Ende des Schwanzes ziemlich 6′ lang, und in der Mitte des Rückens $3^1/_4$—$3^1/_3$′ hoch; davon kommen auf den Kopf $1^1/_3$—$1^1/_2$′, auf den Rumpf $4^1/_4$′, auf den Schwanz $3^1/_3$—$3^1/_2$″. Die Männchen sind im Rumpf etwas kleiner, als die Weibchen, daher der Kopf um so größer erscheint. Das Haarkleid, welches den brasilianischen Tapir bedeckt, ist knapp und anliegend, steifer und spärlicher als Pferdehaar, sonst von ähnlicher Beschaffenheit, nur rauher anzufühlen. Seine Farbe ist ein graueliches Braun, das an den Backen und den Rändern der Ohren mehr Grau in sich aufnimmt, an der Kehle, dem Vorderhalse und der Gurgel in ein lichtes Aschbraungrau übergeht. Die nackte Nasenspitze ist schwärzlich, das kleine Auge sehr dunkel schwarzbraun; die Klauen haben eine dunkel hornschwarze Farbe. — Das Jugendkleid ist viel heller; es besteht am Rücken und den Seiten aus demselben graubraunen Ton, wie bei den Alten, aber die Stirn und der Scheitel sind mit weißlichen, kreisrunden Flecken bestreut; die Backen sind grauweißlich, und an den Seiten des Rumpfes ziehen sich von der Schulter bis an den hinteren Rand des Schenkels vier weißliche, ununterbrochene Streifen hin; auch die Beine sind besonders nach oben und außen mit weißlichen Flecken geziert; die ganze un'ere Seite vom Kinn bis zu den Weichen und die innere der Extremitäten neben dem Rumpf ist weißgrau.

Das ist Alles, was ich vom Bau des Tapirs zu sagen für nöthig halte. Das Thier lebt besonders im Waldgebiet der Küstenstrecke, aber auch in allen größeren, dichteren und feuchten, den Flüssen nahgelegenen Wäldern des Binnenlandes; es streift hier nicht planlos umher, sondern hat, wie unser Rothwild seinen Wechsel, so seine bestimmten Gänge und Pfade, denen es täglich in ziemlich gleicher Zeitfolge nachgeht. An Orten, wo volkreiche Ansiedelungen sich befinden, zieht der Tapir sich in die einsameren, höheren Gebirgsthäler zurück, und findet sich namentlich in der Nähe von Neu-Freiburg in dem nach ihm benannten Thale des Corrego d'Anta. Allein auch hier hält er sich am Tage meist versteckt, ruht schlafend während der stärksten Hitze, und streift von der Dämmerung bis zum Morgen umher. Besonders am Morgen geht er in die Bäche und Flüsse, sich zu baden, und wenn er kein klares Wasser haben kann, so wälzt er sich, gleich dem Schwein, im Sumpf und Schlamm. Seine Nahrung besteht in Blättern, Früchten und mehlhaltigen Wurzelknollen; daher er in die Pflanzungen einbricht und dann am Mays und Bataten in einer Nacht gewaltigen Schaden anrichtet. Er liebt sehr die großen Früchte der Cucurbitaceen, und geht im Walde den Passiflorenfrüchten nach. Auch leckt er Salz, wie die Wiederkäuer, um die Verdauung der rohen Pflanzenstoffe zu unterstützen. — Die Brunstzeit des Tapir fällt, wie bei den meisten tropischen Säugethieren, noch in den Winter, und nur um diese Zeit trifft man ihn paarweise, sonst einsam an. Man hört dann nicht selten seinen langausgezogenen, pfeifenartigen Lockton. Im Frühjahr (September, October) wirft das Weibchen ein Junges, das der Mutter bis zum nächsten Winter folgt und auch so lange saugt. Das junge Thier ist leicht zu zähmen, es gewöhnt sich bald an den Menschen, und wird ebenso zutraulich, wie ein Nabelschwein. In seiner Gefangenschaft nimmt es mit allen Abfällen menschlicher Nahrung vorlieb, und verläßt nicht leicht das Gehöft, wo es erzogen. Es lebt auch hier in gewohnter Weise, am Tage schläfrig und der Ruhe pflegend, bei Nacht sich umhertreibend. Da der Tapir den Anpflanzungen leicht schädlich wird, so halten die Brasilianer nur sehr selten gezähmte Individuen; sie verfolgen vielmehr die wilden, wo sie nur können, obwohl sie von dem erlegten Thiere keinen anderen Nutzen ziehen, als daß sie sein Fleisch zur Nahrung verwenden. Ihre Jagd auf den Tapir ist grausam, sie tödten ihn langsam durch viele Schüsse groben Schroots nach einander, wobei das angeschossene Thier dem Jäger nur selten gefährlich wird, sondern stets zu entrinnen, namentlich schwimmend sich zu retten sucht. Dieserhalb ist der Tapir in allen bevölkerten Districten ein zwar allgemein bekanntes, aber nirgends häufiges Thier, auf dessen Begegnung der Reisende, wenn er die gebahnten Straßen nicht verlassen will, kaum zu hoffen hat. Auch sein Belauschen auf dem Anstande ist oft vergeblich, selbst an Orten, wo er mit Bestimmtheit sich aufhält. —

Anm. Lange Zeit kannte man nur die vorstehend beschriebene, durch das ganze Tropengebiet Süd-Amerika's, östlich von der Cordillerenkette, verbreitete Art. Obgleich sie als das größte Säugethier der dortigen Gegenden, schon den ältesten Reisenden bekannt und mehrfach beschrieben worden war, so überging sie doch Linné in der letzten (Ed. XII,) Originalausgabe seines Systema Naturae, nachdem er sie in der vorletzten (Ed. X.) beim Flußpferd aufgeführt hatte. So lange nur diese Art allein bekannt war, konnte man sie mit Recht den Tapirus americanus nennen, seitdem man aber in Amerika noch eine zweite Art kennen gelernt hat, ist diese Bezeichnung unpassend, und der schon im vorletzten Decennium des verflossenen Jahrhunderts von Blumenbach eingeführte Name Tapirus Suillus vorzuziehen. Außer jener zweiten amerikanischen Art kennt man noch eine dritte aus Hinterindien. Folgende Schriftsteller handeln von beiden.

a. Tapirus Pinchaque s. villosus auf den Hochebenen der Cordilleren Peru's, ist kleiner und mit einem längeren, steifen Borstenhaar nach Art der Schweine bedeckt. Er wurde zuerst von Roulin in den Ann. d. Sc. natur. I. Ser. Tm. 18. pag. 26 bekannt gemacht, und später noch einmal von Goudot nach eigner Ansicht besprochen im l'Institut 1843. p. 44. A. Wagner in Schreber's Säug. VI. 392 und Suppl. IV. 294. 2. nebst v. Tschudi in der Fauna peruana 213. 2. berichten über ihn nur nach den früheren Angaben.

b. Tapirus indicus s. bicolor wurde von Diard auf der Halbinsel Malacca entdeckt und zuerst von Fr. Cuvier in d. Hist. nat. d. Mammif. I. tb. 87. beschrieben. Später haben Horsfield, Raffles und besonders Sal. Müller über ihn nach eigenen Beobachtungen berichtet. Man vergl. ***Desm.*** Mamm. 411. 646. — ***Fisch*** Synops. Mamm. 410. 2. — Wagner, Schreber Säugeth. VI. 400. und 516., und Suppl IV. 295. 3., wo die betreffenden Autoren zusammengetragen sind. —

Neunte Familie.

Flossensäugethiere. Pinnata.

Man trifft an den Küsten Brasiliens, von der Mündung des Amazonenstromes bis südlich über Bahia hinaus, ein großes Säugethier, dessen vordere Gliedmaßen, nach Art der Walfische, in kleine Ruderflossen umgeformt sind, während die hinteren ihm ganz fehlen, und dafür ein breiter, flacher, wagrecht gestellter, abgerundeter Ruderschwanz auftritt. Das Thier ist kein Walfisch, denn es besitzt einen viel kleineren Kopf mit breiter Schnautze, auf welcher vorwärts gewendet sich die Nasenlöcher befinden; einen deutlich abgesetzten, wenn auch kurzen Hals, und eine völlig andere Schädel- und Zahnbildung als die mit Zähnen versehenen Cetaceen. Nach der Lage zweier großen Milchdrüsen an der Brust des Weibchens hat man diese Thiere, deren es mehrere in verschiedenen Erdgegenden giebt, mit dem Gruppennamen der Sireniformia belegt und von den Walfischen getrennt. An den Ostküsten Amerika's findet sich nur eine von den 3 hierhergehörigen Gattungen, die der Lamatine.

47. Gatt. Manatus *Rond.*

Es sind plump gebaute Sirenen mit dickem, bauchig spindelförmigem Rumpf; kleinem, wenig abgesetzten, stumpfem, ziemlich flachem Kopf; langen, stumpfen am Ende breiten Armflossen, und sehr breiter, abgerundeter, ungetheilter Schwanzflosse, deren Gebiß in frühester Jugend aus zwei kleinen, kegelförmigen, hinfälligen Schneidezähnen in jedem Kiefer und mindestens vier Backzähnen besteht, wozu, wenn alle vollzählig geworden sind, noch andere drei bis vier sich gesellen können. Die Zähne haben einige Aehnlichkeit mit den unteren des Tapirs, sie bestehen aus zwei queren, dachförmigen, scharsen Leisten, sind aber einzeln breiter und von mehr quadratischem Umriß. Ihre Zahl ist deshalb so verschieden, weil sie erst allmälig mit zunehmendem Alter des Thieres hinter einander hervortreten, und während die hinteren sich ausgebildet haben, die vorderen einer nach dem anderen ausfallen. Darum trifft man so verschiedene Angaben bei den Schriftstellern. Im Ganzen scheinen, wie beim Elephanten, acht Zähne auf einander zu folgen, davon aber stets mehrere, doch nie alle gleichzeitig vorhanden zu sein. Die meisten Individuen haben nur fünf oder sechs; einige wohl sieben, dann ist aber der vorderste schon sehr klein und dem Ausfallen nahe; oder derselbe ist gar schon ausgefallen und der zweite droht ihm zu folgen. — Der Bau dieser Zähne beweist deutlich, daß das Thier ein Herbivor ist; in der That nährt sich der Lamatin auch von Wasserpflanzen, und da ihm die Seetange nicht recht zu behagen scheinen, so begiebt er sich gern in die Flüsse, ja steigt in den größeren selbst viele hundert Meilen aufwärts, um daselbst besonders Gramineen, Schilfrohre, zu verzehren. Vielen Antheil scheinen dabei die beiden Polster zu haben, welche im Munde, das obere vorn hinter dem Schnautzenrande, das untere hinten vor der Zunge sich befindet; sie passen in Gruben an den entsprechenden Stellen des andern Kiefers hinein, sind von einer warzigen oder rissigen Haut bekleidet, und scheinen zum Festhalten der mit den Lippen ergriffenen Halme zu dienen. Der brasilianische Lamatin wird übrigens weniger in Brasilien, als in den nördlichen Theilen Süd-Amerika's, oberhalb Brasilien, angetroffen; er findet sich besonders im Orinoco und Amazonenstrom, und scheint von der in Nord-Amerika vorkommenden ähnlichen Art wirklich spezifisch verschieden zu sein. Als solche sehen auch wir die Art hier an.

1. Manatus australis *Wiegm.*

A. v. Humboldt in *Wiegm.* Arch 1838. 1. S. 1. — *Fisch.* Syn. Mamm 501. — A. Wagn. Schreb. Suppl. V. 118. 1.
Manatus americanus *Desm.* Mamm. 507. — *Cuv.* Rech. s. Oss. foss. V. 1. 242. pl. 19. — *Pr. Max z. Wied* Beitr. II. 602. —
Pexe boi der Brasilianer.

Dunkelblaugrau, der Rücken mit zerstreuten Borsten sparsam besetzt, die Flosse nagellos, der Kopf gestreckter, die Schnautzenränder verlängert, grade abgestutzt, wie die Lippen mit kurzen Schnurrborsten ziemlich dicht bekleidet. Nasenmündung des Schädels doppelt so lang wie breit; Brustbein platt, breit, der proc. xiphoideus kurz. — Ganze Länge angeblich 15—20' *). —

Nach diesen Charakteren hat man die an den Küsten Brasiliens und im nördlichen Süd-Amerika auftretende Art von der nordamerikanischen, und einer dritten, die am Senegal gefunden wird, spezifisch gesondert. Sie findet sich an der brasilianischen Küste in der Nähe großer Flußmündungen, im unteren breiten Theil des Flusses selbst, und ganz besonders in großen Lagunen oder Seen, die mit solchen Flüssen in Verbindung stehen. Der Prinz zu Wied scheint der einzige Reisende zu sein, der an der Küste des südlichen Waldgebietes, und zwar am Rio St. Matthäus unter 18° 40' S. Br. sichere Kunde vom Lamatin erhielt; gesehen hat er das Thier freilich auch dort nicht, seine Angaben stützen sich auf die Aussagen der Einwohner, sind indessen zuverlässig. Spix und Martius erbeuteten mehrere Exemplare im Amazonenstrom, und darauf gründet sich die ausführliche Schilderung von A. Wagner a. a. O. Was die Reisenden an Ort und Stelle wahrnahmen, ist in ihrer Reise III. Bd. S. 1122 angegeben. Ich habe kein Exemplar bis jetzt gesehen, auch in Brasilien keine Nachrichten von dem Thiere einziehen können, weil meine Reise sein Heimathsgebiet unberührt ließ. Darum enthalte ich mich weiterer Angaben. —

*) So groß geben ihn Spix und Martius in ihrer Reise a. a. O. an; alle anderen zuverlässigen Beobachter haben viel kleinere Maaße von 6—10'.

Anhang.

I. Uebersicht der von Marcgraf in seiner Hist. nat. Brasiliae (Amstel. 1648. Fol.) beschriebenen Säugethiere.

Lib. V. S. 221 flgd. handelt von den Quadrupeden, darin kommen nachstehende Arten in der hier befolgten Reihe vor:

Cap. 1, S. 221.	Ai s. Ignavus, Priguiza. — Bradypus cuculliger S. 268.
Cap. 2, S. 222.	Carigueya s. Tajibi, Jupati-ima. — Didelphys albiventris S. 132.
Cap. 3, S. 223.	Aperea. — Cavia Aperea S. 243.
	Tapeti — Lepus brasiliensis S. 252.
S. 224.	Cavia Cobaya. — das zahme Meerschweinchen.
	Paca. — Coelogenys Paca S. 227.
	Aguti s. Acuti. — Dasyprocta Aguti S. 233.
Cap. 4, S. 225.	Tamandua-guacu. — Myrmecophaga jubata S. 305.
	Tamandua-i. — Myrm. tetradactyla S. 307.
Cap. 5, S. 226.	Guariba — Mycetes ursinus S. 24.
S. 227.	Cagui major. Callithrix Gigot. S. 32.
	Cagui minor. — Hapale Jacchus S. 34.
	Caitaia. — Cebus flavus s. gracilis S. 29.
	Cercopithecus angolensis major s. Macaco, etc. Afrikanische Affenarten, wie die angegebenen Gesäßschwielen beweisen; indessen stellt der Holzschnitt S. 228 einen Mycetes vor. Die Beschreibung paßt auf den Patas (Cercopithecus ruber).
Cap. 6, S. 228.	Coati. — Nasua socialis S. 120.
S. 229.	Tapijerete s. Anta. — Tapirus Suillus S. 331.
	Mus araneus. — Didelphys tristriata S. 140.
	Carucuoca. — Mus musculus S. 155.
	Guabiru. — Mus tectorum S. 154.
Cap. 7, S. 229.	Tajacu Caaigoara. — Dicotyles torquatus S. 327.
S. 230.	Capy-bara. Hydrochoerus Capybara S. 238.

Cap. 7, S. 230.	Scyurus. Offenbar Sciurus aestuans S. 146; den weißen Seitenstreifen, welchen Marcgraf angiebt, kann man auf die hellere Randgrenze der gelben Bauchfläche beziehen. —
Cap 8, S. 231.	Tatu et Tatu Peba. — Dasypus 6-cinctus. Tatu-ete s. verdadeiro. — Dasypus 9-cinctus, den auch der Holzschnitt vorstellt.
S. 232.	Tatu-Apara — Dasypus 3-cinctus S. 293.
Cap 9, S. 233.	Maraguão s. Maracaia. — Wahrscheinlich Felis pardalis S. 86.
	Cuandu s. Ourico Cacheiro. — Cercolabes prehensilis S. 220.
S. 234.	Jiya s. Carigueibeiu. — Lutra brasiliensis S. 113.
Cap. 10, S. 235.	Aries, das Schaaf, Brasilianisch Oveilho.
S. 235.	Caguaçu-ete s. Cabritto. — Cervus rufus S. 316.
	Cuguaçu-apara. Cervus campestris S. 314.
	Jaguara s. Onca. — Felis Onca S. 84.
	Jaguarete, die schwarze Varietät der vorigen Art.
	Cuguacuarana. — Felis concolor S. 88.
Lib. V. S. 213.	Andira-aca. — Verschiedene große Phyllostomen, die hier unter den Vögeln stehen; statt aca ist aber açu oder guaçu (groß) zu lesen. —

II. **Nachträge.** — Während meine Arbeit durch den Druck ging, sind mir noch einige Arten zugekommen, welche ich bis dahin nicht selbst untersucht hatte; das hat zu weiteren Resultaten geführt, welche ich hier nachträglich mittheile.

S. 25. Gatt. Cebus.

Aus einer hierselbst im Laufe des Winters längere Zeit verweilenden Menagerie erhielt ich ein sehr schönes männliches Individuum von Cebus cirrifer *Pr. Max* Beitr. II. 97. 4. Das Exemplar war noch jung und hatte ein fleischfarbenes Gesicht, wie die Abbild. in der Hist. nat. des Mammifères. II, 17, bloß die Mundgegend war schwarz; im Uebrigen stimmte es ganz mit der schönen Figur des Prinzen zu Wied in dessen Abbild. z. Nat. Bras. Taf. 4 überein. Vielleicht ist die fleischrothe Gesichtsfarbe nur Character der Jugend. Aus der Untersuchung dieses Individuums ging hervor, daß die Art nicht mit Ceb. Fatuellus (s Apella) verbunden werden könne; das Thier hat einen viel größeren, bauchigern Schädel, eine andere Bildung des Brustbeins, und auch eine andere Wirbelzahl. —

Es ist nämlich das von mir zu Ceb. Fatuellus gezogene Skelet unserer Sammlung durch eine Verwechselung falsch bezeichnet gewesen, es gehört vielmehr zu Ceb. gracilis *Spix*, (C. flavus *Geoffr.*, C. griseus *F. Cuv.*, jung: C. capucinus *aut.*), C. Fatuellus hat, wie Ceb. robustus, 14 Rücken- nebst 5 (fünf) Lendenwirbeln, und unterscheidet sich von Letzterem nur in relativen Verhältnissen der Theile, worüber ich an einem anderen Orte mich weiter aussprechen werde (in den Abh. uns. naturf. Gesellsch. II. Bd.). Eben dieselbe Wirbelzahl hat auch Cebus Monachus (s. xanthosternus); dagegen besitzen Ceb. flavus (s. capucinus), C. cirrifer und Ceb. hypoleucus nicht fünf, sondern sechs (6) Lendenwirbel neben 14 Rippenpaaren und Rückenwirbeln. Von denselben stoßen, so weit meine Erfahrungen reichen, stets neun an das Brustbein, fünf bleiben frei. Das Brustbein hat bald 5, gewöhnlich 6, mitunter 7 (bei C. Fatuellus) Knochenkörper oder Wirbel; das Kreuzbein besteht aus 3 (drei) Wirbeln, wovon die zwei ersten, oder in frühester Jugend nur der erste, sich mit dem Darmbein verbinden; der Schwanz enthält 23—27 Wirbel.

Hiernach sind meine früheren Angaben im Texte zu verbessern, namentlich das, was ich über C. cirrifer *Pr. Max z. Wied* gesagt habe. Meine jetzige Erörterung stützt sich auf spätere Untersuchungen an 7 mir zugänglich gewordenen Skeleten mit den zugehörigen Bälgen. Die Verschiedenheit der Lendenwirbel bei Cebus kannte schon Daubenton; er legt einen spezifischen Nachdruck darauf, daß er beim Saju brun (Cebus Apella) nur fünf, beim Sai (Cebus flavus) und Sai à gorge blanche (Ceb. hypoleucus) dagegen sechs Lendenwirbel gefunden habe (Buffon, allgem. Hist. d. Natur. Deutsche Quartausgabe. VIII. 1. S. 34 u. S. 44).

S. 38. Was ich hier über die Phyllostomiden sage, war verfaßt, bevor mir Hrn. A. Wagner's gleichartige Resultate bekannt wurden; auch jetzt kenne ich nur den Auszug daraus in Wiegmann's Archiv (1852. II. 49), nicht das Original in den Münchener gelehrten Anzeigen, welche von der hiesigen Bibliothek nicht gehalten werden.

S. 86. Der Maracaya, wie ihn Marcgraf in seiner Hitoria natur. Brail. pag. 233 beschreibt und zugleich mit dem Namen Maraguão belegt, scheint mir nicht die Felis mitis zu sein, weshalb ich auch Marcgraf daselbst nicht citirt habe. Die Größenvergleichung des Letzteren läßt vermuthen, daß er Felis pardalis, die im nördlichen Brasilien gefunden wird, vor sich gehabt habe. Das wäre also der wahre Maracaya. —

S. 115. Meiner Behauptung, daß die Omnivoren Raubthiere oder Ursinen keinen Fleischzahn besitzen, ist widersprochen worden, unter anderen auch von Hrn. A. Wagner, der sich auf das Milchgebiß beruft. Will ich nun auch darauf keinen Werth legen, in sofern dasselbe nur von vorübergehender Bedeutung ist, und Niemand nach den unreifen, sondern ein Jeder nach den reifen, ausgebildeten Gestalten seine systematischen Charaktere zu bilden hat; so darf ich doch nicht unbemerkt lassen, daß es ausgestorbene Ursinen giebt, bei welcher die Form des Milchgebisses lebender auch am bleibenden Gebiß auftritt, wie das bei Hyaenarctos (oder Amphiarctos, Agriotherium, Amyxodon) der Fall ist. (Vergl. Ann. d. sc. nat. III. Ser. Zool. XX. 229. Tab. 12). Allein ich kann diesen ersten Kauzahn nicht für einen wahren Fleischzahn gelten lassen, wenn er auch dessen Stelle einnimmt, weil er kleiner ist als die Kauzähne, und sein Innenhöcker nicht vorn, sondern hinten neben der äußeren Kronzackenreihe sich befindet. Aehnlichkeit hat er mit ihm, aber keine Uebereinstimmung.

S. 129. Die von mir versuchte weitere Abtrennung der Gattung Didelphys in Untergattungen ist nur als eine vorläufige Notiz anzusehen; ich bin mit einer ausführlichen Arbeit über die Gruppe beschäftigt, welche ich später selbstständig erscheinen lassen werde. Hier mag, als weiteres vorläufiges Resultat, bemerkt werden, daß gegenwärtig schon an 40 Didelphys-Arten unterschieden worden sind, deren vollständigste Uebersicht in *Waterhouse* nat. Hit. of Mammalia Tom. I. enthalten ist.

Seit meiner obigen Bearbeitung habe ich neue werthvolle Materialien aus Berlin und Stuttgart erhalten, welche mir folgende Zusätze erlauben:

D. Azarae, verbreitet sich bis nach dem südlichen Brasilien und westwärts bis Chili; das Mus. zu Berlin hat Individuen von Maldanado und Valparaiso erhalten. Die Art ist größer als D. albiventris, sonst aber derselben am ähnlichsten, doch wird der Bauch bei D. Azarae nie weiß, er bleibt schmutzig braungrau. Junge halbwüchsige Thiere haben noch gar keine weißen Grannen, sondern bloß schwarzbraune viel kürzere Grannen; das alte Thier, so groß wie eine Katze, hat zwar lange, rein weiße Grannen, aber viel sparsamer vertheilt, als D. albiventris; besonders hinten am Rücken und auf dem Anfange des Schwanzes. —

D. aurita. Ein, wie es scheint, männliches, nicht eben sehr altes Individuum, was ich aus Berlin zur Ansicht erhielt, hat hinten auf dem Rücken nur sehr einzelne (5—6) lange weiße Grannen zwischen den braunen; wahrscheinlich treten also auch bei dieser Art die weißen Grannen erst mit dem höheren Alter auf. —

D. incana *Lund* habe ich auch aus Berlin zur Ansicht erhalten; desgl. D. cinerea und D. tricolor aus Stuttgart; über beide ausführlicher anderswo.

Von den Arten, welche Hr. A. Wagner in der Münch. Ak. Abh. V. beschreibt, kann ich nichts weiter berichten, ebensowenig von den 2 Arten Bennet's aus Californien und den 3 aus Peru, welche Hr. v. Tschudi in seiner Fauna peruana behandelt. Dagegen ist noch eine wirkliche brasilianische Art zu erwähnen, welche schon der Prinz z. Wied andeutete (Beitr. II. 412.). Sie erreicht nicht ganz die Größe von D. tristriata, ist mäusegrau, mit Reihen weißer Flecken geziert, und daher passend als Did. alboguttata zu bezeichnen. Das Thier lebt im Waldgebiet, und war Hrn. Beske aus eigner Ansicht bekannt, allein noch nie hatte er es, in den 20 Jahren seiner Anwesenheit, sich verschaffen können. Eine besondere Gruppe bilden die Arten mit weichem Wollpelze, an deren Spitze D. Cajopollin steht und wohin auch D. lanigera, D. ochropus *Natt.*, D. ornata *v. Tsch.*, D. crassicaudata *Desm.* gehören. Selbst das gemeine surinamsche Opossum muß zu einer eigenen Gruppe erhoben werden; es besitzt den kuppenförmigen dritten oberen Lückenzahn und die großen Ohren der ersten Abtheilung, aber nicht deren langes, steifes Grannenhaar. Beachtenswerth ist dabei die Stärke, Behaarung und Farbe des Schwanzes. In allen Eigenschaften desselben schließt es sich den großen Arten der ersten Gruppe an.

S. 133. Die spezifische Benennung des Schwimmbeutlers von Geoffroy nach den Schwimmhäuten, welcher seinen eigenthümlichsten Charakter scharf ausspricht, habe ich um so mehr vorziehen zu müssen geglaubt, als Illiger das Thier nur ganz beiläufig (in den Abhandl. d. Berl. Akad. aus dem Jahr 1811. S. 107) mit dem Artnamen Ch. variegatus, worunter es aufgeführt wird, erwähnt; er citirt im Prodr. l. l. bloß Lutra minima *Zimm.* bei seiner Gattung Chironectes, überläßt also die spezifische Bezeichnung Anderen. Illiger's Name findet sich in systematischen Werken meines Wissens zuerst bei Hr. A. Wagner im Supplement zu Schreber, und ist hier der auch von Cuvier (L. regn. anim. I. 177.) angenommenen Geoffroy'schen Benennung vorgezogen.

S. 145. Es ist mir höchst erfreulich gewesen, aus den neuesten Angaben von P. Gervais (Ann. d. sc. nat. l. l. 238.) zu ersehen, daß die sonderbare, westafrikanische Nagerform, welche Waterhouse Anomalura genannt hat (Proc. zool. Soc. 1842. 124) und zu den Sciurinen stellen wollte, nunmehr von dem genannten sorgfältigen Beobachter mit Recht unter die Hystricinen verwiesen worden ist; ich konnte die Eichkätzchen-Natur eines Thieres nicht begreifen, das keine hinteren Orbitaldornen und ein großes offenes Loch im proc. zygomaticus besitzt. Nach der a. a. O. Taf. 13 gegebenen Abbildung ist die Affinität mit den südamerikanischen Aculeaten unverkennbar. Ich glaube sogar, daß derselbe verdiente Gelehrte ganz Recht haben wird, wenn er Aulacodes in dieselbe Gruppe stellt; wahrscheinlich wird dies Thier mit Anomalura und vielleicht auch mit Chaetomys zu einer besonderen kleinen Familie zu erheben sein.

S. 154. Unter den vielen bereits angezogenen Synonymen zu Mus tectorum fehlt die neueste, vollständige Beschreibung, welche Pictet in seinem Notices sur l. Anim. nouv. etc. livr. 3 et 4 (Genève 1844. 4.) von dieser Ratte mit dem Namen Mus rattoides (S. 45, Taf. 16, 17 u. 22, Fig. 4) gegeben hat. Verfasser fühlt selbst, daß diese neue Art nicht als ursprünglich brasilianischer Insasse sich werde betrachten lassen, und ist unschlüssig, ob er sie mit Mus rattus, mit M. tectorum oder mit M. leucogaster verbinden soll. Die Dimensionen von Kopf und Schwanz sowohl, als auch die vortreffliche Abbildung des alten Thieres auf Taf. 17 lassen mich keinen Augenblick zweifeln, daß M. rattoides und M. tectorum einer und derselben Art angehören. —

S. 155. Auch M. musculus und M. decumanus hat derselbe Schriftsteller von Bahia erhalten und a. a. O. S. 50 besprochen. Was er über M. musculus sagt, paßt gut zu meinen Angaben; die Abbildung des Thieres Taf. 21 ist freilich viel lebhafter röthlich graubraun, als meine Exemplare, gefärbt, und im Colorit nicht sonderlich gerathen. —

Druckfehler.

Seite 8	Zeile 8	v. oben lies wenigen statt einzigen.
— 27	— 8	v. unten lies weibliche statt jüngere.
— 37	— 19	v. unten lies zwitschernde statt zwischernde.
— 38	— 17	v. oben lies normal statt vormal.
— 44	— 18	r. oben lies der Name statt den Namen.
— 44	— 19	v. oben setze anführt statt dieser.
— 48	— 11	v. oben lies Herrn statt Herr.
— 110	— 10	v. unten lies Jaritataca statt Iritataca.
— 117	— 10	v. unten lies xiphoideus statt xiphrodeus.
— 172	— 25	v. oben lies Nr. 47 statt Nr. 87.
— 185	— 2	v. unten setze Phyllotis statt Phyllomys.
— 185	— 14	v. unten lies maculipes statt masculipes.
— 268	— 1	v. oben lies Rippenpaare statt Rippenpaaren.
— „	„ „	„ „ „ Lendenwirbeln statt Lendenwirbel.
— 305	— 16	v. oben lies Tamandua statt Tamadua.
— 316	— 8	v. oben lies Kingd statt Knyd.

Kolibri 360 GmbH
Ferdinand-Jühlke-Straße 7
99095 Erfurt, Deutschland
produktsicherheit@kolibri360.de